U0608520

"十四五"时期国家重点出版物出版专项规划项目

第二次青藏高原综合科学考察研究丛书

藏东南水分循环结构
与云降水特征综合考察研究

徐祥德 等 著

科学出版社

北京

内 容 简 介

本书基于藏东南地区水分循环结构和气候变化特征剖析，阐述了藏东南水汽输送关键区云降水过程综合观测试验设计思路及计划实施的新进展，揭示了藏东南地区水分循环结构及云降水物理特征，并分析了藏东南关键区雅鲁藏布江流域降水过程及其河谷地区地－气水热交换特征，描述了藏东南地区冰川面积变化、冻融状态等对气候变化响应的特征，预估了在中等温室气体排放情景下藏东南地区气候变化未来趋势。此外，为推进川藏铁路沿线灾害性天气预报系统应用技术发展，给出了数值预报敏感区追踪技术、雷达资料同化及模式参数优化方案等新技术。

本书可为青藏高原有关复杂地形水分循环结构及云降水物理特征研究提供科学依据，可供大气科学、地球科学、水文学等学科的科学工作者及相关院校师生参考。

审图号：GS京(2024)1589号

图书在版编目(CIP)数据

藏东南水分循环结构与云降水特征综合考察研究 / 徐祥德等著. -- 北京：科学出版社, 2025.4. -- （第二次青藏高原综合科学考察研究丛书）.
ISBN 978-7-03-081642-9

Ⅰ. P339；P426.6

中国国家版本馆CIP数据核字第2025FK7704号

责任编辑：郭允允 赵 晶 / 责任校对：郝甜甜
责任印制：徐晓晨 / 封面设计：马晓敏

科 学 出 版 社 出版

北京东黄城根北街16号
邮政编码：100717
http://www.sciencep.com

北京建宏印刷有限公司 印刷

科学出版社发行 各地新华书店经销

*

2025年4月第 一 版 开本：787×1092 1/16
2025年4月第一次印刷 印张：18 1/4 插页：2
字数：440 000

定价：288.00元

（如有印装质量问题，我社负责调换）

"第二次青藏高原综合科学考察研究丛书"
指导委员会

主　任　孙鸿烈　中国科学院地理科学与资源研究所

副主任　陈宜瑜　国家自然科学基金委员会
　　　　　　秦大河　中国气象局

委　员　姚檀栋　中国科学院青藏高原研究所
　　　　　　安芷生　中国科学院地球环境研究所
　　　　　　李廷栋　中国地质科学院地质研究所
　　　　　　程国栋　中国科学院西北生态环境资源研究院
　　　　　　刘昌明　中国科学院地理科学与资源研究所
　　　　　　郑绵平　中国地质科学院矿产资源研究所
　　　　　　李文华　中国科学院地理科学与资源研究所
　　　　　　吴国雄　中国科学院大气物理研究所
　　　　　　滕吉文　中国科学院地质与地球物理研究所
　　　　　　郑　度　中国科学院地理科学与资源研究所
　　　　　　钟大赉　中国科学院地质与地球物理研究所
　　　　　　石耀霖　中国科学院大学
　　　　　　张亚平　中国科学院
　　　　　　丁一汇　中国气象局国家气候中心
　　　　　　吕达仁　中国科学院大气物理研究所
　　　　　　张　经　华东师范大学
　　　　　　郭华东　中国科学院空天信息创新研究院
　　　　　　陶　澍　北京大学

刘丛强　天津大学

龚健雅　武汉大学

焦念志　厦门大学

赖远明　中国科学院西北生态环境资源研究院

胡春宏　中国水利水电科学研究院

郭正堂　中国科学院地质与地球物理研究所

王会军　南京信息工程大学

周成虎　中国科学院地理科学与资源研究所

吴立新　中国海洋大学

夏　军　武汉大学

陈大可　自然资源部第二海洋研究所

张人禾　复旦大学

杨经绥　南京大学

邵明安　中国科学院地理科学与资源研究所

侯增谦　国家自然科学基金委员会

吴丰昌　中国环境科学研究院

孙和平　中国科学院精密测量科学与技术创新研究院

于贵瑞　中国科学院地理科学与资源研究所

王　赤　中国科学院国家空间科学中心

肖文交　中国科学院新疆生态与地理研究所

朱永官　中国科学院城市环境研究所

"第二次青藏高原综合科学考察研究丛书"
编辑委员会

主　编　姚檀栋

副主编　徐祥德　欧阳志云　傅伯杰　施　鹏　陈发虎　丁　林
　　　　　吴福元　崔　鹏　葛全胜

编　委　王　浩　王成善　多　吉　沈树忠　张建云　张培震
　　　　　陈德亮　高　锐　彭建兵　马耀明　王小丹　王中根
　　　　　王宁练　王伟财　王建萍　王艳芬　王　强　王　磊
　　　　　车　静　牛富俊　勾晓华　卞建春　文　亚　方小敏
　　　　　方创琳　邓　涛　石培礼　卢宏玮　史培军　白　玲
　　　　　朴世龙　曲建升　朱立平　邬光剑　刘卫东　刘屹岷
　　　　　刘国华　刘　禹　刘勇勤　汤秋鸿　安宝晟　祁生文
　　　　　许　倞　孙　航　赤来旺杰　严　庆　苏　靖　李小雁
　　　　　李加洪　李亚林　李晓峰　李清泉　李　嵘　李　新
　　　　　杨永平　杨林生　杨晓燕　沈　吉　宋长青　宋献方
　　　　　张扬建　张进江　张知彬　张宪洲　张晓山　张鸿翔
　　　　　张镱锂　陆日宇　陈　志　陈晓东　范宏瑞　罗　勇
　　　　　周广胜　周天军　周　涛　郑文俊　封志明　赵　平
　　　　　赵千钧　赵新全　段青云　施建成　秦克章　徐柏青
　　　　　徐　勇　高　晶　郭学良　郭　柯　席建超　黄建平
　　　　　康世昌　梁尔源　葛永刚　温　敏　蔡　榕　翟盘茂
　　　　　樊　杰　潘开文　潘保田　薛　娴　薛　强　戴　霜

《藏东南水分循环结构与云降水特征综合考察研究》编写委员会

主　任　　徐祥德

副主任　　陈学龙　　沈学顺　　龙　笛　　陆春松

　　　　　　　王改利　　文　军　　刘辉志　　罗斯琼

　　　　　　　徐　影　　王东海　　贺俊彦　　魏凤英

委　员　　（按姓氏汉语拼音排序）

　　　　　　　蔡雯悦　　曹殿斌　　陈　斌　　邓梦雨

　　　　　　　董晴雪　　李超凡　　李红莉　　李柔珂

　　　　　　　李兴东　　李雪莹　　刘　然　　刘黎平

　　　　　　　刘瑞霞　　刘永柱　　陆日宇　　马　明

　　　　　　　石　英　　王怀乐　　张胜军　　赵凡玉

　　　　　　　赵天良　　周立波

第二次青藏高原综合科学考察队

藏东南水分循环结构与云降水特征

科考分队骨干队员名单

姓名	职务	工作单位
徐祥德	分队长	中国气象科学研究院
高 云	队 员	中国气象科学研究院
旦 增	队 员	林芝市气象局
宋君强	队 员	中国人民解放军国防科技大学
陈学龙	队 员	中国科学院青藏高原研究所
赵天良	队 员	南京信息工程大学
沈学顺	队 员	中国气象局地球系统数值预报中心
刘永柱	队 员	中国气象局地球系统数值预报中心
刘瑞霞	队 员	中国气象局地球系统数值预报中心
龙 笛	队 员	清华大学
李跃清	队 员	中国气象局成都高原气象研究所
周秉荣	队 员	青海省气象科学研究所
文 军	队 员	成都信息工程大学
刘辉志	队 员	中国科学院大气物理研究所
周立波	队 员	中国科学院大气物理研究所
刘黎平	队 员	中国气象科学研究院
王改利	队 员	中国气象科学研究院

阮 征	队 员	中国气象科学研究院
张胜军	队 员	中国气象科学研究院
陈 斌	队 员	中国气象科学研究院
蔡雯悦	队 员	中国气象科学研究院
程兴宏	队 员	中国气象科学研究院
魏凤英	队 员	中国气象科学研究院
祝从文	队 员	中国气象科学研究院
高 梅	队 员	中国气象科学研究院
刘伯奇	队 员	中国气象科学研究院
于淑秋	队 员	中国气象科学研究院
扎西索朗	队 员	墨脱县气象局
徐 影	队 员	国家气候中心
柳艳菊	队 员	国家气候中心
王东海	队 员	中山大学
姚秀萍	队 员	中国气象局气象干部培训学院
崔春光	队 员	中国气象局武汉暴雨研究所
李红莉	队 员	中国气象局武汉暴雨研究所
罗斯琼	队 员	中国科学院西北生态环境资源研究院
成 巍	队 员	北京应用气象研究所
王 超	队 员	中国气象局公共气象服务中心
马 明	队 员	国家气象信息中心

丛书序一

　　青藏高原是地球上最年轻、海拔最高、面积最大的高原，西起帕米尔高原和兴都库什、东到横断山脉，北起昆仑山和祁连山、南至喜马拉雅山区，高原面海拔4500米上下，是地球上最独特的地质—地理单元，是开展地球演化、圈层相互作用及人地关系研究的天然实验室。

　　鉴于青藏高原区位的特殊性和重要性，新中国成立以来，在我国重大科技规划中，青藏高原持续被列为重点关注区域。《1956—1967年科学技术发展远景规划》《1963—1972年科学技术发展规划》《1978—1985年全国科学技术发展规划纲要》等规划中都列入针对青藏高原的相关任务。1971年，周恩来总理主持召开全国科学技术工作会议，制订了基础研究八年科技发展规划（1972—1980年），青藏高原科学考察是五个核心内容之一，从而拉开了第一次大规模青藏高原综合科学考察研究的序幕。经过近20年的不懈努力，第一次青藏综合科考全面完成了250多万平方千米的考察，产出了近100部专著和论文集，成果荣获了1987年国家自然科学奖一等奖，在推动区域经济建设和社会发展、巩固国防边防和国家西部大开发战略的实施中发挥了不可替代的作用。

　　自第一次青藏综合科考开展以来的近50年，青藏高原自然与社会环境发生了重大变化，气候变暖幅度是同期全球平均值的两倍，青藏高原生态环境和水循环格局发生了显著变化，如冰川退缩、冻土退化、冰湖溃决、冰崩、草地退化、泥石流频发，严重影响了人类生存环境和经济社会的发展。青藏高原还是"一带一路"环境变化的核心驱动区，将对"一带一路"20多个国家和30多亿人口的生存与发展带来影响。

　　2017年8月19日，第二次青藏高原综合科学考察研究启动，习近平总书记发来贺信，指出"青藏高原是世界屋脊、亚洲水塔，是地球第三极，是我国重要的生态安全屏障、战略资源储备基地，是中华民族特色文化的重要保护地"，要求第二次青藏高原综合科学考察研究要"聚焦水、生态、人类活动，着力解决青藏高原资源环境承载力、灾害风险、绿色发展途径等方面的问题，为守护好世界上最后一方净土、建设美丽的青藏高原作出新贡献，让青藏高原各族群众生活更加幸福安康"。习近平总书记的贺信传达了党中央对青藏高原可持续发展和建设国家生态保护屏障的战略方针。

第二次青藏综合科考将围绕青藏高原地球系统变化及其影响这一关键科学问题，开展西风-季风协同作用及其影响、亚洲水塔动态变化与影响、生态系统与生态安全、生态安全屏障功能与优化体系、生物多样性保护与可持续利用、人类活动与生存环境安全、高原生长与演化、资源能源现状与远景评估、地质环境与灾害、区域绿色发展途径等10大科学问题的研究，以服务国家战略需求和区域可持续发展。

"第二次青藏高原综合科学考察研究丛书"将系统展示科考成果，从多角度综合反映过去50年来青藏高原环境变化的过程、机制及其对人类社会的影响。相信第二次青藏综合科考将继续发扬老一辈科学家艰苦奋斗、团结奋进、勇攀高峰的精神，不忘初心，砥砺前行，为守护好世界上最后一方净土、建设美丽的青藏高原作出新的更大贡献！

孙鸿烈

第一次青藏科考队队长

丛书序二

  青藏高原及其周边山地作为地球第三极矗立在北半球，同南极和北极一样既是全球变化的发动机，又是全球变化的放大器。2000年前人们就认识到青藏高原北缘昆仑山的重要性，公元18世纪人们就发现珠穆朗玛峰的存在，19世纪以来，人们对青藏高原的科考水平不断从一个高度推向另一个高度。随着人类远足能力的不断加强，逐梦三极的科考日益频繁。虽然青藏高原科考长期以来一直在通过不同的方式在不同的地区进行着，但对于整个青藏高原的综合科考迄今只有两次。第一次是20世纪70年代开始的第一次青藏科考。这次科考在地学与生物学等科学领域取得了一系列重大成果，奠定了青藏高原科学研究的基础，为推动社会发展、国防安全和西部大开发提供了重要科学依据。第二次是刚刚开始的第二次青藏科考。第二次青藏科考最初是从区域发展和国家需求层面提出来的，后来成为科学家的共同行动。中国科学院的A类先导专项率先支持启动了第二次青藏科考。刚刚启动的国家专项支持，使得第二次青藏科考有了广度和深度的提升。

  习近平总书记高度关怀第二次青藏科考，在2017年8月19日第二次青藏科考启动之际，专门给科考队发来贺信，作出重要指示，以高屋建瓴的战略胸怀和俯瞰全球的国际视野，深刻阐述了青藏高原环境变化研究的重要性，希望第二次青藏科考队聚焦水、生态、人类活动，揭示青藏高原环境变化机理，为生态屏障优化和亚洲水塔安全、美丽青藏高原建设作出贡献。殷切期望广大科考人员发扬老一辈科学家艰苦奋斗、团结奋进、勇攀高峰的精神，为守护好世界上最后一方净土顽强拼搏。这充分体现了习近平生态文明思想和绿色发展理念，是第二次青藏科考的基本遵循。

  第二次青藏科考的目标是阐明过去环境变化规律，预估未来变化与影响，服务区域经济社会高质量发展，引领国际青藏高原研究，促进全球生态环境保护。为此，第二次青藏科考组织了10大任务和60多个专题,在亚洲水塔区、喜马拉雅区、横断山高山峡谷区、祁连山－阿尔金区、天山－帕米尔区等5大综合考察研究区的19个关键区,开展综合科学考察研究,强化野外观测研究体系布局、科考数据集成、新技术融合和灾害预警体系建设,产出科学考察研究报告、国际科学前沿文章、服务国家需求评估和咨询报告、科学传播产品四大体系的科考成果。

两次青藏综合科考有其相同的地方。表现在两次科考都具有学科齐全的特点,两次科考都有全国不同部门科学家广泛参与,两次科考都是国家专项支持。两次青藏综合科考也有其不同的地方。第一,两次科考的目标不一样:第一次科考是以科学发现为目标;第二次科考是以摸清变化和影响为目标。第二,两次科考的基础不一样:第一次青藏科考时青藏高原交通整体落后、技术手段普遍缺乏;第二次青藏科考时青藏高原交通四通八达,新技术、新手段、新方法日新月异。第三,两次科考的理念不一样:第一次科考的理念是不同学科考察研究的平行推进;第二次科考的理念是实现多学科交叉与融合和地球系统多圈层作用考察研究新突破。

"第二次青藏高原综合科学考察研究丛书"是第二次青藏科考成果四大产出体系的重要组成部分,是系统阐述青藏高原环境变化过程与机理、评估环境变化影响、提出科学应对方案的综合文库。希望丛书的出版能全方位展示青藏高原科学考察研究的新成果和地球系统科学研究的新进展,能为推动青藏高原环境保护和可持续发展、推进国家生态文明建设、促进全球生态环境保护做出应有的贡献。

姚檀栋
第二次青藏科考队队长

前　言

　　藏东南地区是位于青藏高原东南缘的山地地区，其下垫面具有较强的非均匀性，山脉众多，河谷纵横。雅鲁藏布大峡谷的存在使得该地区成为青藏高原最重要的水汽通道，它与低纬海洋季风活跃区构成了水汽输送的关键区，这一地区水汽输送结构的动态变化对亚洲水塔有重要的调节作用。第二次青藏高原综合科学考察研究任务一的一个重要科学目标，即揭示在西风－季风协同作用下，青藏高原山谷地形与河湾区云降水形成及其高原水资源失衡的机制，研究藏东南地区、雅鲁藏布江区域水汽输送通道与跨半球海洋水汽源关联机制，为亚洲水塔水资源变化及其应对气候变化决策提供科学依据。

　　自第二次青藏高原综合科学考察研究项目启动以来，我们构建了海洋水汽源通道"隘口"——墨脱雷达超级站，实施了雅鲁藏布江沿江大拐弯天－地－空一体化综合观测试验，为开展云、降水粒子微物理特征以及青藏高原水分循环机制研究提供了数据保障。本书正是在一系列野外考察、观测试验的基础上开展研究的成果总结。

　　本书分为9章，主要内容和分工如下：

　　第1章主要介绍了藏东南地区水分循环的气候变化特征，由陈学龙、陆日宇、李超凡、曹殿斌、邓梦雨等执笔。

　　第2章主要介绍了藏东南水汽输送关键区云降水过程综合观测试验及云降水物理特征研究结果，由王改利、刘黎平等执笔。

　　第3章从降水、水汽输送、热力－动力结构等方面分析了雅鲁藏布江流域降水过程特征影响因子，由王东海、李红莉等执笔。

　　第4章介绍了在雅鲁藏布大峡谷地区水汽输送分型的基础上，地－气间水热交换特征及数值模拟的研究结果，由刘辉志、文军、周立波等执笔。

　　第5章主要分析了藏东南地区冰川面积变化趋势、成因及冰川物质平衡的时空分布特征，由龙笛、刘瑞霞、李雪莹、赵凡玉、李兴东等执笔。

　　第6章主要介绍了藏东南地区降水时空分布特征及其对土壤温

度和冻融状态的影响，由罗斯琼、董晴雪执笔。

第7章主要介绍了在中等温室气体排放情景下藏东南地区气候变化未来趋势预估，由徐影、石英、李柔珂等执笔。

第8章主要介绍了川藏铁路沿线灾害天气预报敏感区追踪技术、雷达资料同化技术及模式参数优化方案，由沈学顺、赵天良、陆春松、李红莉、刘永柱等执笔。

第9章介绍了藏东南墨脱雷达超级站观测数据远程传输系统，由贺俊彦、刘然、马明、王怀乐等执笔。

本书由第二次青藏高原综合科学考察研究任务一负责人徐祥德策划、组织，徐祥德、魏凤英起草提纲并对全书进行统稿。

本书是参与第二次青藏高原综合科学考察研究项目任务一"西风－季风协同作用及其影响"专题5"西风－季风协同作用对亚洲水塔变化的影响"的众多研究人员不畏艰辛、潜心研究的劳动成果。在藏东南水分循环结构与云降水特征综合考察研究的整个过程中，得到林芝市气象局、墨脱县气象局、波密县气象局、中国科学院藏东南高山环境综合观测研究站、鲁朗生态气象站等部门的大力支持与协助。在本书编写过程中，蔡雯悦、张胜军、陈斌、程兴宏、于淑秋、滑桃、刘红娟等协助组织编写研讨会、整理参考文献、联系出版事宜和校对书稿等，在此一并表示衷心的感谢。

《藏东南水分循环结构与云降水特征综合考察研究》编写委员会
2023 年 8 月

摘　　要

　　藏东南地区是位于青藏高原东南缘的典型山地地区，喜马拉雅山和念青唐古拉山在此构成了南北走向的横断山脉。雅鲁藏布大峡谷作为青藏高原最重要的水汽通道，将印度洋水汽源源不断地输送到高原，暖湿气流带来充沛的降水和能量，造就了藏东南地区温和湿润的气候、茂密的雨林、密集的冰川、众多的河流和多样化的植物。藏东南地区作为全球气候变化响应最为敏感的地区之一，其水分循环的强弱及水汽输送路径变化直接影响到青藏高原乃至东亚的天气、气候、生态和水资源变化。因此，深入了解气候变暖背景下藏东南地区水分循环的变化特征，揭示西风－季风协同作用下青藏高原山谷地形与河湾区云降水形成及其高原水资源失衡的机制，厘清藏东南地区、雅鲁藏布江区域水汽输送通道与跨半球海洋水汽源关联机制，对藏东南地区水资源的科学开发利用具有重要的科学意义。

　　自第二次青藏高原综合科学考察研究项目启动以来，项目任务一专题 5 构建了海洋水汽源通道"隘口"——墨脱雷达超级站，实施了雅鲁藏布江沿江大拐弯天－地－空一体化综合观测试验，开展了藏东南水分循环气候特征、云降水过程影响因子、地－气之间水热交换过程、冰川变化趋势及物质平衡、冻融过程等方面的研究，提出了川藏铁路沿线预报敏感区大气识别追踪技术、同化技术及数值预报参数化改进方案，建立了藏东南墨脱雷达超级站观测数据远程传输模式系统，并对藏东南气候变化未来趋势及对水资源及水循环影响进行了预估。主要考察研究结果总结如下：

　　系统分析了青藏高原南部地区（27°N～32.5°N，85°E～98.5°E）、藏东南地区（28°N～32°N，90°E～102°E）的降水气候特征变化趋势与水汽收支结构及水汽输送异常结构和形成机制。青藏高原南部地区降水表现出一定的年代际变化，20 世纪 80 年代初期降水偏少，80 年代后期至 21 世纪初期降水又持续偏多，2005 年之后降水量以年际振荡为主。夏季藏东南地区的水汽收支以经向的输送贡献较大，水汽辐合区主要位于中北部，辐散区主要沿青藏高原南缘分布。净水汽收支持续增加，主要体现在纬向水汽输送的增加。夏季藏东南地区水汽收支的增多对应热带西太平洋偏暖、热带东太平洋和北印度洋偏冷。这种海温分布型调制亚洲季风的变化，同时与青藏高原西北侧的对流层上层环流异常协同作用，调制夏季藏东南地区的水汽收支。藏东南地区的降水和水汽变异有明显的区域性差异。藏东南地区是高原地区最主要的水汽通道之一，是水汽最为丰沛的地区，四季均存在西南水汽输送，夏季最强、冬季最弱。在夏季，以季风相关的西南气流输送为主，占比 50% 以上。水汽的输送机制除了与高原的热力作用和东亚季风气流有关外，还与高原及周边的对流和气旋活动等相关。自 20 世纪 60 年代以来，藏东南地区的年平均降水量呈现弱的上升趋势，在春季上升趋势更为显著。但在 1998～2014 年夏季，藏东南地区的降水存在显著的下降趋势，由季风环流减少引起大西洋多年代际振荡（AMO）的位相变化、印度－太平洋海表温度偶极子模态等是其中的影响因子（详见第 1 章）。

墨脱位于雅鲁藏布江下游，强降水和极端降水变化趋势不显著。墨脱年降水量大于 2000 mm，气候湿润，雨量充沛，是藏东南水汽输送通道入口的关键区，对高原气候变化的响应具有敏感性和强烈性，是青藏高原气候系统中的一个典型单元。在第二次青藏高原综合科学考察研究项目的支持下，第一次在青藏高原东南部雅鲁藏布大峡谷水汽源通道"隘口"处——墨脱雷达超级站建立了云和降水的观测试验基地，架设了 X 波段双偏振相控阵雷达、Ka 波段毫米波云雷达、K 波段微雨雷达、风廓线雷达、微波辐射计及雨滴谱仪等多种先进观测设备。通过对观测试验得到的数据进行研究分析，加深了对雅鲁藏布大峡谷水汽通道入口处的云降水三维结构及宏微观物理特征的认识。墨脱地区云的发生频率较高，年平均达 65.3%，雨季降水云的发生频率大于 39.7%。墨脱地区的云底高度（CBH）具有 0～1 km 和 2～3 km 双峰特征。墨脱地区的层状云降水结构清晰，具有明显的零度层亮带，零度层高度随季节变化明显。零度层以上，冰晶粒子增长缓慢，整体状态稳定，因此反射率因子变化不明显。在零度层下半部分，冰晶粒子转化为液滴，谱偏度由正值转为负值且峰度减小。零度层以下，冰晶粒子转化为液滴，由于碰并作用，小粒子浓度开始降低，较大粒子浓度持续增加。墨脱地区 4～10 月降水频次高、对流性降水多，其中以 6 月最为显著。降水回波频次、顶高、面积的日变化表明，旱季日降水主要发生在下午与上半夜，雨季主要发生在下半夜。墨脱地区的雨滴谱具有明显的季节变化特征，降水主要集中在季风前期和季风期，冬季和季风后期降水很少。季风前期西风盛行，降水以冷雨过程为主，通过冰粒子的融化形成了较多的大雨滴。由于季风期印度洋大量暖湿气流输送到墨脱，降水以暖雨过程为主，碰撞和合并过程产生了大量小雨滴。冬季降水以冷雨过程为主，冰相粒子的融化形成了一定数量的大雨滴，同时干燥的大气和较大的风速，造成冬季降水小雨滴的减少。季风后期潮湿和弱风的大气环境，有利于产生小雨滴（详见第 2 章）。

基于单个大气柱的约束变分分析（constrained variational analysis，CVA）方法构建的数据在成云－对流－降水过程、水汽和热量收支、资料和模式评估等方面具有明显优势。将 CVA 方法应用于青藏高原雅鲁藏布江流域的降水及大气动力、热力和水汽结构特征研究，选择雅鲁藏布江上、中、下游三个区域作为研究区域。6 月雅鲁藏布江流域主要受到西风气流影响，西风气流由青藏高原西南侧进入雅鲁藏布江流域，由于青藏高原地形的阻挡作用，西风气流对雅鲁藏布江上、中、下游的影响依次减弱；7月、8月西风气流大幅减弱，季风显著加强，影响范围扩大，孟加拉湾-印度次大陆上空形成低压中心，风速大值区位于孟加拉湾，较强的东南风从孟加拉湾北上影响青藏高原南部，雅鲁藏布江上、中、下游受季风的作用依次增强。雅鲁藏布江流域是夏季青藏高原地区水汽通量相对较多的区域，下游和中游地区水汽通量高于上游地区。季风带来的海洋暖湿空气经爬坡到达青藏高原南部，继续向上运动，释放不稳定能量，导致南部7～8月有较为集中的降水；受季风水汽输送由东向西推进的影响，雅鲁藏布江下、中、上游依次在7月初、7月10日前后、8月上旬达到降水峰值。雅鲁藏布江上、中、下游夏季大气视热源（Q_1）均为正值，其中下游地区热源加热最强，加热中心高度最低，且整个夏季都存在显著的热源加热现象，表明夏季下游地区主要为深对流云降水。7月、8月整层以加热为主，发展为深对流云降水，这是雅鲁藏布江流域下游地区整个夏季持续强降水，而中游和上游地区7～8月才出现集中降水的原因之一（详见3.3节）。

对藏东南雅鲁藏布大峡谷地区水汽输送类型进行分类，分析在不同水汽条件下雅鲁藏布大峡谷近地面-大气间水热交换过程与水汽输送的关联机制。分析表明，高原季风期对应大峡谷地区水汽强输送期和温湿期，高原非季风期则相反。墨脱站、排龙站在高原季风期/非季风期典型晴天/阴天近地面潜热通量日变化对大气水汽条件较为敏感且响应一致，近地面潜热通量在强水汽条件下的日变化均强于弱水汽条件下的日变化。在高原季风期典型晴天，墨脱站、排龙站在弱水汽条件下的近地面感热通量日变化均强于强水汽条件下的日变化。大峡谷地区存在水汽输送通道，大气水汽的辐射强迫对陆-气间水热交换过程存在显著影响，但近地面能量分配受地表水热属性的制约（详见4.1～4.3节）。

开展了南亚季风对雅鲁藏布江河谷地区水热状况影响的模拟试验。模拟结果显示，陆面过程模式CLM5.0对雅鲁藏布大峡谷地区地表水热通量模拟效果较好，但高估了近地面感热通量模拟值，低估了近地面潜热通量和地表温度。对比分析了四种参数化方案在雅鲁藏布大峡谷地区复杂下垫面的适用性，发现四种参数化方案均有效地减少了近地面感热通量和地表温度的模拟误差，而对近地面潜热通量模拟误差无显著提高。模拟试验表明，南亚夏季风演变对藏东南地区的地-气交换过程有重要影响，主要通过调整局地的大气辐射、热力和水汽状况来完成。在南亚夏季风偏北位相时，局地大气辐射明显减弱，地-气温差减弱，从而造成地-气交换过程大大减弱；而在季风偏南位相时，观测区域的大气辐射状况、热力状况和地-气交换过程都显著增强。基于上述优化的数值模拟系统开展模拟研究，结果表明，该模式成功模拟了雅鲁藏布江河谷地区水热状况的平均日变化特征，其平均误差都在4.0%以内，观测与模拟结果的相关系数都在0.7以上（详见4.4～4.5节）。

在全球变暖的大背景下，藏东南地区加速变暖改变了冰川平衡线高度、面积、物质平衡、长度、积累区范围，从而引发冰崩、冰湖溃决等自然灾害，严重威胁该地区人民的生活及安全。本书分析汇总了藏东南地区冰川的主要特点、冰川面积变化趋势及其原因和冰川物质平衡的时空分布特征。分析结果表明：藏东南地区冰川数量众多，冰川主要分布在念青唐古拉山系中，并表现出季风海洋性冰川的特征。海洋性冰川受气候变化影响显著，消融速度快，活动剧烈，融水众多，产生了数量众多的冰湖，是整个青藏高原冰湖分布最为广泛的区域；总体而言，藏东南地区冰川在 1995～2015 年呈现退缩趋势，且退缩速率在近 10 年有所加剧，其中规模 <1 km² 的冰川数量减少最多；1995～2015 年，各海拔带的冰川面积均表现为退缩趋势，并呈现退缩最大程度向高海拔地区转移的趋势，2005～2015 年海拔高于 4800 m 的冰川退缩速度加快，其中东南坡向的冰川面积退缩较大，而气温和降水是影响冰川运动的最重要因素；2003～2020 年，藏东南地区的冰川表面高程变化速率和冰川物质平衡均呈下降趋势，表明冰川水资源呈现损失状况，其中藏东南东北部地区是冰川物质损失最严重的区域（详见第 5 章）。

本书分析了藏东南地区降水对土壤温度与冻融过程的影响，剖析了藏东南地区地 - 气相互作用中降水变化与土壤水热演变间的关系。近 20 年，土壤温度呈显著上升趋势，且上升幅度大于近 40 年；藏东南地区土壤水热的变化与气温的变化较为一致，但降水也对土壤水热状态的改变发挥了不可忽视的作用；在藏东南地区，降水对土壤温度有升温及降温两种作用机制：春季土壤开始融化、秋季土壤开始冻结、冬季土壤处于完全冻结状态，这三个季节降水温度高于土壤温度，起加热作用；而夏季土壤为未冻结状态，此时降水温度低于土壤温度，起降温作用；冻融期降水起升温作用，加速冻土融化、减缓冻土冻结；非冻融期降水起降温作用，降低土壤温度。空间上，在冻融期较长、冻结深度较深的地区，降水降温机制和升温机制均比较明显；在冻融期较短、冻结深度较浅的地区，降水多表现为降温作用。降水对土壤水热影响的负反馈机制主要表现为：降水使土壤温度较低的地区升温，加速冻土的融化；使土壤温度较高的地区降温，减缓冻土的融化。冻融变化主要由土壤的热状态和水状态共同决定，降水一方面通过自身温度和土壤温度差异影响土壤热状态，另一方面影响土壤湿度和潜热通量，而积雪通过改变地表反照率影响地表能量分配。藏东南地区在青藏高原为降水和积雪大值区，水分的影响较其他地区更为明显，故降水对藏东南能量平衡的维系发挥重要作用（详见第 6 章）。

利用高分辨率区域气候模式，结合统计降尺度方法预估了中等温室气体排放情景（RCP4.5）下藏东南地区未来气候变化趋势，结果表明，未来藏东南地区年平均及冬、夏季平均气温将持续上升，且冬季气温的增加速率最高。年平均及冬夏季平均降水的变化则表现不同，其中冬季降水呈现出较为明显的增加趋势，夏季降水表现为增加，但增加趋势相对较小，年平均降水则变化不大；在全球变暖背景下，未来藏东南地区积雪日数将减少，相应的积雪量将减少，21 世纪中期大部分地区积雪开始时间将推后，少部分地区积雪开始时间将提前，而积雪结束时间基本表现为提前；21 世纪末期在整个区域上基本表现为积雪开始时间推后、积雪结束时间提前，相应的积雪期将缩短（详见第 7 章）。

总结了可能影响川藏铁路的灾害性天气及其衍生灾害，包含暴雨、降雪、雷暴、大风、低温、雾等，为建设沿线灾害天气实时监测系统提供了重要的统计事实。还建立了数值预报奇异向量预报敏感区识别追踪技术，计算并分析了川藏铁路沿线不同季节灾害天气预报的敏感区，开展了预报敏感性试验，这些结果为建立靶向灾害天气监测系统提供了重要的科学依据。针对青藏高原灾害天气预报关键资料（卫星和雷达资料）同化技术开展研究，建立了关键资料的高分辨率同化系统。针对灾害天气发生发展的对流过程和云物理过程，研制了新的夹卷混合和云雨碰并参数化方案，提高了高分辨率降水数值预报的效果。在上述基础上，建立了公里分辨率、逐小时快速循环同化数值预报系统，实现了雷达、地面自动站、风云静止卫星等高时空密度大气探测资料同化（详见第 8 章）。

开发自动采集、实时传输、可靠存储数据的远程传输系统，可以为科学研究创造良好的数据使用环境。在调研科学考察观测现场的基础上，建立了墨脱雷达超级站观测数据远程传输系统。数据收集与传输平台借鉴了消息树链的思想，采用公有云加互联网技术。目前，数据收集与传输平台已正式启用，采集数据后，通过互联网线路推送至位于北京的国家气象信息中心，由用户自行按需调用（详见第 9 章）。

目　　录

第 1 章

藏东南地区水分循环的气候变化特征

　　青藏高原作为全球最高和最大的地形，其特殊地形的热力驱动使得暖湿气流从低纬海洋向高原输送和汇聚，是全球能量、水汽交换和水分循环最重要的地区之一。藏东南地区作为青藏高原最重要的水汽通道，水汽含量在高原分布最为充沛，它与低纬海洋季风活跃区构成水汽输送的关键区。藏东南地区处于气候、生物和生态的过渡带，地表水资源十分丰富，是东亚地区多条重要河流的发源地和流经地，地表水资源占中国的 1/3 以上，是目前世界上气候类型多样性、物种多样性和生态多样性最为典型和最为集中的区域之一，同时也是我国海洋性冰川最为集中、冰川消融最为剧烈、东亚陆-气相互作用最为敏感的地区之一。

　　水循环是极其复杂且重要的自然过程，主要包括蒸散发、水汽输送、降水、径流和下渗五个环节。水汽通过随气流不断运动和相变来实现空间转移，将各种水体联合构成连续统一的水圈，在水循环过程中将水圈、大气圈、冰冻圈、生物圈和岩石圈等紧密地联系在一起，形成相互联系和相互制约的统一体。水循环的存在可以促进自然环境中物质和能量转化迁移，塑造地貌生态特征，同时水循环中的蒸发、水汽输送和降水均在大气中进行，其对天气和气候变化具有重大影响。藏东南地区作为全球变化响应最为脆弱的地区之一，其水循环的强弱及水汽输送路径变化可以直接影响区域乃至全球的天气、气候、生态和水资源变化。对藏东南地区及其周边海洋季风关键区长期观测统一设计，构建一个以东亚、高原、海洋、陆地为目标，点-面结合，以点带面，经济有效的多交叉、多要素、全天候的综合长期观测网络，开展精细化的水分循环以及大气-陆面-生态系统多圈层相互作用观测研究，对于进一步认识藏东南地区水循环特征，预估和揭示水循环变化对当地乃至东亚区域生态圈的影响程度和机理，研究全球变化背景下藏东南地区水资源的科学开发利用具有重要的科学意义。本章首先介绍了青藏高原南部地区（27°N ～ 32.5°N，85°E ～ 98.5°E）的降水气候特征，然后重点对藏东南地区（28°N ～ 32°N，90°E ～ 102°E）降水和水汽收支特征进行分析，给出了该地区水汽输送和降水的空间分布及变化特征。

1.1 青藏高原南部地区降水分布的气候特征

1.1.1 年平均降水的气候特征

　　青藏高原降水的空间分布自东南向西北逐渐减少，大部分年降水量主要发生在夏季（6 ～ 8 月），占全年总量的 60% ～ 70%，其次是秋季和春季，冬季（12 月至次年 2 月）最少，降水量占比不到 10%，夏季降水明显强于冬季降水（Feng and Zhou，2012）。藏东南地区水汽丰沛，气候湿润，年平均降水量为 500 ～ 1000 mm（Wang et al.，2018）[图 1.1 (a)]，雅鲁藏布江下游至上游年降水量跨度较大，下游段墨脱县年降水量约

3500 mm，中游段的米林市和日喀则市分别约为 600 mm 和 420 mm，中游上段的拉孜县和仲巴县分别约为 310 mm 和 280 mm，梯度变化明显，流域内年降水量 60% ～ 90% 主要集中在 6 ～ 9 月（聂宁等，2012）。冬季雪（雨夹雪）/降水和夏季雨/降水的空间分布呈现相反特征，即雪与降水比值低的地区通常对应于雨与降水比值高的地区（Zhu et al.，2017）（图 1.2）。

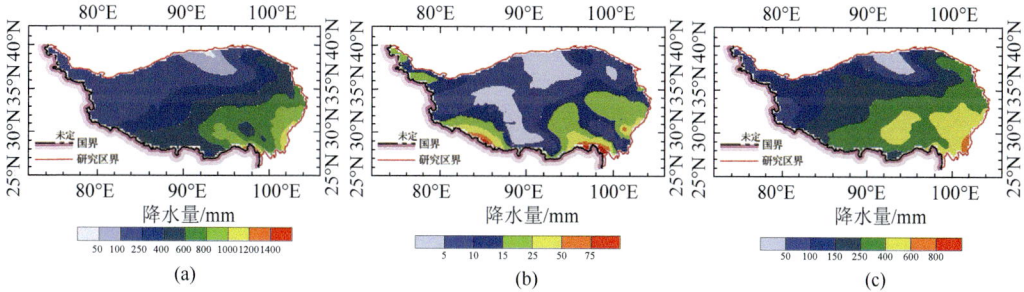

图 1.1　1961 ～ 2012 年青藏高原降水量的空间分布（Wang et al.，2018）

(a) 年总降水量；(b) 冬季降水量；(c) 夏季降水量

数据来源：CN05.1 日降水观测格点数据（分辨率 0.25°×0.25°）

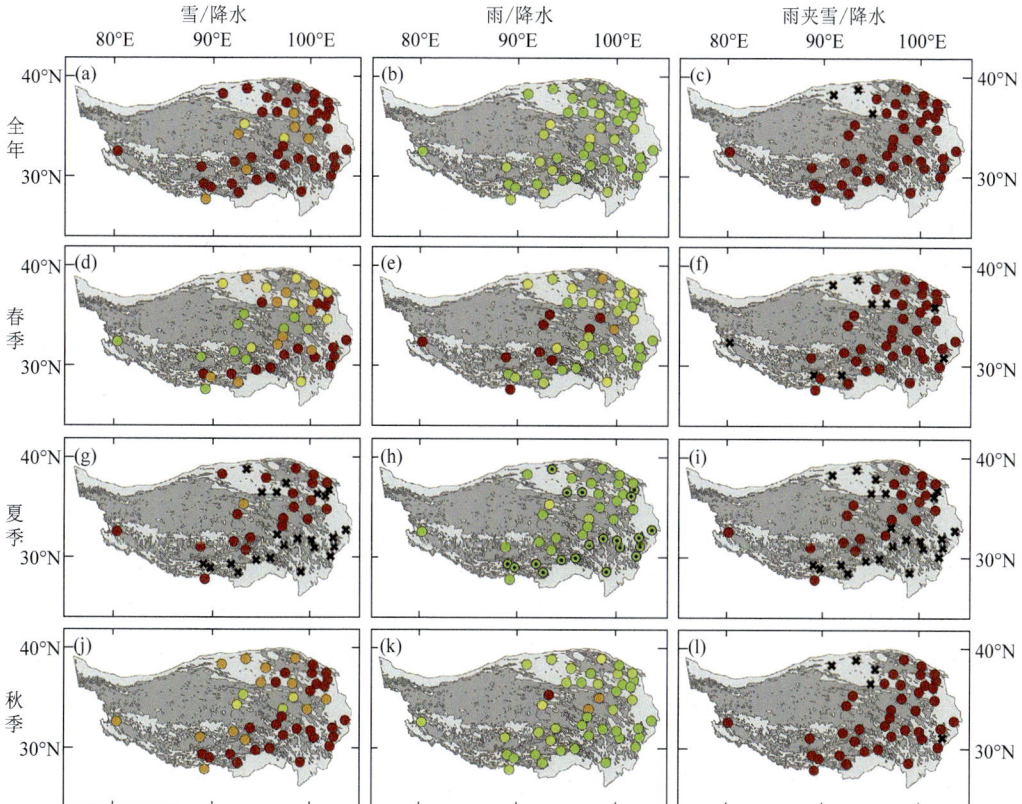

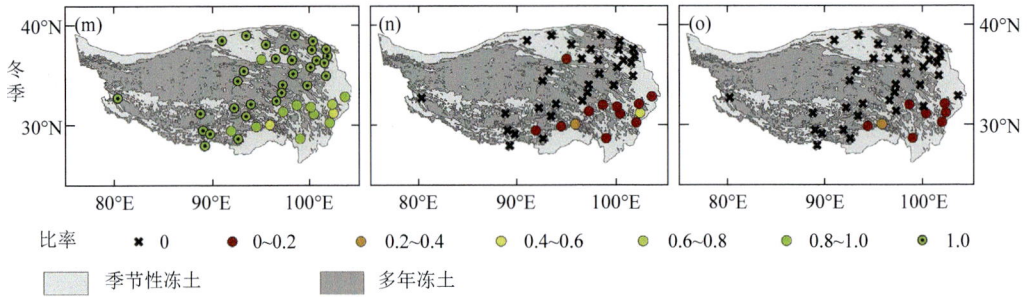

图 1.2 1961～2014 年不同季节的雪、雨、雨夹雪与降水比的空间分布（Zhu et al.，2017）
左、中、右三栏分别为雪、雨、雨夹雪与降水的比值

1.1.2 藏东南地区降水变化特征

藏东南地区月平均降水强度呈现正态分布特征，较大的降水强度主要分布在 5～9 月，平均降水强度超过 1.5 mm/d，7 月降水强度最大，约 4.3 mm/d[图 1.3（a）]，位于藏东南地区喇叭口处的波密站 3～10 月降水强度均超过 1.5 mm/d，且降水强度在 3～10 月差异不大，最大降水强度发生在 6 月［图 1.3（b）]，藏东南地区的降水强度与地形和季风活动密切相关。

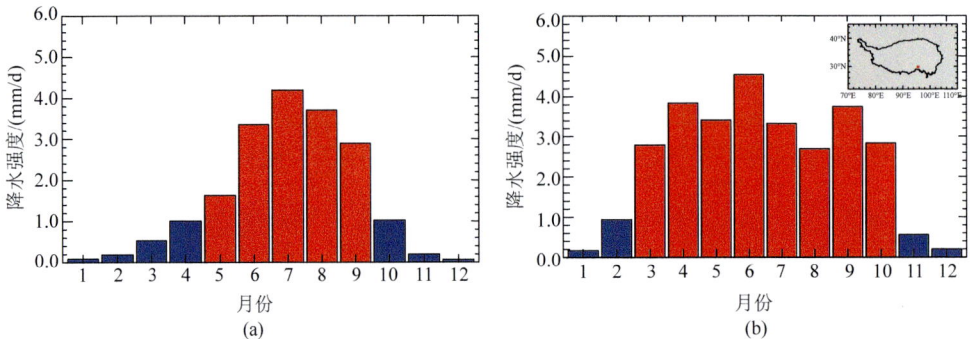

图 1.3 1980～2014 年藏东南地区月平均降水强度分布（a）及波密站月平均降水强度分布（b）
灰色小图中红色圆点表示站点位置

在日降水变化上，青藏高原东南部（西部和北部）小时降水频率和强度高（低）。青藏高原上的大多数站点在午后至午夜前存在降水高峰，午后至傍晚（傍晚至午夜前）的降水峰值主要由持续时间短（长）的降水事件促成（Li，2018）（图 1.4）。藏东南地区的日降水变化与青藏高原中心区的日降水变化表现出不同特征，藏东南地区的日降水峰值比青藏高原中心区的降水峰值出现的平均时间晚 4～7h，藏东南地区的降水峰值平均出现在当地时间 19 时前后，而青藏高原中心区的降水峰值一般出现在中午前后（Xu and Zipser，2011；Xu et al.，2012）。藏东南地区降水峰值出现时间可能与台站位置和

地表反照率密切相关，在藏东南地区常规观测台站大多位于山谷中，其观测到的降水峰值多出现在夜间，而位于山坡上的台站观测的降水峰值平均出现在午后（Chen et al.，2012）。在藏东南地区，强降水发生时，对流层顶高度一般在 5 ～ 11 km，最大可达 16 km 以上。统计分析发现，在夏季风期间，藏东南河谷地区强降水持续时间为 5 ～ 11 h，主要与大尺度季风环流和山谷对流有关（Zeng et al.，2021）。

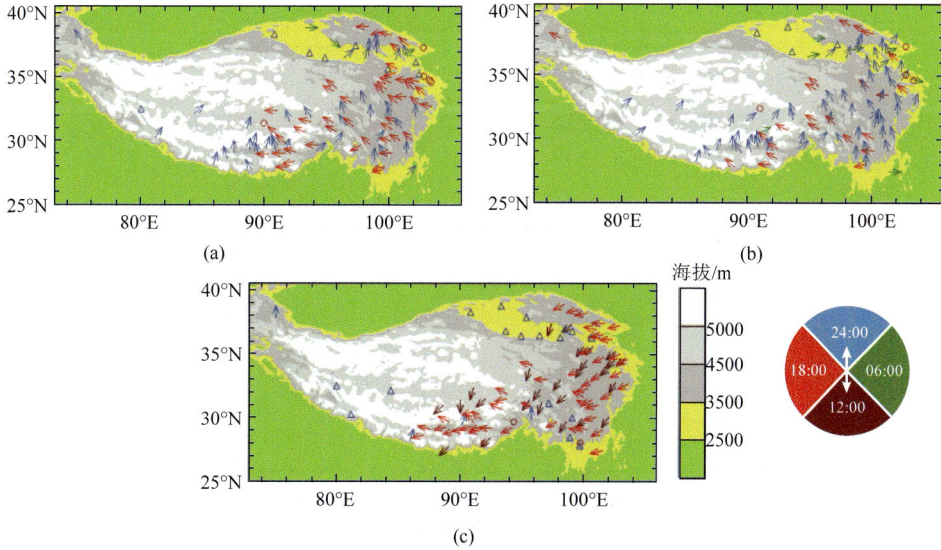

图 1.4　夏季日降水峰值的空间分布

红色、蓝色、绿色和棕色单位向量分别代表当地标准时间（LST）15:00 ～ 21:00、21:00 ～ 03:00、03:00 ～ 09:00 和 09:00 ～ 15:00 之间出现降水峰值（Li，2018）。有双（多）峰的站点用棕色圆圈（蓝色三角）标记。(b) 和 (c) 与 (a) 相同，但分别表示降水长持续时间、短持续时间事件

自 20 世纪 60 年代以来，青藏高原正经历暖湿化趋势（图 1.5），就高原整体而言，高原西北地区的年平均降水量增加 3.99 mm/10a，高原东南地区增加 16.84 mm/10a（You et al.，2015），冬季和春季的降水增加趋势明显，高原整体平均分别为 4.74 mm/10a 和 1.05 mm/10a（You et al.，2012），秋季降水变化不明显，夏季降水在不同地区都有增加和减少，高原降水的变化存在明显的区域和季节性差异（Kuang and Jiao，2016）。暖湿化主要发生在高原的中心区域，在夏季这种特征尤为突出 [图 1.5（c）]。有研究表明（Sun et al.，2020），自 1979 年以来，青藏高原夏季暖湿化可能与高原上空的西风减弱有关，后者在年代际时间尺度上与 AMO 显著相关。自 20 世纪 90 年代中期以来，AMO 一直处于正位相阶段（北大西洋海面温暖异常），通过海气和波流的相互作用，在欧亚大陆上空激发一连串气旋和反气旋异常。在青藏高原中部以东有一个异常的反气旋，在高原西部存在一个异常的气旋，前者削弱了西风，使得水汽滞留在高原中部上空，而后者促进了水汽从阿拉伯海向高原中部的输送，因此引起高原中部夏季降水的增加。

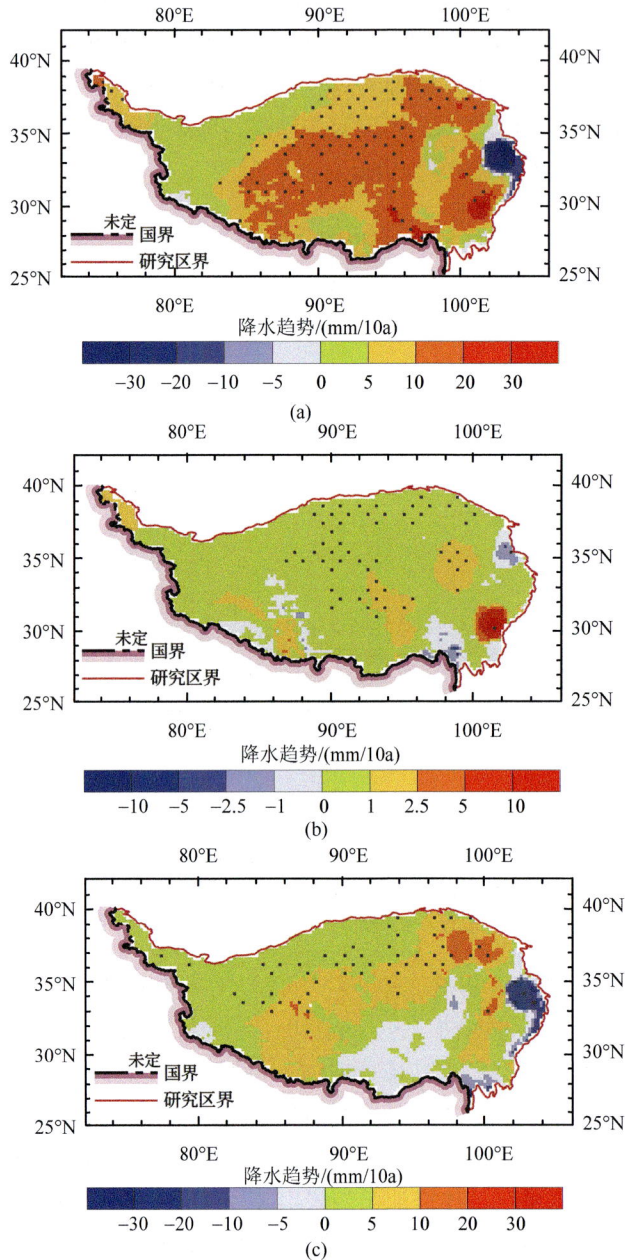

图 1.5 1961～2012 年青藏高原降水趋势空间分布年降水趋势（a）、冬季降水趋势（b）、
夏季降水趋势（c）（You et al.，2015）

图中黑点表示通过 0.05 显著性检验

数据来源：CN05.1 日降水观测格点数据（分辨率 0.25°×0.25°）

　　对于藏东南地区，基于 1961～2012 年藏东南地区 14 个站点的月降水数据分析发现，藏东南地区的区域平均年降水量呈现上升趋势（超过 78% 的站点呈增加趋势），年降水量平均增加约 1 mm，显著的降水量上升趋势主要发生在春季，超过 93% 的站点

呈现降水量增加的趋势（图 1.6）。降水量随海拔的变化并不明显，最大的降水量增加和减少主要发生在降水量的高值区（Zhang et al.，2015）。夏季降水量呈现与高原北部和中心区域相反的趋势变化，形成一对偶极子［图 1.7(c)］，尤其是 1998～2014 年夏季，藏东南地区的降水量存在显著的下降趋势，平均每个夏季下降 5.29 mm［图 1.7(a)］，其变化可能主要由强降水频次和弱降水强度下降导致［图 1.7(b)～(f)］。

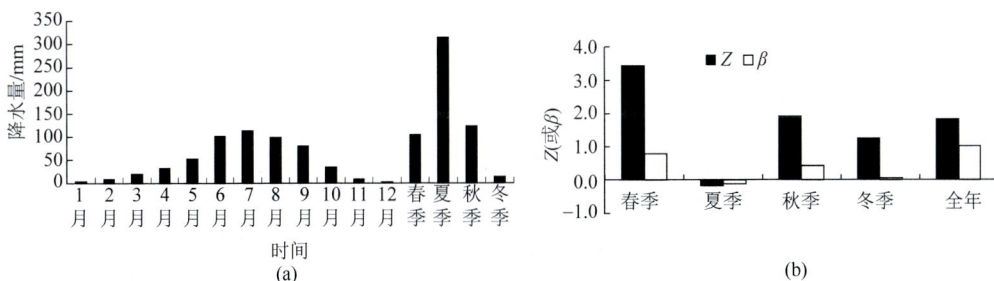

(a)　　　　　　　　　　　　　　(b)

图 1.6　1961～2012 年藏东南地区月平均和季节平均降水量随时间的分布（a）
及年降水量和季节降水量趋势（b）

Mann-Kendall 趋势检验方法，Z 为趋势估计量，β 为趋势斜率的大小

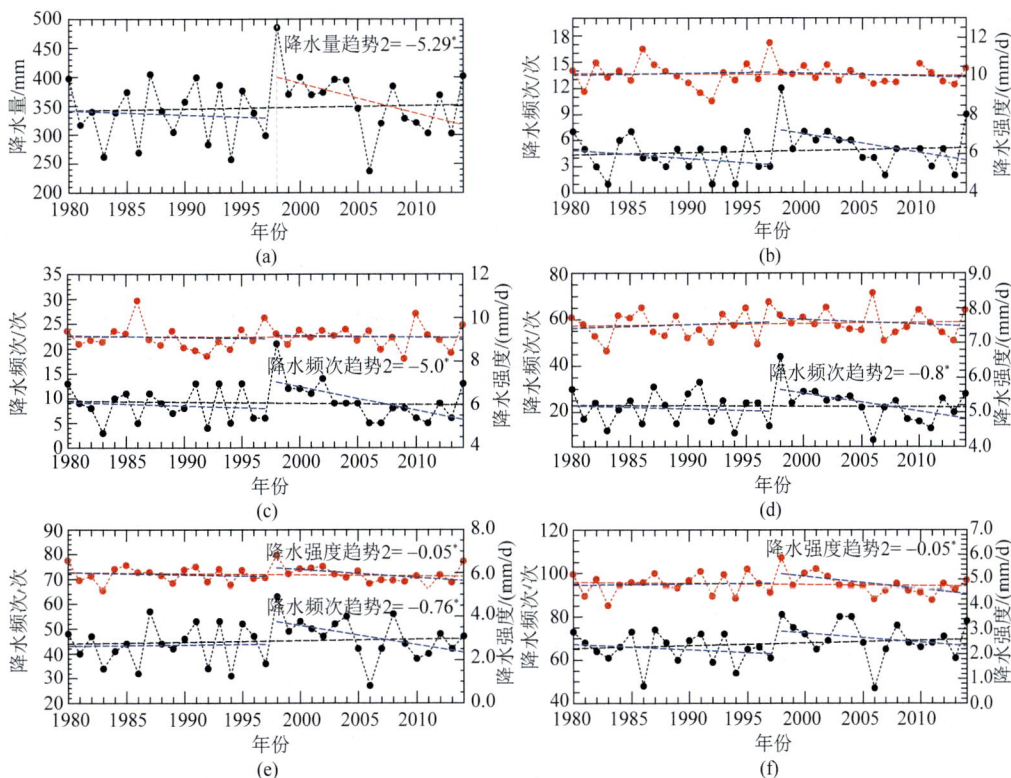

图 1.7　1980～2014 年藏东南地区夏季降水量随时间的变化（a）及 95%、90%、75%、50%、25% 分
位的夏季降水频次和强度的变化［(b)～(f)］

图中虚直线表示不同时段的线性趋势；＊表示通过 0.05 显著性检验

1.2　藏东南地区水汽收支结构的气候特征

青藏高原是全球能量、水汽交换和水分循环的关键区,有"亚洲水塔"之称。高原特殊地形的"热力驱动"使青藏高原高、低层互为反环流,从而产生了水汽的汇流与抽吸动力效应,有利于暖湿气流从低纬海洋向高原输送和汇聚(徐祥德等,2019;韩军彩等,2012)。高原水汽含量在空间分布上具有随海拔升高而降低的特征,夏季水汽含量多于冬季,整层水汽通量夏季(冬季)以辐合(辐散)为主(Xu et al.,2008),藏东南地区水汽含量最高,它与低纬海洋季风活跃区构成水汽输送"大三角扇形"关键区(韩军彩等,2012)。

水汽输送收支是影响区域水循环的重要环节,其辐合和辐散过程直接关系地表降水的分布特征(解承莹等,2015)和干旱的发展过程(Liu et al.,2017;徐祥德等,2002)。高原的旱、涝年份主要与藏东南地区的降水多少有关,当来自印度洋和孟加拉湾向北的水汽输送与来自西北大西洋向西的水汽输送偏强时,藏东南地区降水异常偏多,其环流异常主要呈现为乌拉尔山地区阻塞高压强盛,东亚地区大气环流表现为"+–+"高低高的位势高度形势,这种环流配置有利于向西和向北水汽输送在藏东南地区形成水汽辐合区,导致降水异常偏多(冯蕾和魏凤英,2008)。还有研究表明,印度次大陆北部和孟加拉湾上空的异常反气旋可以加强沿高原南缘向藏东南地区的水汽输送(Feng and Zhou,2012),藏东南地区的降雨中心与其上游的水汽通量大值区存在显著相关性(鲁亚斌等,2008)。

分析水汽收支的时间段为1979年1月1日～2019年12月31日,所用的大气环流资料为欧洲中期天气预报中心(European Centre for Medium-Range Weather Forecasts,ECMWF)提供的全球气候第五代大气再分析资料(ERA5),水平分辨率为0.25°×0.25°,时间分辨率为1 h。主要使用的变量包括:经向风、纬向风以及比湿。垂直分层为10层,包括200 hPa、225 hPa、250 hPa、300 hPa、350 hPa、400 hPa、450 hPa、500 hPa、550 hPa以及600 hPa。海表面温度的资料主要来自美国国家海洋和大气管理局(NOAA)提供的第五代重建海温资料(ERSST V5),水平分辨率为2°×2°。

1.2.1　水汽输送气候特征

从降水气候特征的分析中可以看出,亚洲水塔地区的降水主要来自夏季降水的贡献。因此,后面关于水汽收支的分析将围绕夏季展开。夏季,藏东南地区的水汽输入主要来自南部季风相关的水汽输送和西风相关的水汽输送[图1.8(a)],净水汽收支平均为$-8.5×10^5$ kg/s。我们分别定量计算了经向和纬向的年平均水汽输送量:经向的水汽输送量为$5.4×10^5$ kg/s;纬向的水汽输送量为$1.39×10^6$ kg/s,说明藏东南地区的水汽输送纬向的输送贡献较大。此外,藏东南地区水汽辐合区主要位于中北部,辐散区主要沿青藏高原南缘分布。从水汽输送的趋势上看,夏季水汽变化最明显的区域出现在东边界,对应向西的水汽输送异常,意味着东边界的水汽输出减少。其他三个边界水汽输送的长期变化不明显。东边界水汽输送的长期变化有利于藏东南中西部（95°E以西）水汽辐合增强，相对东部地区水汽辐合减弱。

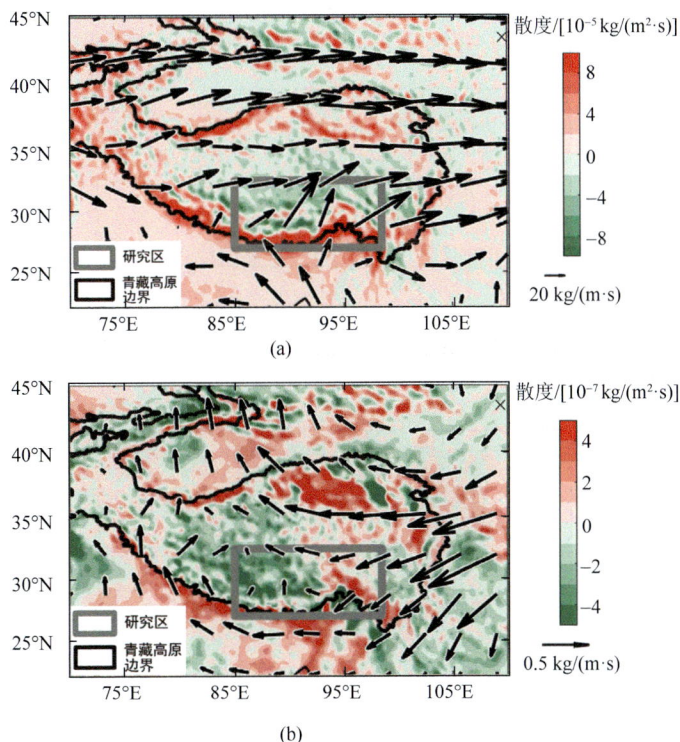

(a)

(b)

图 1.8　1979～2019 年夏季藏东南及其周边地区 200～600 hPa 垂直积分的水汽输送（矢量）及其散度（填色）

(a) 气候态；(b) 线性趋势

图 1.9 给出藏东南地区水汽收支的时间变化序列。从图 1.9 中可以看出，1979～2019 年，净水汽收支呈现持续增加的趋势，尤其是 2000 年之后大部分年份处于正位相，平均增加趋势为 1.15×10^4 kg/s。其中，经向的水汽输送以年际变化为主，呈现微弱的减少趋势，趋势值为 82 kg/(s·a)；而纬向水汽输送呈显著的增加趋势，趋势值为 1.16×10^4 kg/(s·a)。所以，藏东南地区净水汽收支的增加源于纬向水汽输送的增加。

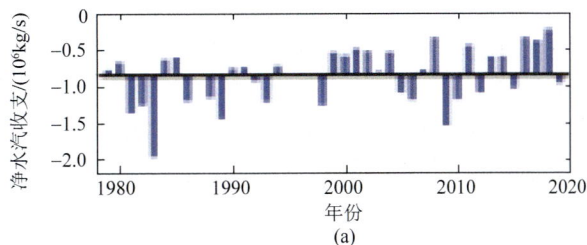

(a)

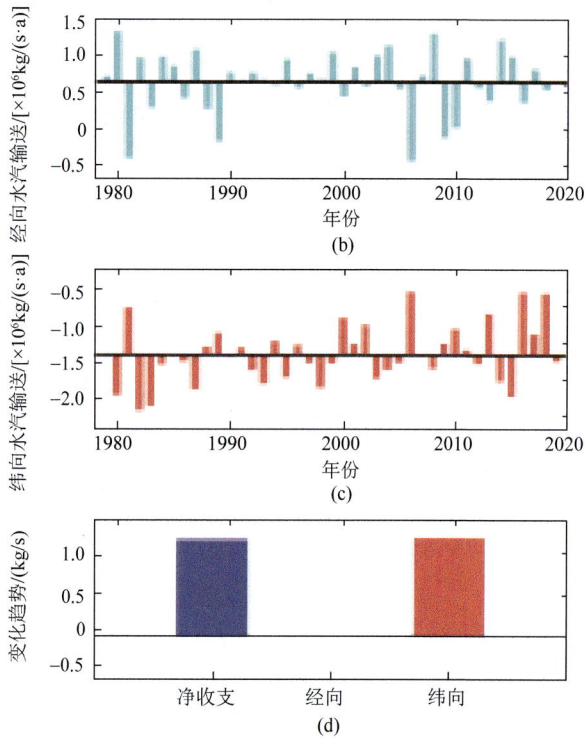

图 1.9　1979 ～ 2019 年夏季藏东南地区 200 ～ 600 hPa 垂直积分水汽收支的时间序列

1.2.2　水汽输送变化的主要影响因子

图 1.10 给出了 1979 ～ 2019 年夏季 200 hPa 风场对藏东南地区水汽收支的时间序列的回归场。在对流层高层，藏东南地区净水汽收入偏多与高原西北侧上空的反气旋和华南地区的气旋式环流异常相对应。该环流异常对应藏东南地区上空的东北风异常，有利于水汽的增多 [图 1.9（a）]。藏东南地区经向的水汽输入偏多与藏东南地区东北侧的 200 hPa 气旋异常有关 [图 1.10（b）]，气旋异常西部对应的北风异常有利于减少藏东南北部水汽的输出，对水汽增多有正贡献。纬向的水汽输入偏多则与藏东南地区北侧的 200 hPa 反气旋异常有关，反气旋异常南部对应的东风异常不利于水汽的向外输出，有利于水汽的增多 [图 1.10（c）]。

在对流层中层（图 1.11），藏东南地区净水汽偏多与青藏高原西北侧的波列分布对应的气旋异常以及高原东侧的东风异常有关。东风异常有利于减少藏东南地区东部水汽的输出。其中，藏东南地区东侧的东风异常主要与纬向的水汽输送有关，而经向水汽输送则主要与中高纬度高原西北侧的气旋式环流异常相关。

(a)

(b)

(c)

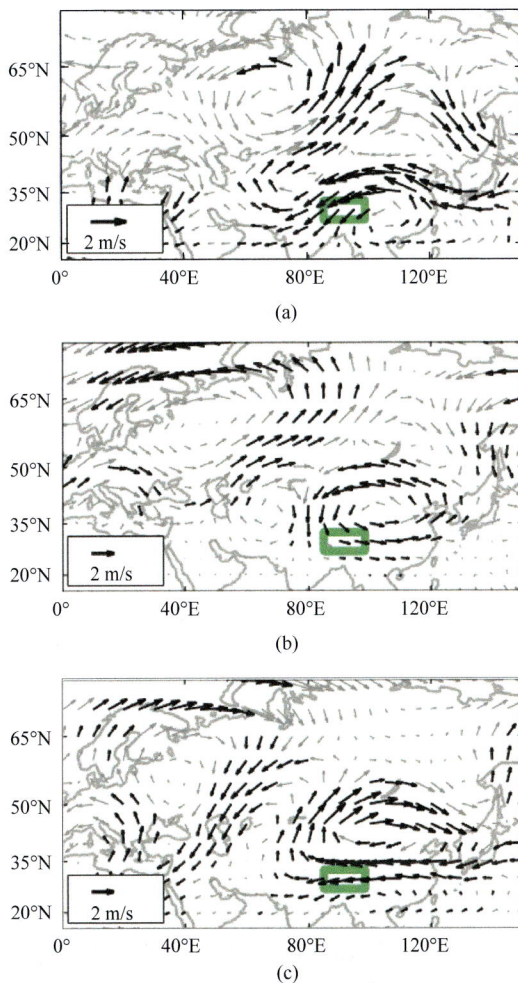

图 1.10　1979 ～ 2019 年夏季 200 hPa 风场（矢量）回归藏东南地区标准化的净水汽收支（a）、
经向水汽输送（b）和纬向水汽输送（c）

黑色矢量表示经向风或者纬向风异常通过 0.05 显著性检验；绿色方框表示藏东南地区

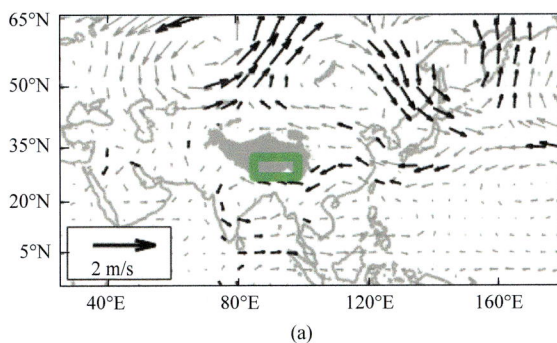

(a)

(b)

(c)

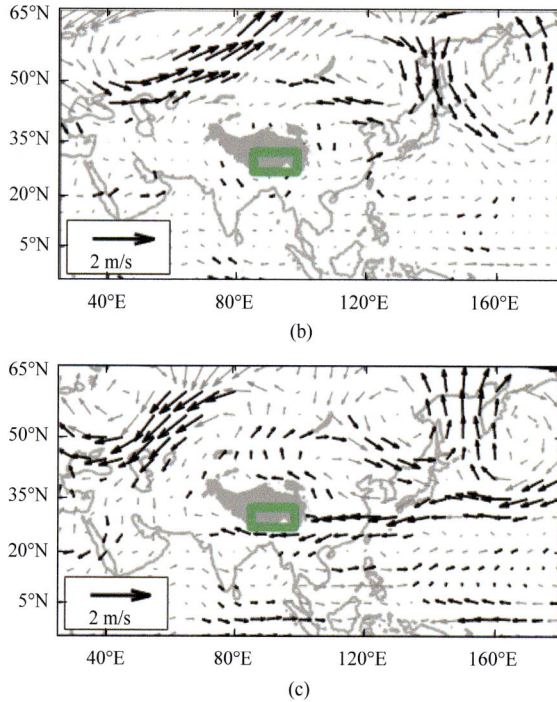

图 1.11　1979～2019 年夏季 600 hPa 风场（矢量）回归藏东南地区标准化的净水汽收支（a）、经向水汽输送（b）和纬向水汽输送（c）

黑色矢量表示经向风或者纬向风异常通过 0.05 显著性检验；绿色方框表示藏东南地区；灰色阴影表示地面气压低于 600 hPa

在对流层低层（图 1.12），藏东南地区的净水汽收支偏多与南亚上空的西风异常以及菲律宾附近地区上空的气旋式环流异常有关。其中，经向水汽输送异常与低层环流的关系较弱，主要体现在纬向水汽输送的变化上。纬向水汽输送的偏多与南亚上空的西风异常以及菲律宾附近地区上空的气旋式环流异常有关。该气旋式异常对应整个西北太平洋和东亚地区呈经向的遥相关分布，呈太平洋－日本／东亚－西北太平洋型（PJ/EAP）波列的分布特征（Zhou et al.，2022）。这种分布说明东西向的水汽收支与亚洲季风的变化密切联系。

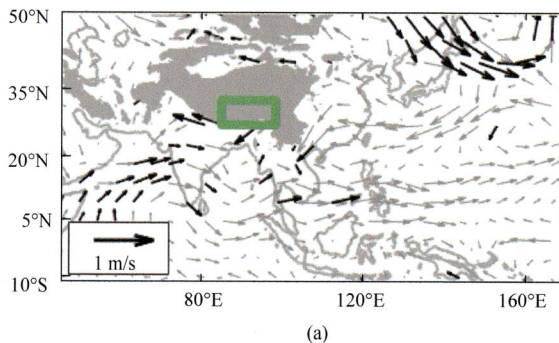

(a)

(b)

(c)

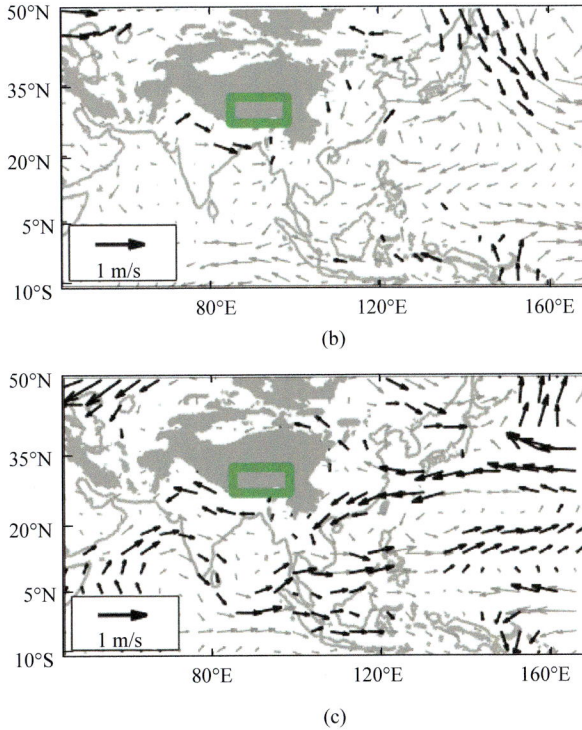

图 1.12 1979 ～ 2019 年夏季 850 hPa 风场（矢量）回归藏东南地区标准化的净水汽收支（a）、经向
水汽输送（b）和纬向水汽输送（c）

黑色矢量表示经向风或者纬向风异常通过 0.05 显著性检验；绿色方框表示藏东南地区；灰色阴影表示地面气压低于 850 hPa

夏季，藏东南地区水汽收支的变化与同期热带海温的变化也呈现一定的联系（图 1.13）。总的水汽收支偏多，对应热带西太平洋偏暖、热带东太平洋和北印度洋偏冷，这种海温分布型与菲律宾对流活动相互调制，共同影响东亚－西北太平洋遥相关型和副热带高压的变化。其中，经向水汽偏多对应海洋性大陆地区的负海温异常，热带东太平洋为暖海温异常，与总的水汽收支相应的海温不太一致；而纬向水汽输送偏多与总的水汽收支的海温分布比较类似，亦说明总的水汽收支的变化来自纬向的水汽收支的贡献，受到亚洲季风变化的调制。

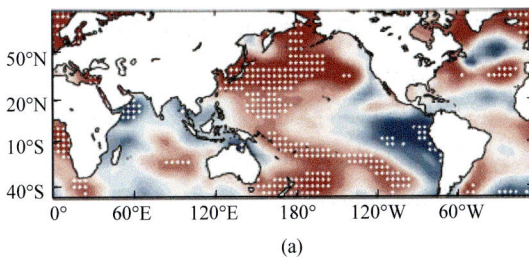

(a)

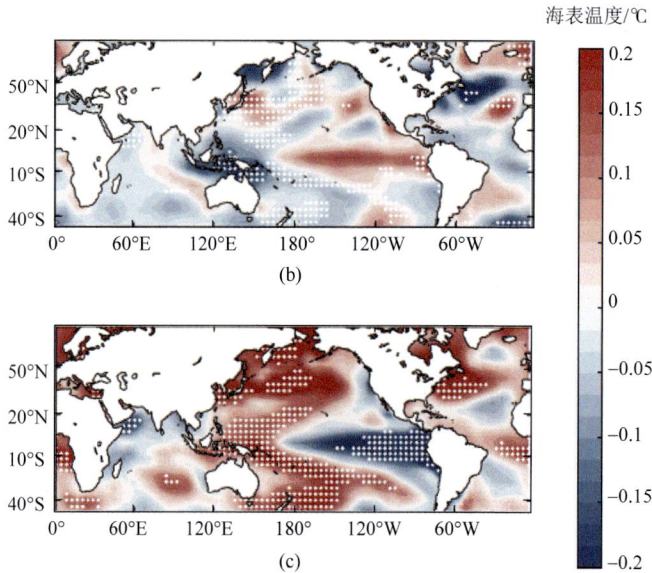

图 1.13　1979～2019 年夏季海表温度（填色）回归藏东南地区标准化的净水汽收支（a）、
经向水汽输送（b）和纬向水汽输送（c）

白色点表示海温异常通过 95% 的 F 检验

1.3　藏东南地区水汽输送异常结构和形成机制

　　青藏高原边缘大气可降水量水平梯度大，特别是在藏东南边界的区域，高原中心区域大气可降水量水平梯度小（图 1.14）。青藏高原上空始终存在一个深厚的高水汽含量区，其峰值在 500 hPa 左右，可以从地表延伸到大约 300 hPa（Zhang et al.,2013）。基于地基 GPS 水汽观测、MODIS 卫星遥感和再分析资料分析表明，2 月青藏高原上空大气总水汽量为 2～6 mm。青藏高原东南部雅鲁藏布大峡谷地区上空大气总水汽量约为 16 mm，到夏季 7 月时，高原大部分地区大气总水汽量显著增加到 8～20 mm，藏东南地区约为 30 mm，雅鲁藏布大峡谷地区可达 50 mm。秋季 10 月，随着夏季风逐渐减弱，向高原输送的暖湿气流明显减弱。高原上空大气总水汽量明显下降，为 5～15 mm，藏东南地区水汽通道上空为 25～35 mm。冷季，布拉马普特拉河和印度半岛上空的大气总水汽量为夏季的一半（梁宏等，2006）。

　　青藏高原夏季作为水汽的汇，有 4 mm/d 的净水汽辐合。夏季，青藏高原水汽主要来源于印度洋、孟加拉湾，这些地区的水汽向北输送，经过青藏高原的南边界输入藏东南地区，青藏高原主要从东边界输出水汽，从青藏高原西边界进入的水汽为从南部进入的水汽的 32% 左右（杨逸畴等，2009）。

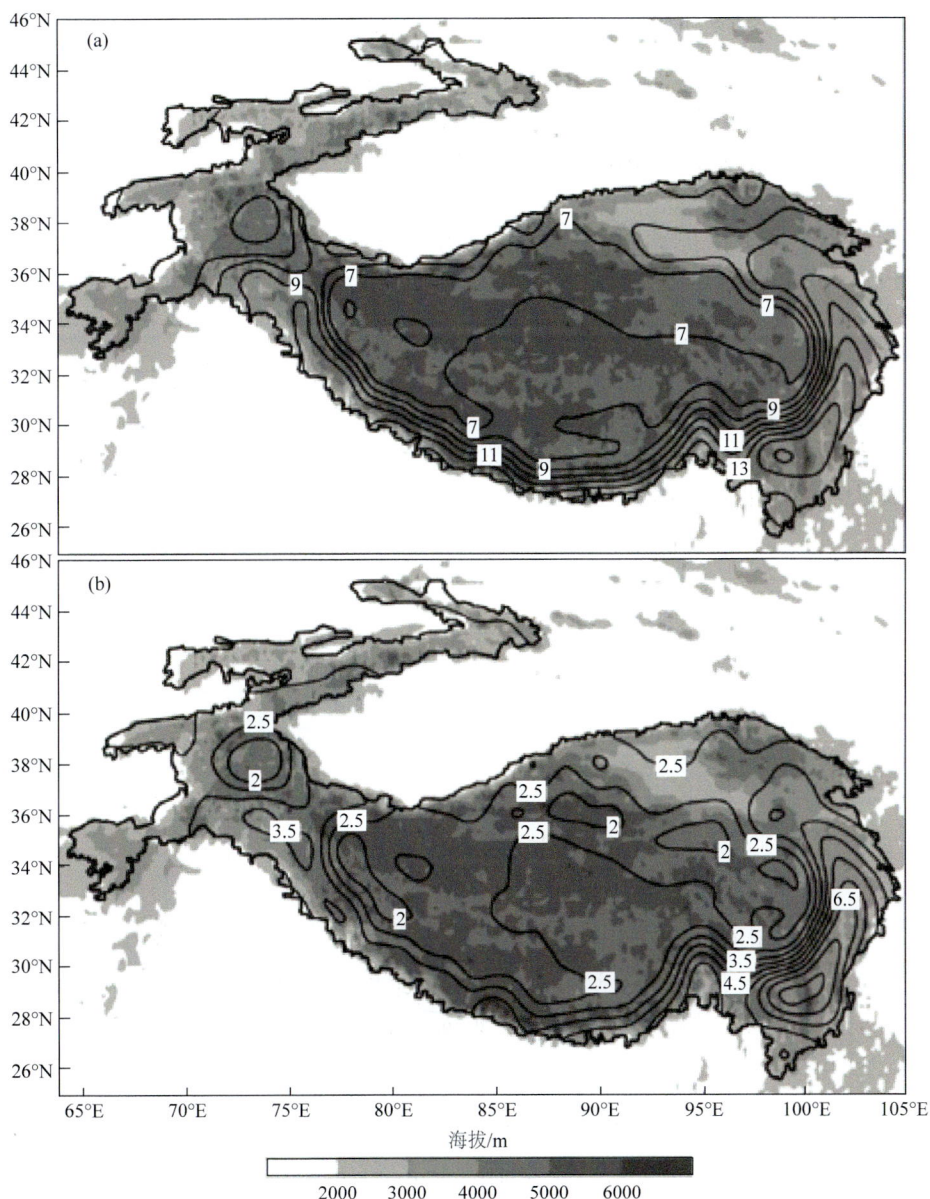

图 1.14　青藏高原 2003 ～ 2010 年 MODIS（AIRS/AMSU 产品）卫星观测平均大气可降水量空间分布
（You et al.，2015）

（a）暖季 4 ～ 9 月；（b）冷季 10 月至次年 3 月；等值线单位：mm

　　藏东南地区是青藏高原及其周边水汽输送通量最大的地区（段玮等，2015）和水汽输送最主要的通道之一，四季均存在西南水汽输送，夏季最强，其他季节相对较弱，其中冬季最弱（高登义，2008）。观测研究表明，在夏季，来自孟加拉湾的水汽，以平均近 2000 g/(cm·s) 的水汽输送强度沿布拉马普特拉河向北输送。水汽到达雅鲁藏布大峡谷顶端后，一部分以 500 ～ 750 g/(cm·s) 沿易贡藏布向西北方向输送，另一部分以

300～400 g/(cm·s)沿帕隆藏布输送。水汽通道与藏东南地区的降水量空间分布呈现显著的正比关系（高登义等，1985），在易贡地区的观测研究发现，水汽输送通量在1000 g/(cm·s)以上，相应会出现100 mm以上的降水，当水汽输送通量小于200 g/(cm·s)时，则不产生或产生微量的降水，降水量与水汽输送强度和大气含水量有密切联系（周顺武等，2011；Yang et al.，2018）。峡谷高低起伏的复杂地形、水汽通道和降水造就了藏东南地区独特的自然环境。

对于强降水时刻，水汽通道的地形作用起了更加重要的作用，水汽通道能够把高原南坡的水汽向北输送并抬升至高原的上空，图1.15给出了藏东南地区发生强降水时刻的比湿异常分布图和比湿的气候态分布，可以看出，比湿的气候态分布基本随高度增加而减小，高原上空的比湿与南部印度大陆上空相同高度处的比湿相当。但是发生强降水时，高原主体南边界的上空存在一个异常高的比湿核心区，这个高的比湿异常区与高原南坡的异常高降水区相对应，说明水汽沿水汽通道从南向北的输送对于强降水的形成非常重要。

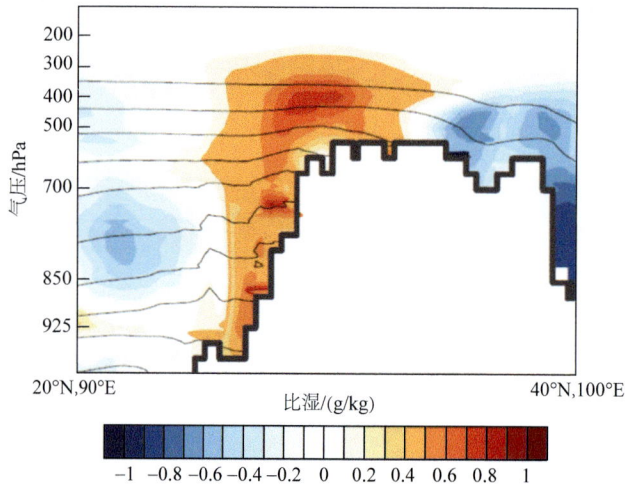

图 1.15   沿雅鲁藏布大峡谷的比湿剖面图
等值线为夏季气候态的比湿分布；阴影填色表示藏东南地区发生强降水时相对气候态的比湿异常

在藏东南地区，不同季节水汽来源不同。在非亚洲季风季节，藏东南地区的水汽主要来自西部和西南部。在亚洲季风季节，以西南气流为主，水汽输送通量占总量的50%以上，并存在少量的东南气流。西风气流和西北风气流是冬季水汽的主要来源。西风气流的水汽输送通道的高度通常在3000 m以上，西南和东南气流的水汽输送通道的高度约2000 m（Li et al.，2021）。

从青藏高原南缘进入高原的水汽存在不同的机制，有研究表明，在北半球夏季，青藏高原受太阳辐射强烈的加热影响，制造亚洲地区最为显著的热源，这种热结构类似一个"空气泵"，从低纬度海洋向北牵引温暖和潮湿的空气向高原输送（吴国雄等，2005），感热和潜热与水汽通量的散度呈负相关关系。还有研究提出第二类条件不稳定（CISK）是高原上空水汽输送的关键过程，暖湿空气在高原南缘的山脚下汇聚堆积，高原夏季的热力结构分别在高原南坡和主平台上通过类似热带气旋的 CISK 机制，导致两级平台的低层辐合和高层辐散，并进一步通过相互耦合的动力过程将暖湿空气分梯次向高原输送（Xu et al.，2014）［图 1.16（a）］。随后的研究发现，印度北部的季风低压系统和喜马拉雅山南侧的对流系统可以通过对流活动把低层的暖湿空气向高层输送，这些系统将大量的水汽向上抬升，在对流层中层凝结，然后通过系统环流与西风的相互作用产生的西南气流，将对流层中层的水汽通过上升 - 爬坡机制向高原输送水汽。对于地形陡峭的地区，这种机制对水汽向高原的输送更为重要，而不是主要通过气流的直接爬坡机制向高原输送（Dong et al.，2016，2017）［图 1.16（b）］。再有，孟加拉湾热带气旋与大气西风长波槽、脊相互配合，可以将气旋挟带的水汽通过气旋中心以东的南风向青藏高原南部输送。当孟加拉湾热带气旋的风场与槽（脊）前的西风汇合，会造成水汽向高原输送。反之，当孟加拉湾热带气旋的风场

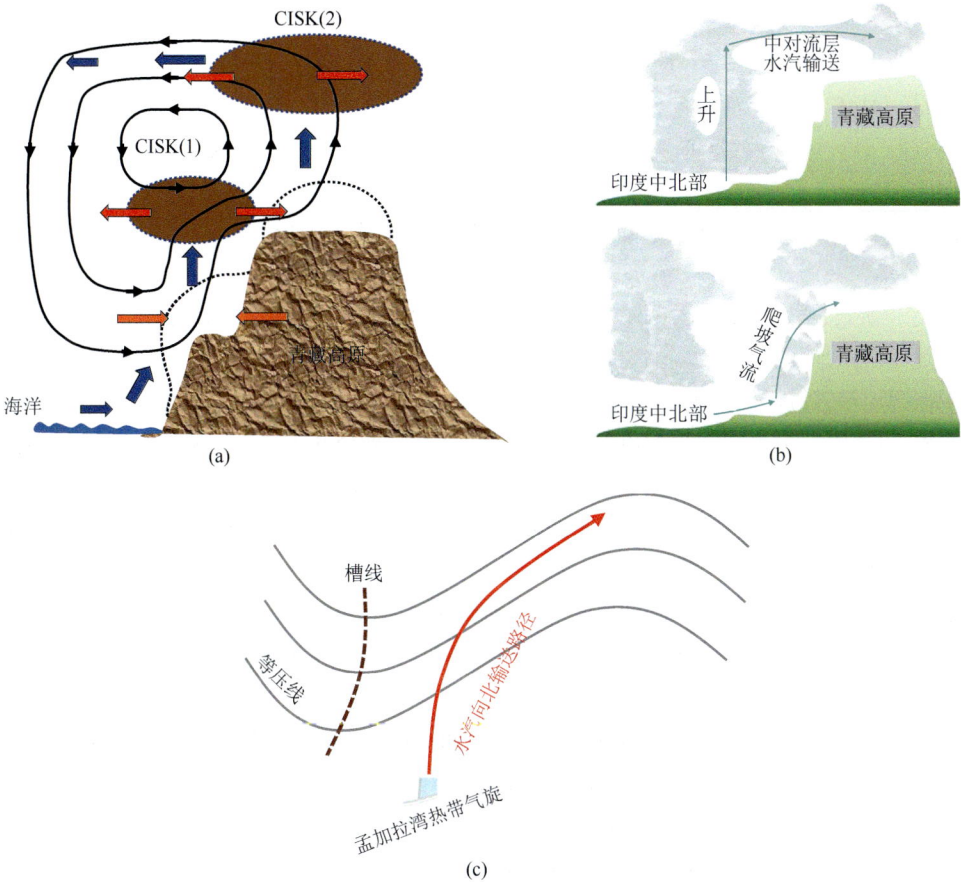

图 1.16　水汽输送的三种不同机制"双梯类 CISK"机制（a）、"上升 - 爬坡"机制（b）、"热带气旋 - 槽脊型"机制（c）

与脊前的西风汇合，会阻碍水汽向高原输送。根据动量方程，当热带气旋风场与西风槽（脊）相互作用时，在靠近槽线（脊线）的区域，经向加速度为正（负），因此速度的经向分量增加（减少），更有利于水汽的向北输送（Zhou et al.，2022）［图1.16（c）］。

参考文献

段玮，段旭，樊风，等 . 2015. 青藏高原东南侧干湿季气候特征与成因 . 干旱气象，33（4）：546-554.

冯蕾，魏凤英 . 2008 青藏高原夏季降水的区域特征及其与周边地区水汽条件的配置 . 高原气象，（3）：491-499.

高登义，邹捍，王维 . 1985. 雅鲁藏布江水汽通道对降水的影响 . 山地研究，（4）：51-61.

高登义 . 2008. 雅鲁藏布江水汽通道考察研究 . 自然杂志，（5）：59-61.

韩军彩，周顺武，吴萍，等 . 2012. 青藏高原上空夏季水汽含量的时空分布特征 . 干旱区研究，29（3）：457-463.

梁宏，刘晶淼，李世奎 . 2006. 青藏高原及周边地区大气水汽资源分布和季节变化特征分析 . 自然资源学报，（4）：526-534, 677.

鲁亚斌，解明恩，范菠，等 . 2008. 春季高原东南角多雨中心的气候特征及水汽输送分析 . 高原气象，（6）：1189-1194.

聂宁，张万昌，邓财 . 2012. 雅鲁藏布江流域 1978-2009 年气候时空变化及未来趋势研究 . 冰川冻土，34（1）：64-71.

解承莹，李敏姣，张雪芹，等 . 2015. 青藏高原南缘关键区夏季水汽输送特征及其与高原降水的关系 . 高原气象，（2）：11.

吴国雄，刘屹岷，刘新，等 . 2005. 青藏高原加热如何影响亚洲夏季的气候格局 . 大气科学，29（1）：47-56.

徐祥德，董李丽，赵阳青，等 . 2019. 藏高原"亚洲水塔"效应和大气水分循环特征 . 科学通报，64（27）：2830-2841.

徐祥德，陶诗言，王继志，等 . 2002. 青藏高原-季风水汽输送"大三角扇型"影响域特征与中国区域旱涝异常的关系 . 气象学报，（3）：257-266, 385.

杨逸畴，高登义，李渤生 . 2009. 百年地理大发现：雅鲁藏布大峡谷 . 自然杂志，31（6）：9.

周顺武，吴萍，王传辉，等 . 2011. 青藏高原夏季上空水汽含量演变特征及其与降水的关系 . 地理学报，66（11）：13.

Chen H, Yuan W, Li J, et al. 2012. A possible cause for different diurnal variations of warm season rainfall as shown in station observations and TRMM 3B42 data over the southeastern Tibetan Plateau. Advances in Atmospheric Sciences, 29（1）：193-200.

Dong W, Lin Y, Wright J S, et al. 2016. Summer rainfall over the southwestern Tibetan Plateau controlled by deep convection over the Indian Subcontinent. Nature Communications, 7（1）：10925.

Dong W, Lin Y, Wright J S, et al. 2017. Indian monsoon low-pressure systems feed up-and-over moisture transport to the southwestern Tibetan Plateau: Up-and-over moisture transport. Journal of Geophysical

Research: Atmospheres, 122 (22) : 12140-12151.

Feng L, Zhou T. 2012. Water vapor transport for summer precipitation over the Tibetan Plateau: Multidata set analysis. Journal of Geophysical Research: Atmospheres, 117 (D20) : D20114.

Kuang X, Jiao J J. 2016. Review on climate change on the Tibetan Plateau during the last half century. Journal of Geophysical Research: Atmospheres, 121 (8) : 3979-4007.

Li J. 2018. Hourly Station-Based precipitation characteristics over the Tibetan Plateau: Hourly precipitation over Tibetan Plateau. International Journal of Climatology, 38 (3) : 1560-1570.

Li M, Wang L, Chang N, et al. 2021. Characteristics of the water vapor transport in the canyon area of the southeastern Tibetan Plateau. Water, 13 (24) : 3620.

Liu Z, Lu G, He H, et al. 2017. Anomalous features of water vapor transport during severe summer and early fall droughts in southwest China. Water, 9 (4) : 244.

Sun J, Yang K, Guo W, et al. 2020. Why has the inner Tibetan Plateau become wetter since the Mid-1990s? Journal of Climate, 33 (19) : 8507-8522.

Wang X, Pang G, Yang M. 2018. Precipitation over the Tibetan Plateau during recent decades: A review based on observations and simulations. International Journal of Climatology, 38: 1116-1131.

Xu J Y, Zhang B, Wang M H, et al. 2012. Diurnal variation of summer precipitation over the Tibetan Plateau: A cloud-resolving simulation. Annales Geophysicae, 30 (11) : 1575-1586.

Xu W, Zipser E J. 2011. Diurnal variations of precipitation, deep convection, and lightning over and east of the eastern Tibetan Plateau. Journal of Climate, 24 (2) : 448-465.

Xu X, Lu C, Shi X, et al. 2008. World water tower: An atmospheric perspective. Geophysical Research Letters, 35 (20) : L20815.

Xu X, Zhao T, Lu C, et al. 2014. An important mechanism sustaining the atmospheric "water tower" over the Tibetan Plateau. Atmospheric Chemistry and Physics, 14 (20) : 11287-11295.

Yang Y, Zhao T, Ni G, et al. 2018. Atmospheric rivers over the Bay of Bengal lead to northern Indian extreme rainfall: Atmospheric rivers over the Bay of Bengal. International Journal of Climatology, 38 (2) : 1010-1021.

You Q, Fraedrich K, Ren G, et al. 2012. Inconsistencies of precipitation in the eastern and central Tibetan Plateau between surface adjusted data and reanalysis. Theoretical and Applied Climatology, 109 (3-4) : 485-496.

You Q, Min J, Zhang W, et al. 2015. Comparison of multiple datasets with gridded precipitation observations over the Tibetan Plateau. Climate Dynamics, 45 (3-4) : 791-806.

Zeng C, Zhang F, Wang L, et al. 2021. Summer precipitation characteristics on the southern Tibetan Plateau. International Journal of Climatology, 41 (S1) : E3160-E3177.

Zhang X L, Wang S J, Zhang J M, et al. 2015. Temporal and spatial variability in precipitation trends in the southeast Tibetan Plateau during 1961-2012. Climate of the Past, 11: 447-487.

Zhang Y, Wang D, Zhai P, et al. 2013. Spatial distributions and seasonal variations of tropospheric water vapor content over the Tibetan Plateau. Journal of Climate, 26 (15) : 5637-5654.

Zhou X, Xie Q, Yang L. 2022. Long-Wave trough and ridge controlling of the water vapor transport to the Tibet Plateau by the tropical cyclones in the Bay of Bengal in May. Climate Dynamics, 58: 711-728.

Zhu X, Wu T, Li R, et al. 2017. Characteristics of the ratios of snow, rain and sleet to precipitation on the Qinghai-Tibet Plateau during 1961-2014. Quaternary International, 444: 137-150.

第 2 章

藏东南地区水汽输送关键区云降水过程综合观测与分析

　　青藏高原是世界上海拔最高、地形最复杂的高原，占据了中国陆地面积的1/4，平均高度超过了 4000 m，被称为"世界屋脊"（刘黎平等，2015；常祎和郭学良，2016；赵平等，2018）。青藏高原特殊的动力、热力效应对我国灾害天气的发生、发展和气候变化起着重要作用，其上空的云和降水是全球大气能量和水文循环的关键组成部分，因此青藏高原也被称为"亚洲水塔"和"第三极"（Kang et al.，2010；Xu et al.，2008；Li，2018）。为了了解青藏高原上空云和降水的物理特征，在开展的三次青藏高原大气科学试验中，进行了一些针对降水系统的综合观测。例如，1979 年开展的第一次青藏高原大气科学试验中，在高原的中部（那曲）和南部（拉萨）分别架设了一部常规数字化 X 波段雷达进行对流云降水的观测（秦宏德，1983）。在第二次青藏高原大气科学试验时（1998 年），利用 X 波段多普勒雷达、雨量计网和探空系统对那曲地区降水过程进行了综合观测（刘黎平和楚荣忠，1999）。2014 年开展的第三次青藏高原大气科学试验中，利用 Ka 波段毫米波云雷达、C 波段调频连续波雷达、地面雨滴谱仪以及激光云高仪在那曲地区进行了云和降水多种雷达综合观测试验（刘黎平等，2015）。

　　位于藏东南地区的雅鲁藏布江下游河谷区域是青藏高原外围向高原输送水汽的最主要通道，也是恰青冰川、米堆冰川重要的水源补给渠道。墨脱位于雅鲁藏布江下游，呈现高山河谷地形，大量从印度洋西南季风输送的暖湿水汽由喜马拉雅山南麓爬坡至墨脱，随后向林芝等其他区域输送，因而墨脱成为藏东南地区水汽输送通道"入口"的关键区。墨脱平均海拔 1200 m，年平均相对湿度 80% 以上，雨季平均温度为22℃，年平均降水量大于 2000 mm，气候湿润，雨量充沛，属于亚热带湿润气候区（陈萍和李波，2018）。墨脱降水日数多、降水量大，对高原气候变化的响应具有敏感性和强烈性，是青藏高原气候系统中的一个典型单元（旺杰等，2021）。因此，在 2017 年开展的第二次青藏高原综合科学考察研究项目的支持下，第一次在青藏高原东南部雅鲁藏布大峡谷水汽"隘口"处建立了云和降水的观测试验基地。观测试验基地的位置（95.32°E/29.31°N，海拔 1305 m）及青藏高原地形如图 2.1 所示。此次在墨脱国家气候观象台（MNCO）建立了综合观测野外科学试验基地，架设了多种先进观测设备，主要

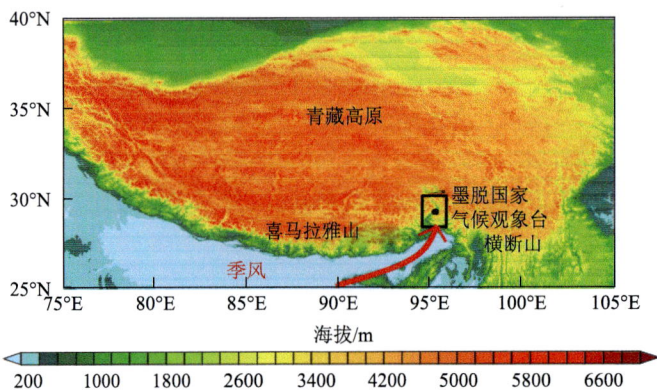

图 2.1　青藏高原地形（彩色阴影）、墨脱国家气候观象台位置（黑色圆点）

包括：X 波段双偏振相控阵雷达（XPAR）、Ka 波段毫米波云雷达、K 波段微雨雷达、风廓线雷达、微波辐射计及雨滴谱仪等。

2.1 藏东南地区水汽输送"隘口"云降水综合观测试验

在第二次青藏高原综合科学考察研究项目的支持下，中国气象科学研究院于 2019 年开始建设西藏自治区墨脱野外观测试验基地，开展水汽、云和降水物理过程综合观测。此次观测通过联合多种观测设备，获取雅鲁藏布大峡谷水汽通道入口处水汽、云和降水的宏微观结构数据，加深对该地区云和降水三维结构及微物理特征的认识，优化数值预报模式中微物理过程参数化方案，提高中尺度数值模式对青藏高原降水的预报能力。

目前，在墨脱野外观测试验基地架设了多种先进观测设备，主要包括：X 波段双偏振相控阵雷达、Ka 波段毫米波云雷达、K 波段微雨雷达、风廓线雷达、微波辐射计及雨滴谱仪等。这些设备的外观如图 2.2 所示。X 波段双偏振相控阵雷达不仅可以观测降水系统的回波分布，而且可以观测云和降水系统的风场变化、粒子相态及滴谱分布。Ka 波段毫米波云雷达可以对云的垂直结构进行连续观测，从而分析云的微物理和动力参量的廓线特征。雨滴谱仪可以获取降水的微物理特征。这些观测对研究和了解雅鲁藏布大峡谷水汽通道入口处云和降水的微物理结构及时空变化特征具有非常重要的意义。表 2.1 给出了 X 波段双偏振相控阵雷达、Ka 波段毫米波云雷达、K 波段微雨雷达的主要性能指标。

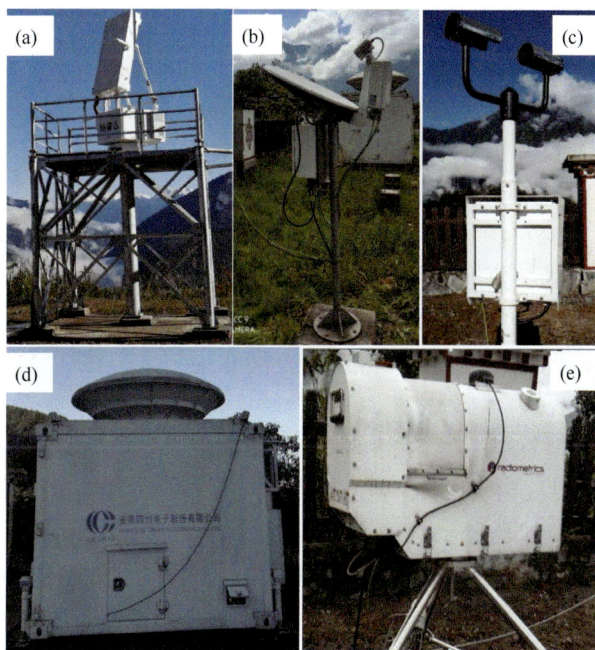

图 2.2 西藏墨脱野外观测试验基地主要观测设备

(a) X 波段双偏振相控阵雷达；(b) K 波段微雨雷达；(c) 雨滴谱仪；(d) Ka 波段毫米波云雷达；(e) 微波辐射计

表 2.1　X 波段双偏振相控阵雷达、Ka 波段毫米波云雷达、K 波段微雨雷达主要性能指标

指标	X 波段双偏振相控阵雷达	Ka 波段毫米波云雷达	K 波段微雨雷达
雷达体制	一维电子扫描相控阵体制，体积扫描	相干，多普勒脉冲，固态发射机，脉冲压缩，垂直观测	调频连续波体制，垂直观测
工作频率	9.3 ～ 9.5GHz	33.44 GHz	24.230 GHz
探测要素	回波强度 (Z)、径向速度 (V_r)、速度谱宽 (S_w)、差分反射率因子 (Z_{DR})、差分传播相移率 (K_{DP})、水平垂直信号相关系数 (CC)	回波强度、径向速度、速度谱宽、线性退偏振因子、功率谱密度	降水率、液态水含量、粒子下落速度和雷达反射率因子
探测范围	Z: 15 ～ 70 dBZ V_r: ±32 m/s S_w: 0 ～ 20 m/s Z_{DR}: −7.9 ～ +7.9dB K_{DP}: −2 ～ +20°/km CC: 0 ～ 1	Z: −50 ～ +30 dBZ V_r: 5.7 ～ 18.13 m/s S_w: 0 ～ 4 m/s	粒径范围: 0.109 ～ 6 mm 速度范围: 0 ～ 12.192m/s
时空分辨率	时间分辨率：92 s 距离分辨率：30 m	时间分辨率：4 s 距离分辨率：30 m	时间分辨率：10 ～ 3600 s（可调） 距离分辨率：10 ～ 200 m（可调）
探测距离	42 km（水平）	15 km（垂直）	6 km（垂直）

　　X 波段双偏振相控阵雷达将极化技术和相控阵技术结合，具有精细化的双偏振多普勒天气探测能力，其灵活的波束控制和快速扫描模式可以获得超高时间和空间分辨率，提高了对中小尺度强对流天气系统的探测精度和质量，可获得气象目标的三维信息，有效消除现有天气雷达探测盲区，提高局部地区的短时临近预报的准确性。

　　Ka 波段毫米波云雷达是观测云和弱降水垂直廓线的重要设备，为了实现云降水的连续稳定观测，中国气象科学研究院与四创电子股份有限公司联合研发了固态发射机体制的 Ka 波段毫米波云雷达，该雷达采用了脉冲压缩、相干和非相干积累等技术，通过四种观测模式（降水模式、边界层模式、中高层模式、卷云模式）来进行交替循环观测。

　　K 波段微雨雷达是德国 METEK 公司生产的垂直指向雷达，采用连续调频波（FMCW）技术，可获得降水粒子的功率谱密度，根据粒子下落速度与直径的经验公式，反演出粒子的雨滴谱、雨强等的垂直廓线。

　　采用华云升达（北京）气象科技有限责任公司生产的 Parsivel 雨滴谱仪对地面雨滴谱进行测量，该仪器主要通过粒子对激光的遮挡来计算粒子的大小和速度。采样面积为 54 cm^2（18cm×3 cm），测量的粒子直径范围为 0.062 ～ 24.5 mm，粒子下落速度为 0.05 ～ 20.8 m/s，粒子直径范围和下落速度范围非均匀地分成了 32 个等级。数据的采样时间间隔为 1 min。

　　美国 Radiometrics 公司生产的 35 通道 MP-3000A 型地基微波辐射计，为此次墨脱野外观测提供 30 ～ 10 km 的水汽、温度、湿度以及液态水含量的廓线分布。

　　西藏墨脱野外观测试验基地位于西藏东南部，地处雅鲁藏布江下游。该地区海拔低、气候温和、雨量充沛，但交通不便，海拔落差大，雨季滑坡、泥石流频发。路途遥远和交通不便给墨脱野外观测试验基地的建设带来很多困难，因此这些观测设备都是陆续安装在墨脱野外观测试验基地，表 2.2 给出了各设备开始观测的时间及取得的数据产品。

表 2.2　各设备观测的物理量、数据分辨率及开始观测时间

设备名称	观测物理量	数据分辨率	开始观测时间
Ka 波段毫米波云雷达	回波强度、径向速度、速度谱宽、退偏振因子；功率谱密度函数	30 m，4 s	2019 年 1 月
K 波段微雨雷达	回波强度、雨滴谱、粒子下落速度、雨强	30 m，1 min	2020 年 7 月
X 波段双偏振相控阵雷达	回波强度、径向速度、速度谱宽、差分反射率因子、差分传播相移率、水平垂直信号相关系数	30 m，92 s	2019 年 7 月
雨滴谱仪	雨滴谱分布（32 档粒子直径和 32 档粒子下落速度）	1 min	2019 年 6 月
微波辐射计	大气温度、湿度、液态水含量、水汽密度	50 ～ 250 m，2 min	2019 年 1 月

2.2　藏东南地区云降水雷达探测数据分析

2.2.1　X 波段双偏振相控阵雷达数据质量控制

采用全球降水测量（Global Precipitation Measurement，GPM）计划的星载雷达数据与 X 波段双偏振相控阵雷达进行对比，分析该雷达的回波强度偏差。

美国国家航空航天局（NASA）和日本宇宙航空研究开发机构（JAXA）联合提出 GPM 计划，并作为热带降水测量任务（TRMM）的进阶计划。该计划旨在提高对全球降水的观测能力，提高针对灾害性天气的预报能力。GPM 核心观测卫星（GPM core observatory）于 2014 年 2 月 28 日成功发射，该卫星的产品数据已向公共公开。GPM 计划卫星群由一颗 GPM 核心观测卫星和 8 颗均搭载微波辐射计的极轨卫星组成。GPM 核心观测卫星飞行高度为 407 km，飞行速度为 7 km/s，绕地球飞行一圈约需 93 min，每天绕地球飞行约 16 圈。GPM 上主要搭载双频降水雷达（DPR）和 GPM 微波成像仪（GMI），其中 DPR 作为全球首个星载双频降水雷达，运行情况如图 2.3 所示，其工作频率分别是 Ku 波段（13.6 GHz）与 Ka 波段（35.5 GHz），比 TRMM PR 搭配了更加先进的设备、覆盖了更加辽阔的陆地和海洋面积。改进过的 Ku 波段降水雷达（KuPR）具有更高的时空分辨率和更小的雷达灵敏度，大大提高了监测弱降水和固态降水的能力。

使用星载雷达 2019 年 4 ～ 9 月的 GPM DPR L2 产品 2ADPR 数据，目前版本是 05A。2ADPR 是两个工作频率共同反演的结果，包括扫描时间、经纬度、三维降水率、降水类型，以及降水粒子谱参数信息。

2ADPR 有三种不同探测模式的产品，分别是 Ku_NS、Ka_MS、Ka_HS。NS 产品是 KuPR 反演的结果，每条扫描线含有 49 个像素点，每个像素点的直径约为 5 km，扫描宽度为 245 km，探测最小降水阈值为 0.5 mm/h。KaPR 中像素点的个数和像素点的直径大小都跟 KuPR 的一样。MS 产品垂直空间分辨率为 125 m，扫描宽度为 125 km。HS 产品每条扫描线有 24 个像素点，相应的扫描宽度为 120 km，垂直空间分辨率为 250 m，探测最小降水阈值为 0.2 mm/h，主要参数见表 2.3。

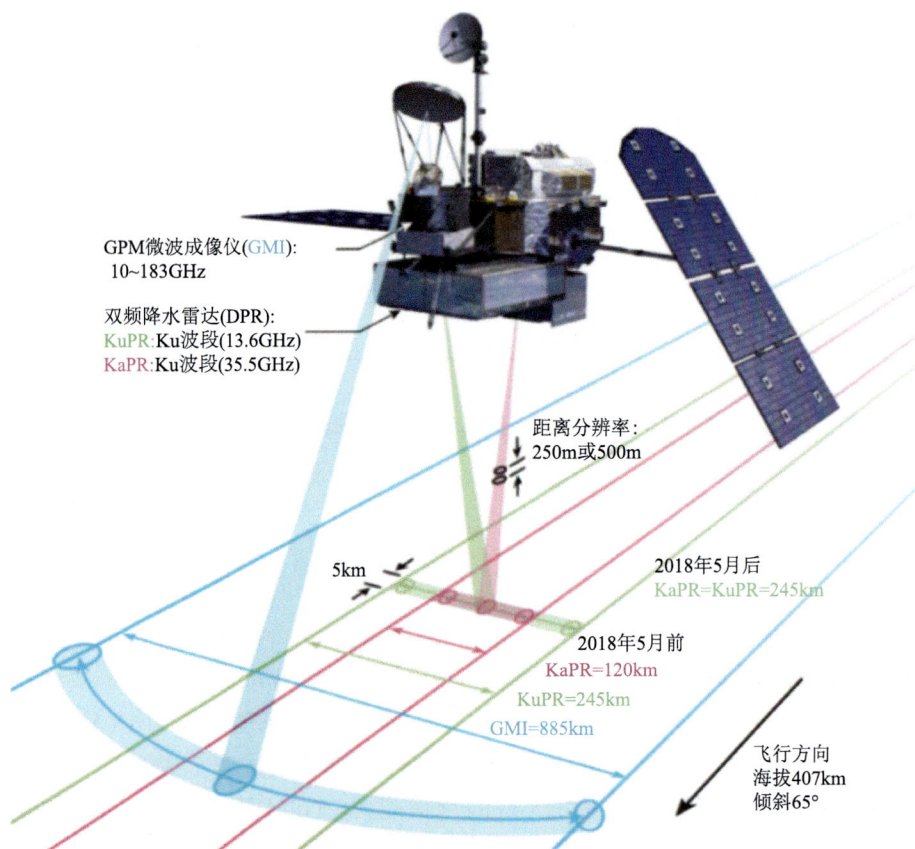

图 2.3　GPM 核心观测卫星搭载仪器情况

表 2.3　双频降水雷达（DPR）的主要参数

项目	主要参数
扫描方式	垂直
扫描宽度 /km	245（KuPR）、120（KaPR）
工作频率 /GHz	35.5（KaPR）、13.6（KuPR）
波束宽度 /（°）	0.71
时间分辨率 / s	1
水平空间分辨率 /km	5
垂直空间分辨率 /km	0.125
距离库数 / 个	175
探测范围 /km	0 ～ 22（海平面标准）
最小可测雨强 /（mm/h）	0.5（KuPR）、0.2（KaPR）
测量精度 /dBZ	±1

1. 星载雷达和 X 波段双偏振相控阵雷达（XPAR）对比方法

图 2.4 为几何匹配法详情图。

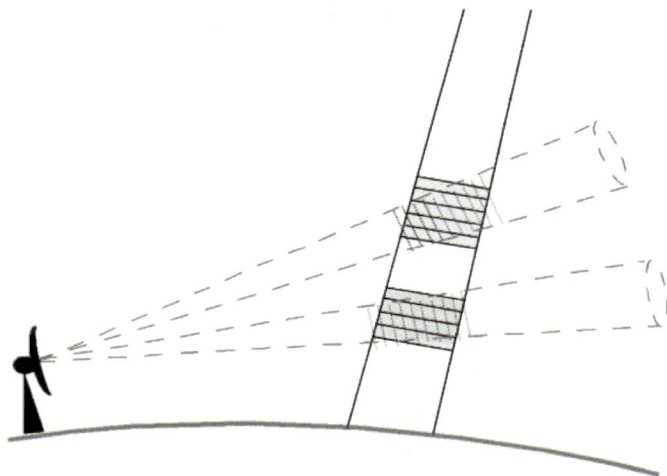

图 2.4　几何匹配法详情图

虚线圆锥形表示 XPAR 两个不同扫描指向角的雷达波束，实线表示 DPR 某一时刻扫描的雷达波束，XPAR 和 DPR 雷达波束相交重合区域在图中表现为阴影区域，即重采样点的区域

重采样点（XPAR 和 DPR 雷达波束相交重合区域）的水平空间分辨率取决于 DPR 的波束展宽，并接近 DPR 在星下点的水平空间分辨率（5 km×5 km），垂直空间分辨率取决于 XPAR 的波束展宽，而 XPAR 的波束展宽取决于重采样点区域到地基雷达中心的距离。综上，DPR 与 XPAR 数据在雷达波束相交重合区域称为重采样点，每个重采样点的水平空间分辨率约为 5 km×5 km，垂直空间分辨率为随 XPAR 波束展宽变化的范围。

DPR 的扫描轨道宽度为 245 km，远比 XPAR 的探测范围大。此外，XPAR 的扫描范围是一个半径为 42 km 的圆形区域，所以在 XPAR 探测范围内，DPR 与 XPAR 雷达波束相交重合区域内可能含有多个 DPR 距离库和 XPAR 距离库，在重采样点区域内进行平均处理得到的一个平均点可作为这些 DPR 与 XPAR 多个距离库的代表。几何匹配方法的计算过程如下：①筛选半径以距离 XPAR 最大探测距离（42 km）的圆形范围内所有的 DPR 雷达波束；②根据重采样点与 XPAR 的距离算出 XPAR 的波束宽度（即重采样点的垂直分辨率）；③算出 XPAR 波束中 DPR 距离库的个数；④算出重采样点区域内 XPAR 距离库的个数；⑤对重采样点区域内的多个 XPAR 距离库和 DPR 距离库的反射率因子分别求平均值，得到 XPAR 和 DPR 在重采样点区域的平均反射率因子值。

XPAR 约需 90 s 完成一次体扫，探测范围半径为 42 km，而 DPR 每完成一次对地球极轨的扫描观测大约需要 93 min，卫星通过地基雷达上空的时间非常短，约 1 s。将 XPAR 完成一次体扫所需时间设置为星地雷达数据匹配的时间区间，即当 DPR 扫过 XPAR 探测区域范围的时间与 XPAR 某一次体扫开始时刻时间差在 ± 90 s 以内，就认为该时刻 XPAR 与 DPR 的探测资料在时间上是匹配的。

通过上文的几何匹配法，一共得到个例 13 个，匹配获得 2603 个重采样点，个例的时间详情如表 2.4 所示。

表 2.4 经筛选得到的个例（时间以 DPR 过境时为标准）

个例序号	日期	时间（北京时间）	匹配重采样点
1	2020.03.03	2:14:37	145
2	2020.03.11	9:45:17	177
3	2020.03.19	7:30:23	186
4	2020.03.29	18:29:40	109
5	2020.04.09	15:16:19	283
6	2020.05.06	17:18:44	304
7	2020.06.02	9:34:16	190
8	2020.06.04	22:47:59	168
9	2020.06.13	6:20:45	51
10	2020.06.15	19:34:24	123
11	2020.06.23	17:20:27	212
12	2020.07.20	19:20:03	374
13	2020.08.11	3:09:00	281

为了检验 DPR 与 XPAR 之间的匹配效果，利用以下统计指标评估 XPAR 与 DPR 的系统偏差，分别是平均偏差（Bias）、均方根误差（RMSE）和相关系数（CC）：

$$\text{Bias}=\frac{1}{n}\sum_{i=1}^{n}\left(Z_{X_i}-Z_{D_i}\right) \tag{2.1}$$

$$\text{RMSE}=\sqrt{\frac{1}{n}\sum_{i=1}^{n}\left(Z_{X_i}-Z_{D_i}\right)^2} \tag{2.2}$$

$$\text{CC}=\frac{\sum_{i=1}^{n}\left(Z_{X_i}-\overline{Z_X}\right)\left(Z_{D_i}-\overline{Z_D}\right)}{\sqrt{\sum_{i=1}^{n}\left(Z_{X_i}-\overline{Z_X}\right)^2}\sqrt{\sum_{i=1}^{n}\left(Z_{D_i}-\overline{Z_D}\right)^2}} \tag{2.3}$$

式中，Z_{X_i}、Z_{D_i} 分别为降水个例重采样点区域内 XPAR 平均反射率因子与 DPR 平均反射率因子（dBZ）；n 为该仰角层匹配的重采样点数量；$\overline{Z_X}$ 和 $\overline{Z_D}$ 分别为 XPAR 所有重采样点平均反射率因子平均值与 DPR 所有重采样点平均反射率因子平均值（dBZ）。

2. X 波段双偏振相控阵雷达反射率因子系统偏差分析

图 2.5 为 XPAR 与 DPR 在 2020 年匹配个例中全部重采样点区域的平均反射率因子频次图。如图 2.5 所示，13 个个例共有 2606 个重采样点，平均偏差为 –0.44 dBZ，相关系数为 0.53。相同重采样点区域中，两雷达的平均反射率因子均匀地分布在 $y=x$ 直线两侧，XPAR 整体探测效果与 DPR 区别不大。

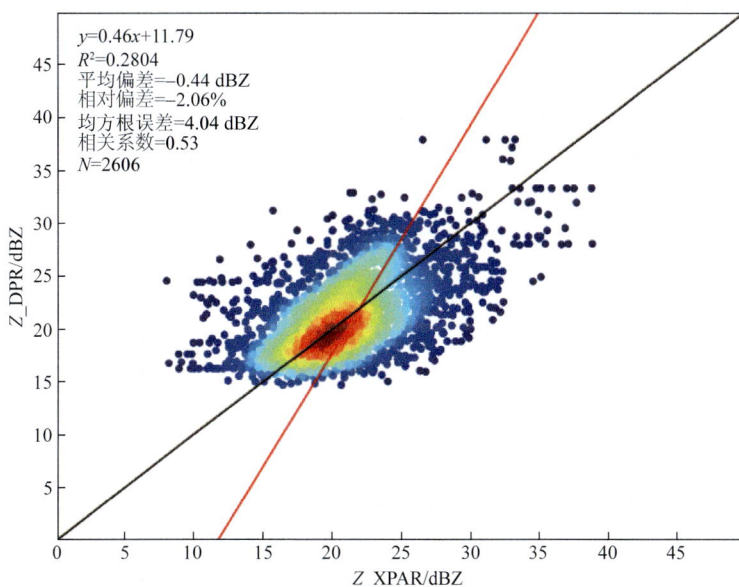

$y=0.46x+11.79$
$R^2=0.2804$
平均偏差$=-0.44$ dBZ
相对偏差$=-2.06\%$
均方根误差$=4.04$ dBZ
相关系数$=0.53$
$N=2606$

图 2.5 XPAR 与 DPR 在全部重采样点中平均反射率因子频次图（红色实线为拟合线）

张蔚然等（2021）针对 XPAR 十二层仰角的观测数据，研究发现，受阵列天线参数等影响，XPAR 探测的反射率因子存在测量偏差。为此，统计 XPAR 与 DPR 在不同仰角层的重采样点的情况，见表 2.5。由表 2.5 可知，①重采样点的样本量在第一层最少，随着仰角层的上升逐渐增加，在第六层最多，随后受到降水系统发展的高度限制逐渐减少；②均方根误差在第一层最大，随着仰角层上升逐渐减小；③相关系数在第一层最小，随着仰角层的上升逐渐增加，相关系数最大值达 0.640；④平均偏差随着仰角

表 2.5 不同仰角层的统计情况

仰角层	样本量 / 个	均方根误差 /dBZ	相关系数	平均偏差 /dBZ
1	75	5.50	0.434	-1.620
2	149	4.93	0.443	0.535
3	212	4.62	0.447	0.537
4	277	4.21	0.446	0.428
5	289	4.10	0.434	0.188
6	300	3.91	0.477	0.269
7	297	3.57	0.564	-0.248
8	260	3.41	0.600	-0.443
9	229	3.70	0.552	-1.145
10	197	3.60	0.610	-1.488
11	171	3.90	0.610	-2.019
12	150	4.17	0.640	-2.480
总计 / 平均值	2606	4.04	0.53	-0.436

层的上升呈现先增大后减小的趋势，就是在低仰角层 XPAR 的平均反射率因子比 DPR 的平均反射率因子稍强，但 XPAR 的平均反射率因子逐渐减弱，到第七层仰角层时两者的平均偏差已经由正值转为负值。

图 2.6 是 XPAR 与 DPR 在不同扫描指向角层重采样点平均反射率因子分布情况，可见随着扫描指向角的上升，重采样点的数量逐渐增加，到第六、第七层达到峰值，

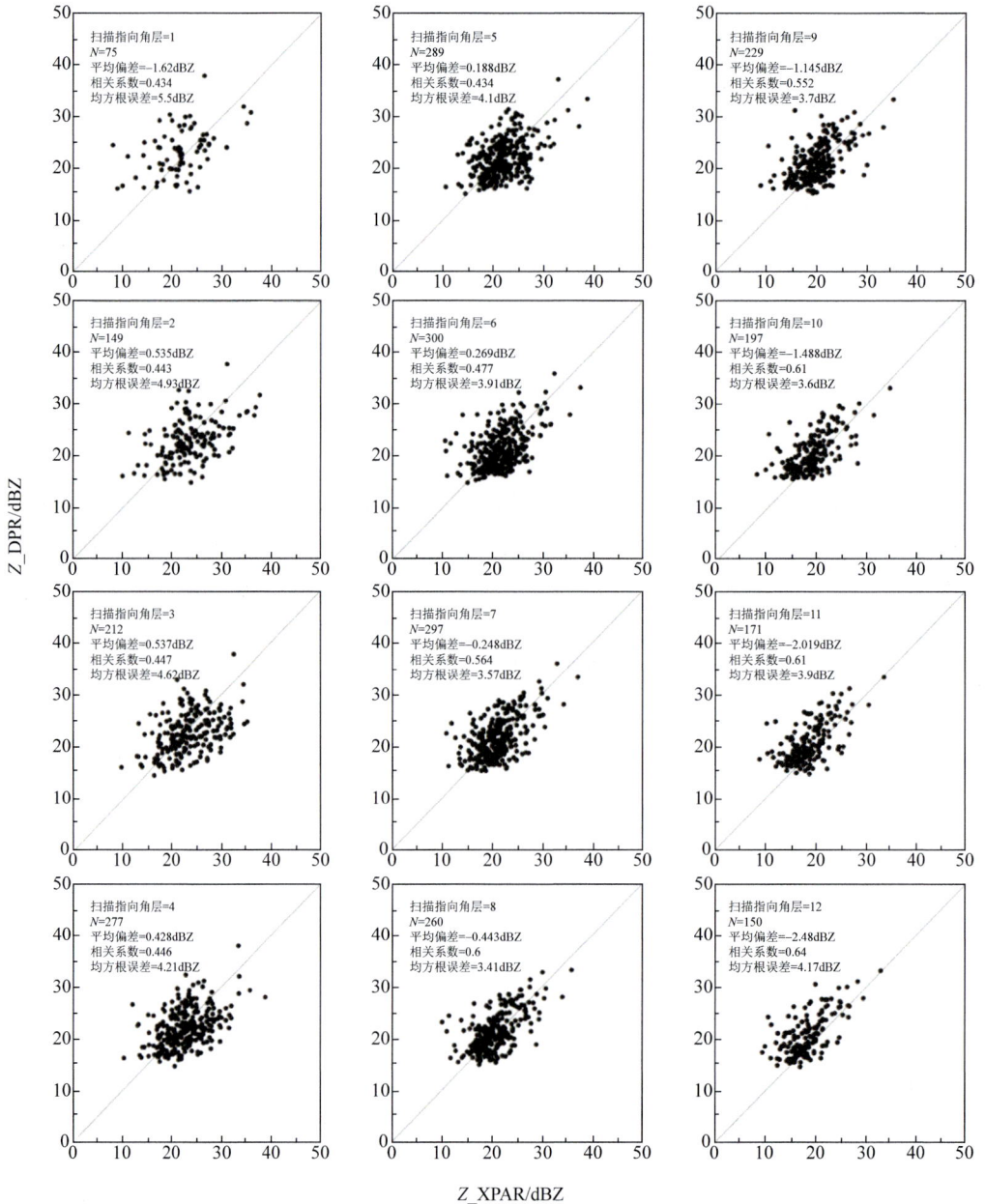

图 2.6　所有个例的重采样点在不同扫描指向角层的散点分布

扫描指向角继续增大受到降水系统发展高度的影响，重采样点逐渐减少。从第二个仰角层开始，散点先是大概率分布在 $y=x$ 直线的下方，也就是在同一个重采样点的区域中，XPAR 平均反射率因子比 DPR 平均反射率因子偏大，随着扫描指向角的增大，散点逐渐往上移，也就是同一重采样点区域中，XPAR 平均反射率因子逐渐比 DPR 平均反射率因子小，在第十二层的图中可以明显看到，在 $y=x$ 直线下方的散点已经占很小的比例了。

XPAR 与 DPR 之间的平均偏差按 XPAR 扫描指向角变化的情况如图 2.7 所示，其中横坐标为 XPAR 的扫描指向偏离雷达阵面法向角的值，由图 2.7 可以看出，平均偏差随着扫描指向角的上升先增大后逐渐减小，在第八个扫描指向角层（即偏离雷达阵面法向角 –1.5°）减少的速率增大，这是因为虽然 XPAR 受到自身雷达天线增益等影响，不同扫描指向角的反射率因子随着仰角的上升逐渐减小，但 XPAR 的波束在远处或高处时会发生波束充塞效应，在高、远处的偏差会减小得比低层的更快。

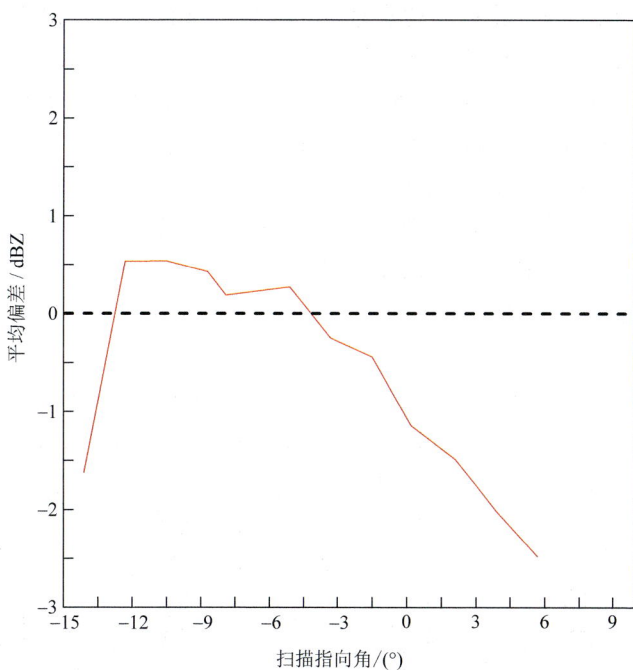

图 2.7　平均偏差随扫描指向角变化的曲线图

2.2.2　Ka 波段毫米波云雷达数据质量控制

可以利用布设在青藏高原东南部墨脱国家气候观象台的 Ka 波段毫米波云雷达（KaCR）功率谱数据反演墨脱地区弱降水云的雨滴谱特征。在反演前，首先需要对 KaCR 功率谱数据进行预处理，对平均偏差进行订正。

1. 数据预处理

雷达功率谱数据是回波功率在不同多普勒速度上的分布，与采样粒子的微物理和动力特征息息相关。研究中采用的云雷达每个距离库由 256 个回波谱点组成，每个谱点都对应一个多普勒速度。在功率谱中准确地将云雨信号和噪声等非气象信号分离后，才能够精准计算出谱矩。功率谱数据预处理步骤及方法描述如下。

数据平滑：谱数据平滑可以缓解噪声和湍流的影响，一般采用五点平滑。

噪声电平计算：噪声电平是指功率谱中所有噪声的平均值。噪声电平的确定直接影响后续信号识别以及谱矩计算，是重要的数据处理环节。目前，确定噪声电平的主要方法有分段法、最大速度法和客观法。由于分段法的误差要小于客观法和最大速度法，因此采用分段法计算噪声电平。根据胡明宝（2012）和郑佳锋（2016）等的研究，将功率谱分为 8 段来确定噪声电平。

云信号提取：确定噪声电平之后，记录每组功率谱减去噪声电平后的连续功率谱段，为了去除非气象回波，将信噪比和连续点阈值分别设为 –10 dB 和 8 个，对连续段进行筛选，以得到真实的气象信号功率谱。

图 2.8 给出了功率谱密度数据预处理前后的对比，原始功率谱密度数据［图 2.8(a)］底层有功率谱密度在 –14 ～ –6 dB 的噪声，垂直方向存在雷达直流径向干扰产生的条状噪声。图 2.8(b) 显示了预处理后的功率谱密度数据，黑色实线是识别出的云信号的左右段点以及谱峰，能够看出预处理后的数据在各个高度上都有效地保留了云信号，去除了无效信号。由于受到湍流及风切变等因素的影响，功率谱左端有一定程度的拓宽（Shupe et al.，2008；马宁堃等，2019；刘黎平等，2014）。

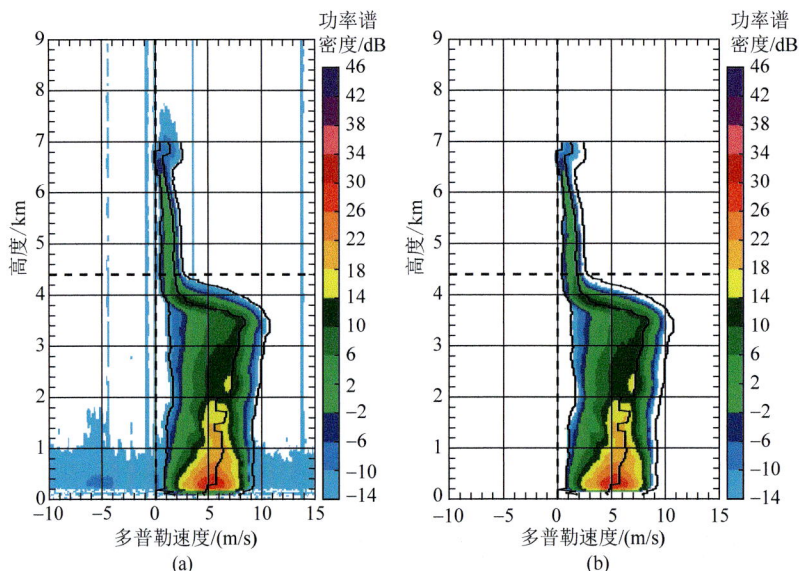

图 2.8　预处理前（a）后（b）不同高度（距地面高度）的功率谱密度数据

2. 反射率因子订正

利用云雷达数据反演雨滴谱可以发现，雷达反射率因子与粒子数浓度密切相关，通过反射率因子误差订正能够更加准确地反演雨滴谱。为了分析云雷达的系统误差，选取与云雷达观测相同时间段的雨滴谱仪数据，计算得到反射率因子，与云雷达观测的反射率因子进行对比。由于云雷达底层的数据受到湍流、风切变及过饱和现象的影响，因此采用云雷达 510 m 高度的数据进行比较。图 2.9 给出了 2020 年 8 月 24 日的弱降水过程云雷达及雨滴谱仪计算的反射率因子随时间的变化，可以看出，在降水初期，云雷达探测的回波强度比雨滴谱仪计算的反射率因子大约小 12 dB，订正后的云雷达回波强度和雨滴谱仪计算的反射率因子一致性较好，但随着降水的持续，由云雷达天线积水造成回波强度进一步减弱。

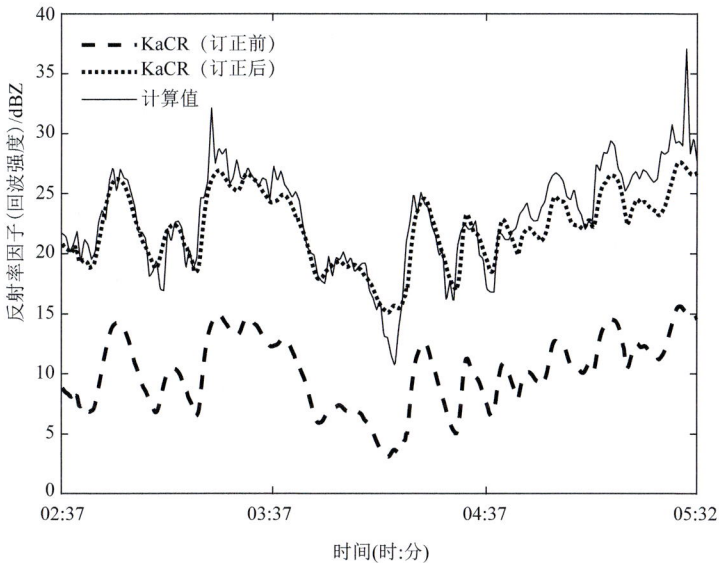

图 2.9　2020 年 8 月 24 日云雷达观测 510 m 高度上回波订正前后及雨滴谱仪计算的反射率因子时间（北京时间，下同）序列

除此之外，云雷达还需要考虑大气及降水粒子会吸收雷达波，造成雷达回波功率衰减的问题，研究中采用了逐库法对回波强度进行衰减订正（张培昌和王振会，2001）。

2.3　水汽输送"隘口"墨脱地区云降水物理特征

2.3.1　云降水垂直特征的云雷达观测及分析

云和降水的宏观特征，包括云降水的发生率、云底高度、云顶高度、云厚度、云层数等，是决定云的辐射特性的一个重要因素。研究云和降水的宏观特征对了解大气中的水汽输送过程、各地区的气候及湿度条件等方面具有重要意义。缺乏对云厚度、云层数等宏观属性的统计性认识是制约云参数化方案发展的因素之一，大气模式的垂直分辨率也依赖于对云厚度、云层之间的间隙等宏观属性的了解。因此，观测和研究云和降水的宏观属性，对掌握云的辐射特性、大气中水循环特征及天气气候模式的改进等方面都有其必要性。从 2019 年开始，KaCR 和 XPAR 对墨脱地区云和降水的宏观特征进行了长期观测（王改利等，2021；Zhou et al.，2021；张蔚然等，2021）。

采用 KaCR 反射率数据，其时间分辨率为 16 s，垂直空间分辨率为 30 m。采用 2019 年 1 ~ 12 月共一整年的 KaCR 反射率数据，径向总数为 1200261 条，有观测的天数达到 291 天，观测连续，数据质量较好。图 2.10 列出了 2019 年各月的观测数据量和观测天数。由于地区偏远、设备维护不便和供电问题等，少数月份有部分天数缺测。

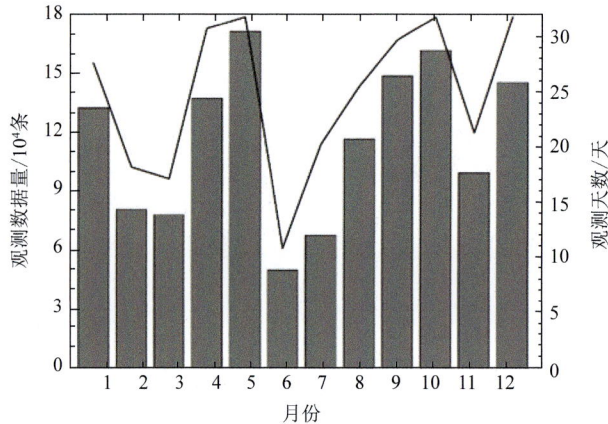

图 2.10　2019 年观测期间各个月份的观测数据量（柱形图）和观测天数（折线图）

1. KaCR 与卫星探测云顶高度的对比

在降水情况下，由于降水粒子对雷达波的削弱作用，毫米波雷达的回波功率将发生衰减，在出现强降水时，衰减尤其严重，这可能导致对毫米波雷达云顶高度（CTH）的低估。根据之前对云雷达探测到的云结构的分析，有必要通过与卫星产品的比较来对比验证由毫米波雷达探测的 CTH 数据。地球同步轨道气象卫星可以长时间地对同一地点进行连续观测，提供高时间分辨率的 CTH 数据，这是云顶探测的常用手段，适合具有高时间分辨率的地面遥感观测的比较。采用风云 4A（FY-4A）同步卫星的 CTH 产品，对比 KaCR 观测的 CTH 数据，以分析 KaCR 探测 CTH 的准确性及降水衰减对雷达探测 CTH 的影响。

在空间上选择距离墨脱国家气候观象台地理位置最近的卫星格点的 CTH 数据，以与墨脱 KaCR 测量的 CTH 数据进行匹配和比较。由于卫星观测无法区分多层云，为了便于对比，此处只考虑 KaCR 观测的最下层云的云底高度（CBH）和最高层云的 CTH。

图 2.11 为 2019 年 8 月 27 日 20:00 到 28 日 20:00 KaCR 探测的 CBH 和 CTH 与卫星反演的 CTH 叠加到质控后的云雷达回波图上的效果。结果表明，两种 CTH 数据的一致性是比较明显的。然而，在 06:00 ～ 14:00（北京时间，下同），FY-4A 反演的 CTH 低于 KaCR 测量的 CTH，而在 04:00 左右及 14:00 之后，FY-4A 的反演结果则高于 KaCR 测量的 CTH。

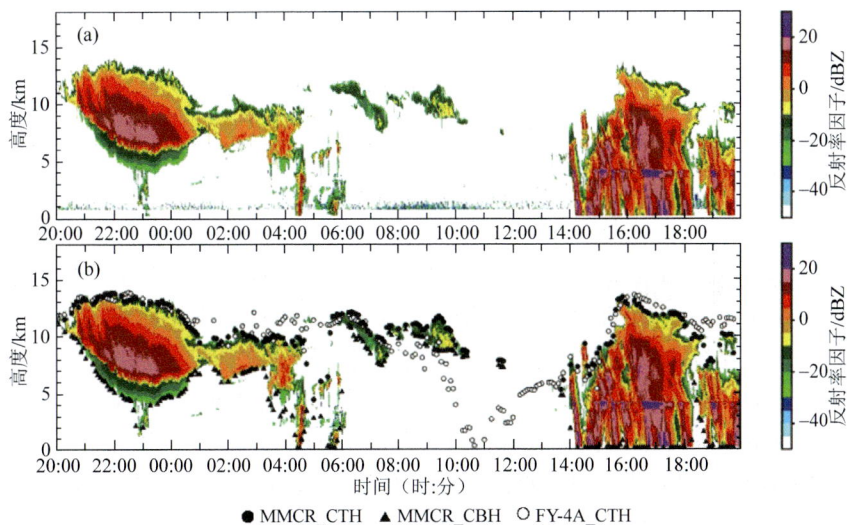

● MMCR_CTH　▲ MMCR_CBH　○ FY-4A_CTH

图 2.11　2019 年 8 月 27 日 20:00 到 28 日 20:00 质量控制前（a）和质量控制后（b）的
云雷达回波时间 – 高度图

在 (b) 中，由云雷达识别出的 CBH（实心三角）和 CTH（实心圆），以及卫星观测到的 CTH（空心圆）叠加在上面

为了定量对比两种手段探测的 CTH，在 2019 年观测期间匹配到共计 10721 组 CTH 样本（CTH 均为距地面的高度），表 2.6 列出了 2019 年 12 个月卫星和云雷达两种手段同时探测到的 CTH 样本及它们的差值 ΔCTH（雷达 CTH– 卫星 CTH）、相关系数及匹配的样本数。由表 2.6 可以看出，KaCR 测量的 CTH 的全年平均值为 6.00 km，FY-4A 卫星测量的 CTH 的全年平均值为 6.02 km，因此，平均来看，两种观测手段测量的 CTH 差别不大。KaCR 和 FY-4A 卫星各月的 CTH 之差（ΔCTH）的平均值都处在 –1.94 ～ 1.53 km。除 10 月外，每个月的两种手段测量的 CTH 的相关系数都大于 0.5，全年平均的相关系数达到 0.59，表明两种手段的观测结果具有较高的一致性。

表 2.6　2019 年各月 KaCR 和 FY-4A 卫星测量的 CTH 样本、ΔCTH
和相关系数

月份	雷达 CTH/km	卫星 CTH/km	Δ CTH/km	相关系数	样本数
1	5.64	4.11	1.53	0.51	233
2	6.17	5.14	1.03	0.83	391
3	6.26	5.42	0.84	0.76	436
4	6.74	5.89	0.85	0.60	607
5	6.29	6.05	0.24	0.75	904

续表

月份	雷达 CTH/km	卫星 CTH/km	ΔCTH/km	相关系数	样本数
6	5.64	5.42	0.22	0.58	212
7	6.05	7.99	−1.94	0.70	324
8	7.64	7.81	−0.17	0.72	640
9	5.82	6.50	−0.68	0.58	3750
10	5.68	5.78	−0.10	0.35	1198
11	5.44	5.07	0.37	0.54	1221
12	5.87	4.86	1.01	0.62	805
平均值/总计	6.00	6.02	−0.02	0.59	10721

注：样本数为 2019 年从 KaCR 和 FY-4A 卫星同时观测到的样本数量。

在 7~10 四个月，月平均 ΔCTH 为负值，表明当墨脱地区强降水较频繁时，与 FY-4A 相比，KaCR 低估了 CTH。而在强降水相对较少的月份，ΔCTH 的平均值为正值，在 12 月至次年 2 月，ΔCTH 值更是超过了 1 km，这可能是卫星对薄卷云的检测能力不如云雷达，导致对某些高层浅薄的卷云的漏测，或存在部分覆盖的云层，进而导致一部分来自地面向上的长波辐射也被卫星接收，造成 FY-4A 对 CTH 的低估。图 2.12 给出了 KaCR 和 FY-4A 匹配的 CTH 样本散点图及其差异的直方图。总体而言，KaCR 和 FY-4A 卫星测量的 CTH 具有良好的一致性，大多数散点沿 1：1 线分布［图 2.12(a)］。大多数 ΔCTH(52.0%) 集中在 −1~1 km，ΔCTH 超过 ±3 km 的比例相对较小(8.2%)［图 2.12(b)］。对墨脱旱季（10 月至次年 3 月）和雨季（4~9 月）的 ΔCTH 分别进行统计，如图 2.13 所示，雨季和旱季的 ΔCTH 平均值分别为 −0.39 km 和 0.53 km。与 FY-4A 反演的 CTH 相比，雨季频繁的强降水导致 KaCR 回波的衰减，从而低估了 CTH。相反，在旱季，KaCR 对 CTH 存在一定的高估。另一个值得注意

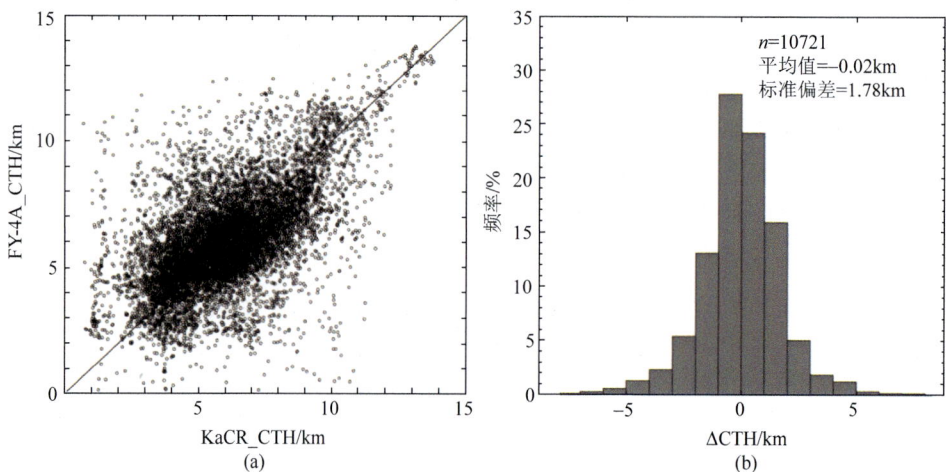

图 2.12 KaCR 与 FY-4A 测量的 CTH 匹配结果的散点图 (a) 及其差异直方图 (b)

斜实线为 1：1 线；以 1km 为间隔

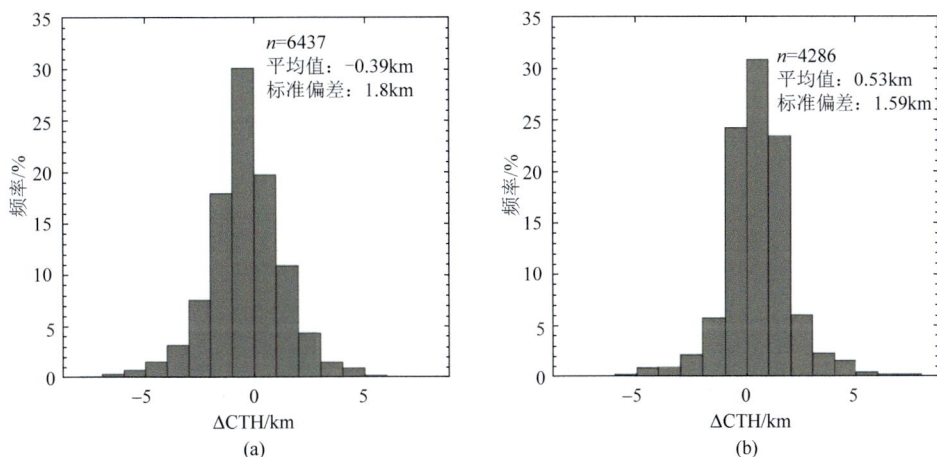

图 2.13　墨脱地区雨季（a）和旱季（b）的 ΔCTH 频率分布

的特征是，ΔCTH 在两个季节都呈现高斯分布。此外，即使两种手段（KaCR 和 FY-4A）探测到的 CTH 在统计结果上基本一致，也不能忽视两种手段观测结果之间的差异。产生这种差异的原因可能是卫星的探测精度较低（4 km），难以精准地在空间上匹配 KaCR 正上方的云层；或者是由卫星 CTH 产品识别算法的误差所导致。

2. 降水对 KaCR 探测云顶的影响研究

KaCR 通常用于探测云和弱降水，而墨脱地区频繁的较强降水可能会导致云雷达信号的强烈衰减。

为了研究不同强度的降水对 KaCR 观测 CTH 的影响，图 2.14 给出了 2019 年 9 月 22 日 17:00 ～ 24:00 和 2019 年 9 月 23 日 23:00 ～ 24 日 06:00 的两个降水导致 KaCR 低估 CTH 的个例，卫星反演的 CTH 以及 KaCR 探测的 CTH 和 CBH 同时叠加在上面。其中，降水率资料来自与云雷达相隔 50 m 的墨脱县气象局自动气象站的分钟雨量计。为便于匹配和对照，将每分钟降水率资料平均为每 5min 的降水率。可以看到，图中一些回波接地的时段［如图 2.14(a) 中 21:30 ～ 24:00］与柱形图所显示的雨量计降水时段并不完全对应，这是由于雨量计的测量精度不够，一些降落在地面上强度较小的毛毛雨不足以积累到高于雨量计测量精度的降水量。从图 2.14 中可以看出，当存在较强的降水时［如图 2.14(a) 中 23:15 ～ 24:00，图 2.14(b) 中 23:00 ～ 04:00］，KaCR 测量的 CTH 明显低于 FY-4A 反演的 CTH，且偏差随降水率的增大而增加。在图 2.14(b) 中 00:30 左右，由于降水率（超过 10 mm/h）较大，两种 CTH 相差甚至超过 5 km［在图 2.14(a) 中 23:25 附近降水率同样很大，但此时 FY-4A 缺测］。这两个个例中 KaCR 探测结果偏低的原因是较强的降水使云雷达回波产生强烈衰减。另外，在图 2.14(a) 中 18:30 ～ 19:30 时段，高度 8 ～ 10 km 处云厚度较小，云体较松散，导致 FY-4A 卫星对该云层 CTH 的低估。

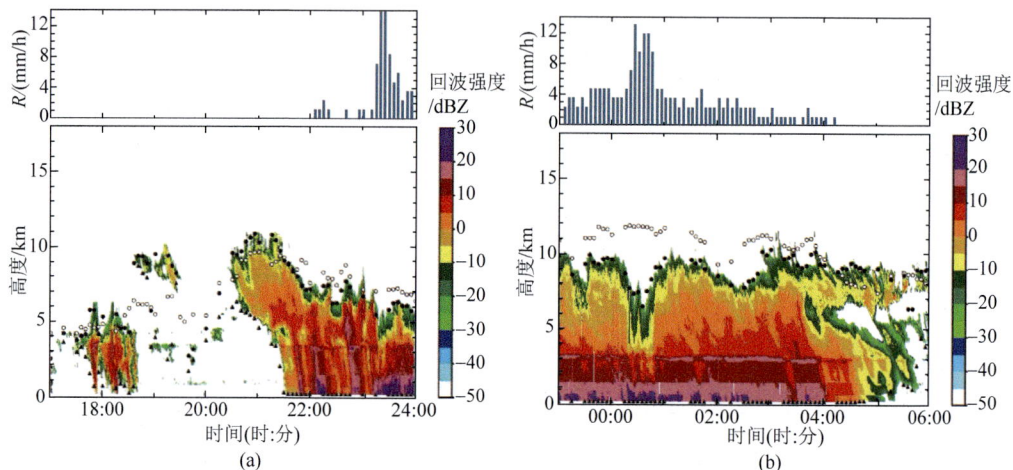

图 2.14　2019 年 9 月 22 日 (a) 和 2019 年 9 月 23 日 23:00 ～ 24 日 06:00 (b) 降水率 (R) 和雷达回波强度

KaCR 测量的 CBH 与 CTH、FY-4A 反演的 CTH 叠加在雷达回波强度图上

在 2019 年墨脱 KaCR 与 FY-4A 卫星匹配的 CTH 样本的基础上，我们统计了不同降水强度下 ΔCTH 的分布情况。图 2.15 给出了不同降水率分类下 ΔCTH 分布的箱形图。平均而言，对于非降水，与 FY-4A 相比，KaCR 测量的 CTH 稍高。在降水情况下，平均 ΔCTH 与降水强度呈正相关。相比于 FY-4A 反演的 CTH，在较弱的降水情况下（$0 < R \leqslant 2.5$ mm/h），KaCR 对 CTH 的低估程度不大；在中等程度降水情况下（2.5 mm/h $< R \leqslant 8$ mm/h），KaCR 对 CTH 的低估程度不到 1 km；而当出现强降水时（8 mm/h $< R \leqslant 16$ mm/h），回波的衰减使云雷达对 CTH 的低估平均可达 2 km。

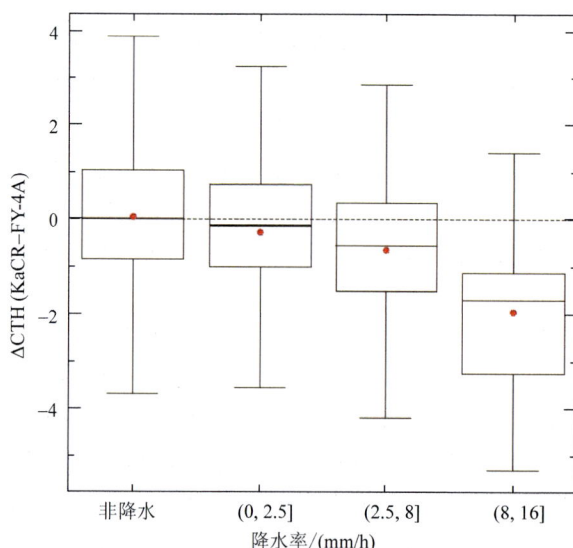

图 2.15　不同降水率分类下 ΔCTH 的箱形图

方框的上下边界分别表示 75% 和 25% 的值；方框内的黑色实线和红色圆点分别表示中间位置和平均值位置

3. 云降水发生率的统计特征

云降水发生率（COF）的定义为相同时间段内 KaCR 观测到云降水回波的径向数和雷达总观测径向数的比值。2019 年 1 月 1 日～12 月 31 日，KaCR 共观测到 1200261 条有效径向，其中雨季（4～9 月）观测到的径向数为 595376 条，旱季（10 月至次年 3 月）观测到的径向数为 604885 条。图 2.16 分别给出了各类型云的发生率，其中，根据 KaCR 探测到的 CBH，将墨脱的云分为高云（CBH ≥ 6 km）、中云（2 km ≤ CBH < 6 km）和低云（CBH < 2 km）。从图 2.16 中可以看出，墨脱地区云发生比较频繁，年平均总云发生率达到 65.3%［图 2.16(a)］，总云中以单层云为主，占比达到 81.6%。雨季的总云发生率平均值为 71.8%，显著高于旱季的 58.8%。在雨季，降水云的发生率（39.7%）高于非降水云（32.1%），达到总云的 55%。这说明藏东南地区存在较强的降水发生率。雨季降水的频繁发生可能部分归因于印度洋季风将暖湿空气输送至墨脱，部分则是由于墨脱地区复杂的高山河谷地形的作用。对于不同高度的云［图 2.16(c)］，低云发生率最高，全年平均为 44.6%，其次是中云，频率为 27.2%，高云出现频率为 7.7%。在本书研究中，将云底高度接近地面的情况统计为降水云，因此这里统计的低云包含全部的降水云，由于墨脱地区降水频繁，因此低云发生率比较高；在剔除降水云后［图 2.16(d)］，中云

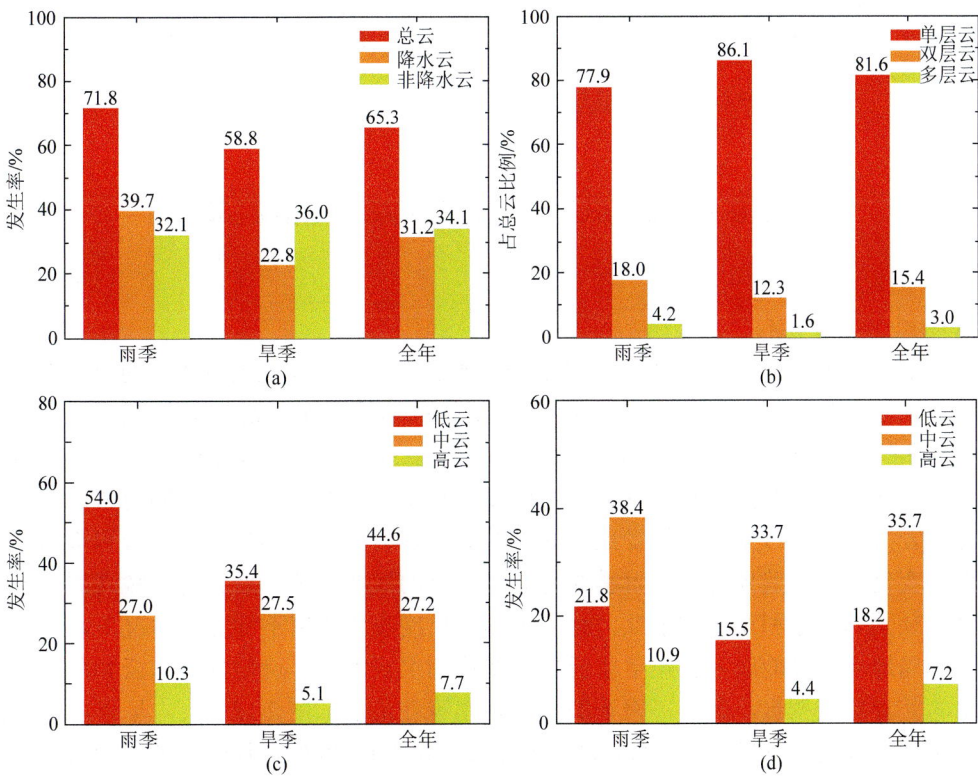

图 2.16　总云、降水云和非降水云发生率 (a)；单层、双层和多层（三层及以上）云占总云的比例 (b)；低云、中云、高云发生率 (c)；非降水情况下，低云、中云、高云发生率 (d)

出现频率最高（35.7%），其次是低云（18.2%）和高云（7.2%），且季节变化不大。总的来说，墨脱地区的中、低云占主导地位。

图 2.17 给出了墨脱地区总云、降水云和非降水云发生率的日变化。该图表明，从 21:00 ～ 02:00，总云的发生率较高（73%），然后在上午（06:00 ～ 12:00）迅速下降，在 12:00 达到最小值（53%）。总云的发生率在 15:00 以前一直保持在一个较低值，然后又开始增加，19:00 又达到一个峰值。总体来说，云往往在夜间形成，白天逐渐消散。降水云发生率的日变化与总云相似，最小值（19%）出现在 14:00，最大值（38%）出现在 05:00。总云和降水云发生率的日变化可能与河谷地形引起的局地热环流有关。相比之下，非降水云发生率的日变化不明显，因此总云发生率的变化主要由降水云造成。

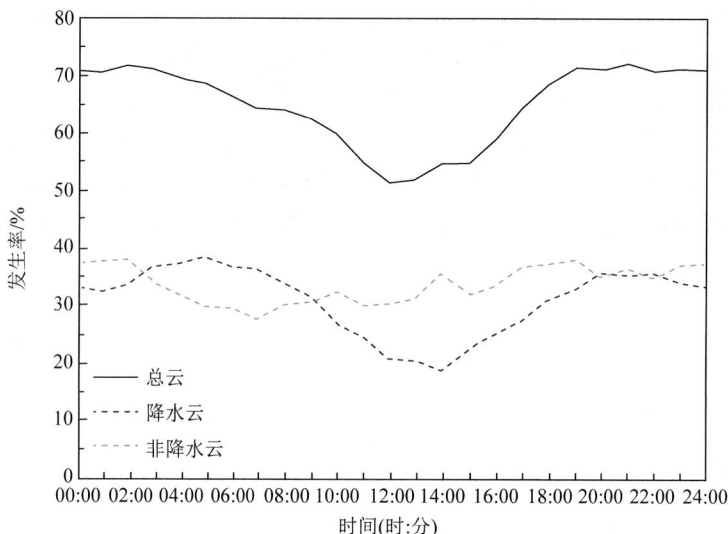

图 2.17　总云、降水云和非降水云发生率的日变化

图 2.18 给出了雨季和旱季之间总云和降水云发生率日变化的对比。两个时期的总云和降水云发生率最低值均出现在 12:00，雨季和旱季分别为 63% 和 44%。此外，这两个时期的总云和降水云发生率在晚上（19:00 ～ 23:00）均增加到 70% 以上。总的来说，云量的日变化情况在雨季和旱季相似，但在旱季变化幅度更为明显。如前所述，总云和降水云发生率的日变化可能受地形导致的局地热力强迫所影响，而总云和降水云发生率日变化的季节差异可能与雨季的南亚夏季风的演变有关，后者为青藏高原东南部带来了频繁的对流和充沛的水汽。而在旱季大尺度季风作用不强烈的情况下，由地形引起的局地环流可能成为影响旱季云量日变化的主要因素，使得昼夜总云和降水云发生率的差异更加明显。此外，雨季的降水多出现在清晨［图 2.18（b）］，旱季降水云的总云和降水云发生率在下午逐渐升高，概率峰值出现在 20:00，该峰值的出现可能与边界层加热有关。

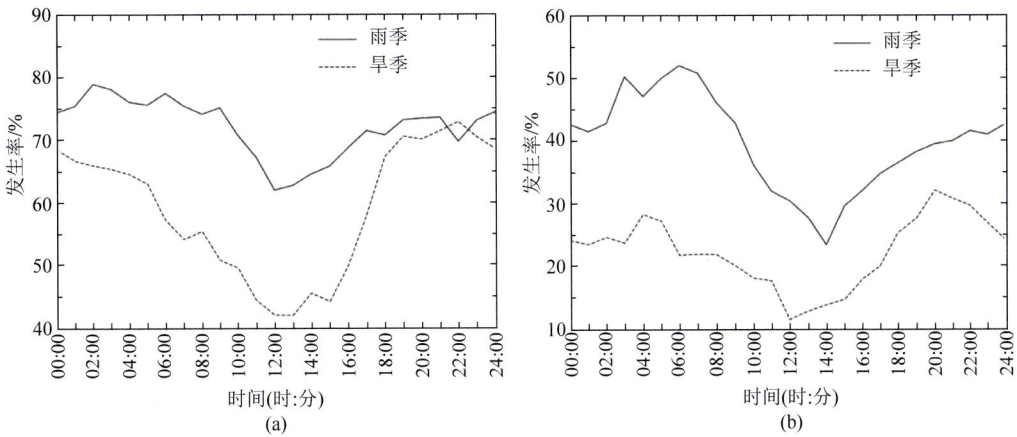

图 2.18 总云（a）和降水云（b）在雨季和旱季发生率的日变化

4. 云边界的统计特征

云边界包括 CBH 和 CTH。利用由 KaCR 基数据识别出的 CTH 和 CBH，在垂直方向以 1km 为间隔，统计墨脱地区 CBH 和 CTH 频率随高度的分布，如图 2.19 所示，其中图 2.19（a）和图 2.19（b）分别为总云的 CBH 和 CTH 频率分布情况，图 2.19（c）和图 2.19（d）为剔除降水云（CBH 接地的情况）后的 CBH 和 CTH 频率分布情况。在 2019 年 1～12 月，KaCR 探测的 CBH 有两个明显的峰值高度，分别位于 0～1 km 和 2～3 km［图 2.19（a）］。一个明显的特征是 46% 的云的云底低于 1 km，这是因为墨脱地区云底低于 1km 的云包含频繁出现的降水云，此时 KaCR 观测的 CBH 接近地面，在这种情况下，KaCR 很难区分云和雨滴，这将导致云雷达对 CBH 的低估。CBH 的另一个峰值高度位于 2～3 km，该峰值对应于非降水云，在排除降水云后可以得到验证［图 2.19（c）］。来自印度洋的大量暖湿气流导致墨脱的抬升凝结高度（LCL）相对较低，而这可能是 CBH 峰值高度相对较低的原因。对于 CTH 来说，78% 的 CTH 处在 4 km 高度以上［图 2.19（b）］，峰值频率为 19.3%，出现在距地面 6～7 km 的高度。近 60% 的 CTH 超过 5km，主要对应于降水云。非降水云的 CTH 峰值出现在距地面 4～5 km 处［图 2.19（d）］。总的来说，CBH 和 CTH 频率分布的显示结果与前面的统计结果一致，2019 年墨脱地区的云以中云和低云为主。

根据 2019 年墨脱 KaCR 的观测结果，图 2.20 给出了该地区高云、中云、低云的 CBH 和 CTH 分布的箱形图。低云、中云和高云的 CBH（CTH）的中位数分别为 0.2（6.2）km、2.9（4.6）km 和 7.1（8.4）km。高云的 CTH 中位数最高，约为 8.4 km。中云的平均 CTH 比低云的 CTH 要低，这主要是因为低云中降水云所占的比例较高，而出现降水云时通常对流较强，云顶通常可以发展得更高。

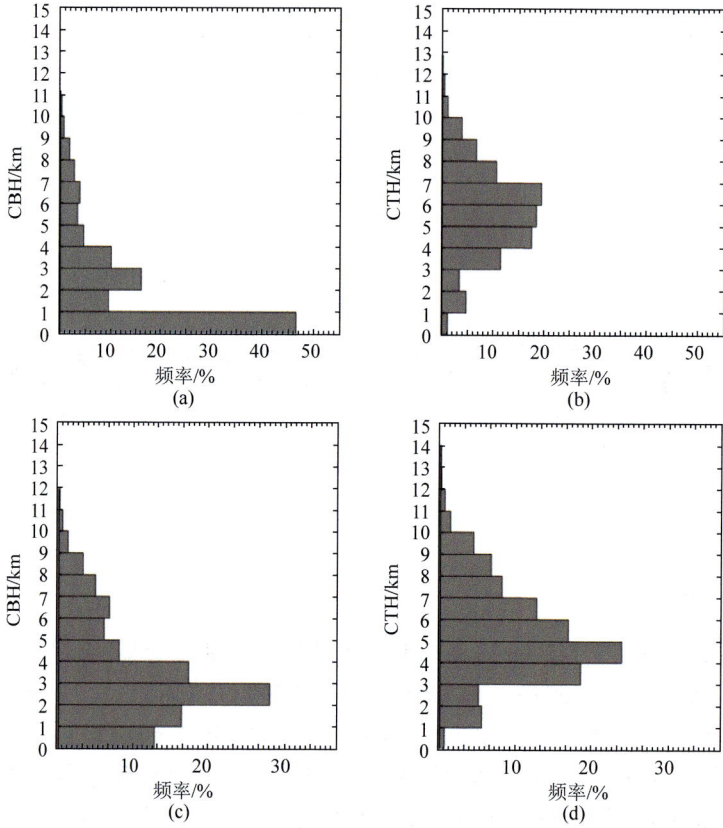

图 2.19　KaCR 观测到的墨脱地区 CBH 和 CTH 在不同高度上的频率

(a) 和 (b) 为总云情况；(c) 和 (d) 为剔除降水云情况

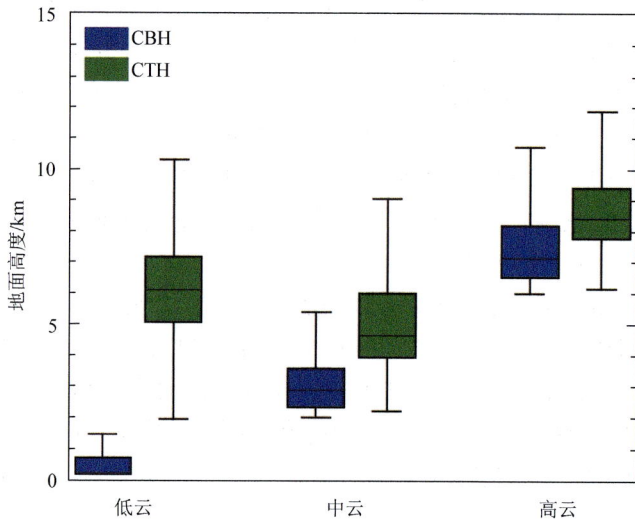

图 2.20　不同高度云的 CBH 和 CTH 分布的箱形图

图 2.21 给出了雨季和旱季 CBH 和 CTH 随时间演变的频率分布情况。为确保每层有足够的样本，在垂直方向上每隔 500 m 为一层，分别计算每一层的频率。就 CBH 的频率分布而言 [图 2.21（a）和（c）]，双峰特征很明显，分别在 < 0.5 km 和 1.5 ~ 3.5 km 的高度处存在峰值。如前所述，近地面毫米波雷达观测的 CBH 的高频率是由降水云造成的。在 1 km 以上的高度，无论是雨季还是旱季，CBH 更多地出现在 2 km 左右，即云底高度的季节区分不明显。

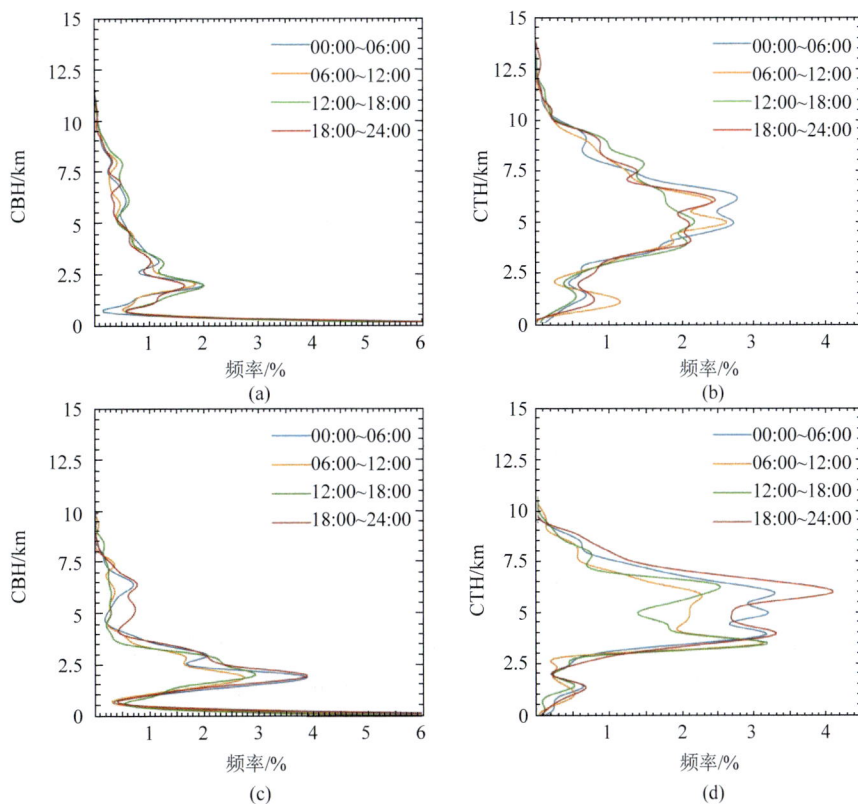

图 2.21 CBH 和 CTH 频率的垂直分布

垂直方向以 500m 为间隔；时间间隔为 6h；（a）和（b）、（c）和（d）分别为雨季和旱季的情况

在雨季，CTH 的频率随着高度的增加而迅速增加，直到 5 ~ 6.5 km，然后随着高度的增加而明显下降 [图 2.21（b）]。从 12:00 开始，CTH 的发生频率略有增加，直至高峰时段（00:00 ~ 06:00），然后在早晨下降。这说明在雨季，云的形成多在午夜到清晨，如前所述，这可能是地形热力作用驱动的局地昼夜环流和南亚夏季风共同作用的结果。此外，CTH 的最大高度可达 13 km 以上，云顶高度超过 7.5 km 的云层往往出现在 01:00 ~ 18:00，这说明雨季的午后可能存在频繁发展的深对流云。在旱季，垂直方向有两个明显的 CTH 峰值，分别位于 3.5 ~ 4.0 km 和 6 km。在这两个高度之间的云层往往出现在夜间（00:00 ~ 06:00、18:00 ~ 24:00），这可能是夜间从山峰到山谷的水汽输送导致山谷地区水汽增加所致。

5. 云厚度的统计特征

某层云的厚度是指同一层云的 CTH 和 CBH 之间的距离。云厚度的频率分布情况如图 2.22 所示。总体来看，在墨脱观测到云厚度频率的双峰特征分别出现在 0 ～ 2 km 和 5 ～ 7 km 处［图 2.22(a)］。厚度小于 2 km 的云约占总云量的 25%，厚度大于 5 km 的厚云约占总云量的 46%。对于墨脱地区的非降水云来说［图 2.22(b)］，厚度小于 1km 的浅薄云所占的比例很高，厚度越大的云，出现频率越低；而对于降水云来说，由于毫米波雷达无法区分降水云的云底和降水粒子，即降水云的云底是接地的，所以这里的降水云厚度实际为降水云的云顶高度。从总云、降水云和非降水云厚度的频率分布来看，0 ～ 2 km 的云厚度峰值主要是由非降水云形成［图 2.22(b)］，而降水云则是 5 ～ 7 km 云厚度峰值的主要因素［图 2.22(c)］。

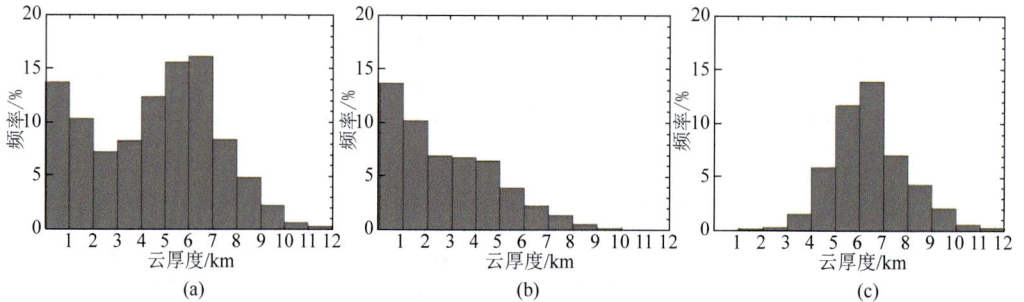

图 2.22　总云（a）、非降水云（b）和降水云（c）厚度的频率分布

以 1km 为间隔，频率值等于每个间隔内样本数与全年总云样本数之比

图 2.23 为墨脱地区雨季和旱季统计出的云厚度的日变化情况。从图 2.23 中可以看到，墨脱地区云厚度存在较为明显的日变化，平均幅度约为 1 km；雨季和旱季的变化

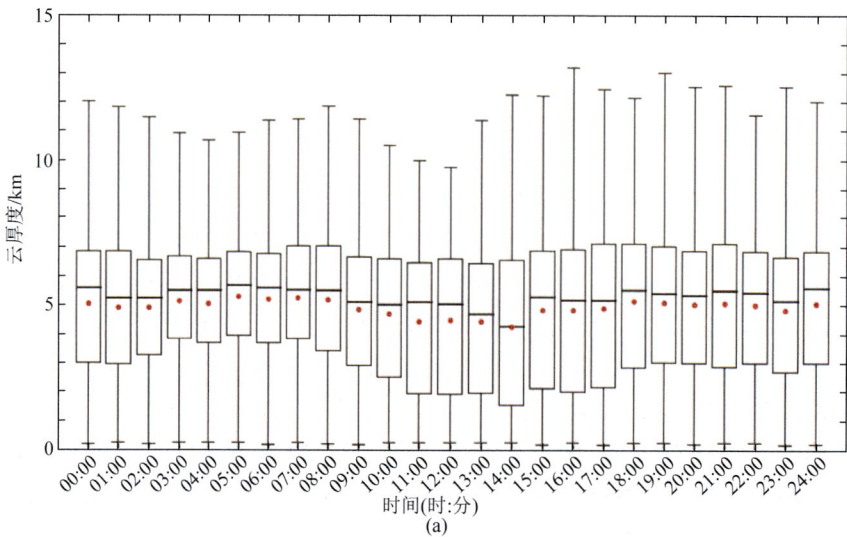

(a)

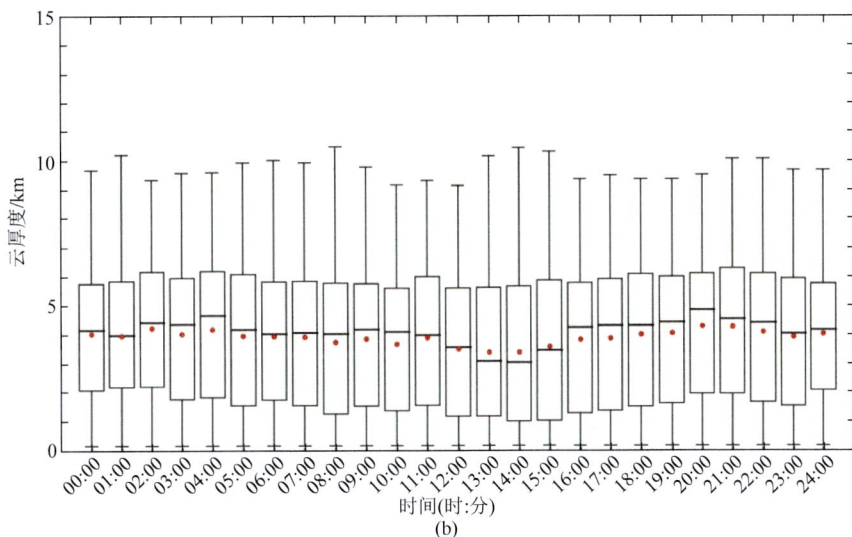

图 2.23　墨脱地区雨季（a）和旱季（b）云厚度的日变化情况

特征相似，雨季在 11:00 ～ 14:00 云比较薄，旱季云厚度较低的时段为 12:00 ～ 15:00。此外，云厚度也有一定的季节差异，在雨季，平均云厚度主要处于 4 ～ 5 km，而旱季平均云厚度则处于 4 km 左右；从箱形图的最大值来看，雨季也明显高于旱季。云厚度的季节差异表明，墨脱地区雨季的水汽和对流条件支持云层可以发展得更加旺盛。

2.3.2　弱降水微物理特征的云雷达观测

毫米波云雷达较短的波长，使其对非降水云和弱降水云的探测能力要高于厘米波天气雷达（刘黎平等，2009），其较高的灵敏度和空间分辨率能够很好地探测微小粒子结构及其物理特性（Kollias et al.，2007）。此外，毫米波云雷达也非常适合进行长时间的连续性观测。因此，以布设在墨脱国家气候观象台的 KaCR 观测数据为基础，首先对 KaCR 的功率谱数据进行预处理，然后选取 2020 年旱季和雨季的两个弱降水过程进行雨滴谱反演，分析墨脱地区不同季节弱降水的微物理特征及垂直廓线。

1. 反演方法

根据得到的气象信号功率谱,采用局部积分法计算信号零阶矩总功率 P_R［式（2.4）］,并代入雷达方程［式（2.5）］就可以得到回波强度 Z；一阶矩径向速度 $\bar{V}$ 和二阶矩速度谱宽 σ_v 的计算公式如式（2.6）和式（2.7）所示：

$$P_R = \sum_{i=V_1}^{V_r} \left(S_i - P_N \right) \tag{2.4}$$

$$Z = \frac{P'_R \times R^2}{C}, \quad C = \frac{P_t \times G^2 \times \theta \times \Phi \times h \times \pi^3 \times |K|^2}{1024 \times \ln 2 \times \lambda^2 \times L\varepsilon} \tag{2.5}$$

$$\overline{V} = \frac{\sum\limits_{i=V_1}^{V_r} i \times (S_i - P_N)}{\sum\limits_{i=V_1}^{V_r} (S_i - P_N)} \tag{2.6}$$

$$\sigma_v = \sqrt{\frac{\sum\limits_{i=V_1}^{V_r} (i - \overline{V})^2 \times (S_i - P_N)}{\sum\limits_{i=V_1}^{V_r} (S_i - P_N)}} \tag{2.7}$$

式中，P_R 为气象信号总功率（dBm）；V_1 和 V_r 分别为云信号的左右端点速度（m/s）；S_i 为第 i 个谱点的信号功率（dBm）；P_N 为噪声电平（dBm）；P'_R 为天线接收到的信号总功率（dBm）；C 为雷达常数；R 为探测距离（km）；P_t 为发射功率（W）；G 为天线增益（dB）；θ、Φ 分别为天线水平和垂直波束宽度（°）；h 为距离分辨率（m）；$|K|^2$ 为折射指数；λ 为入射波长（mm）；$L\varepsilon$ 为馈线损耗（dB）。

谱偏度 S_k 和谱峰度 K_t 是描述功率谱对称性和平坦度的物理量。当谱峰度和谱偏度接近零值时，意味着功率谱数据满足高斯分布，此时云中粒子为纯云或雨。当云体内部有云雨转化或者粒子相态转化时，谱偏度和谱峰度就会发生变化。因此，谱偏度和谱峰度能够很好地指示云体内部粒子相态及粒径变化（Kollias et al.，2011a，2011b）。谱偏度和谱峰度计算公式如式（2.8）和式（2.9）所示：

$$S_k = \frac{\sum\limits_{i=V_1}^{V_r} (i - \overline{V})^3 (S_i - P_N)}{\sigma_v^3 \times \sum\limits_{i=V_1}^{V_r} (S_i - P_N)} \tag{2.8}$$

$$K_t = \frac{\sum\limits_{i=V_1}^{V_r} (i - \overline{V})^4 (S_i - P_N)}{\sigma_v^4 \times \sum\limits_{i=V_1}^{V_r} (S_i - P_N)} - 3 \tag{2.9}$$

雨滴谱反演：层状云中空气垂直速度一般为 0.1～0.2 m/s，远小于粒子下落速度，因此可以忽略不计（石爱丽，2005；胡朝霞等，2007；王扬锋等，2007）。根据实验得到的静止大气下粒子直径和下落末速度经验公式［式（2.10）］，就可以得到粒子直径分布（Gunn and Kinzer，1949）。

$$D\left(v_{t}\right)=\frac{1}{0.6}\cdot\ln\frac{8.3}{9.65-v_{t}}\tag{2.10}$$

式中，D 为粒子直径（mm）；v_{t} 为粒子下落末速度（m/s）。然而，在实际反演过程中需要考虑到空气密度对下落速度的影响，因此需要做一个高度上的订正（Foote and Du，1969；Peters et al.，2005）：

$$D\left(v_{t},h\right)=\frac{1}{0.6}\cdot\ln\frac{8.3}{9.65-\dfrac{v_{t}}{\delta_{v}\left(h\right)}}\tag{2.11}$$

$$\delta_{v}\left(h\right)=1+3.68\times10^{-5}h+1.71\times10^{-9}h^{2}\tag{2.12}$$

式中，h 为高度（m）；$\delta_{v}(h)$ 为修正因子。上述公式联立即可得到粒子直径。

根据雷达反射率因子和雨滴谱的关系［式（2.13）］，可以得到不同直径粒子对应的数浓度，进而获得雨滴谱分布。

$$Z=\int N\left(D\right)\cdot D^{6}\mathrm{d}D\tag{2.13}$$

式中，Z 为雷达回波强度（dBZ），由预处理后的功率谱数据计算得到，并经过系统误差和衰减误差订正；$N(D)$ 为粒子数浓度（$\mathrm{m}^{-3}\cdot\mathrm{mm}^{-1}$）；$D$ 为粒子直径（mm）。

图 2.24 给出了 2020 年 8 月 24 日弱降水过程 04:42 ～ 05:32 时段云雷达反演的 510 m

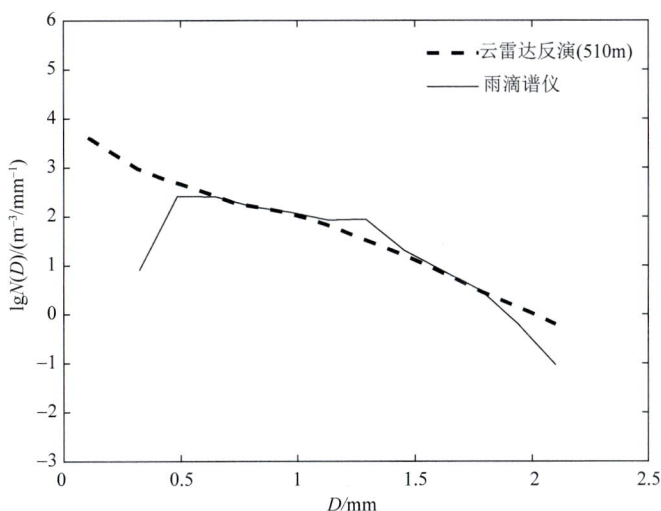

图 2.24　2020 年 8 月 24 日 510 m 高度云雷达反演雨滴谱与地面雨滴谱仪观测的比较

高度上的雨滴谱分布（虚线）及雨滴谱仪观测的地面雨滴谱分布（实线）。可以看出，地面雨滴谱呈现一个两端雨滴浓度小、中间大的分布特点，云雷达雨滴谱呈现出随直径增大雨滴浓度逐渐减小的变化趋势。在 0.5 ～ 2.1 mm 直径区间，两种观测设备的雨滴谱浓度一致性很好。当粒子直径小于 0.5 mm 时，降水现象仪观测的雨滴浓度明显低于云雷达反演的雨滴浓度，这也许是降水现象仪对小粒子浓度的低估造成的（Tokay et al.，2008；Wang et al.，2020）。总的来说，云雷达反演的雨滴谱和雨滴谱仪观测的雨滴谱一致性较好。

2. 旱季弱降水过程

2020 年 3 月 6 日云雷达观测到一次弱降水过程，降水时段为 07:30 ～ 09:00，稳定降水阶段主要集中在 07:31 ～ 08:38 时段。由云雷达功率谱数据得到该降水时段的回波强度、径向速度和速度谱宽，由雨滴谱仪的数据得到地面雨强，结果如图 2.25 所示。

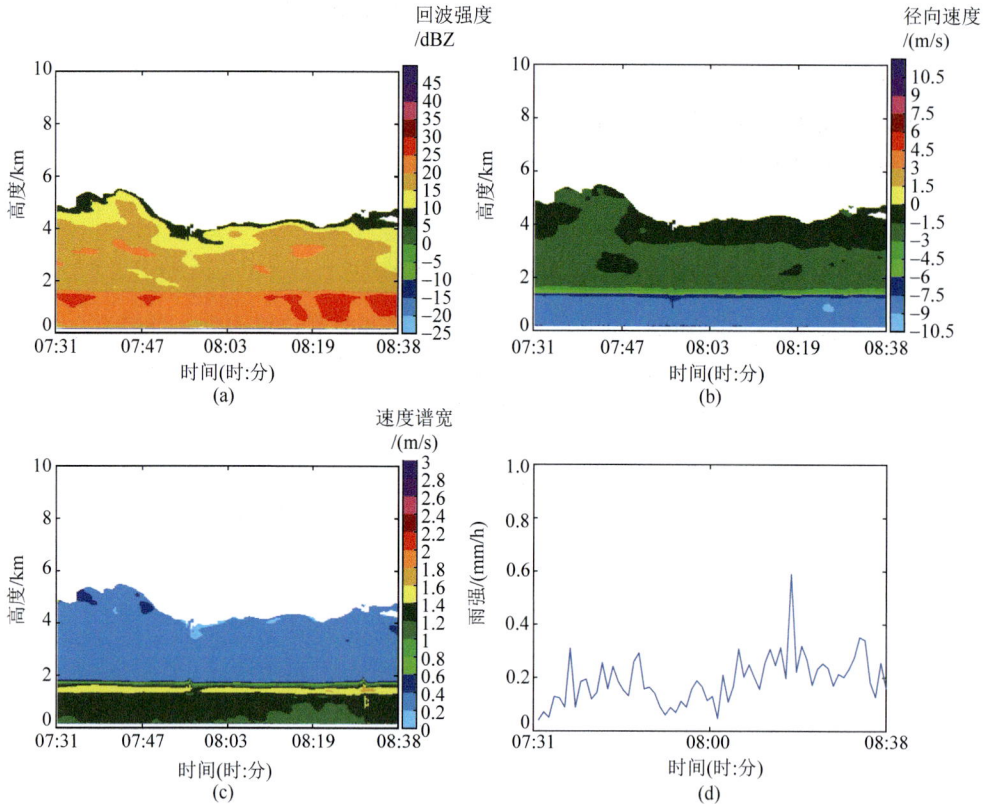

图 2.25　2020 年 3 月 6 日 07:31 ～ 08:38 云雷达观测的
回波强度 (a)、径向速度 (b)、谱宽时间 – 高度图 (c) 和地面雨滴谱仪雨强 (d)

从雷达回波［图 2.25（a）］来看，该时段回波顶高位于 4.5 ～ 5 km，零度层在 1.5 km 左右。零度层以上回波强度小于 20 dBZ，零度层以下回波增强，过程回波强度介于 20 ～ 30 dBZ，回波大值区出现在 08:10 ～ 08:38，最大回波强度超过 27 dBZ。径向速度是粒子下落速度和大气运动速度的叠加，径向速度和大气运动速度向下为负、向上为正。零度层以上的径向速度［图 2.25（b）］随高度降低缓慢地从 1 m/s 增加到 3 m/s，经过零度层时增加到 6.5 m/s。从速度谱宽［图 2.25（c）］能够明显看出，1.5 km 高度上有零度层的存在，零度层之上的速度谱宽介于 0.2 ～ 0.4 m/s。速度谱宽在零度层达到 1.6 m/s 的最大值，之后随高度降低缓慢减小。从地面雨强［图 2.25（d）］来看，此次降水平均雨强在 0.2 mm/h，雨强随时间变化不大，降水稳定，具有明显的层状云降水特征。

谱偏度和谱峰度对云内粒子的相态变化有很好的指示作用（Kollias et al.，2011a，2011b）。因此，可以通过谱偏度、谱峰度的变化来推测粒子的相态及液滴发展状况并了解降水的微物理特征。对该时段降水进行谱偏度、谱峰度的反演，结果如图 2.26 所示。零度层以上谱偏度在 0 左右［图 2.26（a）］，谱峰度［图 2.26（b）］出现了由负值转为正值的变化，说明零度层以上的冰晶粒子在持续增长，但考虑到回波强度没有明显增强，因此推测冰晶粒子的增长并不明显。零度层以下，偏度随高度增加而逐渐减小，谱峰度从负值增加到正值，推测在下落过程中，蒸发及粒子碰并导致小粒子减少，较大粒子信号增强。

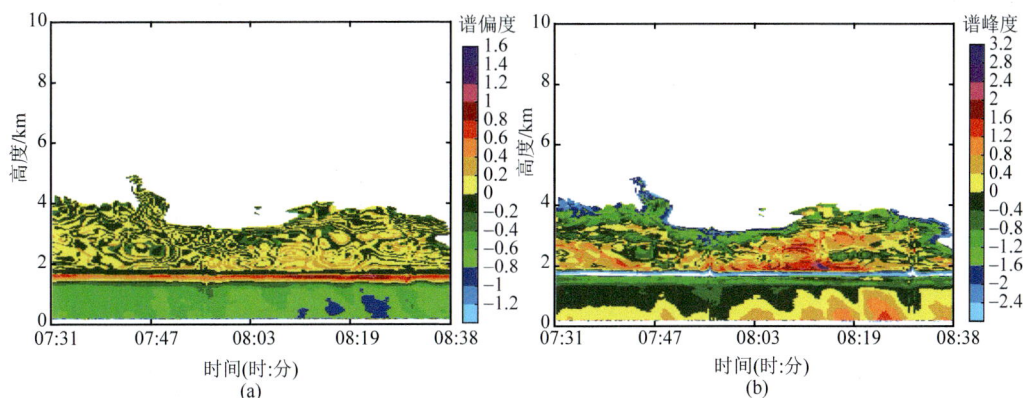

图 2.26　2020 年 3 月 6 日 07:31 ～ 08:38 云雷达反演的谱偏度（a）和谱峰度（b）

相较于时空分布，垂直廓线能够直观地展示物理量随高度变化的情况。图 2.27 给出了 2020 年 3 月 6 日 07:31 ～ 08:38 回波强度、径向速度、速度谱宽、谱偏度和谱峰度的平均垂直廓线图。通过廓线图可以明显看出，墨脱地区旱季零度层在 1.5 km 左右。根据谱偏度和谱峰度的变化，将高度分为五个区间进行分析。在 A ～ B 区间（4 ～ 1.8 km），回波强度由 13 dBZ 增大到 18 dBZ，下落速度由 1.0 m/s 增加到 1.5m/s，速度谱宽稳定在 0.3 m/s，谱偏度和峰度从负值变为正值，推测冰晶粒子在下落过程中有所增长。在 B ～ C 区间（1.8 ～ 1.6 km），回波强度基本维持在 18 dBZ，下落速度略有增大，速度谱宽开始迅速增加，谱偏度和谱峰度由正值转为负值，说明冰晶粒子在下落过程中可能发生碰并现象，出现不同的下落速度。在 C ～ D 区间（1.6 ～ 1.5 km），回波强度和速度谱宽达到最大值，分别为 22 dBZ 和 1.3 m/s、下落速度增加到 4 m/s，谱偏度由负值变为正值，谱峰度迅速增加，推测在该高度区间冰晶开始融化，出现外包水膜粒子。在 D ～ E 区间（1.5 ～ 1.2 km），回波强度和速度谱宽开始减小，谱偏度由正值转为负值，谱峰度由负值逐渐向正值转变，说明冰晶粒子可能已经全部转化为液滴，由于下落惯性作用，下落速度在该高度达到 6 m/s 的最大值。在 E～F 区间（1.2 km 以下到地面），回波强度、径向速度和速度谱宽持续减小，谱偏度减小，谱峰度增加，说明粒子在下落过程中可能由于蒸发及碰并作用，小粒子浓度持续减小。

利用粒子下落末速度与直径的关系反演雨滴谱的算法适用于液滴，因此只对零度层以下的雨滴谱进行分析。图 2.28 给出了云雷达功率谱数据反演得到的 2020 年 3 月 6 日 07:31～08:38 降水阶段的平均雨滴谱垂直分布。可以看出，旱季层状云弱降水以小雨滴为主，最大雨滴直径不超过 3 mm。从 1.5 km 高度以下，由于冰晶的融化，所有雨滴浓度均有所增加，雨滴浓度峰值出现的高度随雨滴直径的增加而降低，其中，小于 1.4 mm 的雨滴浓度峰值分布在 1.4～1.2 km，直径大于 1.4 mm 的雨滴浓度峰值出现在 1.2 km。随着高度降低，在 1.2～0.4 km，直径小于 1.7 mm 的雨滴浓度缓慢减小，这可能是小雨滴之间的相互碰并及蒸发作用造成的，而大于 1.7 mm 的雨滴浓度垂直分布比较均匀，这可能是由于碰并 - 破碎过程达到平衡，因此随高度变化较小。在近地面 0.4 km 以下，由于近地面蒸发作用加强，所有雨滴浓度均有明显的减小。

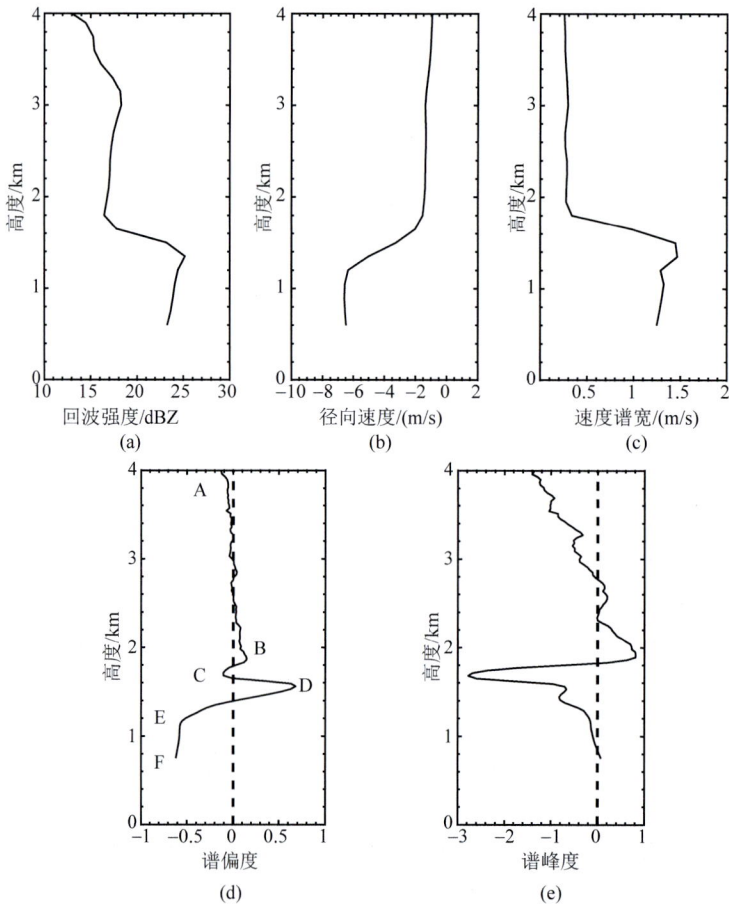

图 2.27　2020 年 3 月 6 日 07:31～08:38 回波强度、径向速度、速度谱宽、谱偏度、谱峰度的平均垂直廓线图

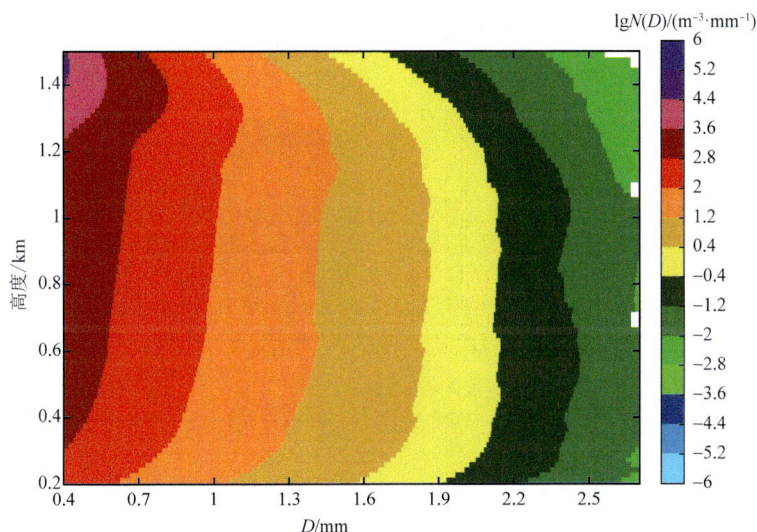

图 2.28　2020 年 3 月 6 日 07:31 ～ 08:38 降水阶段的平均雨滴谱垂直分布

3. 雨季弱降水过程

2020 年 8 月 24 日墨脱国家气候观象台云雷达观测到一次持续 6h 的降水，其中层状云弱降水稳定阶段主要集中在 04:42 ～ 05:32 时段。从雷达回波 [图 2.29 (a)] 来看，该时段回波顶高位于 7 ～ 8 km，零度层在 4 km 左右。零度层以下回波强度增大，介于 20 ～ 30 dBZ。通过径向速度 [图 2.29 (b)] 可以看出，此次降水过程以下落运动为主，最大下落速度达到 8 m/s，出现在 05:20 ～ 05:30，05:20 之前下落速度为 5 ～ 7.5 m/s。速度谱宽 [图 2.29 (c)] 的时空变化情况和回波强度以及径向速度对应很好。从速度谱宽图上能够很明显地看出，4 km 左右的高度上有零度层亮带的存在，速度谱宽达到 2.0 m/s。零度层以上的云体，速度谱宽变化很小，介于 0.2 ～ 0.6 m/s，说明云体内部粒子性质较为稳定，在零度层以下速度谱宽随高度降低逐渐减小。由雨滴谱仪计算的地面雨强的时间序列 [图 2.29 (d)] 能够看出，此次降水过程出现了三个明显的降水峰值，且雨强随时间逐渐增强，与云雷达的回波强度、径向速度和速度谱宽的变化时间相对应。总的来说，此次降水过程在 4 km 左右存在明显的零度层亮带，降水强度基本不大，后期有增强的趋势，具有层状云降水的特征。

为了探究墨脱雨季层状云弱降水的微物理特征，对该时段降水进行谱偏度、谱峰度的反演。从谱偏度 [图 2.30 (a)] 和谱峰度 [图 2.30 (b)] 的时空变化可以看出，在 4 km 高度处谱偏度和谱峰度出现了明显的增大，推测是粒子经过零度层时由冰晶转化为水滴的过程。零度层以下，谱偏度呈现出正—零—负的变化，与之对应的谱峰度有负—零—正的变化，因此推测粒子在下落过程中由于碰并作用，中大雨滴的信号增强。这种变化趋势和旱季层状云降水一致。

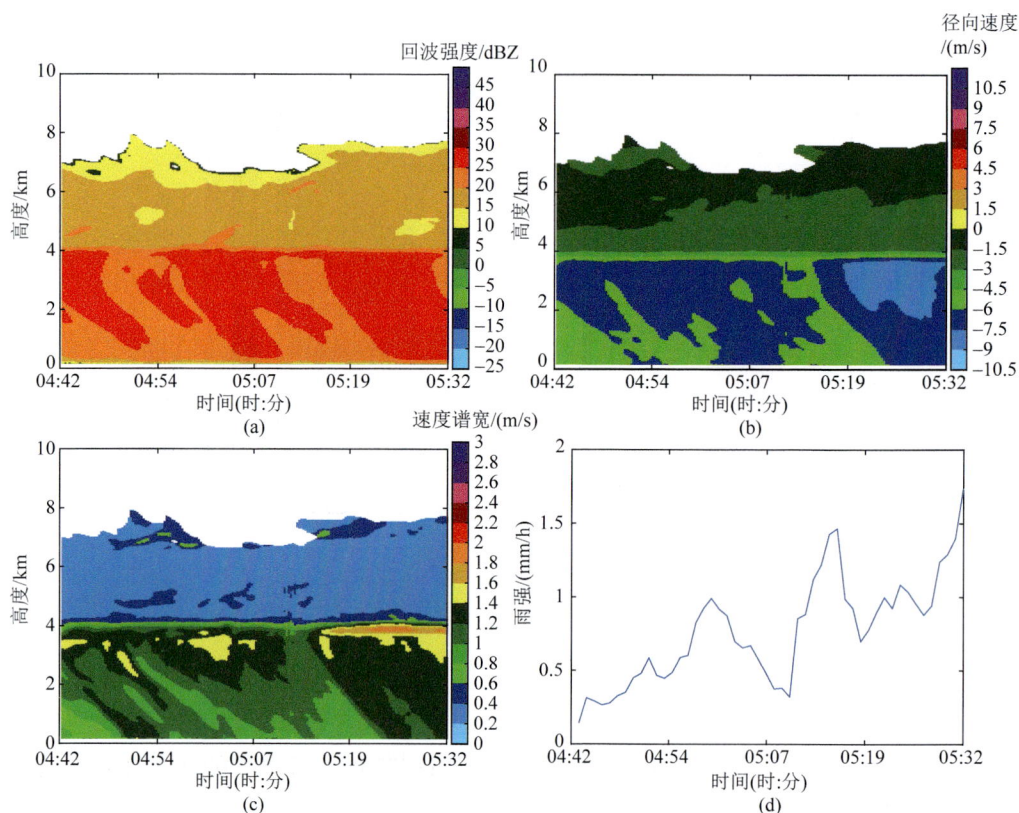

图 2.29　2020 年 8 月 24 日 04:42 ～ 05:32 云雷达观测的回波强度、径向速度、速度谱宽和地面雨滴谱仪雨强

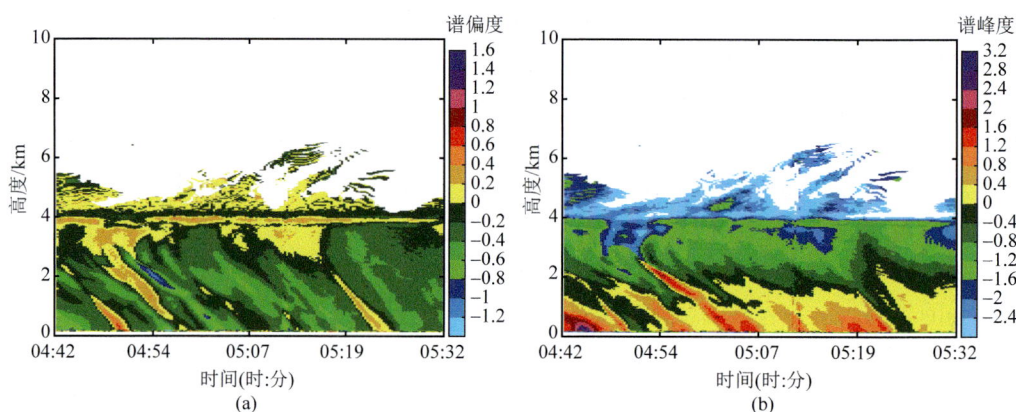

图 2.30　2020 年 8 月 24 日 04:42 ～ 05:32 的谱偏度、谱峰度

　　与旱季层状云降水过程比较可以发现，旱季和雨季降水的云顶高度和零度层高度不同，旱季云顶高度和零度层高度较低，而雨季云顶高度和零度层高度较高。

　　图 2.31 给出了 2020 年 8 月 24 日 04:42 ～ 05:32 回波强度、径向速度、速度谱宽、

谱偏度、谱峰度的平均垂直廓线，可以明显看出墨脱地区雨季零度层在 4 km 左右。
粒子在经过零度层时的变化情况复杂，因此根据谱偏度和谱峰度将高度分为四个区间
来进行分析。首先是 A ～ B 区间（6 ～ 4.2 km），回波强度维持在 17dBZ，下落速度
在该区间由 2.8 m/s 慢慢减小到 2 m/s，速度谱宽缓慢增加但始终小于 0.5 m/s，谱偏度
有 "负—正—负" 的转变，谱峰度持续减小，说明冰粒子增长较为平缓，整体尺寸分
布均匀。B ～ C 区间（4.2 ～ 3.9 km）是零度层的上半部分，在该高度上回波强度迅速
增长到 27 dBZ，速度谱宽增长到 1.3 m/s，下落速度持续增加，谱偏度由负转正，谱峰
度也迅速增加，可能是冰粒子融化形成外包水膜粒子，导致回波强度迅速增强及粒子
下落速度加快。C ～ D 区间（3.9 ～ 3.7 km），回波强度减小到 25 dBZ，速度谱宽减小，
谱偏度由正值转为负值且速度峰度减小，说明冰晶粒子全部转化为液滴。由于下落惯
性作用，径向速度反应滞后，因此在该高度区间下落速度达到最大值 7 m/s。D ～ E 区
间（3.7 km 到地面），回波强度和速度谱宽继续减小，谱偏度减小，谱峰度增大，说明
大粒子浓度不变，小粒子在下落过程中的蒸发或碰并导致浓度减小。

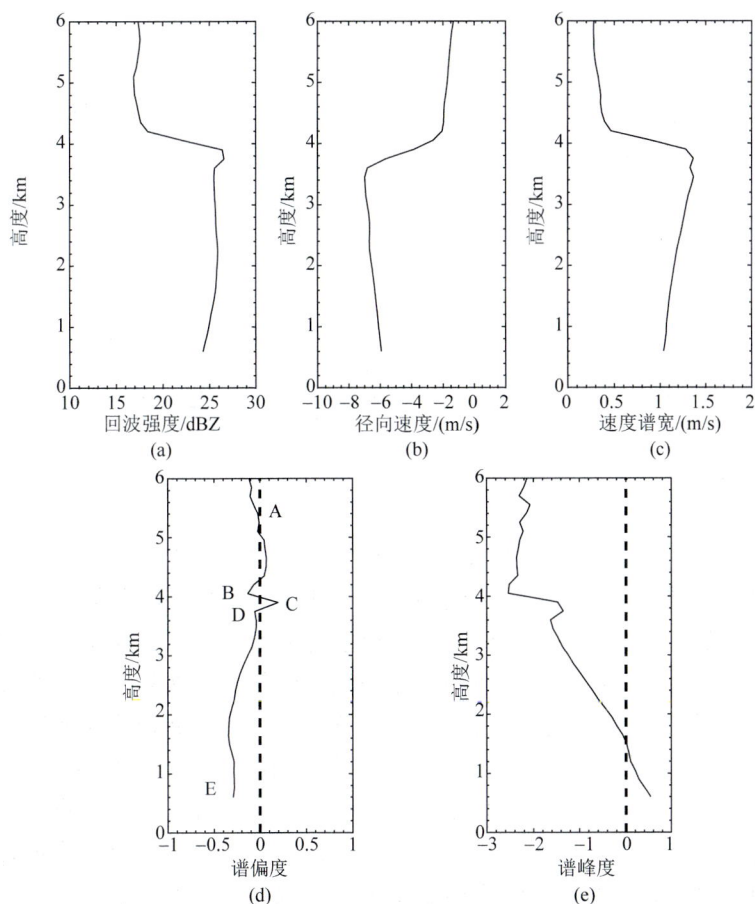

图 2.31　2020 年 8 月 24 日 04:42 ～ 05:32 回波强度、径向速度、速度谱宽、谱偏度、谱峰度的
平均垂直廓线图

雨滴谱的垂直分布能够直观地看出粒子在下落过程中的变化情况。2020 年 8 月 24 日 04:42 ～ 05:32 降水阶段的平均雨滴谱的垂直分布如图 2.32 所示。整体来看，层状云降水以小雨滴为主，雨滴浓度随直径的增加而减少，最大雨滴直径不超过 3 mm。从 4 km 高度以下，由于冰晶的融化作用，所有雨滴浓度均有明显的增加。随高度的降低，小粒子浓度开始减少，这可能是蒸发和粒子的碰并作用造成的，其中直径小于 0.7 mm 的粒子在 4.0 ～ 3.7 km 高度达到浓度峰值，直径大于 0.7 mm 的粒子在 3.7 ～ 3.5 km 高度达到浓度峰值。3.5 km 以下，直径小于 1 mm 的粒子浓度随高度降低缓慢减少，直径越小的粒子浓度降低越快，推测是蒸发及碰并作用造成的，直径大于 1 mm 的粒子浓度随高度降低变化很小，可能是由于碰并－破碎过程达到了平衡。0.5 km 以下，由于蒸发作用，所有粒子浓度开始减少，直径小于 1 mm 的粒子浓度减少速率大于大粒子。

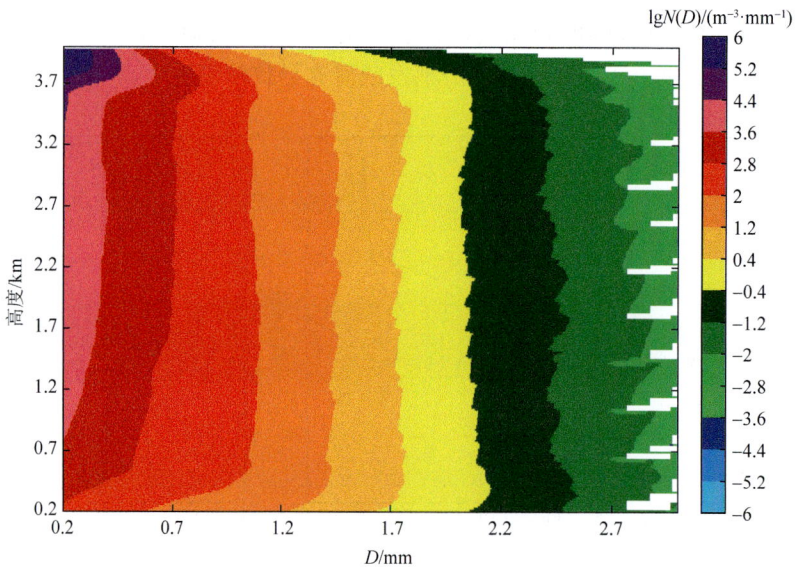

图 2.32 2020 年 8 月 24 日 04:42 ～ 05:32 降水阶段的平均雨滴谱垂直分布

比较墨脱地区旱季和雨季弱降水过程可以发现，旱季和雨季降水过程中的粒子相态变化及云雨转化过程较为一致。零度层以上的冰晶粒子随高度降低有所增长，但增长缓慢。不同的是，旱季接近零度层的冰晶粒子可能出现了聚合现象，导致峰度出现较大的变化。在零度层上层，小粒径的冰晶向液滴转化，出现外包水膜的现象，导致在该高度上回波强度等物理量出现突变。在零度层下层，冰晶融化成液滴，层状云降水雨强较小，雨滴下落时可能受到蒸发及碰并作用导致粒子浓度随高度降低逐渐减小。在雨滴下落的中段区间（旱季为 0.3 ～ 1.2 km，雨季为 0.5 ～ 3.5 km），旱季直径小于 1.5 mm 的雨滴浓度随高度降低逐渐减小，雨季直径小于 0.7 mm 的雨滴浓度随高度降低逐渐减小。在近地面，雨季和旱季雨滴浓度均出现了明显减少的现象，推测是蒸发作用加强导致的。

2.3.3　墨脱地区降水云宏观特征统计分析

墨脱地区所处的喜马拉雅山东段南坡（西南季风迎风坡）以及外宽内窄的山谷地形使该地降水类型以地形雨为主。为了了解高原东南部河谷地区的云降水特征，利用墨脱国家气候观象台的 XPAR 统计了墨脱地区降水云的宏观特征。本研究使用墨脱 XPAR 在 2019 年 11 月～2020 年 10 月获取的观测基数据资料，对该地区的降水云的宏观特征进行统计分析。图 2.33 为 XPAR 可探测范围内的墨脱地形图（每相邻两圈半径相差 14 km），从图中可以看出，该雷达处于峡谷之中。雷达周围地形极其复杂，海拔跨度大，其北部为岗日嘎布山脉，西部与西北部属于喜马拉雅山高山地段，为南迦巴瓦峰，其东部为米什米山脉。

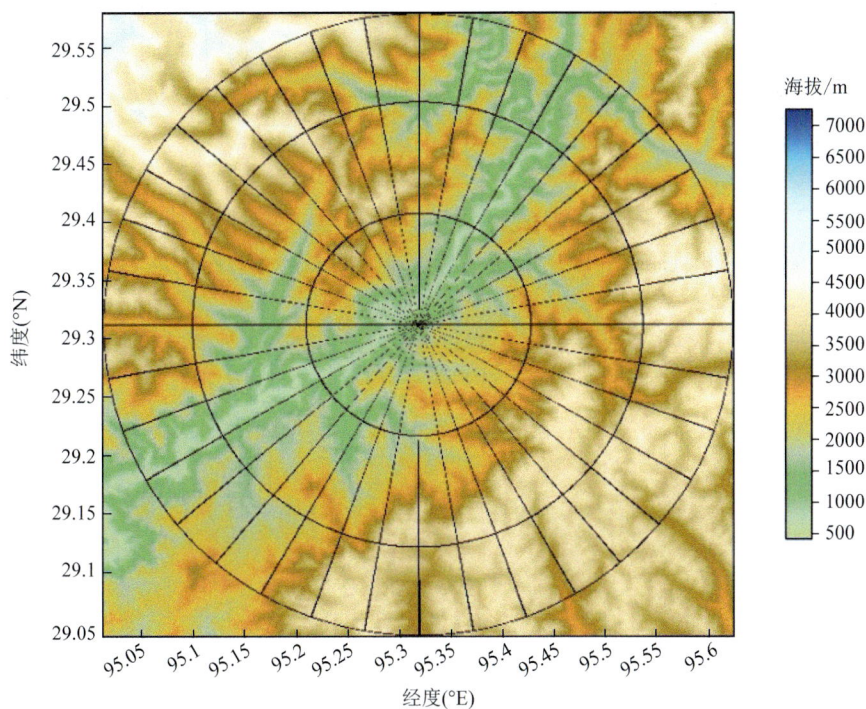

图 2.33　观测区地形示意图

墨脱地区地形复杂，海拔跨度大，在不同位置地形对雷达回波的遮挡不同。本研究利用 XPAR 扫描模式，将雷达体扫球坐标转换为笛卡儿直角坐标格点，结合地形高度图给出了 XPAR 不同海拔的探测范围（图 2.34）。图 2.35 显示 XPAR 的可探测回波点数随海拔升高先增加后减少，在 2 km 以下高度，雷达探测到的回波格点十分有限，在 5 km 左右雷达可探测回波格点数达到最大，随后可探测点数随高度升高而减少。上述现象是因为雷达有效探测范围除了受地形遮挡影响之外，还受雷达顶部的圆形盲区影响。在探测高度较低时，雷达探测主要受地形遮挡影响，随着海拔的升高，雷达顶部盲区的影响越来越大。

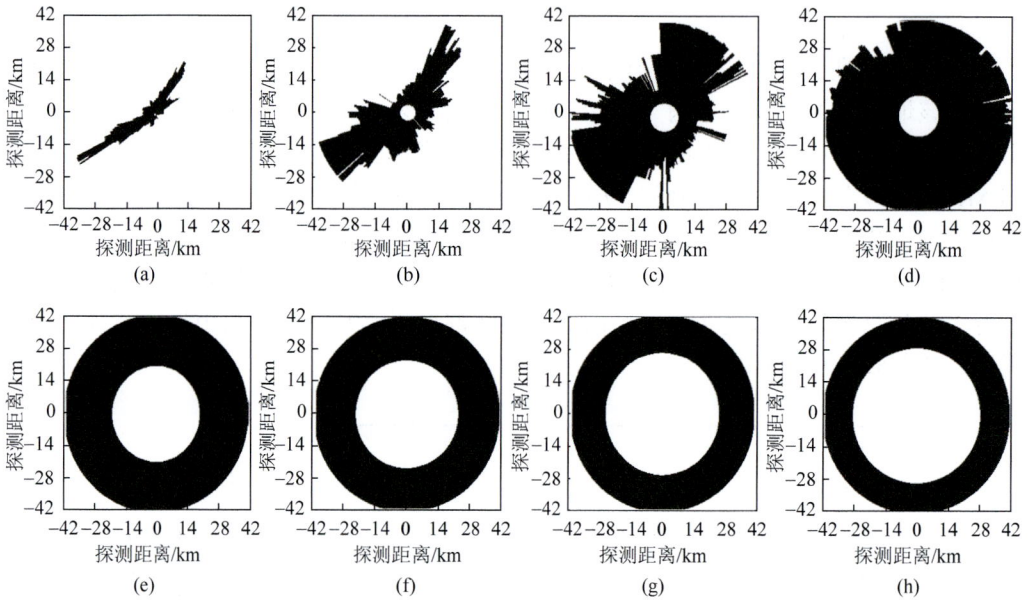

图 2.34　部分高度层 XPAR 有效探测回波范围（黑色为可探测到的区域）
（a）2 km；（b）3 km；（c）4 km；（d）5 km；（e）9 km；（f）10 km；（g）11 km；（h）12 km

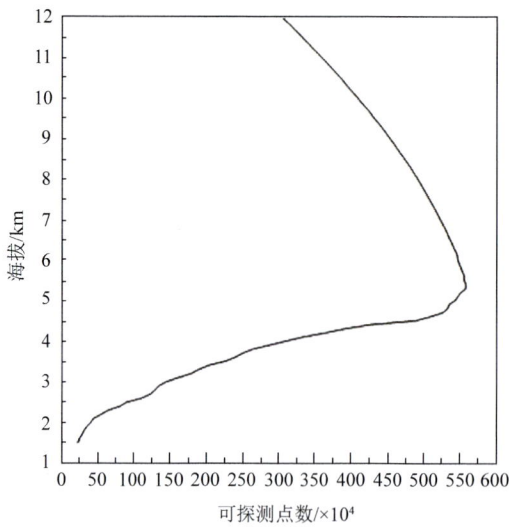

图 2.35　墨脱 XPAR 可探测点数随海拔变化的廓线图（高度分辨率：100 m）

　　为了探究西藏墨脱云降水特征，需要对 XPAR 观测到的数据进行详细的统计分析，其中包括对降水回波强度、回波顶高、回波面积、强回波发生频率以及回波发生频率分布的统计。这些雷达参数能够反映对流系统的强弱、降水范围的大小，这些参数的计算方法如下。

对回波强度的统计实际是对雷达单个体扫的平均回波强度 $\overline{Z_{\mathrm{VT}}}$ 进行统计，$\overline{Z_{\mathrm{VT}}}$ 的计算公式为

$$\overline{Z_{\mathrm{VT}}} = \frac{\sum\limits_{i=0}^{N_Z} Z_{(\alpha, e, L)_i}}{N_Z} \tag{2.14}$$

式中，N_Z 为体扫中所有数据点总数，$\sum\limits_{i=0}^{N_Z} Z_{(\alpha, e, L)_i}$ 为体扫中回波强度总和，其中 $Z_{(\alpha, e, L)_i}$ 为雷达体扫中任意点的回波强度（dBZ）；(α, e, L) 为数据球坐标；α、e、L 分别为方位角（°）、仰角（°）、斜距。

雷达回波顶高（ET）是指当 $\geqslant 18\mathrm{dBZ}$（可调节阈值）的回波强度被探测到时，显示以最高仰角为基础的回波顶的高度。对回波顶高的统计与回波强度相同，统计雷达体扫平均顶高。由于雷达近距离探测高度有限，观测不到实际的回波顶高，为了避免此情况，选取距雷达 15 km 以外的数据点计算平均顶高 $\overline{\mathrm{ET}_{15}}$，计算公式为

$$\overline{\mathrm{ET}_{15}} = \frac{\sum\limits_{i=0}^{N_{\mathrm{ET}}} \mathrm{ET}_{15_i}}{N_{\mathrm{ET}}} \tag{2.15}$$

式中，N_{ET} 为满足距雷达 15 km 外的顶高总数；$\sum\limits_{i=0}^{N_{\mathrm{ET}}} \mathrm{ET}_{15_i}$ 为体扫中所有顶高的总和，其中 ET_{15_i} 为距雷达 15 km 外的回波顶高（km）。

受墨脱地形的限制，当海拔较低时，XPAR 可探测到的回波面积十分有限。另外，墨脱地区零度层高度较低，因此选择某一高度层来统计回波区域面积较为困难。为了了解回波区域面积的客观变化规律，选择对雷达体扫的组合反射率（CR）面积进行统计。CR 是指在一个雷达体扫过程中，将常定仰角方位角扫描中发现的最大回波强度投影到笛卡儿格点上的产品。在资料分析过程中，首先将体扫资料通过雷达投影变换，转换为网格间距 30 m 的栅格资料，计算 12 个仰角层的 CR，最终形成网格间距为 30 m 的 CR 栅格资料，那么雷达体扫 CR 回波面积 A_{CR} 为

$$A_{\mathrm{CR}} = N \times \Delta A \tag{2.16}$$

式中，$\Delta A = 30\mathrm{m} \times 30\mathrm{m} = 0.0009\mathrm{km}^2$，为栅格面积；$N$ 为栅格数。

雷达强回波区域往往预示着强对流活动的生成与发展，选取回波强度 >30 dBZ 的值表示强回波。对雷达强回波发生频率的统计实际是对雷达单个体扫中 >30 dBZ 回波的发生频率 F_{Z30} 的统计，F_{Z30} 的计算公式如下：

$$F_{Z30} = \frac{N_{Z30}}{N_Z} \times 100\% \tag{2.17}$$

式中，N_{Z30} 表示单个体扫中回波强度大于 30 dBZ 的点数；N_Z 则表示雷达体扫在墨脱地形下理论可探测回波点总数。

1. 云降水宏观特征的月变化

为了探究西藏墨脱云降水宏观特征，首先对该地区云降水特征逐月变化情况进行详细的统计分析，其中包括对不同月份降水回波强度、回波顶高发生频率分布的统计与对降水回波强度、回波顶高、回波面积、强回波发生频率逐月变化的分析。

不同月份降水回波强度发生频率分布 [图 2.36（a）] 显示，2019 年 11 月～2020 年 3 月降水回波强度主要集中在 11～31 dBZ，2020 年 4～10 月集中在 5～33dBZ。不同月份降水回波顶高发生频率分布 [图 2.36（b）] 显示，2019 年 11 月～2020 年 3 月回波顶高主要分布在 1～5 km，最大回波顶高发生频率对应 3 km 处。2020 年 4 月～2020 年 10 月回波顶高分布在 1～7 km，其中 4～5 月与 8～10 月最大回波顶高发生频率对应回波顶高分布在 3～4 km，5～6 月最大回波顶高发生频率对应回波顶高为 4～5 km。

根据图 2.36 可知，墨脱地区降水回波强度、回波顶高的分布范围在 2020 年 4 月～2020 年 10 月大于 2019 年 11 月～2020 年 3 月。进入 4 月后，降水回波强度发生频率突然增大，最大回波顶高发生频率对应高度也随之升高，其中 6 月达到最大，随后开始减小。据此，认为墨脱 4～10 月降水较 11 月至次年 3 月多，且云降水的垂直发展更加旺盛，其中 5～7 月在一年中降水最旺盛。

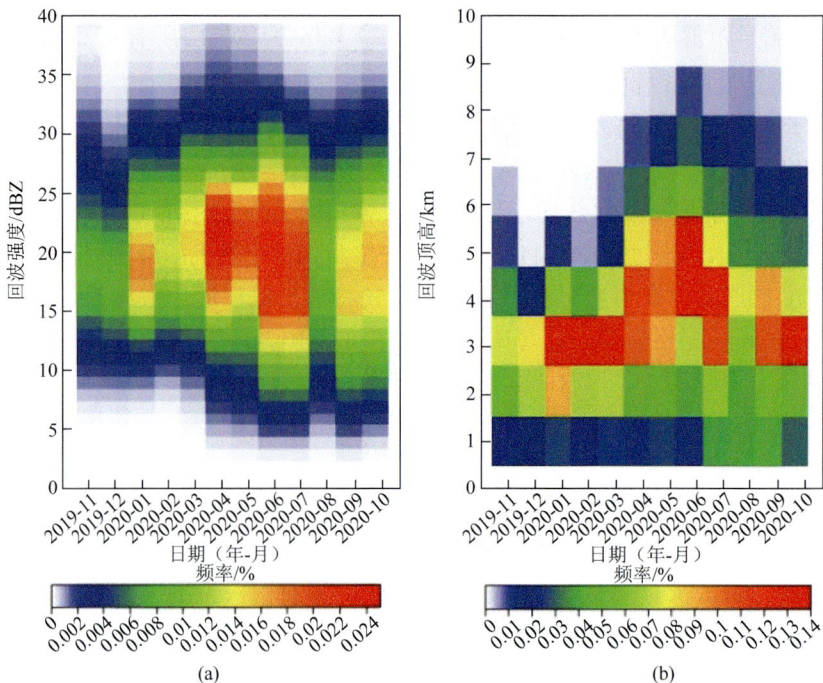

图 2.36　不同月份回波强度（a）与回波顶高（b）发生频率的分布图

在完成对不同月份降水回波强度、回波顶高发生频率分布的讨论后，统计分析
2019 年 11 月～2020 年 10 月雷达降水回波强度、回波顶高、回波面积以及强回波发生
频率的逐月变化情况，如图 2.37 所示。箱形图中最高线、最低线分别为最大值和最小值，
盒子上下横线分别为上四分位数点（75%）与下四分位数点（25%），盒子中间横线为中
位数点（50%）。

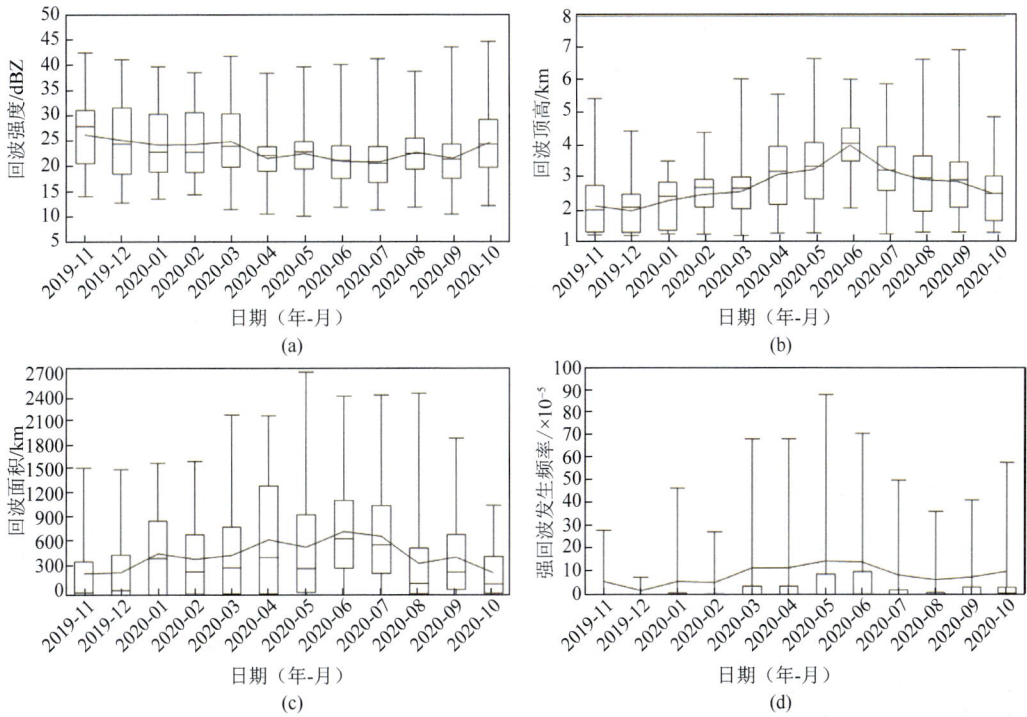

图 2.37 观测数据箱形图的逐月变化

(a) 回波强度，折线为月平均回波强度的连线；(b) 回波顶高，折线为月平均回波顶高的连线；(c) 回波面积，折线为月
平均回波面积的连线；(d) 强回波发生频率，折线为月平均强回波发生频率的连线

图 2.37(a) 中折线为月平均回波强度的连线，其显示 XPAR 平均回波强度在 11 月
至次年 3 月稳定在 26 dBZ 左右，到 4 月平均值有所下降，4～9 月平均值在 22 dBZ
附近波动，10 月平均值上升至 25 dBZ。11 月至次年 3 月与 10 月回波强度主要分布在
20～31 dBZ，4～9 月上四分位数点值下降至 25 dBZ 左右。图中显示降水回波强度箱
形图与平均值折线的逐月变化趋势相同，从 4 月开始，墨脱地区的降水回波强度整体
有所减弱，该变化持续到 9 月。

图 2.37(b) 中降水回波顶高箱形数据与平均值逐月变化趋势相同。平均顶高与箱
形数据均是从 11 月开始波动上升，6 月平均值达到最高的 4 km，上四分位数点与下四
分位数点也在 6 月达到最大值，7 月后开始持续下降。图 2.37(b) 指出 6 月墨脱降水垂
直发展最为旺盛。

图 2.37(c) 中折线为月平均回波面积连线。折线显示平均面积从 11 月开始波动上升至 6 月达到最大值 754.1 km²，7 月后开始波动下降。回波面积箱形图 [图 2.37(c)] 中的上四分位数点数据从 11 月开始波动上升，至 4 月达到最大值，随后波动下降，下四分位数点则是在 6 月与 7 月有明显的增加，其中 6 月为下四分位数点最大月份。图 2.37(c) 中平均面积与箱形图逐月变化趋势近似一致，4～7 月为一年中回波面积最大的 4 个月，即该观测时间段内降水范围分布较广，其中 6 月降水分布最广。

墨脱地区强回波发生频率逐月变化图 [图 2.37(d)] 中平均值与箱形数据变化较为一致，箱形数据与平均值廓线均显示强回波发生频率自 3 月起开始增加，6 月强回波发生频率达到最大，随后开始减小。据此认为 6 月是一年中是强降水发生最多的月份。

以上分析表明，墨脱地区云降水宏观特征具有逐月变化的规律。雷达探测到的降水回波顶高、回波面积以及强回波发生频率均从 11 月起逐步增大，在 6 月达到最大值，随后波动下降。该现象表明在进入 4 月后，降水频次、对流性降水、降水范围均在逐渐增大，其中以 6 月最为显著。但从 4 月起平均降水回波强度值却有所下降，这是由于 4 月后墨脱降水大量增加，增加的以弱降水回波为主 [图 2.37(a)]。图 2.37 分析结果与图 2.36 一致。

2. 云降水宏观特征日变化

根据上文对墨脱 XPAR 月降水回波强度、回波顶高发生频率分布的统计与回波强度、回波顶高、回波面积、强回波发生频率逐月变化特征的分析，发现该地云降水宏观特征具有明显的逐月变化规律。图 2.38 给出了旱季和雨季降水回波强度、回波顶高发生频率分布的日变化，其显示雨季回波强度、回波顶高分布范围大于旱季，雨季降水强回波发生频率明显高于旱季。降水的发生频率与超过 4 km 的回波顶高有明显的日变化，旱季降水回波主要发生在 18:00～20:00 与 00:00～02:00，雨季发生在 23:00～09:00。在 00:00～09:00 雨季降水发生频率近乎是旱季的 2 倍。

为了定量分析这些参量的日变化，图 2.39 给出了回波强度、回波顶高、回波面积以及强回波发生频率平均值的日变化。其中雨季的平均回波顶高比旱季高约 1 km[图 2.39(b)]，回波面积比旱季大 150 km² 左右 [图 2.39(c)]，强回波发生频率始终大于旱季，说明雨季降水垂直发展更加旺盛，强降水出现次数增加，降水范围增大。图 2.39(a) 中雨季的平均回波强度约比旱季小 1 dBZ，这是因为进入雨季后，降水频率较旱季显著增加，但增加的降水以弱回波（15～25 dBZ）降水为主 [图 2.38(a)]，从而导致雨季降水回波强度平均值减小。两季平均回波顶高日变化趋势近似一致，均是在下午（旱季 17:00、雨季 15:00）达到最高值，夜晚存在回波顶高次峰值（旱季 00:00、雨季 01:00），两季的日最强对流均发生在下午。在旱季，平均回波面积日变化趋势与回波顶高近似相同，面积自上午（10:00）开始增加，下午（19:00）达到最大，凌晨（02:00）开始减小。雨季的回波面积日变化趋势不同于回波顶高，平均回波面积从夜晚（22:00）开

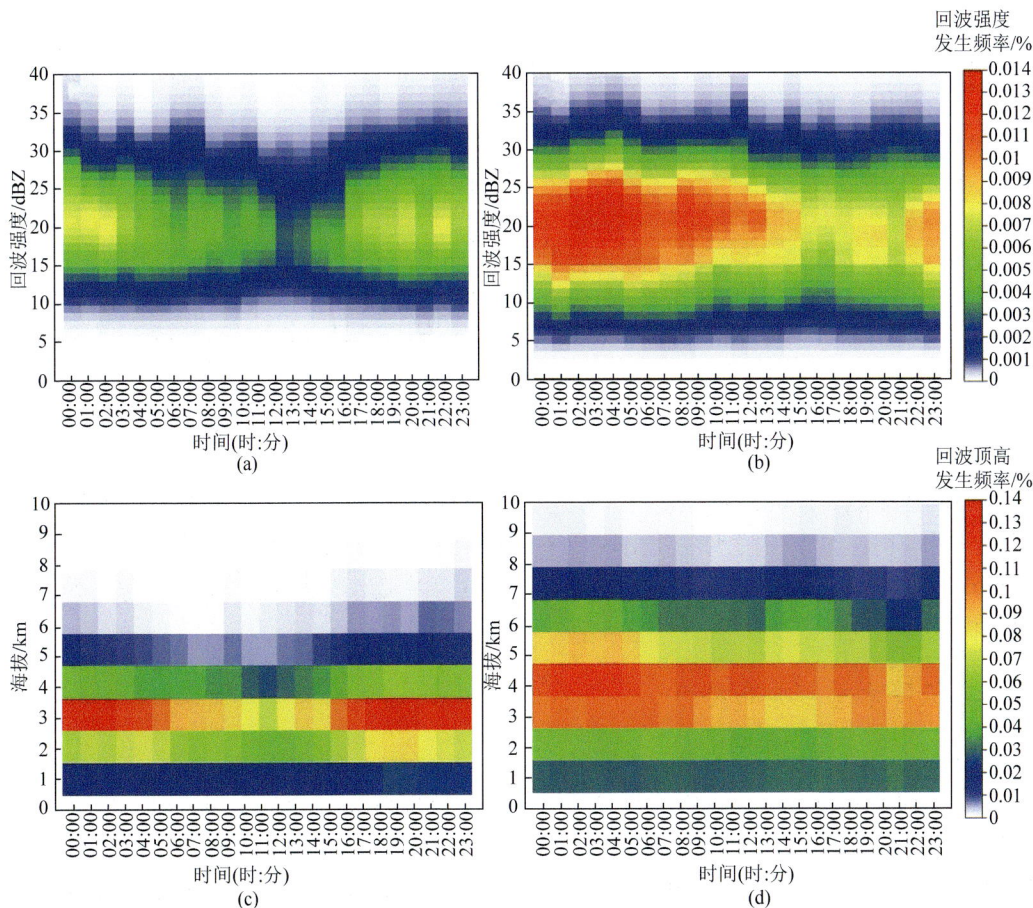

图 2.38　不同小时回波强度、回波顶高发生频率分布图

(a) 旱季回波强度分布；(b) 雨季回波强度分布；(c) 旱季回波顶高分布；(d) 雨季回波顶高分布

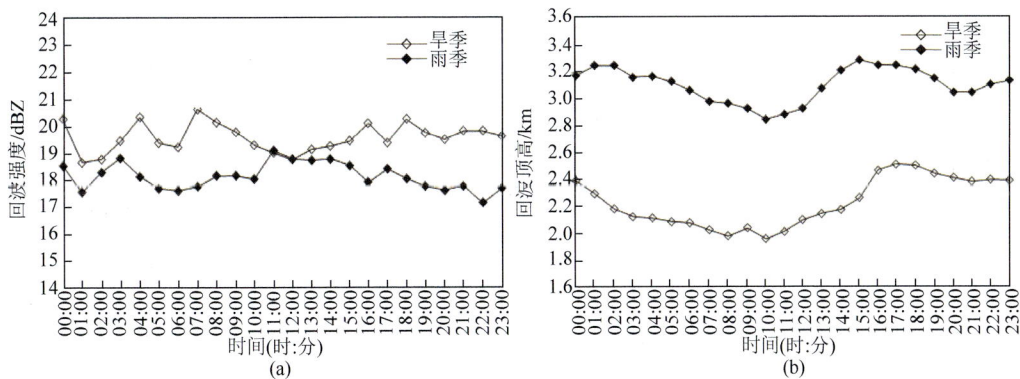

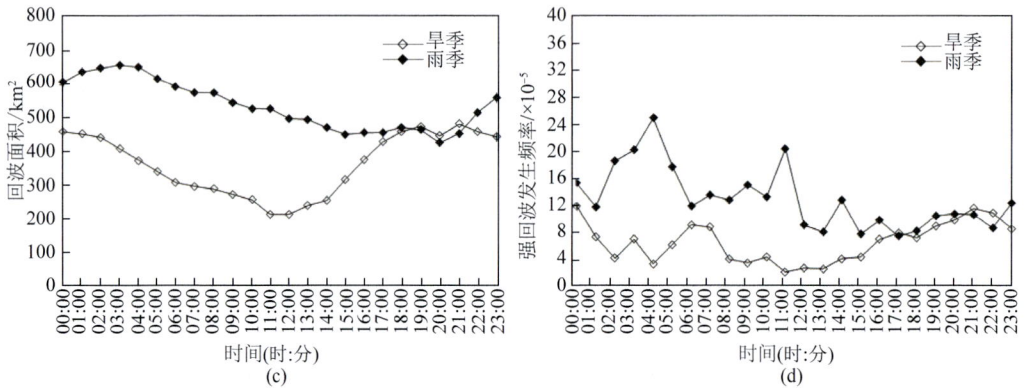

图 2.39　观测数据平均值的日变化

始增加,在凌晨(03:00)达到最大。上述参量日变化情况结合图 2.38 对强回波发生频率的分析,得出旱季日降水主要出现在下午和上半夜。对于雨季,虽然雨季下午强对流活动旺盛,但其下午的回波面积与强回波发生频率远小于夜晚,因此认为雨季日降水峰值主要出现在下半夜。

3. 云降水垂直分布特征

1) 旱季与雨季云降水垂直分布特征

为了探究墨脱地区云降水垂直分布特征,对回波强度的垂直分布进行了统计,结果如图 2.40 所示。旱季回波强度分布在 10 ~ 30 dBZ,回波发生海拔集中在 2 ~ 5 km。雨季回波强度范围为 5 ~ 33 dBZ,高度为 2 ~ 7 km。雨季回波发生频率增加部分的回波强度主要分布在 10 ~ 30 dBZ,对应高度为 2 ~ 3 km。对比图 2.40(a)与图 2.40(b)发现,雨季的回波发生频率、回波强度分布范围以及回波海拔范围均大于旱季,即雨季相较旱季降水回波数量明显增多,对流云降水活动发展更加旺盛。

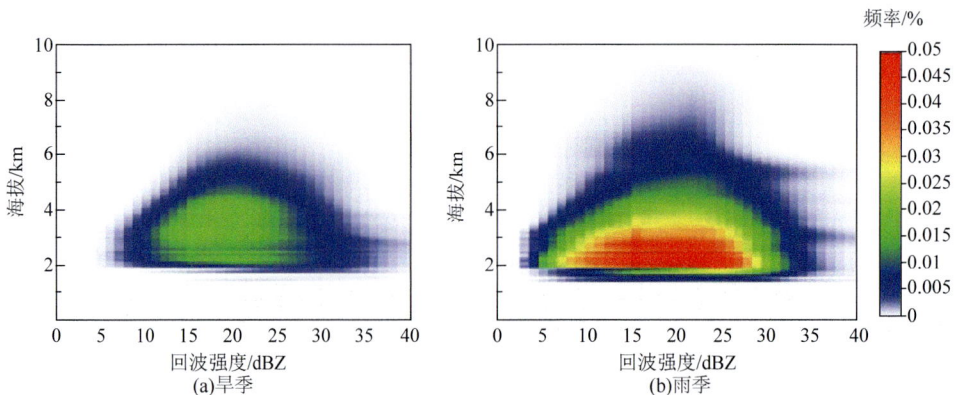

图 2.40　观测时间段内回波强度的垂直分布

2）云降水垂直分布日变化特征

为了进一步探究墨脱地区云降水垂直分布日变化特征，统计两个季节的不同高度回波强度垂直分布的小时变化，结果如图 2.41 与图 2.42 所示。图 2.41 显示，旱季降水回波发生频率从 14:00 ～ 15:00 开始增加 [图 2.41 (h)]，16:00 ～ 17:00 (LT) 频率达到最大 [图 2.41 (j)]，随后开始减小，00:00 ～ 01:00 其值再次增大 [图 2.41 (a)]，04:00 ～ 13:00 [图 2.41 (c) ～ (g)] 频率持续减小。频率增大区域回波强度主要分布在 15 ～ 25 dBZ，海拔分布在 3 ～ 4.5 km。图 2.42 显示，雨季降水回波发生频率在 18:00 ～ 19:00 开始增大 [图 2.42 (j)]，22:00 ～ 05:00 (LT) 达到一天中的最大时段 [图 2.42 (a) ～ (d)]，随后频率持续减小。频率增大的区域回波强度分布在 10 ～ 30 dBZ，海拔分布在 2 ～ 3 km。

对比两季回波发生频率增大区域，发现旱季 3 km 以上回波频率高，而雨季 3 km 以下较高。据此，认为旱季有两个日降水峰值分别是下午与上半夜，雨季日降水峰值则发生在下半夜。雨季雷达降水回波数远大于旱季。雨季降水更多、更旺盛。

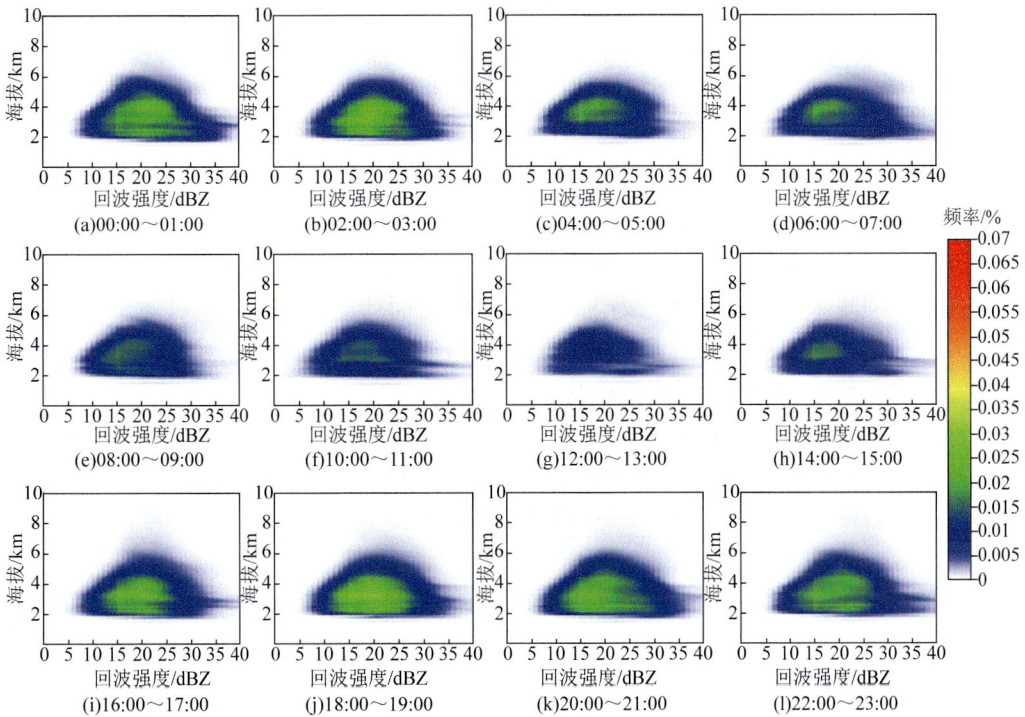

图 2.41　旱季回波强度垂直分布的小时变化

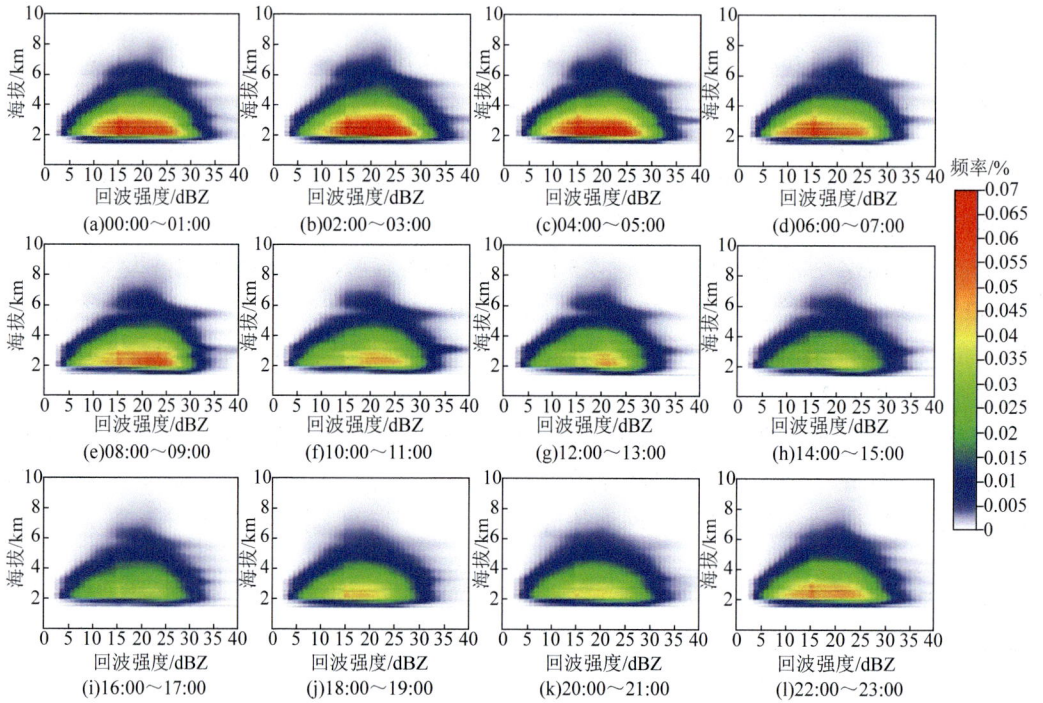

图 2.42　雨季回波强度垂直分布的小时变化

3）日变化结果分析与对比讨论

通过定量分析墨脱 XPAR 观测数据的日变化，发现旱季日降水主要发生在下午与上半夜，雨季降水以下半夜降水为主。墨脱地区三面环山，呈高山峡谷地形，是雅鲁藏布大峡谷水汽通道的主体入口。在季风爆发后，来自印度洋的大量水汽涌入墨脱，使墨脱雨季降水更加频繁，对流活动发展更加旺盛。

图 2.43 统计了墨脱 XPAR 6～8 月观测数据的日变化情况。夏季季风时期平均回波顶高自 10:00 开始升高，15:00 达到最高，平均顶高 3.6 km，次顶高峰值出现在01:00［图 2.43（a）］。平均回波面积与回波顶高日变化趋势不同，其自 16:00 起增大，最

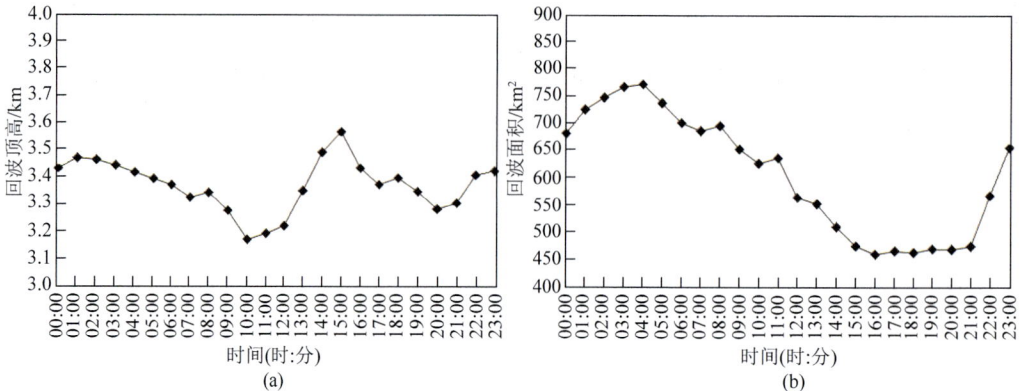

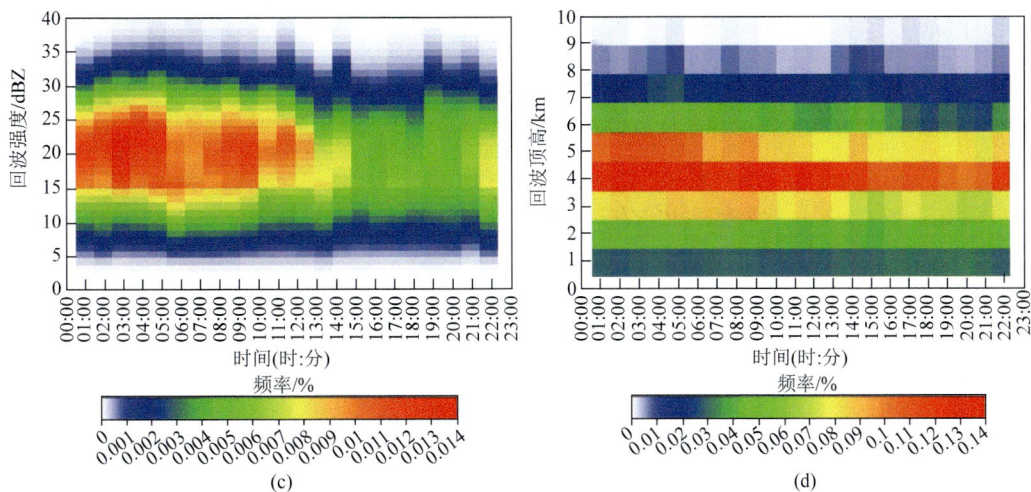

图 2.43　夏季季风期间（6 ～ 8 月）平均回波顶高（a）、平均回波面积（b）日变化曲线与不同小时回波强度（c）与回波顶高（d）的分布图

大回波面积平均值 770 km^2 出现在 4:00［图 2.43（b）］。强回波发生频率在不同小时间的分布指出，6 ～ 8 月回波数量主要出现在 00:00 ～ 09:00［图 2.43（c）］。回波顶高发生频率日变化趋势分布与回波强度的发生频率的对应关系较为一致。图 2.43 指出，在夏季季风时期，夜晚回波面积大，回波顶高高，强回波发生频率大，因而得出夜晚降水处于峰值的结论。

2.3.4　降水微物理特征的季节性变化研究

云和降水的微物理过程对降水的形成和发展以及预测灾害天气有着至关重要的作用，不同的降水强度分布代表着不同的云微物理过程（Luo et al.，2021；Chatterjee and Das，2020）。雨滴谱分布（raindrop size distribution，DSD）则是表征降水微物理过程的重要特征，它主要受气候特征和降水类型的影响（Tang et al.，2014；Krishna et al.，2016；Löffler-Mang and Joss，2000；Nzeukou et al.，2004）。近年来，使用雨滴谱仪测量 DSD 被广泛应用于降水的微物理特征研究（Tang et al.，2014；Huo et al.，2019；Radhakrishna et al.，2009；Pu et al.，2020；Wu et al.，2019；Hopper et al.，2019）。通过此研究，增加对墨脱地区的降水微物理特征及季节性变化的认识，以改善模式在青藏高原地区的微物理参数化方案，这对提高青藏高原降水预报准确性有着重要的作用。

激光雨滴谱仪可以直接测量第 i 个直径档（D_i）和第 j 个速度档（V_j）的雨滴数量（$n_{i,j}$），则单位体积内第 i 个尺寸的雨滴浓度通过式（2.18）给出：

$$N\left(D_i\right) = \sum_{j=1}^{32} \frac{n_{i,j}}{V_j \times S \times T \times \Delta D_i} \tag{2.18}$$

式中，S 为雨滴谱仪的采样面积，大小为 $54cm^2$；T 为采样时间，为 $60s$；ΔD_i 为粒径间隔大小。

降水率 $R(mm/h)$、雷达反射率因子 $Z(mm^6/mm^3)$、雨滴总数浓度 $N_T(m^{-3})$ 和液态水含量 $LWC(g/m^3)$ 可由式（2.19）～式（2.22）得出：

$$R = 6\pi \times 10^{-4} \sum_{i=3}^{32} \sum_{j=1}^{32} D_i^3 \frac{n_{i,j}}{S \times T} \tag{2.19}$$

$$Z = \sum_{i=3}^{32} D_i^6 N(D_i) \Delta D_i \tag{2.20}$$

$$N_T = \sum_{i=3}^{32} N(D_i) \Delta D_i \tag{2.21}$$

$$LWC = \frac{\pi}{6000} \sum_{i=3}^{32} D_i^3 N(D_i) \Delta D_i \tag{2.22}$$

本书中使用伽马（Gamma）分布来拟合 DSD：

$$N(D) = N_0 D^\mu e^{-\Lambda D} \tag{2.23}$$

式中，D 为等效体积直径（mm）；N_0 为截距参数（$mm^{-\mu-1} \cdot m^{-3}$）；Λ 为斜率参数（mm^{-1}）；μ 为形状参数。Λ 和 μ 可通过下列公式得到（Hopper et al.，2019）：

$$M_x = \sum_{i=3}^{32} N(D_i) D_i^x \Delta D_i \tag{2.24}$$

$$G = \frac{M_4^3}{M_3^2 M_6} \tag{2.25}$$

$$\mu = \frac{11G - 8 + \sqrt{G(G+8)}}{2(1-G)} \tag{2.26}$$

$$\Lambda = (\mu + 4) \frac{M_3}{M_4} \tag{2.27}$$

质量加权平均直径 $D_m(mm)$ 和归一化截距参数 $N_w(m^{-3} \cdot mm^{-1})$ 可以用来描述 DSD 的总体特征，计算公式如下（Smith，2003）：

$$D_m = \frac{M_4}{M_3} \tag{2.28}$$

$$N_{\mathrm{w}} = \frac{256}{6} \times \frac{M_3^5}{M_4^4} \qquad\qquad (2.29)$$

以 2019 年 7 月 1 日～2020 年 6 月 30 日墨脱地区的雨滴谱数据为基础，将雨滴谱数据划分为冬季（1～2 月）、季风前（3～5 月）、季风期（6～9 月）和季风后（10～12 月）四个时期来研究雨滴谱的季节变化特征。

研究期间内共收集到有 73707min 有效降水样本，累积降水量 1237.57mm。各季节总降水时间和累积降水量信息由表 2.7 给出。可以看出，墨脱的降水主要发生在季风期，降水量 699.92 mm，占总量约 57%，其次是季风前，占比约 32%，冬季的降水最少，仅占年降水量的 4%，降水具有明显的季节性变化。

表 2.7　各季节总降水时间、累积降水量

时期	总降水时间 /min	累积降水量 /mm
冬季	6153	48.90
季风前	24880	400.76
季风期	35538	699.92
季风后	7136	87.99

1. 平均 DSD 的季节变化

图 2.44 给出了各季节的平均 DSD，雨滴直径 $D \leqslant 1$ mm 为小雨滴，$D>3$ mm 为大雨滴，1 mm$<D \leqslant 3$ mm 为中雨滴。从图 2.44 可以看出，墨脱地区雨滴谱呈双峰形状，峰值分别出现在 0.4 mm 和 1.1 mm 处。墨脱降水以小雨滴为主，谱宽在季风前期最宽。季

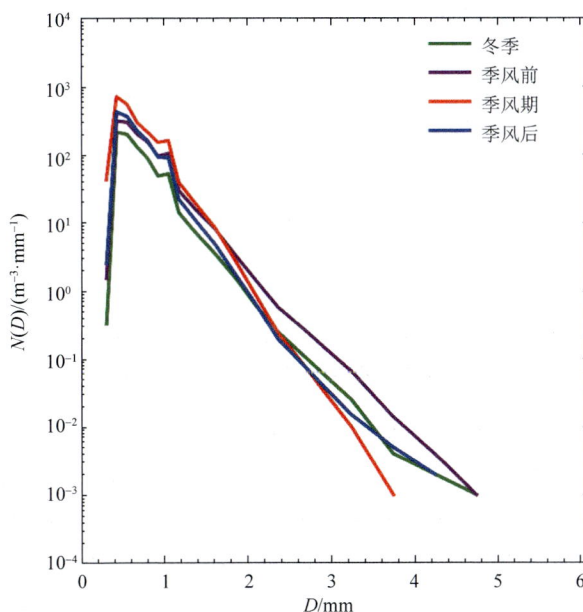

图 2.44　各季节平均 DSD

风前大雨滴浓度大于其他三个季节，季风期大雨滴的浓度最小，谱宽也最窄，冬季和季风后大雨滴浓度比较接近。季风期的小雨滴浓度最大，冬季的小雨滴浓度最小，季风前和季风后接近。季风期和季风前的中等雨滴浓度略大于季风后和冬季。

为了进一步分析不同季节 DSD 的异同，我们按照降水率 R 的大小将雨滴谱数据分为以下 6 个降水率分类，即 R1：0.1mm/h ≤ R<1mm/h，R2：1mm/h ≤ R<2mm/h，R3：2mm/h ≤ R<5mm/h，R4：5mm/h ≤ R<10mm/h，R5：10mm/h ≤ R<20mm/h，R6：R ≥ 20mm/h。为使结果更具有统计意义，研究中对样本数少于 20 的降水率分类没有进行特征统计。图 2.45 给出了不同降水率分类的 DSD，可以看出，随着降水强度的增加，不同季节雨滴谱分布差异逐渐增大，谱宽也随之变宽，这说明大雨滴更有可能出现在比较强的降水过程中。R<5mm/h 时，主要对应层云降水，在冬季大雨滴的浓度最高。在 R ≥ 10mm/h 时，对应对流云降水，主要发生在季风前和季风期，季风前大雨滴的浓度要明显大于夏季风降水。季风期的降水以小粒子为主，很少出现大雨滴。

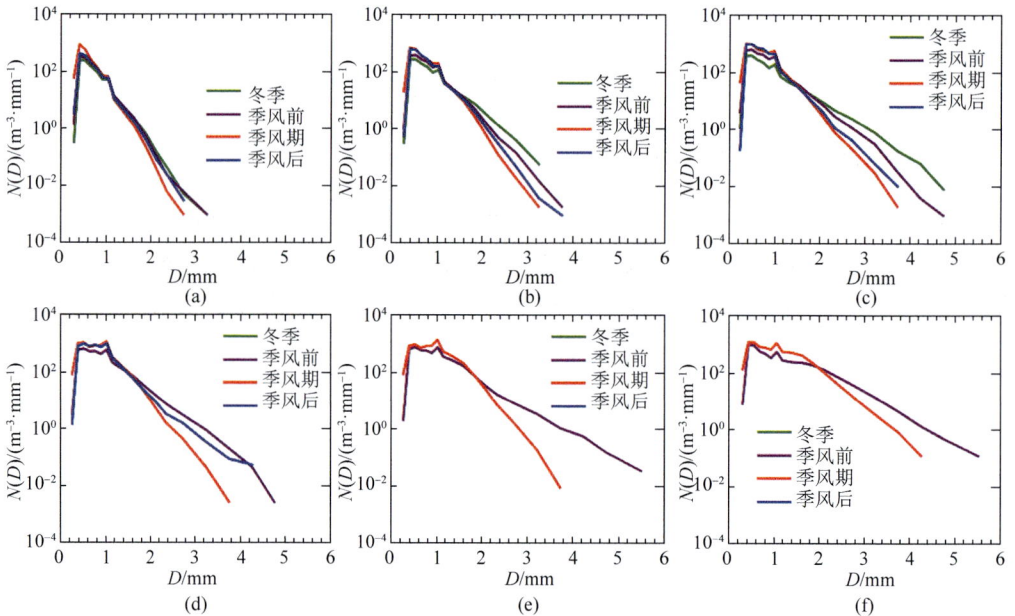

图 2.45　不同降水率分类 DSD

(a) 0.1mm/h ≤ R<1mm/h；　(b) 1mm/h ≤ R<2mm/h；　(c) 2mm/h ≤ R<5mm/h；　(d) 5mm/h ≤ R<10mm/h；

(e) 10mm/h ≤ R<20mm/h；　(f) R ≥ 20mm/h

表 2.8 给出了采用 1min 雨滴谱数据计算的不同季节 6 个降水率分类的平均微物理参数，可以看出，各季节的 Z、LWC、N_T 和 D_m 值均随降水率的增加呈现增加趋势。在冬季，$\lg(N_w)$ 随降水率的增加而减小，说明降水率的增加主要是由雨滴大小的增加引起的。在其他季节，R<20 mm/h 时，$\lg(N_w)$ 随着降水率的增加而增加，对于 R ≥ 20 mm/h 的强降水，$\lg(N_w)$ 反而减小，说明雨滴直径的增加对降水率的贡献更大。对于相同的降水率类别，季风期降水的特点是 D_m 最小，$\lg(N_w)$ 最高，这可能是由于季风期印

度洋的水汽供应更多。

表 2.8　冬季、季风前、季风期和季风后 6 个降水率分类的平均微物理参数

	降水率分类 /(mm/h)	样本数	Z/dBZ	LWC/(g/m^3)	N_T/m^{-3}	D_m/mm	$\lg(N_w)$	μ
冬季	$0.1 \leqslant R<1$	5546	17.110	0.019	87.880	0.923	3.297	10.037
	$1 \leqslant R<2$	444	27.000	0.066	161.317	1.356	3.222	4.415
	$2 \leqslant R<5$	152	33.175	0.118	192.405	1.729	3.063	2.960
	$5 \leqslant R<10$	11	—	—	—	—	—	—
	$10 \leqslant R<20$	—	—	—	—	—	—	—
	$R \geqslant 20$	—	—	—	—	—	—	—
季风前	$0.1 \leqslant R<1$	17796	17.511	0.024	112.441	0.919	3.395	11.940
	$1 \leqslant R<2$	4304	25.261	0.072	221.116	1.171	3.517	7.066
	$2 \leqslant R<5$	2338	30.741	0.138	311.241	1.394	3.508	5.732
	$5 \leqslant R<10$	352	35.292	0.287	456.934	1.574	3.626	6.271
	$10 \leqslant R<20$	63	40.876	0.574	639.370	1.864	3.667	6.528
	$R \geqslant 20$	27	46.225	1.211	736.530	2.336	3.525	5.495
季风期	$0.1 \leqslant R<1$	22605	16.254	0.028	205.271	0.797	3.729	14.108
	$1 \leqslant R<2$	7248	23.496	0.079	324.584	1.021	3.787	8.802
	$2 \leqslant R<5$	4710	27.882	0.153	463.498	1.134	3.889	2.853
	$5 \leqslant R<10$	782	31.735	0.327	732.233	1.205	4.114	10.112
	$10 \leqslant R<20$	154	36.175	0.609	900.956	1.381	4.141	9.568
	$R \geqslant 20$	39	42.061	1.130	1095.38	1.743	4.004	6.803
季风后	$0.1 \leqslant R<1$	5678	16.568	0.023	127.712	0.874	3.462	13.122
	$1 \leqslant R<2$	968	24.120	0.076	303.602	1.069	3.701	8.052
	$2 \leqslant R<5$	412	28.385	0.147	456.403	1.165	3.848	8.263
	$5 \leqslant R<10$	62	33.567	0.320	670.792	1.330	3.981	8.917
	$10 \leqslant R<20$	13	—	—	—	—	—	—
	$R \geqslant 20$	3	—	—	—	—	—	—

2. R、N_T 和 D_m 的分布特征

为了研究各个季节 D_m 的分布情况以及对降水的贡献，我们将其分为如下 6 个等级，即 D_m1：$D_m<1.0$mm，D_m2：1.0mm $\leqslant D_m<2.0$mm，D_m3：2.0mm $\leqslant D_m<3.0$mm，D_m4：3.0mm $\leqslant D_m<4.0$mm，D_m5：4.0mm $\leqslant D_m<5.0$mm，D_m6：$D_m \geqslant 5.0$mm。图 2.46 为各个季节不同 D_m 出现的频率和对累积降水量的贡献，可以看到，在四个季节中，出现频率最高的均为 D_m1，其次是 D_m2，说明该地区降水以小于 2 mm 的雨滴为主。从对累积降水量的贡献来看，D_m2 产生了更多的降水，贡献率在 50% ~ 70%。这是由于降水量与降水粒子的 3 次方成正比，因此 D_m2 的粒子出现频率虽小于 D_m1，但对降水量的贡献

大于 D_m1。同时，D_m3 在各个季节出现的频率都很低，但对冬季和季风前的降水量也一定的贡献（冬季 5%、季风前 6%）。

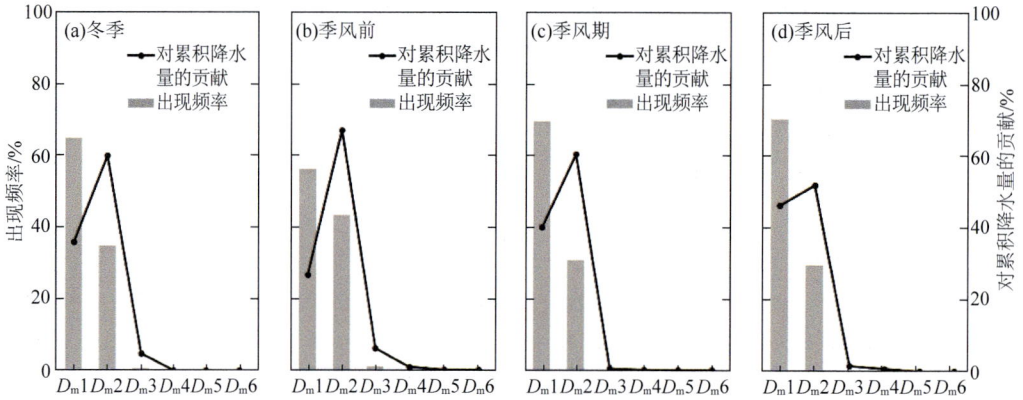

图 2.46　各个季节不同 D_m 的出现频率和对累积降水量的贡献

图 2.47 为各个季节不同降水率（R）的出现频率和对累积降水量的贡献统计分析，从图中可以看出，在四个季节中，小于 1mm/h 的弱降水出现频率最大，其中冬季 $R1$ 的频率超过了 80%，$R2$ 和 $R3$ 的出现频率很低。与冬季相比，其他三个季节的 $R2$ 和 $R3$ 的频率则要高些。从不同降水率对累积降水量的贡献来看，冬季 $R1$ 对累积降水量的贡献也超过了 60%，之后随降水率的增加而减小。季风后趋势与冬季类似。但是，在季风前和季风期，$R1$ 对累积降水量的贡献明显没有冬季和季风后大。在季风前，$R1 \sim R3$ 对累积降水量的贡献率相当。在季风期，$R1 \sim R3$ 对累积降水量的贡献率呈现出了不同的趋势，即随水率增加，其对累积降水量的贡献是增加的，季风期 $R3$ 的出现频率较 $R1$、$R2$ 低，但对累积降水量的贡献却是最高的。

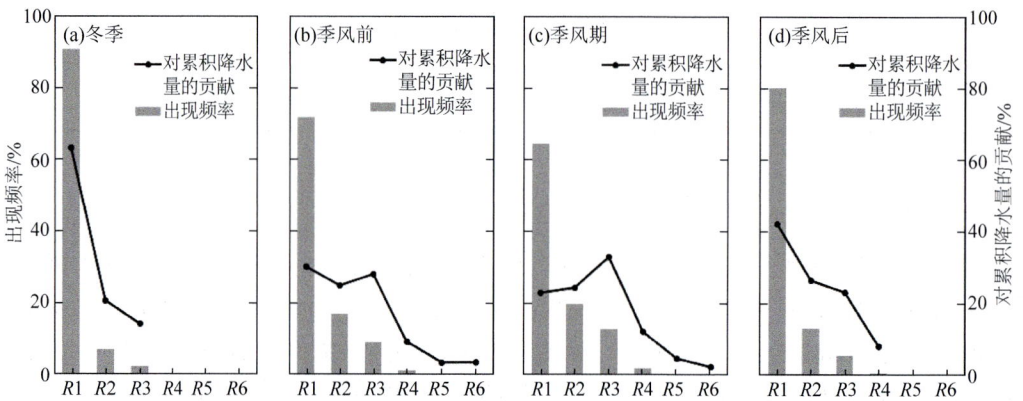

图 2.47　各个季节不同降水率的出现频率和对累积降水量的贡献

相应地，我们把雨滴总数浓度也分为以下 6 档，即 N_T1：$10m^{-3} \leqslant N_T < 250m^{-3}$，

N_T2：$250m^{-3} \leqslant N_T<500m^{-3}$，$N_T3$：$500m^{-3} \leqslant N_T<750m^{-3}$，$N_T4$：$750m^{-3} \leqslant N_T<1000m^{-3}$，$N_T5$：$1000m^{-3} \leqslant N_T<1500m^{-3}$，$N_T6$：$N_T \geqslant 1500m^{-3}$，图 2.48 为不同的雨滴总数浓度的出现频率和对累积降水量的贡献。N_T1 在四个季节中均是出现频率最高的，$N_T2 \sim N_T6$ 的出现频率均呈下降趋势，表明墨脱地区的雨滴总数浓度以 250 m^{-3} 以下居多，250 $\sim$ 500m^{-3} 次之，雨滴总数浓度大于 1000m^{-3} 的则很少出现。其中，在季风期，N_T1 的出现频率较其他三个季节的低，N_T2 的出现频率较其他三个季节的高。对于对累积降水量的贡献，在冬季、季风前和季风后三个季节雨滴总数浓度对累积降水量的贡献和出现频率一致，随 N_T 的增加呈现下降趋势，但在季风期，N_T2 对累积降水量的贡献最大（37%），超过了发生率最高的 N_T1（28%）。

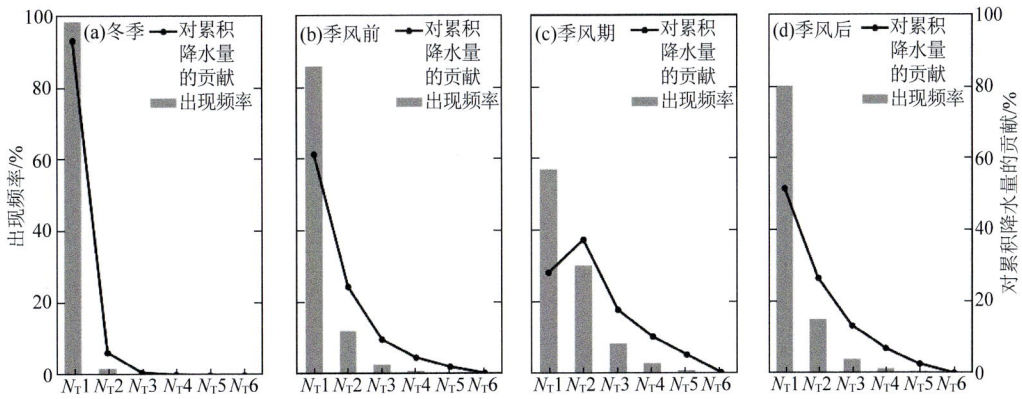

图 2.48　各个季节不同雨滴总数浓度的出现频率和对累积降水量的贡献

3. 层状云降水和对流云降水的 DSD 特征

按照降水率 R 及其标准差 σ_R 将降水分为层状云降水和对流云降水（Bringi et al.，2003），对于 10 个连续的 1min 雨滴谱样本进行分类，$R \geqslant 500mm/h$ 和 $\sigma_R>1.5mm/h$ 的样本被归类为对流云降水，$\sigma_R \leqslant 1.5mm/h$ 的则被归类为层状云降水，由此得到四个季节层状云降水和对流云降水的 DSD（图 2.49）。冬季、季风前、季风期和季风后，层状云降水 / 对流云降水样本数（百分比）分别为 6150/5（99.6%/0.1%）、24405/286（97.1%/1.1%）、34229/761（94.3%/2.1%）和 7060/69（97.2%/0.9%）。由于冬季对流云降水样本数只有 5min，因此不对其进行研究。

图 2.49 比较了四个季节的层状云降水和对流云降水的平均 DSD。可以看出，对流云降水的谱宽要比层状云降水的宽，意味着对流云降水更容易出现大粒子。相比层状云降水，对流云降水在每个粒径区间的浓度更高，并且这种差距随着粒径的增大而增大。

在图 2.49（a）中，层状云降水四个季节均在 0.4 mm 附近达到峰值后迅速降低。季风期层状云降水直径小于 2 mm 的雨滴浓度最高，季风前直径在 2 $\sim$ 3.5 mm 的雨滴浓度最大，大于 3.5 mm 的雨滴浓度在冬季最高。在对流云降水中［图 2.49（b）］，小粒子浓度要比层状云降水更高,并且在 0.4 mm 附近达到峰值后并没有迅速降低,而是 0.4 ~ 1.1 mm 的粒子数浓度在 10^3 $m^{-3} \cdot mm^{-1}$ 附近波动,直到 1.1 mm 后才开始降低。直径小于 2 mm 的水滴最高浓度仍出现在季风期,直径大于 2 mm 的水滴浓度在季风前最高、季风期最低。因此,不论是层状云降水还是对流云降水,均是季风期小雨滴浓度最高,大雨滴更容易出现在季风前。

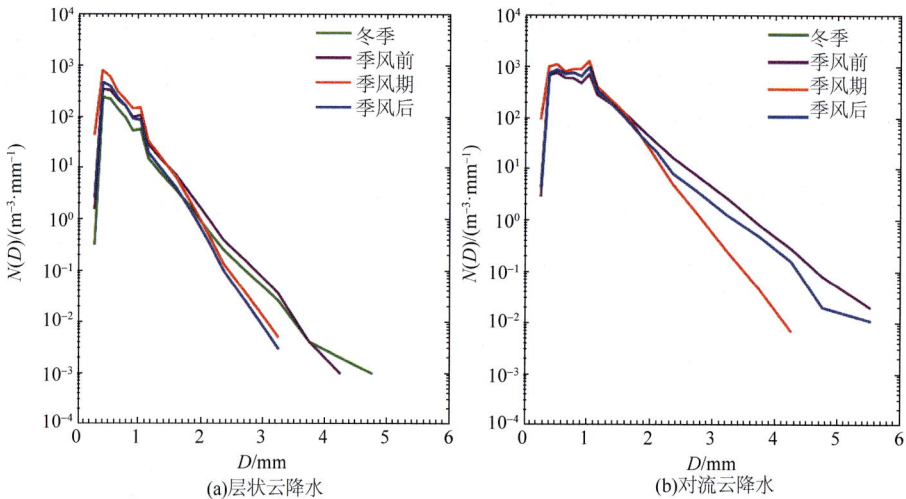

图 2.49 层状云降水(a)和对流云降水(b)的平均 DSD

为了进一步了解不同降水类型的 DSD 特征,图 2.50 给出了不同季节平均 D_m 和平均 $lg(N_w)$ 的分布。总的来说,平均 D_m 与平均 $lg(N_w)$ 分布表明,墨脱降水存在明显的季节性差异。就对流云降水而言,季风期降水的平均 $D_m[lg(N_w)]$ 值最小(最大),为 1.26 mm(4.14),而季风前降水的平均 $D_m[lg(N_w)]$ 值最大(最小),为 1.67 mm(3.70)。季风期和季风后的对流雨接近 Bringi 等(2003)定义的海洋性对流云降水,表现出较小的 D_m 和较高的 $lg(N_w)$。季风期和季风后的对流云降水也符合 Thompson 等(2015)关于热带地区的对流云—层状云降水分隔线。可以看出,季风前的对流云降水介于海洋性对流云降水和大陆性对流云降水之间,平均 $D_m[lg(N_w)]$ 值大于(小于)季风期和季风后。对于层状云降水来说,平均 D_m 与 $lg(N_w)$ 值分布在 Bringi 等(2003)提出的 C-S 分离线的左侧。四个季节层状云降水的平均 D_m 值差异相对较小,而平均 $lg(N_w)$ 有明显差异。例如,季风期的平均 $lg(N_w)$ 值为 3.75,远高于冬季的 3.28。

同时,图 2.50 也给出了前人在中国其他地区分析得到的数据,包括南海、南京、北京等地区的数据(Luo et al.,2021;Zeng et al.,2019;Wen et al.,2017)。与其他地区相比,墨脱层状云降水的 D_m 和 N_w 比较小,只有季风期的 N_w 与其他地区较为接近。在对流云降水中,墨脱季风前的 D_m 接近于南海的 D_m,大于南京而小于北京的 D_m,而墨脱的 N_w 则与北京的 N_w 更为接近,小于南京和南海的 N_w。季风期的墨脱对流云降水与南京比较接近,这可能是由于该时期这两个地区的水汽丰沛。季风期墨脱对流

云降水的平均 $D_m[\lg(N_w)]$ 远小于（大于）南海和北京，这可能与墨脱（南海和北京）降水以暖（冷）雨过程为主有关。同样，墨脱的季风后对流云降水与南京接近，而 $D_m[\lg(N_w)]$ 比北京和南海要小（高）。

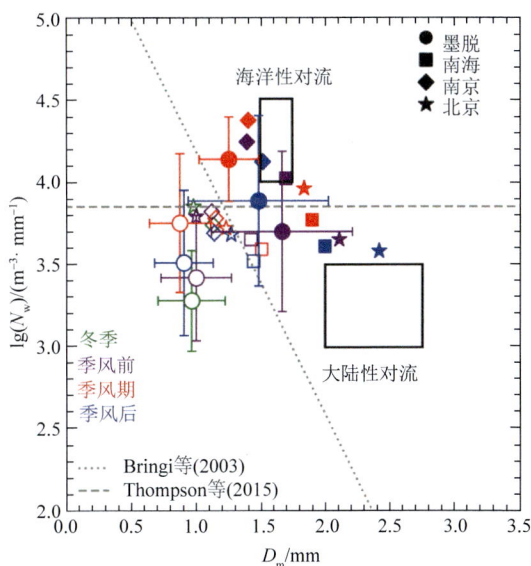

图 2.50　降水期间四个季节平均 $\lg(N_w)$ 和 D_m

左侧方框为海洋性对流云降水；右侧方框为大陆性对流云降水；虚线为 Bringi 等（2003）和 Thompson 等（2015）提出的对流云 - 层状云降水分隔线。实心的图形和空心的图形分别代表对流云降水和层状云降水；圆形为墨脱的研究结果；方形、菱形和星形为其他学者在其他地区的研究结果

4. μ-$\varLambda$ 关系

μ-$\varLambda$ 关系也和雨滴谱密切相关，同时也受到降水类型、气候条件和地形的影响（Zhang et al.，2003；Chen et al.，2020）。Zhang 等（2003）给出了适用于佛罗里达州的 μ-$\varLambda$ 拟合公式：

$$\varLambda=0.0365\mu^2+0.735\mu+1.935 \tag{2.30}$$

为了尽可能地减少误差，本研究使用墨脱地区降水率＞5 mm/h 以及雨滴数＞300 的分钟降水样本来拟合 μ-$\varLambda$ 关系（Zhang et al.，2003；Chen et al.，2017）。冬季对流样本过少，因此不对其分析。图 2.51 给出了季风前、季风期和季风后对流云降水的 μ、$\varLambda$ 散点图及拟合曲线。各阶段的 μ-$\varLambda$ 拟合关系分别为

$$\varLambda=0.0148\mu^2+0.786\mu+1.916 \tag{2.31}$$

$$\varLambda=0.0056\mu^2+0.949\mu+1.716 \tag{2.32}$$

$$\varLambda=0.0251\mu^2+0.664\mu+2.674 \tag{2.33}$$

当 $\Lambda < 13$ 时，μ-Λ 关系的季节差异很小。当 $\Lambda > 13$ 时，季风后的 μ 逐渐开始小于其他季节，这可能是随着 Λ 的增加，季风后的对流样本数比较少而导致的。同时，不同季节的 μ-Λ 关系接近于副热带地区的佛罗里达州的结果（Zhang et al.，2003），表明气候特征对 μ-Λ 关系有着重要的作用。

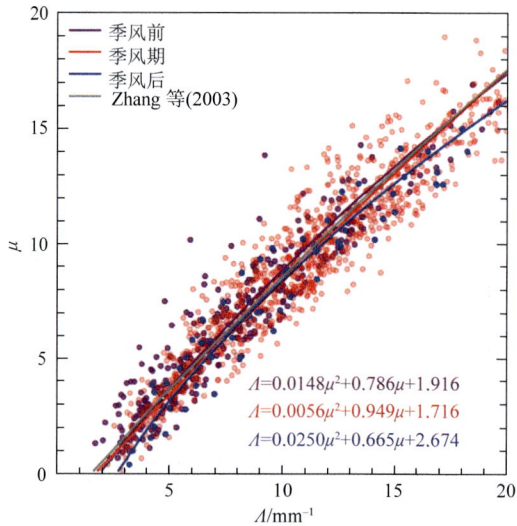

图 2.51　季风前、季风期和季风后的 μ、Λ 散点图及拟合曲线 (Zhang et al.，2003)
彩色的点和实线为墨脱不同季节的散点结果和拟合 μ-Λ 关系结果；灰色的实线为佛罗里达州的 μ-Λ 关系结果

5. 定量估测降水（QPE）

DSD 的一个重要应用是可以定量估测降水（QPE），雷达气象学中 QPE 广泛使用 $Z = AR^b$ 的关系，Z-R 关系受降水类型、大气条件和地理位置的影响会有所不同（Rosenfeld and Ulbrich，2003），新一代天气雷达系统在定量估测降水中对于对流云降水和层状云降水分别使用 $Z = 300R^{1.4}$ 和 $Z = 200R^{1.6}$ 的经验关系（Fulton et al.，1998；Marshall and Palmer，1948）。

图 2.52 给出了墨脱地区层状云降水与对流云降水雷达回波强度（Z）和降水率（R）的散点图，并且叠加了使用最小二乘法拟合的 Z-R 关系。表 2.9 为层状云降水和对流云降水在四个季节拟合 Z-R 关系的 A、b 值，表 2.10 给出了使用拟合 Z-R 关系和经验公式估算降水率 R 的归一化偏差（NB）（Zeng et al.，2019）。

从图 2.52 可以看出，在层状云降水中，不同季节拟合的 Z-R 关系差异较小。冬季拟合的 A、b 值均大于经验公式的值，而其他季节拟合的 A、b 值则小于经验公式的值。其原因可能是在层状云降水中，冬季比其他季节的大（小）雨滴更多（少）。由经验公式 $Z = 200R^{1.6}$ 估算的 R 在季风前、季风期和季风后分别低估了 1.74%、27.24% 和 14.32%。所有季节拟合的 Z-R 关系的 NB 都降至 10% 以下。

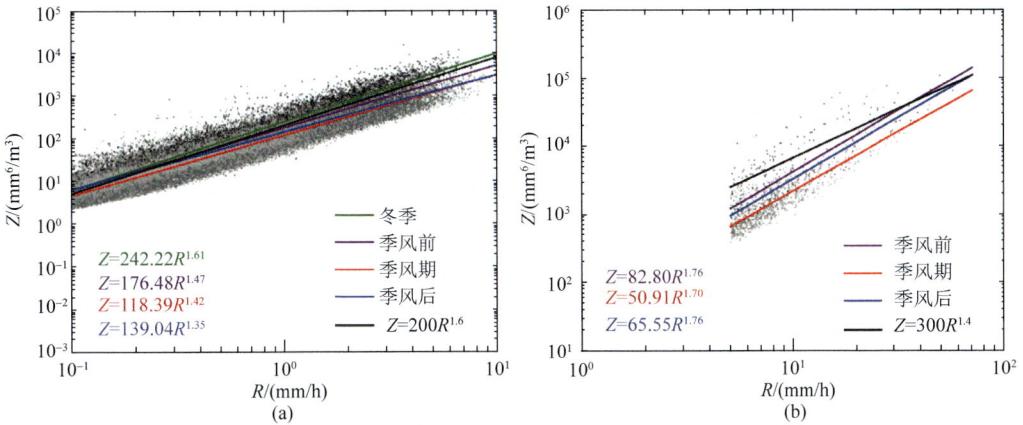

图 2.52　层状云降水（a）和对流云降水（b）Z 与 R 的散点图和使用最小二乘法拟合的 Z-R 结果

表 2.9　层状云降水和对流云降水在四个季节拟合 Z-R 关系的 A、b 值

季节	层状云降水		对流云降水	
	A	b	A	b
冬季	242.22	1.61	—	
季风前	176.48	1.47	82.80	1.76
季风期	118.39	1.42	50.91	1.70
季风后	139.04	1.35	65.55	1.76

表 2.10　层状云降水和对流云降水在四个季节拟合 Z-R 关系的 NB　（单位：%）

季节	层状云降水		对流云降水	
	拟合的 Z-R	$Z=200R^{1.6}$	拟合的 Z-R	$Z=300R^{1.4}$
冬季	7.91	21.51	—	
季风前	9.97	−1.74	7.26	−12.27
季风期	6.14	−27.24	2.98	−51.38
季风后	7.92	−14.32	11.19	−26.87

　　在对流云降水中，三个季节拟合 Z-R 关系的 A（b）远小于（大于）经验公式。季风期的 A 和 b 值是最小的，可能是在季风期小雨滴的数浓度比较大造成的。这说明给定一个雷达回波强度（Z），估算的降水率在季风期最大。使用经验公式 $Z=300R^{1.4}$ 估算 R 在季风期会造成高达 51.38% 的偏差，季风后次之（26.87%），季风前偏差最小，为 12.27%。而使用拟合的 Z-R 关系估算 R 的结果较好，在三个季节的 NB 值都明显降低，尤其是在季风期，NB 从 51.38% 降至 2.98%。墨脱 DSD 明显的季节性变化使得 Z-R 关系在不同季节也存在差异，因此，拟合不同季节的 Z-R 关系可以显著提高使用雷达 QPE 的准确性。

6. 讨论

　　墨脱 DSD 的季节性变化可以帮助更好地理解雅鲁藏布大峡谷水汽通道入口处的

微物理过程，以提高数值模式中参数化方案的准确性。不同的降水气象条件可能会造成 DSD 的不同（Wu and Liu，2017）。为了探究墨脱 DSD 季节性变化的原因，本研究利用 ECWMF 再分析资料（ERA5）、自动气象站数据和 FY-4A 卫星的相当黑体温度（TBB）、云顶高度（CTH）等产品，统计了墨脱地区不同季节降水期间的抬升凝结高度（LCL）、零度层高度和云顶高度（CTH）及标准偏差［图 2.53（a）］，TBB 概率密度分布图［2.53（b）］，以及地面风速［图 2.54（a）］和整层垂直积分水汽通量［图 2.54（b）］。

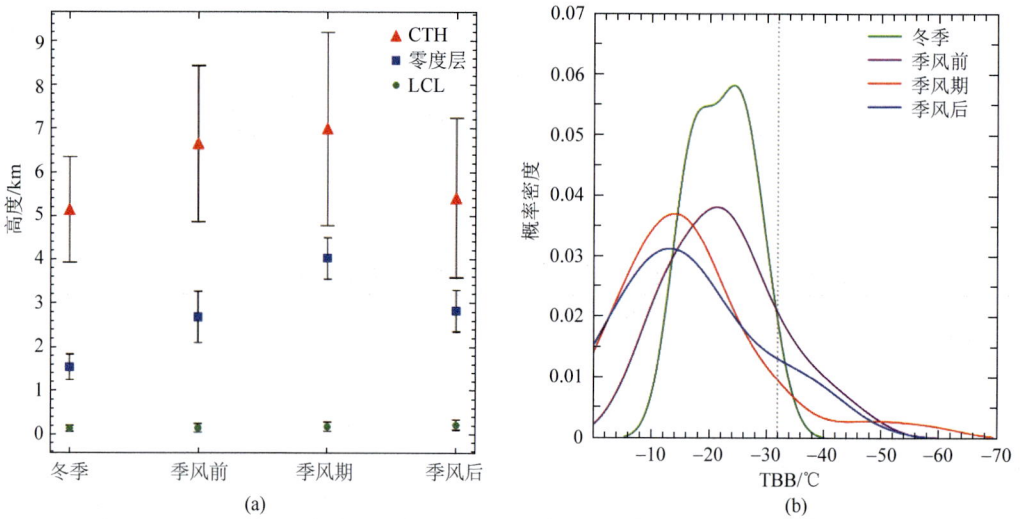

图 2.53　各季节降水期间的平均抬升凝结高度（LCL）、零度层高度和云顶高度（CTH）、标准偏差（均为距地高度）(a) 及 TBB 概率密度分布 (b)

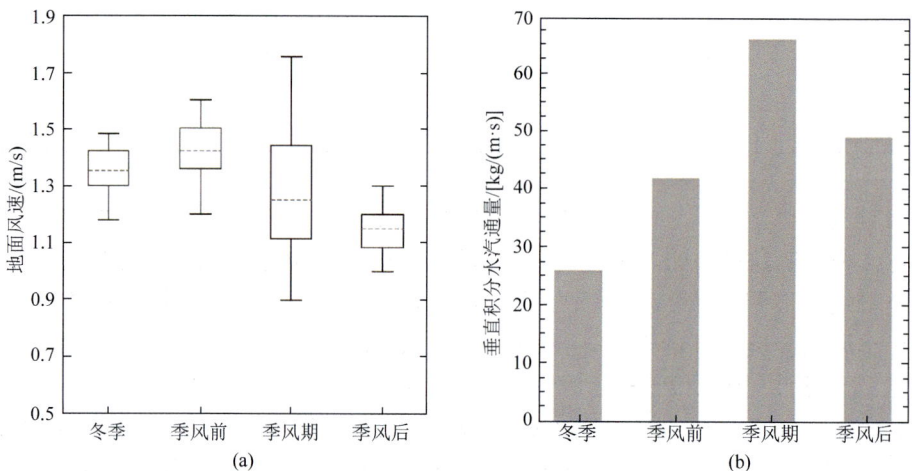

图 2.54　地面风速箱形图 (a) 和垂直积分水汽通量 (b)

墨脱缺乏无线电探空仪、云高仪等观测设备，因此本研究把 LCL 作为云底高度，

LCL 使用墨脱自动气象站观测资料来计算，计算方法参考相关文献（Barnes，1968）。冬季、季风前、季风期和季风后的 LCL 计算结果分别为 0.12 km、0.13 km、0.16 km 和 0.20 km，季节差异非常小；零度层高度分别为 1.53 km、2.67 km、4.01 km 和 2.81 km；云顶高度分别为 5.13 km、6.64 km、6.97 km 和 5.39 km。

　　LCL 到零度层高度的云层是暖云，零度层高度至云顶高度的云是冷云（Zeng et al.，2019）。冷雨过程与暖雨过程中的微物理和动力机制不同，如上升气流、粒子形成增长过程等，因此会使得雨滴谱分布存在差异。在冬季，冷云厚度（3.60 km）远大于暖云厚度（1.41 km），因此冬季墨脱降水以冷雨过程占主导，在零度层以上，冰晶迅速增长，大雨滴可能是由低密度的、大的雪粒子或者霰融化而成的。此外，风和湿度是影响蒸发的两个重要因素（Mcvicar et al.，2012）。较大的风速和较小的水汽（图 2.54）使得在冬季的蒸发较强，蒸发易造成小雨滴浓度的降低。

　　季风前的降水主要是由高浓度的大雨滴组成的，其冷云厚度（3.97 km）明显大于暖云厚度（2.54 km），也就是冷雨过程主导了季风前的降水，冰粒子融化形成大雨滴（Dolan et al.，2018）。TBB 可用于评估对流活动的强度，TBB ≤ –32℃ 通常被认为是区分对流发展的阈值（Dolan et al.，2018），当 TBB 值越小，代表对流云的发展越深厚。在季风前，TBB ≤ –32℃ 的概率最大 [图 2.53(b)]，说明在季风前对流活动更频繁地发生。同时，在季风前，青藏高原盛行西风，冷空气容易侵入对流层中上部，加之太阳辐射导致白天的地表温度上升，对流层的这种不稳定将有利于在季风前形成干对流（Fujinami and Yasunari，2001）。此外，季风前的地面风速最大 [图 2.54(a)]，强的蒸发使得小雨滴的浓度比较小。因此，在大的降水率和对流云降水类型中，季风前的大雨滴的浓度较高，小雨滴的浓度较低，所以季风前降水强度的增加更多的是由于雨滴直径的增加。

　　在季风期，暖云厚度明显大于冷云厚度 [图 2.53(a)]，墨脱降水以暖雨过程为主，粒子在降落过程中多发生碰撞和凝结，容易产生较多的小雨滴。同时，季风带来印度洋的大量水汽 [图 2.54(b)]、较小的风速 [图 2.54(a)] 和较湿的环境，从而有利于产生大量的小雨滴。所以，季风期降水强度的增加可能主要是由于雨滴浓度的显著增加。

　　季风后的降水量较少，其特征也是小水滴的浓度较高。尽管在季风后的暖云厚度与冷云厚度几乎相同 [图 2.53(a)]，但潮湿和弱风的大气条件（图 2.54）对小水滴的产生是有利的。

参考文献

常祎，郭学良．2016.青藏高原那曲地区夏季对流云结构及雨滴谱分布日变化特征．科学通报，15:1706-1720.

陈萍，李波．2018.藏东南水汽输送特征分析及其影响．南方农业，12(9)：124-125.

胡朝霞，雷恒池，郭学良，等．2007.降水性层状云系结构和降水过程的观测个例与模拟研究．大气科学，31(3)：425-439.

胡明宝．2012.风廓线雷达数据处理与应用研究．南京：南京信息工程大学．

刘黎平，楚荣忠 . 1999. GAME-TIBET 青藏高原云和降水综合观测概况及初步结果 . 高原气象，V18（3）：441-450.

刘黎平，谢蕾，崔哲虎 . 2014. 毫米波云雷达功率谱密度数据的检验和在弱降水滴谱反演中的应用研究 . 大气科学，38（2）：223-236.

刘黎平，郑佳锋，阮征，等 . 2015. 2014 年青藏高原云和降水多种雷达综合观测试验及云特征初步分析结果 . 气象学报，73（4）：635-647.

刘黎平，仲凌志，江源，等 . 2009. 毫米波测云雷达系统及其外场试验结果初步分析 . 气象科技，37（5）：567-571.

马宁堃，刘黎平，郑佳锋 . 2019. 利用 Ka 波段毫米波雷达功率谱反演云降水大气垂直速度和雨滴谱分布研究 . 高原气象，38（2）：325-339.

秦宏德 . 1983. 青藏高原那曲地区强对流天气的大气静力能量垂直分布 . 高原气象，1：61-65.

石爱丽 . 2005. 层状云降水微物理特征及降水机制研究概述 . 气象科技，33（2）：104-108.

王改利，周任然，扎西索郎，等 . 2021. 青藏高原墨脱地区云降水综合观测及初步统计特征分析 . 气象学报，79（5）：841-852.

王扬锋，雷恒池，樊鹏，等 . 2007. 一次延安层状云微物理结构特征及降水机制研究 . 高原气象，26（2）：388-395.

旺杰，德庆央宗，旦增，等 . 2021. 2012-2018 西藏"雨窝"降水特征及其成因分析 . 气象科技，49（2）：211-217.

张培昌，王振会 . 2001. 天气雷达回波衰减订正算法的研究（Ⅰ）：理论分析 . 高原气象，1：1-5.

张蔚然，吴翀，刘黎平，等 . 2021. 双偏振相控阵雷达与业务雷达的定量对比及观测精度研究 . 高原气象，40（2）：424-435.

赵平，李跃清，郭学良，等 . 2018. 青藏高原地气耦合系统及其天气气候效应：第三次青藏高原大气科学试验 . 气象学报，76（6）：833-860.

郑佳锋 . 2016. Ka 波段 - 多模式毫米波雷达功率谱数据处理方法及云内大气垂直速度反演研究 . 北京：中国气象科学研究院 .

Barnes S L. 1968. An empirical shortcut to the calculation of temperature and pressure at the lifted condensation level. Journal of Applied Meteorology and Climatology, 7（3）：511.

Bringi V N, Chandrasekar V, Hubbert J, et al. 2003. Raindrop size distribution in different climatic regimes from disdrometer and Dual-Polarized radar analysis. Journal of the Atmospheric Sciences, 60（2）：354-365.

Chatterjee C, Das S. 2020. On the association between lightning and precipitation microphysics. Journal of Atmospheric and Solar-Terrestrial Physics, 207（2020）：105350.

Chen B, Hu Z, Liu L, et al. 2017. Raindrop size distribution measurements at 4500 m on the Tibetan Plateau during TIPEX-III. Journal of Geophysical Research: Atmospheres, 122（20）：11092-11106.

Chen B, Yang J, Gao R, et al. 2020. Vertical variability of the raindrop size distribution in typhoons observed at the Shenzhen 356m meteorological tower. Journal of the Atmospheric Sciences, 77（12）：4171-4187.

Dolan B, Fuchs B, Rutledge S A, et al. 2018. Primary modes of global drop size distributions. Journal of the Atmospheric Sciences, 75(5): 1453-1476.

Foote G B, Du T P S. 1969. Terminal velocity of raindrops aloft. Journal of Applied Meteorology, 8(2): 249-253.

Fujinami H, Yasunari T. 2001. The seasonal and intraseasonal variability of diurnal cloud activity over the Tibetan Plateau. Journal of the Meteorological Society of Japan Ser II, 79(6): 1207-1227.

Fulton R A, Breidenbach J P, Seo D J, et al. 1998. The WSR-88D rainfall algorithm. Weather and Forecasting, 13(2): 377-395.

Gunn R, Kinzer G D. 1949. The terminal velocity of fall for water droplets in stagnant air. Journal of Atmospheric Sciences, 6(4): 243-248.

Hopper L J, Schumacher C, Humes K, et al. 2019. Drop-size distribution variations associated with different storm types in southeast Texas. Atmosphere, 11(1): 8.

Huo Z, Ruan Z, Wei M, et al. 2019. Statistical characteristics of raindrop size distribution in south China summer based on the vertical structure derived from VPR-CFMCW. Atmospheric Research, 222: 47-61.

Kang S, Xu Y, You Q, et al. 2010. Review of climate and cryospheric change in the Tibetan Plateau. Environmental Research Letters, 5(1): 015101.

Kollias P, Clothiaux E E, Miller M A, et al. 2007. Millimeter-wavelength radars: New frontier in atmospheric cloud and precipitation research. Bulletin of the American Meteorological Society, 88(10): 1608-1624.

Kollias P, Rémillard J, E L, et al. 2011a. Cloud radar doppler spectra in drizzling stratiform clouds: 1. Forward modeling and remote sensing applications. Journal of Geophysical Research: Atmospheres, 116(DB): D13201.

Kollias P, Szyrmer W, Rémillard J, et al. 2011b. Cloud radar doppler spectra in drizzling stratiform clouds: 2. Observations and microphysical modeling of drizzle evolution. Journal of Geophysical Research, 116(D13): D13203.

Kozu T, Nakamura K. 1991. Rainfall parameter estimation from Dual-Radar measurements combining reflectivity profile and Path-integrated attenuation. Journal of Atmospheric and Oceanic Technology, 8(2): 259-270.

Krishna U V M, Reddy K K, Seela B K, et al. 2016. Raindrop size distribution of easterly and westerly monsoon precipitation observed over palau islands in the western Pacific Ocean. Atmospheric Research, 174-175: 41-51.

Li J. 2018. Hourly station-based precipitation characteristics over the Tibetan Plateau. International Journal of Climatology: A Journal of the Royal Meteorological Society, 38(3): 1560-1570.

Löffler-Mang M, Joss J. 2000. An optical disdrometer for measuring size and velocity of hydrometeors. Journal of Atmospheric and Oceanic Technology, 17(2): 130-139.

Luo L, Guo J, Chen H, et al. 2021. Microphysical characteristics of rainfall observed by a 2DVD disdrometer during different seasons in Beijing, China. Remote Sensing, 13(12): 2303.

Marshall J S, Palmer W M K. 1948. The distribution of raindrops with size. Journal of Atmospheric Sciences,

5(4): 165-166.

Mcvicar T R, Roderick M L, Donohue R J, et al. 2012. Global review and synthesis of trends in observed terrestrial near-surface wind speeds: Implications for evaporation. Journal of Hydrology, 416: 182-205.

Nzeukou A, Sauvageot H, Ochou A D, et al. 2004. Raindrop size distribution and radar parameters at cape verde. Journal of Applied Meteorology, 43(1): 90-105.

Peters G, Fischer B, Münster H, et al. 2005. Profiles of raindrop size distributions as retrieved by microrain radars. Journal of Applied Meteorology and Climatology, 44(12): 1930-1949.

Pu K, Liu X, Wu Y, et al. 2020. A comparison study of raindrop size distribution among five sites at the urban scale during the East Asian rainy season. Journal of Hydrology, 590(9): 125500.

Radhakrishna B, Rao T N, Rao D N, et al. 2009. Spatial and seasonal variability of raindrop size distributions in southeast India. Journal of Geophysical Research, 114(D4): D04203.

Rosenfeld D, Ulbrich C W. 2003. Cloud microphysical properties, processes, and rainfall estimation opportunities. Meteorological Monographs, 30(52): 237-258.

Shupe M, Kollias P, Poellot M, et al. 2008. On deriving vertical air motions from cloud radar doppler spectra. Journal of Atmospheric Oceanic Technology, 25(4): 547-557.

Smith P L. 2003. Raindrop size distributions: Exponential or Gamma—Does the difference matter? Journal of Applied Meteorology and Climatology, 42(7): 1031-1034.

Sreekanth T S, Varikoden H, Sukumar N, et al. 2017. Microphysical characteristics of rainfall during different seasons over a coastal tropical station using disdrometer. Hydrological Processes, 31(14): 2556-2565.

Tang Q, Xiao H, Guo C, et al. 2014. Characteristics of the raindrop size distributions and their retrieved polarimetric radar parameters in northern and southern China. Atmospheric Research, 135-136: 59-75.

Thompson E J, Rutledge S A, Dolan B, et al. 2015. Drop size distributions and radar observations of convective and stratiform rain over the equatorial Indian and west Pacific Oceans. Journal of the Atmospheric Sciences, 72: 4091-4125.

Tokay A, Bashor P G, Habib E, et al. 2008. Raindrop size distribution measurements in tropical cyclones. Monthly Weather Review, 136(5): 1669-1685.

Wang G, Zhou R, Zhaxi S, et al. 2020. Raindrop size distribution measurements on the southeast Tibetan Plateau during the STEP project. Atmospheric Research, 249(D5): 105311.

Wen L, Zhao K, Zhang G, et al. 2017. Impacts of instrument limitations on estimated raindrop size distribution, radar parameters, and model microphysics during Mei-Yu season in east China. Journal of Atmospheric and Oceanic Technology, 34(5): 1021-1037.

Wu Y, Liu L. 2017. Statistical characteristics of raindrop size distribution in the Tibetan Plateau and southern China. Advances in Atmospheric Sciences, 34(6): 727-736.

Wu Z, Zhang Y, Zhang L, et al. 2019. Characteristics of summer season raindrop size distribution in three typical regions of western Pacific. Journal of Geophysical Research: Atmospheres, 124(7): 4054-4073.

Xu X, Lu C, Shi X, et al. 2008. World water tower: An atmospheric perspective. Geophysical Research Letters, 35(20): 525-530.

Zeng Q, Zhang Y, Lei H, et al. 2019. Microphysical characteristics of precipitation during Pre-monsoon, monsoon, and Post-monsoon periods over the south China Sea. Advances in Atmospheric Sciences, 36(10): 1103-1120.

Zhang G, Vivekanandan J, Brandes Edward A, et al. 2003. The shape-slope relation in observed Gamma raindrop size distributions: Statistical error or useful information? Journal of Atmospheric and Oceanic Technology, 20(8): 1106-1119.

Zhou R, Wang G, Zha X S. 2021. Cloud vertical structure measurements from a ground-based cloud radar over the southeastern Tibetan Plateau. Atmospheric Research, 258(1): 105629.

第 3 章

雅鲁藏布江流域降水过程影响因子剖析

　　青藏高原及其周边山脉孕育了包括雅鲁藏布江在内的大量河流，是亚洲十多条重要河流的水源地，被誉为"亚洲水塔"。气候变暖导致青藏高原的气温、湿度、降水、冻土层及冰雪冻融等气象水文条件发生明显变化，极大地改变了多圈层的水循环过程（Lutz et al.，2014），最典型的如冰川退缩、湖泊扩张、冻土退化、空中大气水含量等。国内外针对雅鲁藏布江流域降水变化等相关领域开展了诸多研究，并取得了大量有价值的科研成果。为了加强雅鲁藏布江流域云降水过程特征分析及影响机制的研究，本章从雅鲁藏布江流域降水、水汽输送、热力－动力结构特征等方面进行深入分析，旨在为今后进一步认识气候变暖背景下雅鲁藏布江流域降水变化规律、了解高寒地区水文循环与水资源演变特征、合理开发利用高原地区水资源提供参考。

　　雅鲁藏布江是中国最长的高原河流，也是世界上著名的高海拔河流，平均海拔在4000 m以上，其发源于日喀则地区仲巴县与阿里地区普兰县交界处的杰马央宗冰川，干流全长2057 km，由西向东贯穿整个西藏南部（图3.1），在派镇附近转向东北，在第二大支流帕隆藏布汇入后又急转向南，形成著名的雅鲁藏布江大拐弯，经墨脱县巴昔卡乡后进入印度并改称布拉马普特拉河（刘湘伟，2015）。雅鲁藏布江水量丰富、落差大，是西藏主要的水汽通道和淡水来源（姚檀栋等，2017）。雅鲁藏布江流域范围为82°00′E ～ 97°07′E、28°00′N ～ 31°16′N，流域面积2.42×10^5 km^2，东西向最长约1500 km，南北向最宽约290 km，平均宽度约166 km。雅鲁藏布江东北部以冈底斯山、念青唐古拉山、倾多拉诸山脉与藏北内流水系区及怒江上游的高原峡谷过渡区相连；东边以伯舒拉岭与怒江相邻；西南与尼泊尔接壤，南面与藏南诸河分界。流域呈东西向狭长柳叶状，行政区划涉及阿里地区、日喀则、山南、拉萨、那曲、林芝、昌都7地（市）（邵骏等，2018；刘江涛等，2018）。

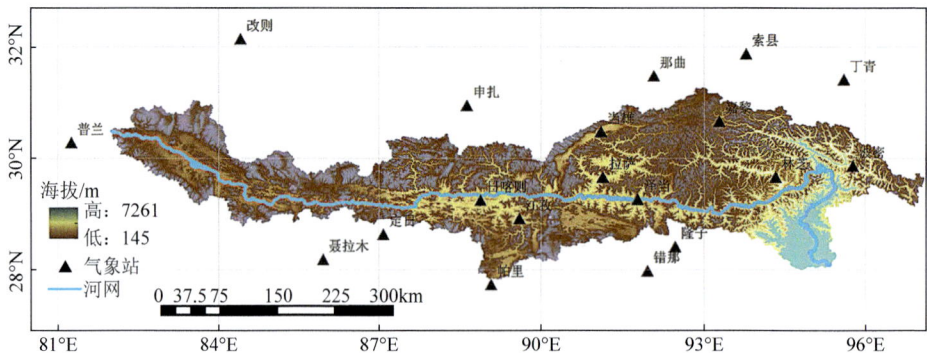

图 3.1　雅鲁藏布江流域地形及气象站点分布

3.1　雅鲁藏布江降水的水汽输送结构特征

3.1.1　流域降水时空分布特征

　　雅鲁藏布江流域内几乎包含了所有的干湿分布类型，自下游至上游可分为极湿润带（多雨带）、湿润带、半湿润带、半干旱和干旱带。该流域降水主要受孟加拉湾暖湿气流影响，地处其下游段的墨脱县年降水量约 3500 mm，中游段的米林市约 600 mm，日喀则市约 420 mm，中游上段的拉孜县约 310 mm，仲巴县约 280 mm，降水梯度变化明显（图 3.2）。流域内年降水量的 60%～90% 主要集中在 6～9 月（聂宁等，2012）。流域内年水面蒸发量约 1250 mm，拉孜段以上在 1200～1400 mm，地处中段的拉孜、拉萨、泽当、朗县为年水面蒸发量超过 1600 mm 的高值区，下游段在 1000 mm 以下。暴雨主要发生在海拔较低的下游峡谷地区，最大年降水量与最大洪峰流量大多出现在 7～8 月（刘湘伟，2015）。林志强等（2014）研究发现，西藏高原大到暴雨发生日数最多的区域为沿雅鲁藏布江河谷中下游地区和怒江流域，向南和向西北逐渐减少，日喀则也是暴雨高频区。

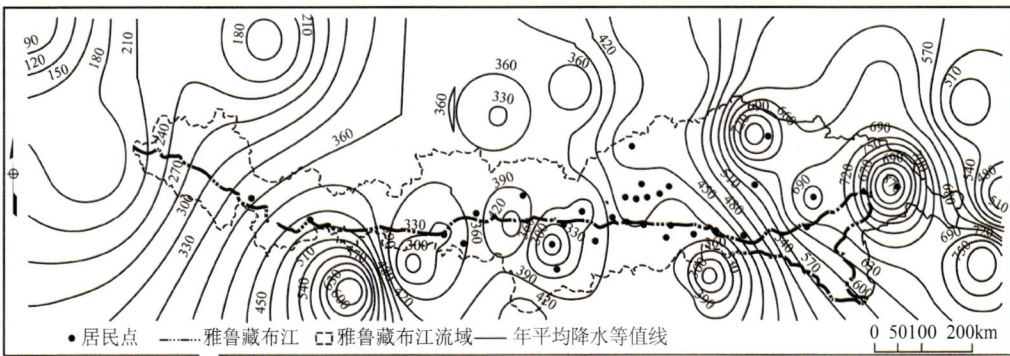

图 3.2　1978～2009 年雅鲁藏布江流域年平均降水量（mm）空间分布（聂宁等，2012）

雅鲁藏布江流域的降水指标，如降水日数（RD）、降水总量（PRCPTOT）、连续湿润日数（CWD）、降水强度（SDII）、五日最大降水量（RX5day）、极端降水量（R95p）等，呈现出从流域东部向西部逐渐递减的空间布局特征，且在流域中部地区偶尔出现区域性高值中心。各极端降水指标都表现出相似的空间分布特征，说明雅鲁藏布江流域的极端降水事件主要发生在流域的东部地区，与雅鲁藏布江流域的年平均降水量空间分布一致。

近 30 年，雅鲁藏布江流域年平均降水量以 9.735 mm/10a 的速度呈现缓慢增加趋势（图 3.3）。全流域降水量变化状况大致可分为 3 个阶段：1978～1991 年，降水量在多年平均值上下来回振荡，无显著变化趋势；1992～1999 年，该流域降水量以 21.2 mm/a 的速度线性增长；2000～2009 年，该流域降水量以 11.92 mm/a 的速度线性下降（聂宁等，2012）。大到暴雨日数在近 32 年有非显著性减少趋势，在 1998 年前后发生突变，1998 年之前有增加趋势，之后为减少趋势，降水的季节分布呈单峰特征，其峰值出现在 7 月（林志强等，2014）。杨勇等（2013）发现，雅鲁藏布江流域暴雨在近 30 年存在 3～6 显著性周期变化，以 5 年周期信号最强。1960～2007 年雅鲁藏布江中游地区汛期降水量存在准 14 年和准 2 年的周期振荡，其中日喀则站和江孜站以准 14 年的周期为主，而拉萨站和江孜站以准 2 年周期为主。

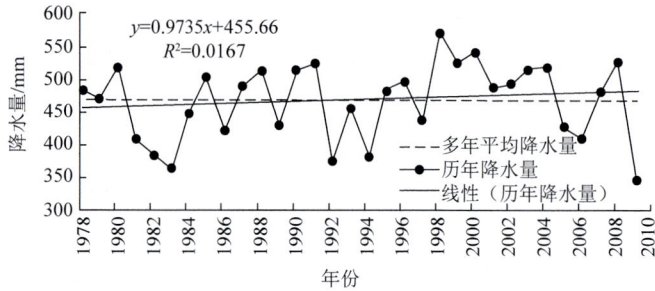

图 3.3 1978 ～ 2009 年雅鲁藏布江流域年降水量变化趋势（聂宁等，2012）

3.1.2 水汽输送特征

青藏高原及周边地区夏季受到热带季风、副热带季风以及高原季风的共同影响，其水汽既来自南侧孟加拉湾、西南侧阿拉伯海、东南侧南海和西太平洋地区，还来自中纬度的偏西风水汽输送，是一个水汽输送的复杂区、敏感区（杨浩等，2019；苗秋菊等，2004；周长艳等，2012；徐祥德等，2014）。雅鲁藏布江水汽通道是印度洋暖湿气流溯布拉马普特拉河 - 雅鲁藏布江而上北抵青藏高原腹地的必经之路（李博等，2018）。雅鲁藏布大峡谷位于青藏高原东南部，面向孟加拉湾和遥远的印度洋，为印度洋暖湿气流提供了一条天然通道（杨浩等，2019）。高登义（2008）较早就发现，青藏高原东南部及其邻区年降水量大值区正是沿着这条水汽通道分布的（图 3.4）。

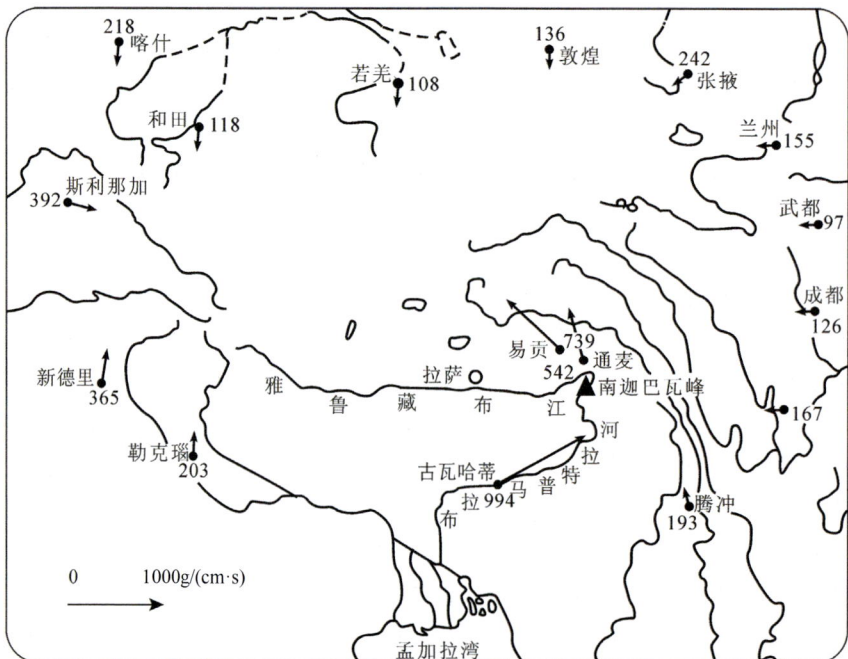

图 3.4 青藏高原四周向高原腹地的水汽输送示意图（高登义，2008）

江吉喜和范梅珠（2002）发现，青藏高原南部两个湿中心分别在雅鲁藏布江上游和甘孜、理塘一带。高原东南部分布若干夏季降水高值区，如四川雅安、云南西南部等位于青藏高原地形东南侧边缘的多雨中心（苗秋菊等，2004）。王霄等（2009）的研究进一步证实，在对流层中层的高原上空，夏季存在一个明显的大气水汽含量高中心，"湿池"特征非常显著，主要有 3 个大的可降水量中心，即高原的西南部、东南部和南侧，其中高原东南部最湿，可降水量最大可达 14 mm，高原西南部和南侧最湿月的可降水量也在 13 mm 左右。Feng 和 Zhou（2012）研究表明，青藏高原南麓的偏西水汽输送通量是影响青藏高原东南部夏季降水年际变化的重要水汽来源。在夏季少雨年，西风的水汽输送减弱，孟加拉湾向北的输送明显减弱，在中国西南地区水汽向北输送比平均场要少；而在夏季多雨年，高原主体水汽的西风输送明显增强，孟加拉湾向北水汽输送也显著增强（缪启龙等，2007）。

强盛的西南风给青藏高原中东部地区带来丰沛水汽，在雅鲁藏布江中下游形成一条对流活跃带，并产生大量降水。林振耀和吴祥定（1990）探讨了青藏高原地区的水汽输送路径，认为高原地区主要存在两条水汽输送路径，一条是来自阿拉伯海从高原西部进入高原，另一条是高原东南部的雅鲁藏布江河谷。许健民等（1996）分析 1995 年 6 月中旬至 7 月初 GMS-5 水汽图像，结果表明，高原地区水汽主要通过四种方式汇集，其中水汽从高原东南部的雅鲁藏布江河谷进入高原是主要路径。雅鲁藏布大峡谷是南亚水汽输送到青藏高原东部地区的主要通道（刘忠方等，2007；Chen et al.，2012；Wu and Zhang，1998；Yang et al.，2014）。青藏高原东南角多雨中心上游雅鲁藏布江流域存在一个水汽通量大值中心，在阿拉伯海北部与孟加拉湾北部及印缅北部也存在水汽通量大值区，相关分析（鲁亚斌等，2008）发现，多雨中心的降水与上述水汽通量大值区存在显著相关性；水汽流场显示，雅鲁藏布江–布拉马普特拉河、孟加拉湾、阿拉伯海和南支槽前偏西气流向多雨中心输送水汽，使其成为"水汽汇"，雅鲁藏布江、阿拉伯海的远距离水汽输送是多雨中心水汽来源不可忽视的重要因素。近 30 年，雅鲁藏布江流域夏季降水并无显著趋势，以年际振荡为主。年际异常的水汽辐合源自异常西南风导致的局地水汽辐合。流域夏季降水的年际变化是由印度夏季风活动导致的水汽输送异常造成的，其关键系统是印度季风区北部的异常气旋（反气旋）式水汽输送（张文霞等，2016）。

青藏高原作为全球最高的大地形，其南侧来自印度洋、南海等地区的异常暖湿气流挟带了大量的水汽，这些水汽经地形爬升或强迫绕流为高原中部对流云发展提供了水汽条件，且使高原东南部降水十分丰富。将高原南缘（雅鲁藏布江中下游）作为关键区［图 3.5(a)］，研究发现，除东边界外，1979～2010 年夏季其余各边界水汽收支年际变化均呈减少趋势，尤其以北边界的减少最为明显（1.115×10^7 kg/s）［图 3.5(b)、图 3.5(c)］。印度热低压的"转换"效应制约着南边界水汽收入变化，它的减弱使得近 30 年进入南缘关键区的水汽呈减少趋势（解承莹等，2015）。

施小英和施晓晖（2008）研究指出，夏季雅鲁藏布江下游是一个水汽汇区，夏季平均水汽输入为 3.99×10^7 kg/s。南海夏季风爆发前，以西边界水汽输入为主，爆发后则以南边界的输入为主，东边界为主要输出边界。东亚夏季风的建立、推进对高原东南部的水汽输入有重要影响，而高原东南部的水汽输出则与夏季我国东部雨带的推进过程密切相关。

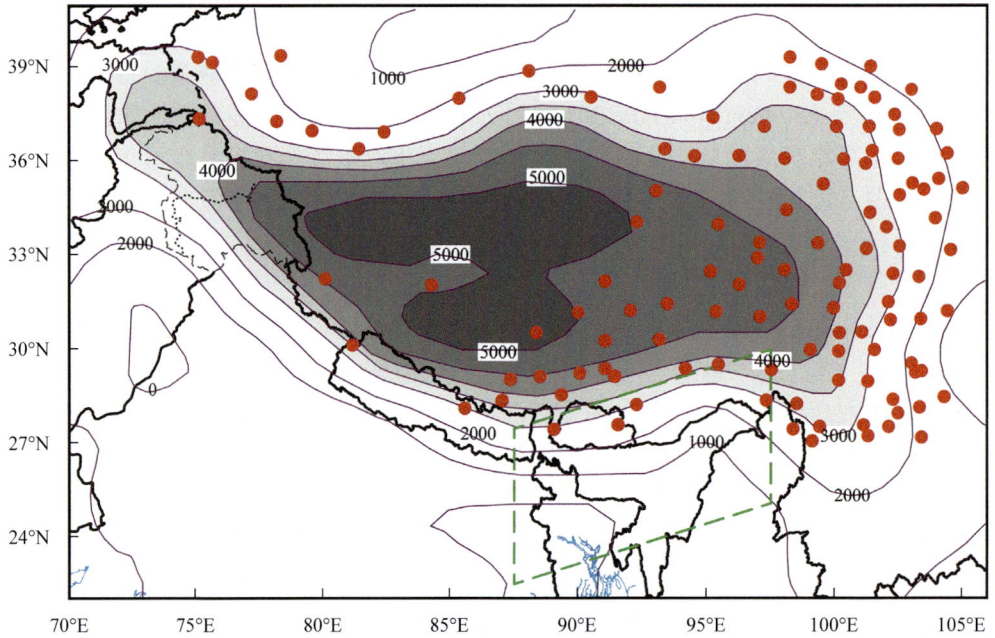

(a)

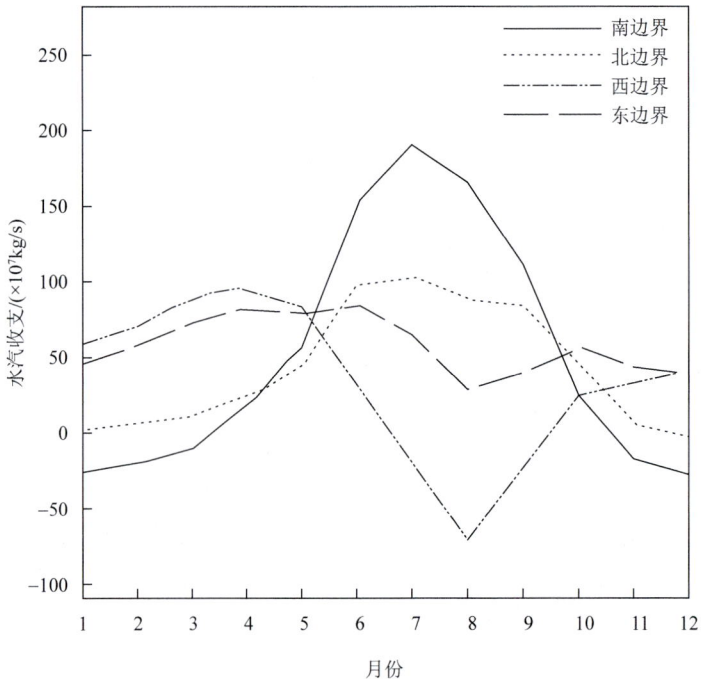

(b)

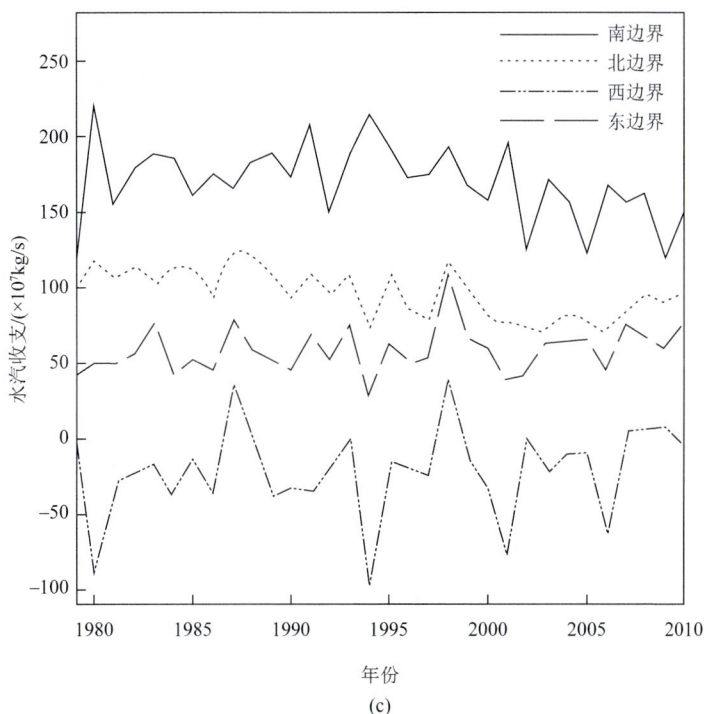

(c)

图 3.5　高原南缘关键区（虚线框）和 120 个气象站点（红点）分布（图中数值表示海拔，单位为 m）（a），1979～2010 年南缘关键区各边界水汽收支月变化（b）及夏季平均年变化（c）（正值代表水汽输入，负值代表水汽输出）（解承莹等，2015）

利用风云三号（FY-3D）气象卫星的中分辨率光谱成像仪（medium resolution spectral imager，MERSI-Ⅱ）大气可降水量（precipitable water vapor，PWV）产品，分析青藏高原及周边地区暖季、冷季的水汽分布及变化特征，并利用位于相近纬度的两个站点（墨脱、石棉），验证了雅鲁藏布大峡谷对水汽输送的重要作用（图 3.6）。

PWV 的分布与海拔一致，低海拔处 PWV 高、高海拔处 PWV 低。PWV 高值区主要集中在孟加拉湾，暖季大于 4.0 cm、冷季大于 2.0 cm。PWV 低值区主要分布在西藏西部地区，在寒冷季节尤为显著，PWV 小于 0.5 cm 的地区面积较大。雅鲁藏布江是青藏高原的降水中心，在雅鲁藏布江周围，一条明显的水汽输送路径位于雅鲁藏布大峡谷附近。孟加拉湾地区的水汽通过这条路径进入青藏高原，使得该地区 PWV 较高。墨脱站和石棉站的对比分析可体现雅鲁藏布大峡谷在水汽输送中的作用。墨脱站和石棉站的纬度相似、经度不同［图 3.6(c)］。可以看出，墨脱站的海拔为 1279.0 m，高于石棉站（875.1 m），图 3.6(d) 为两个站点 PWV 的年变化情况，虚线表示相邻值的范围，是最极端的非离群值，离群值用叉号标记。如上所述，在低海拔地区普遍存在较大的 PWV 是合理的。然而，两个站点的 PWV 变化趋势相似，其 PWV 平均值几乎相同。此外，PWV 的年际变化显示，7 月墨脱地区 PWV 明显高于石棉地区，说明此时雅鲁藏布大峡谷 PWV 的输送更为显著。

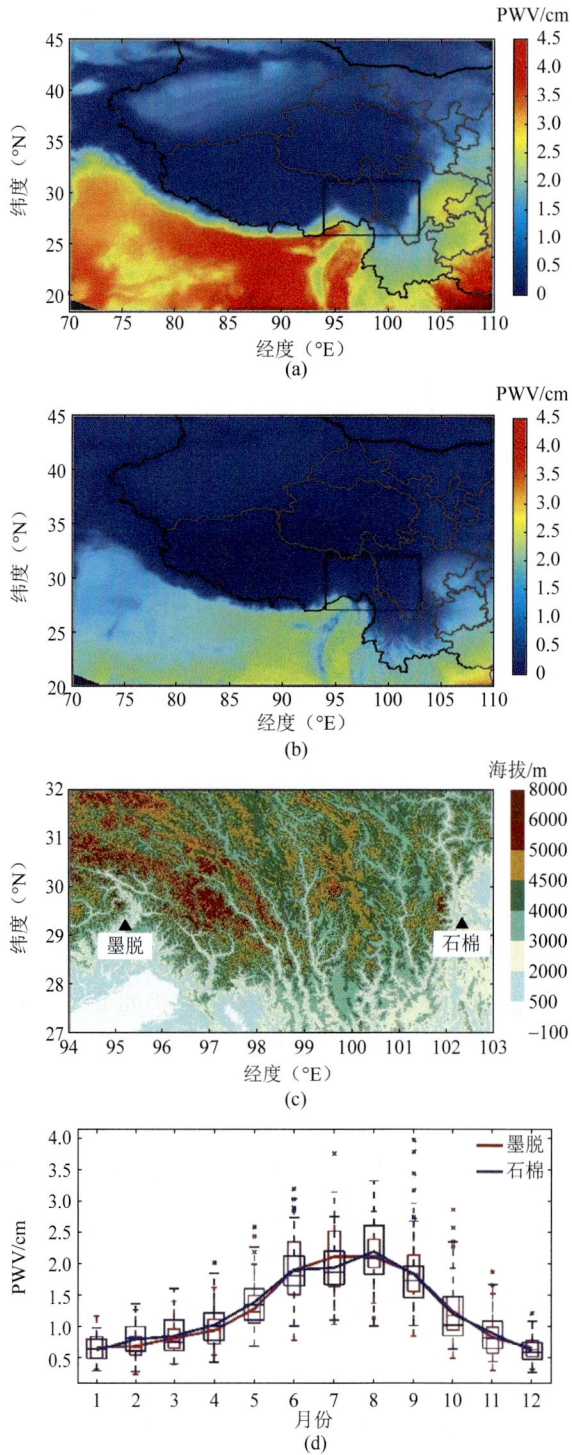

图 3.6 青藏高原湿季（a）和干季（b）PWV 空间分布特征、墨脱站与石棉站的地理位置（c）、
墨脱站与石棉站 PWV 年变化特征（d）

3.2　雅鲁藏布江流域大气变分客观分析数据集的构建

基于单个大气柱的约束变分分析（constrained variational analysis，CVA）方法（Zhang and Lin，1997），构建了一个物理协调大气变分客观分析模型（以下简称"模型"）。该模型已在青藏高原那曲地区得到了检验和应用（王东海等，2022；张春燕等，2022），这里将该模型应用于青藏高原雅鲁藏布江流域。为了分析全流域的降水及大气动力、热力和水汽结构特征，选择雅鲁藏布江上、中、下游三个区域作为研究区域［图3.7（a）和（b）］，区域形状是半径为 200 km 的圆柱形，上游和中游试验区以国家地面站为中心，下游试验区以林芝探空站为中心，模型构建的数据集时间范围为 2014～2018 年夏季 6～8 月。为充分利用探空、风廓线等高空观测资料，模型通常令构成气柱边界的分析点与高空观测站点重合，若后者不能直接构成分析点，也可通过设置插值半径影响其附近的分析点，从而使分析点上的物理量更接近于实际观测。由于试验区域内实际探空站数量有限，为减小进出气柱的通量计算误差，可适当人为补充分析点，从而

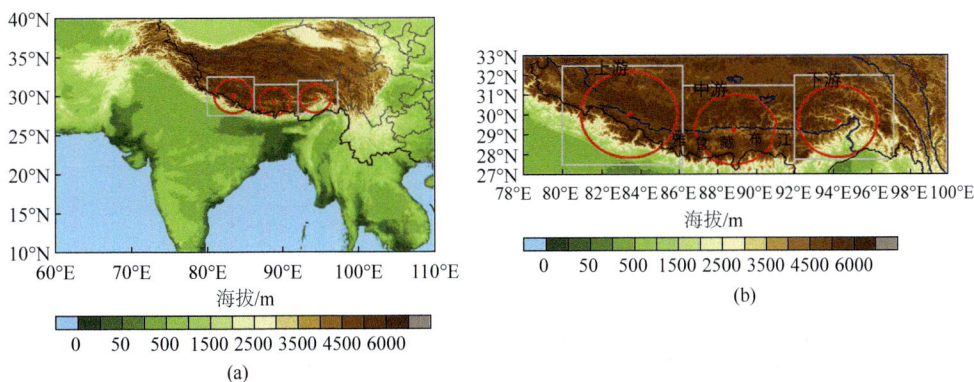

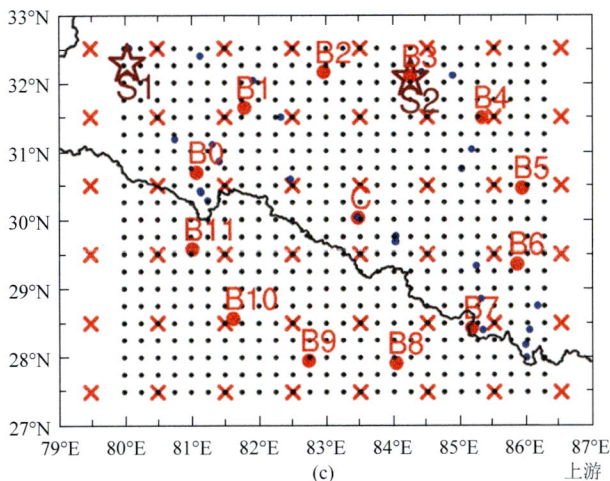

(a)

(b)

(c)

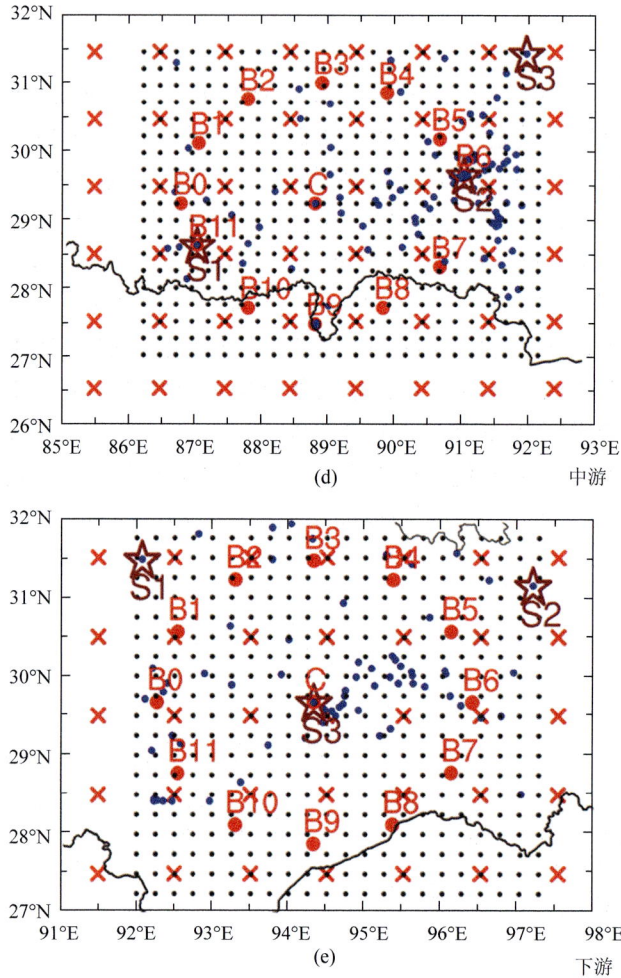

图 3.7　雅鲁藏布江上、中、下游研究区域 [(a) 和 (b)] 以及 2014 ～ 2018 年 6 ～ 8 月三个试验区的资料分布 [(c) ～ (e)]

"·" 为 0.25°×0.25° 的 ERA5 背景场格点；"●" 为地面气象自动站；"☆" 为探空站；"✕" 为 1°× 1° 的 CERES 格点；"●" 为人为选定的分析点 (B0 ～ B11, C) 构成气柱边界与分析点

构成气柱边界 [如图 3.7(c) ～ (e) 中的红色圆点]。根据模型对输入数据的需求，将输入变量分为调整变量（即探空观测变量）和约束变量（即地面和大气顶观测变量）。除了这些观测输入项，模型还需要背景场资料来对观测缺测进行插值处理，并结合站点观测插值得到分析点的数据。以下介绍模型的几种主要输入资料，站点分布见图 3.7(c) ～ (e)。

（1）模型所使用的高空观测资料为中国气象局气象探测中心提供的 08 时和 20 时的 L 波段探空资料，其中，狮泉河和改则探空站使用的是第三次青藏高原大气科学试验（TIPEX-III）期间的观测资料。青藏高原的探空站点稀少，主要分布在东部和南部地区（赵平等，2018）。上游试验区选取了改则和狮泉河两个探空站，中游地区选取了定日、拉萨、那曲三个探空站，下游地区选取了林芝、那曲、昌都三个探空站。探空变量包括风向和风速、气压、温度、相对湿度。

（2）模型输入的地面气象站观测资料为国家级和区域级的气象自动站资料，提供的变量有地面的降水量、风向和风速、气压、温度和相对湿度，时间分辨率为逐小时。在雅鲁藏布江上、中、下游试验区，分别有国家级和区域级自动站 26 个、104 个、68 个。

（3）由于边界层综合观测不够稳定和持续，为替代缺乏的地表感热 / 潜热通量观测，模型输入的是 ERA5 再分析提供的产品。针对模型输入的地表感热、潜热资料的敏感性试验显示，不同地表热通量资料来源对模型影响较小（庞紫豪，2018），因此本研究使用 ERA5 再分析提供的逐小时的感热和潜热通量数据。

（4）本研究中模型使用的辐射资料来源于美国国家航空航天局的云与地球辐射能量系统提供的 SYN1deg 产品集，包括地面和大气顶的短波辐射和长波辐射，以及对流层低层、中低层、中高层和高层的云液态水含量，时间分辨率为 1 h，空间分辨率为 1°×1°。

（5）模型输入的背景场资料为欧洲中期天气预报中心（ECMWF）最新发布的 ERA5 再分析资料（Hersbach et al.，2020）。选用的变量包括各气压层的温度、湿度、风向和风速，时间分辨率为 1 h，空间分辨率为 0.25°×0.25°。为更好地实现水平插值，背景场的空间范围比气柱分析区大，雅鲁藏布江三个研究区域的范围分别为：上游 27.25°N ～ 32.50°N、80.00°E ～ 86.25°E，中游 27.00°N ～ 31.50°N、86.25°E ～ 92.07°E，下游 27.75°N ～ 32°N、92.07°E ～ 97.25°E（图 3.1）。

3.3 夏季云降水过程大气动力、热力及水汽演变结构特征

3.3.1 天气条件

青藏高原南部夏季降水呈现从西向东递增的规律［图 3.8］。雅鲁藏布江上游、中游、下游地区五年夏季平均降水量分别为 2.5 mm/d、3.3 mm/d、4.9 mm/d，区域夏季平均降水量为 3.6 mm/d。上、中、下游三个区域降水呈现出不同的演变形式，上游地区［图 3.8(a)］6 月降水稀少，7 月降水逐渐出现，在 8 月上旬达到明显的降水峰值，随后降水迅速减少；中游地区［图 3.8(b)］6 月降水不断增加，在 7 月 10 日前后达到峰值，而后维持着一定强度的降水；下游地区［图 3.8(c)］6 月有明显的降水，在 6 月末达到夏季降水的第一个峰值，而后降水减少，在 8 月中旬再次增大达到第二个峰值。

图 3.9 给出了雅鲁藏布江流域高空风场、温度和湿度特征。高原夏季高空风场以对流层中上层的强西风为明显特征，西风急流中心在 6 月出现在 300 ～ 150 hPa 附近，最大风速超过 20 m/s，7 ～ 8 月西风减弱，在 7 月下旬至 8 月上旬高层出现了较为明显的东风，此时西风北退，雅鲁藏布江流域受夏季风系统影响，8 月中下旬又变为西风主

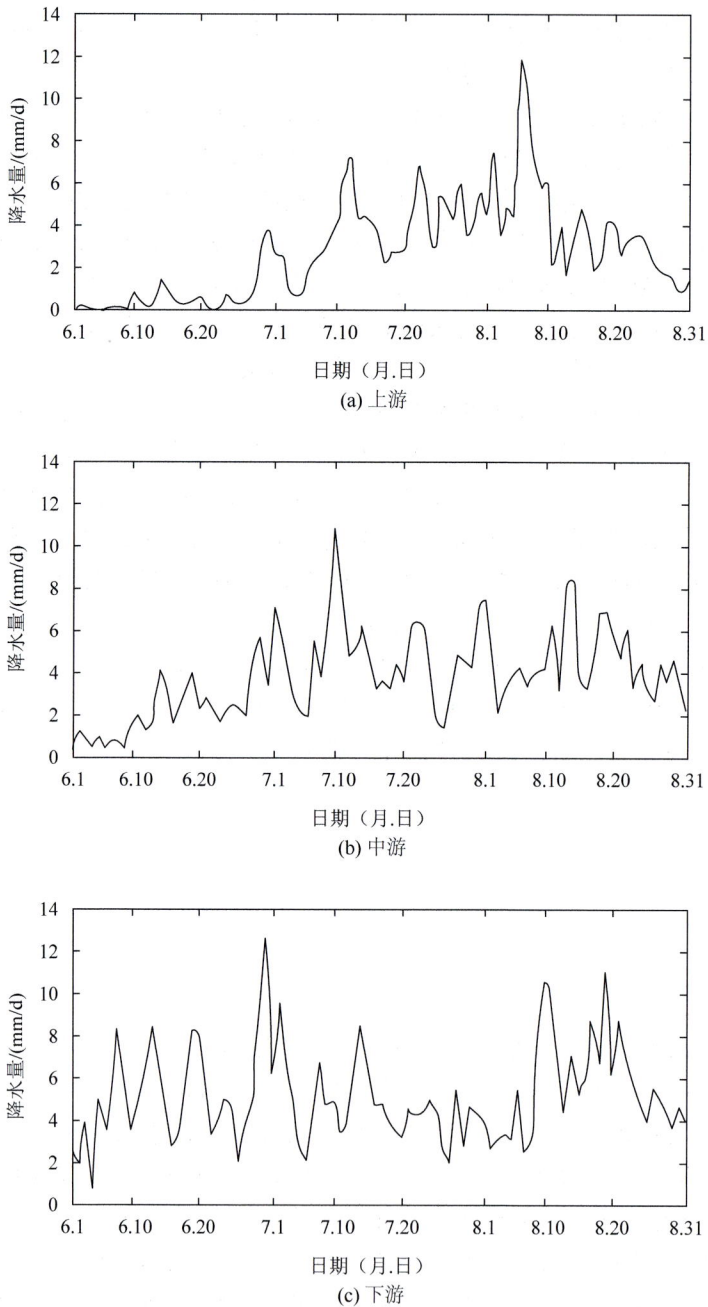

图 3.8　经过约束变分分析得到的雅鲁藏布江上游（a）、中游（b）、下游（c）的五年夏季平均降水的时间演变

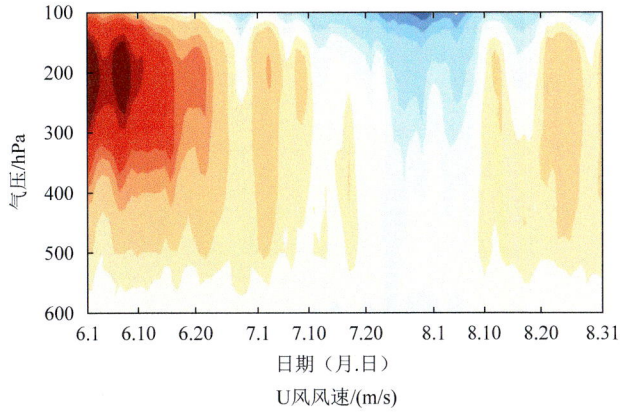

U风风速/(m/s)

(a)

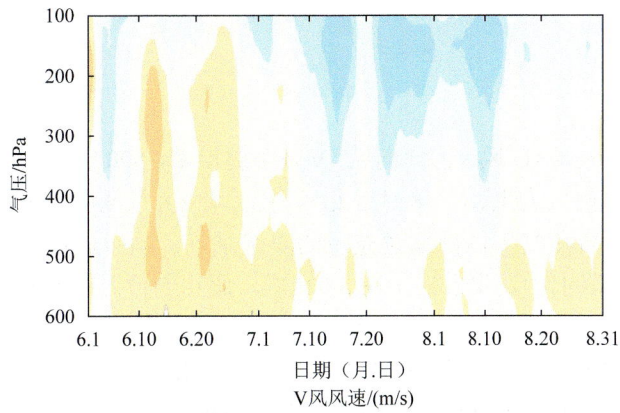

V风风速/(m/s)

(b)

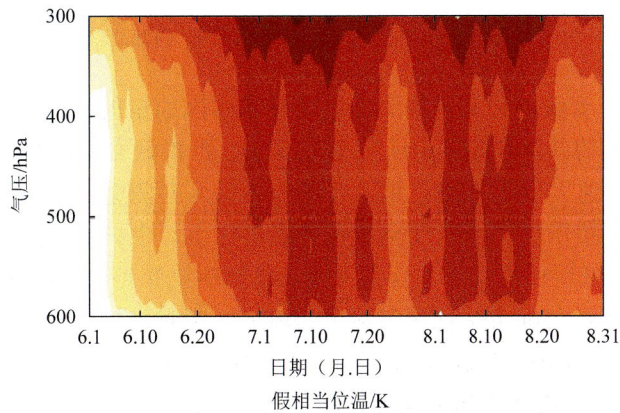

假相当位温/K

(c)

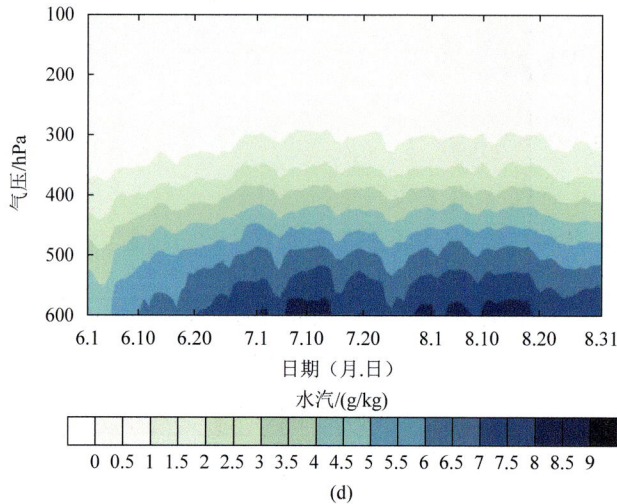

气压/hPa

日期（月.日）

水汽/(g/kg)

0 0.5 1 1.5 2 2.5 3 3.5 4 4.5 5 5.5 6 6.5 7 7.5 8 8.5 9

(d)

图 3.9　经过约束变分分析得到的五年平均的雅鲁藏布江流域高空 U 风（a）、V 风（b）、假相当位温（c）、水汽（d）的时间 – 高度演变

导 [图 3.9（a）]。经向风（U 风）比纬向风（V 风）弱得多，500 hPa 以下南风占主导地位，500 hPa 以上 6 月以南风为主、7 ~ 8 月以北风为主，7 ~ 8 月低层南风、高层北风的配置，可以从孟加拉湾为青藏高原南部输送充足的暖湿空气，同时促使暖湿空气在高原上空抬升，从而有利于降水的发生发展 [图 3.9（b）]。假相当位温在 6 月初较低，而后不断增加，在 7 月至 8 月 20 日前达到假相当位温能量高值，表明此阶段大气表现为暖湿的特征，8 月末又有所减弱。假相当位温在垂直方向变化不明显 [图 3.9（c）]。水汽随高度递减，大部分水汽集中在 300hPa 以下，6 月水汽明显低于 7 ~ 8 月 [图 3.9（d）]，低层增暖增湿为 7 ~ 8 月丰富的降水过程提供了有利的大尺度条件。

3.3.2　西风 – 季风影响下的水平和垂直水汽输送

图 3.10 给出了青藏高原及其周边地区风场和水汽通量的特征。青藏高原南部在夏季受到西风和季风的共同作用，6 月 [图 3.10（a）]雅鲁藏布江流域主要受到西风气流影响，此时西风风速大值区偏南，西风气流由高原西南侧进入雅鲁藏布江流域，由于青藏高原地形的阻挡作用，西风气流对雅鲁藏布江上、中、下游的影响依次减弱；其南侧由于孟加拉湾低压槽的存在，西南气流仅能影响到雅鲁藏布江的下游地区。7 ~ 8 月 [图 3.10（b）和（c）]500 hPa 西风气流大幅减弱，影响区域西退到雅鲁藏布江上游；季风显著加强，影响范围扩大，孟加拉湾 – 印度次大陆上空形成低压中心，风速大值区位于孟加拉湾，较强的东南风从孟加拉湾北上影响青藏高原南部，雅鲁藏布江上、中、下游受季风的作用依次增强。

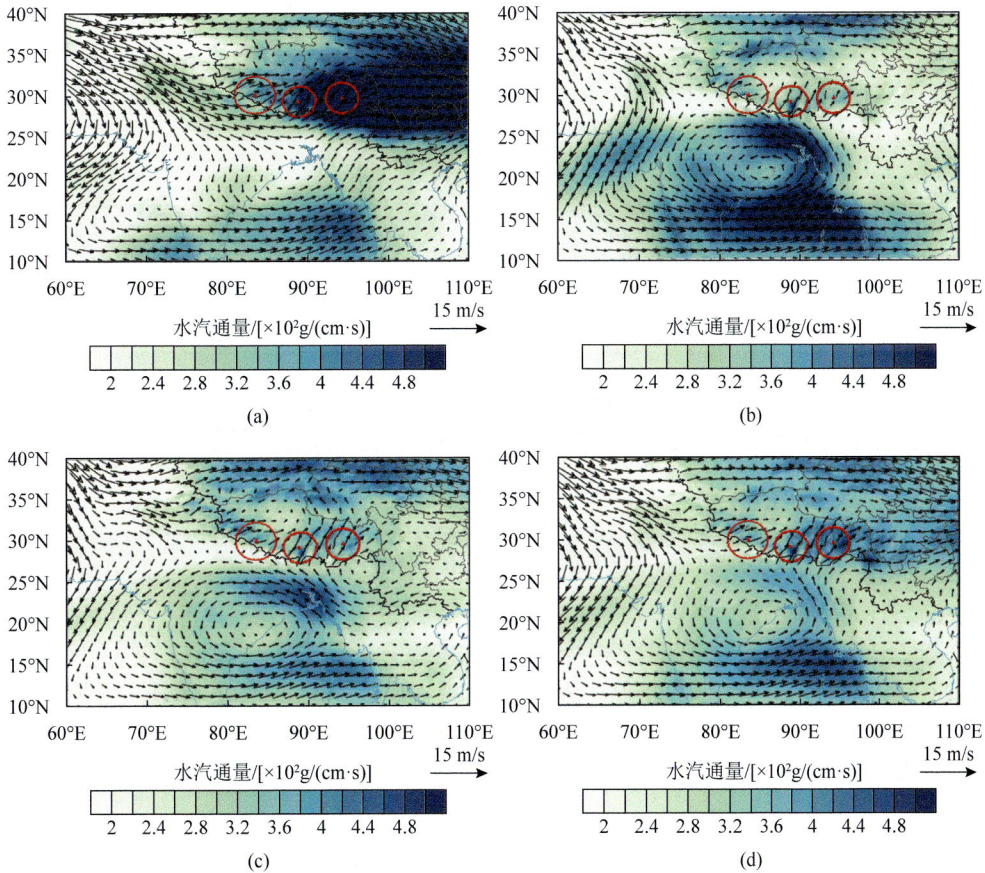

图 3.10　ERA5 资料五年平均的 6 月（a）、7 月（b）、8 月（c）以及 6 ～ 8 月（d）600 ～ 100hPa 垂直积分水汽通量（填色）和 500hPa 风场（箭头）

　　总体来看，雅鲁藏布江流域是夏季青藏高原地区水汽通量相对较多的区域，下游和中游地区水汽通量高于上游地区。6 月青藏高原东侧强烈的水汽输送通量可能是 6 月这一地区 500 hPa 风速较大的缘故。

　　6 月雅鲁藏布江流域的水汽通量以西风输送为主，水汽输送通量矢量的大值区与 U 风风速大值区基本重合，雅鲁藏布江上游、中游基本受西风水汽输送的影响［图 3.11（a）］。此时 V 风大值区分布在中南半岛西部至孟加拉湾东部一带，与西风共同影响下游地区的水汽输送［图 3.11（b）］。7 月随着西风减弱、夏季风加强，孟加拉湾 - 印度次大陆上空出现较强的逆时针水汽输送环流，此时水汽输送通量矢量的大值区与 V 风风速大值区基本重合，西南季风水汽输送主要位于孟加拉湾到青藏高原东南部的带状区域内，东南气流挟带的水汽由青藏高原南边界中部进入，在高原内部向东输送［图 3.11（d）］。此时雅鲁藏布江三个研究区域中，上游地区依然可以接收到西风输送的水汽通量、季风水汽输送较弱；中游和下游地区受到明显的季风水汽输送［图 3.11（c）和（d）］。8 月西南季风水汽输送依然存在，季风大值区进一步向西推进［图 3.11（f）］，而此时青藏高原以南至孟加拉湾以北出现了明显的东西向带状东风水汽输送大值区[图 3.11（e）]，这一部分水汽可能来自我国南方，这与东南季风的活动有关，在孟加拉湾北部上空与西南季风水汽输送气流汇合，共同影响雅鲁藏布江流域的水循环结构。

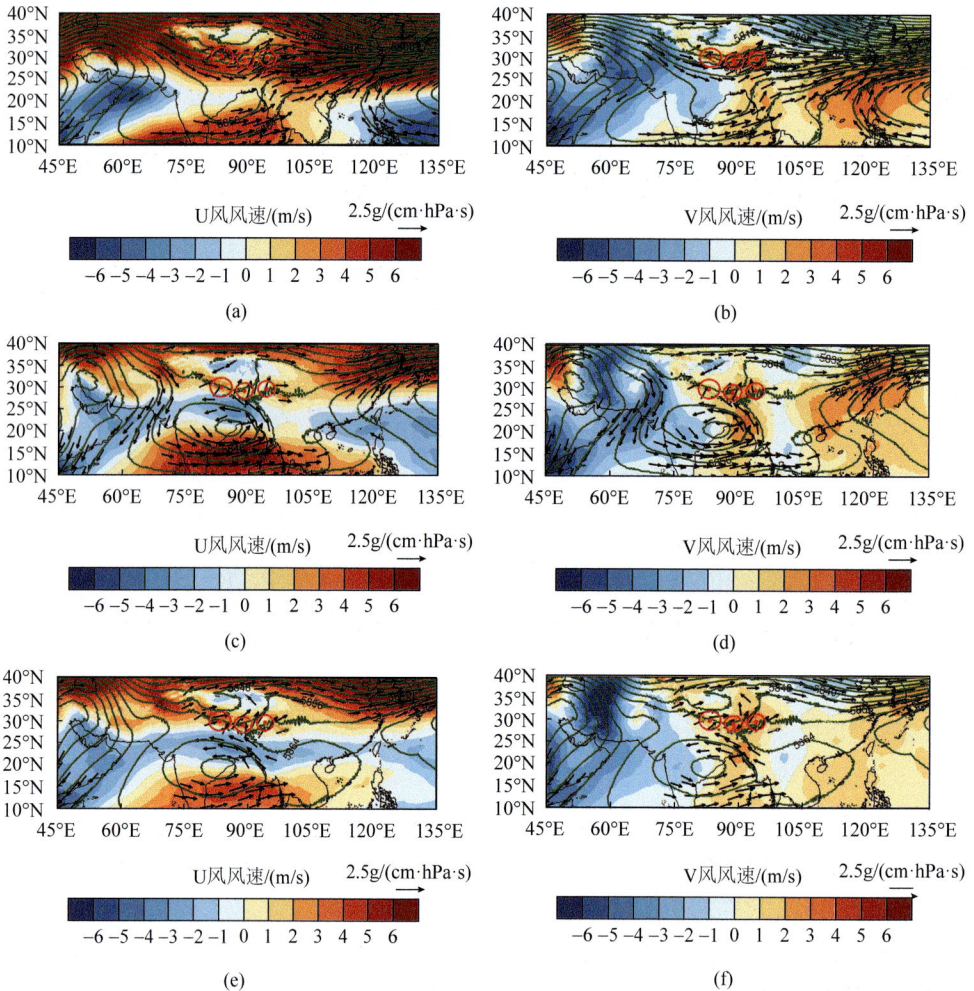

图 3.11　ERA5 资料五年平均的 6 月［(a) 和 (b)］、7 月［(c) 和 (d)］、8 月［(e) 和 (f)]500 hPa 水汽通量矢量（箭头）、位势高度（等值线，gpm）和 U 风风速（填色）[(a)(c)(e)]、500 hPa V 风风速（填色）[(b)(d)(f)]

水汽通量矢量绘制大于 1.2 g/(cm·hPa·s) 部分

　　总体而言，季风水汽输送的变化对青藏高原降水有着显著的影响，季风带来的海洋暖湿空气经爬坡到达青藏高原南部，然后继续向上运动，释放不稳定能量，形成该地区 7～8 月较为集中的夏季降水；受季风水汽输送由东向西推进的影响，雅鲁藏布江下游、中游、上游依次在 6 月末、7 月 10 日前后、8 月上旬达到降水峰值。

雅鲁藏布江流域大范围的上升运动对水汽输送起到促进作用（图 3.12）。西风和偏南风在抵达青藏高原后受地形抬升影响，形成强烈的上升运动。在西风、季风水汽输送以及强烈上升运动的作用下，青藏高原南部有着同高度最大的水汽输送通量，水汽通量中心位于 500 hPa 附近（图 3.12）。青藏高原南部上空从西向东水汽通量增加 [图 3.12(a)]。随着夏季风加强，水汽通量由偏南风挟带爬坡进入青藏高原，在雅鲁藏布江流域上方聚集，强烈的上升运动使水汽持续向上输送，可以延伸至 300 hPa 以上 [图 3.12(b) ～ (d)]。

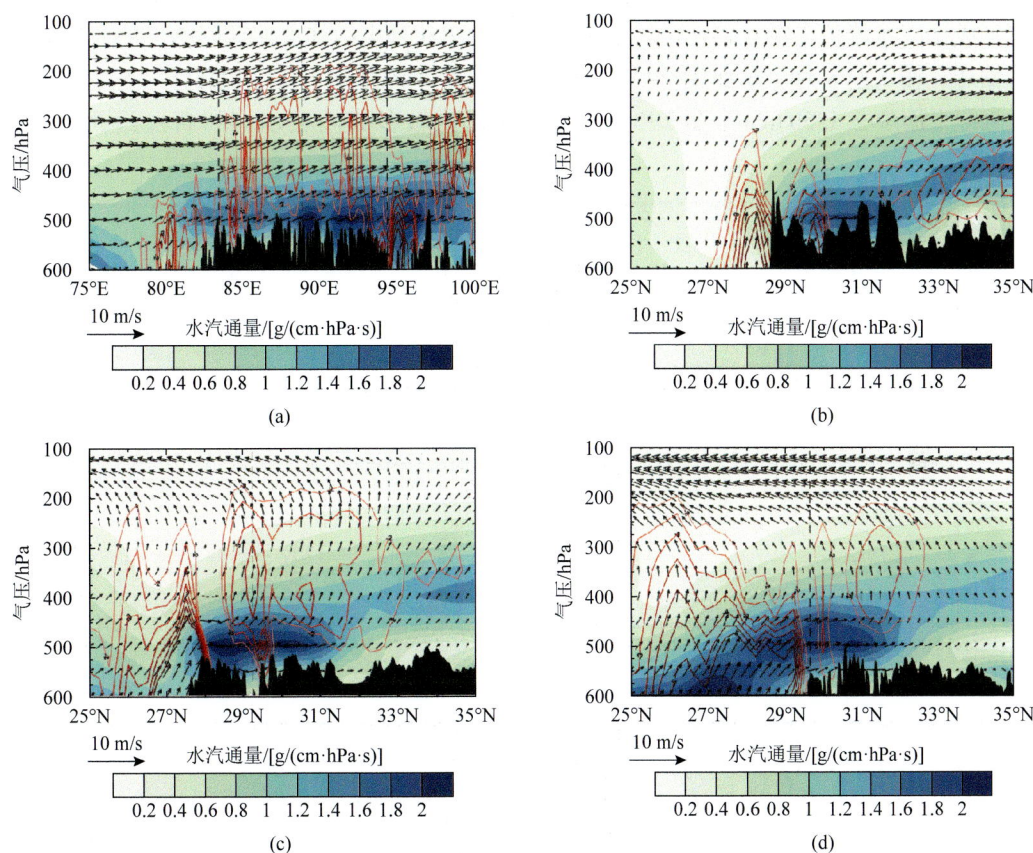

图 3.12　ERA5 资料五年平均的水汽通量（填色）、垂直速度（等值线，hPa/s）和 U 风、W 风（指代在风场垂直方向上分量）叠加风场的经度 - 高度剖面 (a)，上游 (b)、中游 (c)、下游 (d) 水汽通量（填色）、垂直速度（等值线，hPa/h）和 V 风、W 风叠加风场的纬度 - 高度剖面

W 风放大 100 倍，虚线代表研究区域中心点所在的经度或纬度，(a) ～ (d) 分别取 28°N ～ 32°N 经向平均、80°E ～ 86°E 纬向平均、86°E ～ 92°E 纬向平均、92°E ～ 98°E 纬向平均

上游地区 [图 3.12(b)] 水汽通量弱于另两个区域，同时所在经度上南风及上升运动都较弱，对流层高层依然维持偏南气流。中游和下游区域 [图 3.12(c) 和 (d)] 南风和上升运动都有所加大，在 400 ～ 300 hPa 风向转向为垂直上升，300 hPa 以上呈现显

著的偏北气流，形成了垂直方向上的逆时针环流，有利于水汽通量在研究区域上方聚集并不断向上输送，形成了中游和下游地区更为丰富的水汽输送通量。同时，下游［图3.12（d）］研究区域中心点南侧还分布有大面积深厚的上升运动区，造成下游地区非常强的暖湿空气随偏南上升气流在南坡爬升现象，从而为该地区降水活动提供了有利的动力条件和充足的水汽补充。

　　利用物理协调大气分析数据集，进一步从观测分析的角度分析西风－季风作用下雅鲁藏布江流域的水汽输送特征。上游地区是雅鲁藏布江流域受西风影响最为显著的区域，其水平水汽输送也主要由西风湿平流贡献［图3.13（a）］，8月初垂直湿平流的加强形成了降水峰值［图3.13（b）］。中游地区水汽在6月由中纬度西风影响下的西风湿平流输送、在7～8月由东亚夏季风影响下的南风湿平流输送［图3.13（c）］，当地较高的垂直湿平流中心（350 hPa）［图3.13（d）］有利于形成较多的高空水汽和高云云量。下游

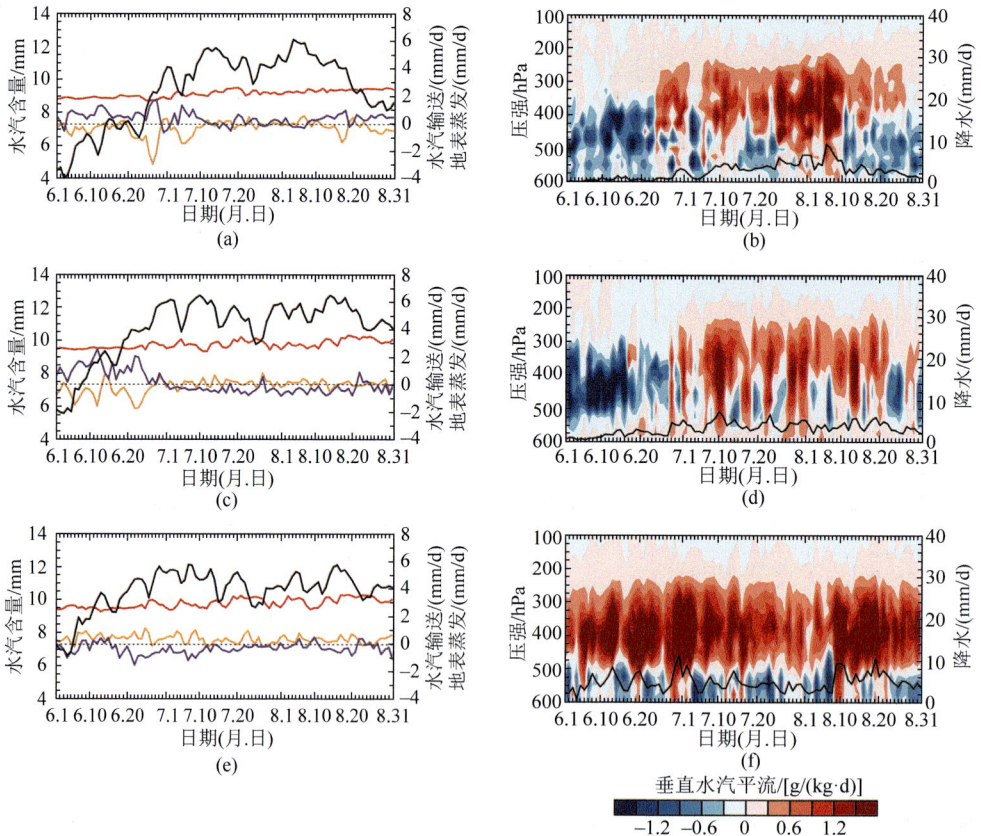

图3.13　雅鲁藏布江流域上游［(a) 和 (b)］、中游［(c) 和 (d)］、下游地区［(e) 和 (f)］整层积分水汽含量（黑色线，mm）、西风水汽输送（紫色线，mm/d）和南风水汽输送（橙色线，mm/d）、地表蒸发（红色线，mm/d）的时间演变特征［(a) (c) (e)］，以及垂直水汽平流［填色，g/(kg·d)］的高度－时间演变和地表降水（黑色线，mm/d）的时间演变特征［(b) (d) (f)］

地区主要受南风湿平流影响［图 3.13(e)］，而且整个夏季都存在着非常强烈的垂直湿平流，中心高度位于 400 hPa［图 3.13(f)］，可以将低空水汽大量向上输送以供对流消耗，从而产生了最为丰富的降水。

3.3.3　热量与水汽收支

青藏高原在夏季为热源，雅鲁藏布江上、中、下游具有独特的热量收支特征，青藏高原的热源性质对动力结构、水汽输送以及降水特征都具有重要的影响。在东西向剖面图中［图 3.14(a)］，高原主体附近为明显的热源加热区。从南北向剖面来看，热源南北分布不均衡，较强热源主要分布在高原南部［图 3.14(b) ～ (d)］。同时，观察到大气视热源（Q_1）加热大值区与水汽输送通量大值区存在一定联系，上游和中游地区［图 3.14(b)、图 3.14(c)］水汽通量集中在高原主体上方，主要受高原上空热源影响；下游地区［图 3.14(d)］研究区域以南大面积热源加热对水汽的汇聚和加热抬升作用更为明显。可见，强烈热源加热对高原周边低层水汽起到抽吸作用，水汽通过西风、南风挟带进入高原，同时在上升气流的挟带下持续向上输送，造成夏季丰富的降水。利用大气客观分析数据集，图 3.15 给出了雅鲁藏布江上、中、下游 Q_1 的高度－时间演变。三个区域夏季 Q_1 为正，下游地区热源加热最强，加热中心高度最低，位于 375 hPa 附近［图 3.15(g)］，下游地区受到明显热源加热的高度分布在 500 ～ 200 hPa，整个夏季都存在显著的热源加热现象，表明夏季下游地区主要为深对流云降水［图 3.15(e)］。中游和上游地区加热中心高度更高，位于 275 hPa 附近，中游地区略强于上游［图 3.15(g)］，6 月二者都为中低层冷却、中高层加热的分布形式，对应层状云降水，7 月、8 月时整层以加热为主，发展为深对流云降水［图 3.15(a)、图 3.15(c)］。这也是雅鲁藏布江流域下游地区夏季强降水持续整个夏季，而中游和上游地区 7 ～ 8 月才出现集中降水的原因之一。

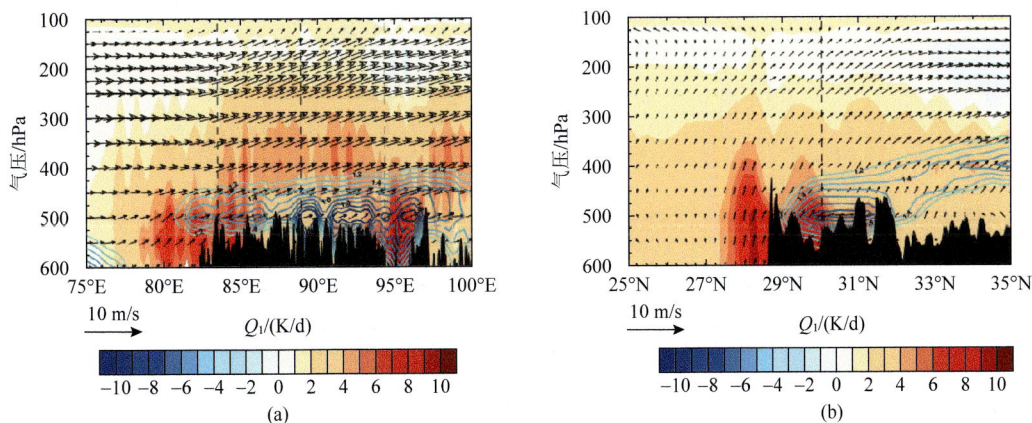

(a)

(b)

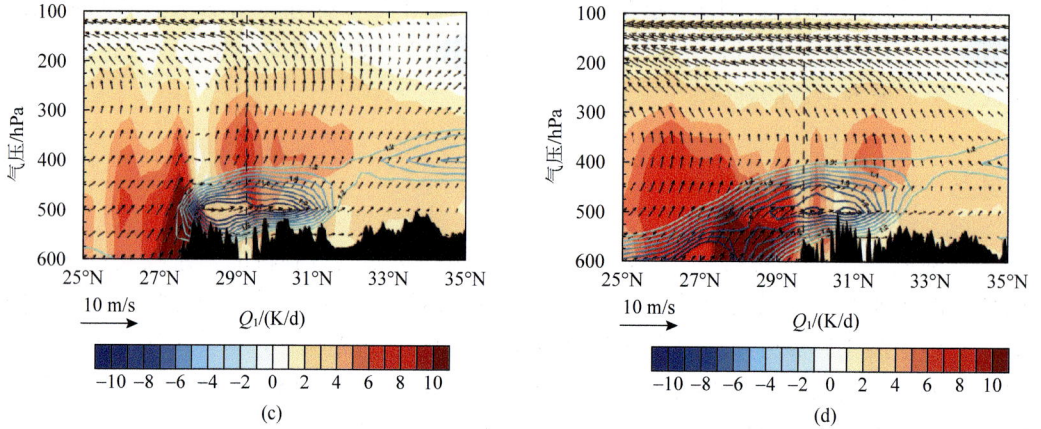

图 3.14 ERA5 资料五年平均的 Q_1(a)、水汽通量［等值线，单位：g/(cm·hPa·s)］和 U 风、W 风叠加风场的经度 - 高度剖面及上游 (b)、中游 (c)、下游 (d) Q_1、水汽通量［等值线，单位：g/(cm·hPa·s)］和 V 风、W 风叠加风场的纬度 - 高度剖面

W 风放大 100 倍，虚线代表研究区域中心点所在的经度或纬度，(a) ～ (d) 分别取 28°N ～ 32°N 经向平均、80°E ～ 86°E 纬向平均、86°E ～ 92°E 纬向平均、92°E ～ 98°E 纬向平均

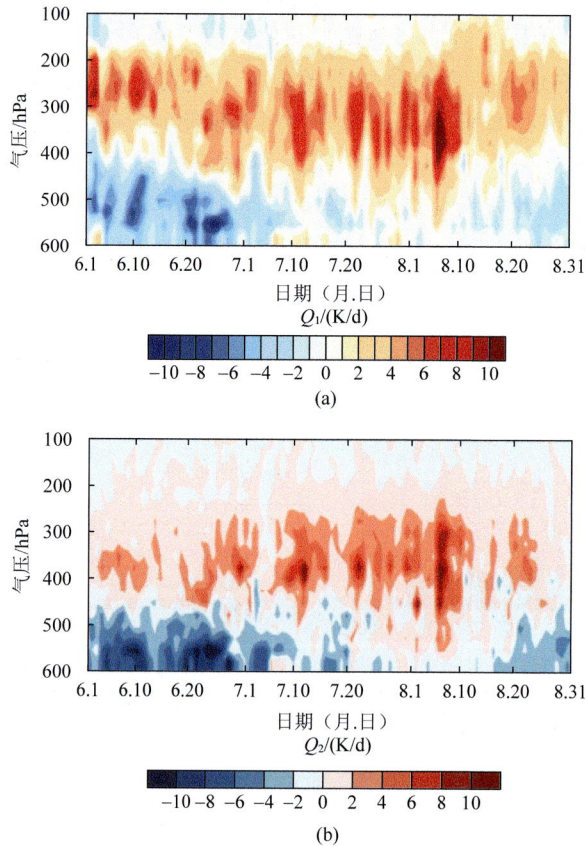

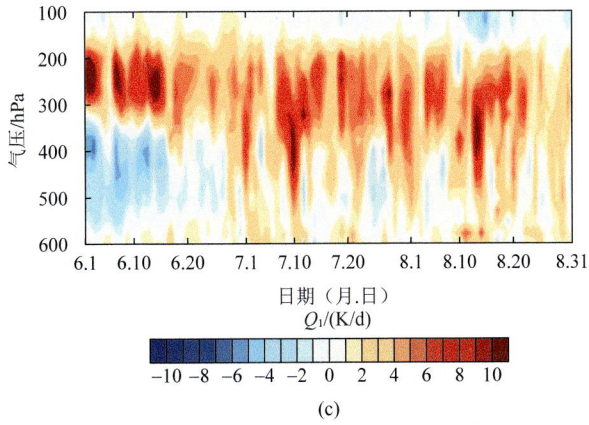

(c)

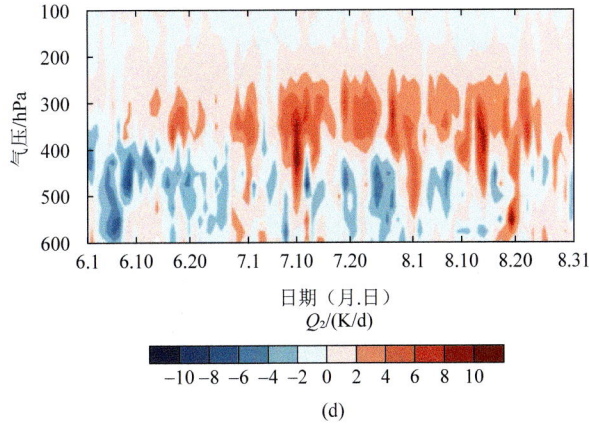

(d)

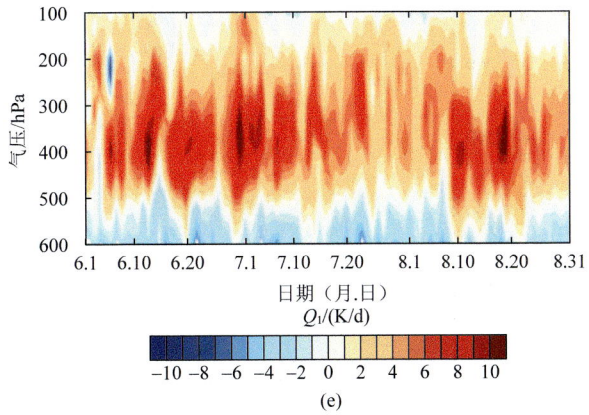

(e)

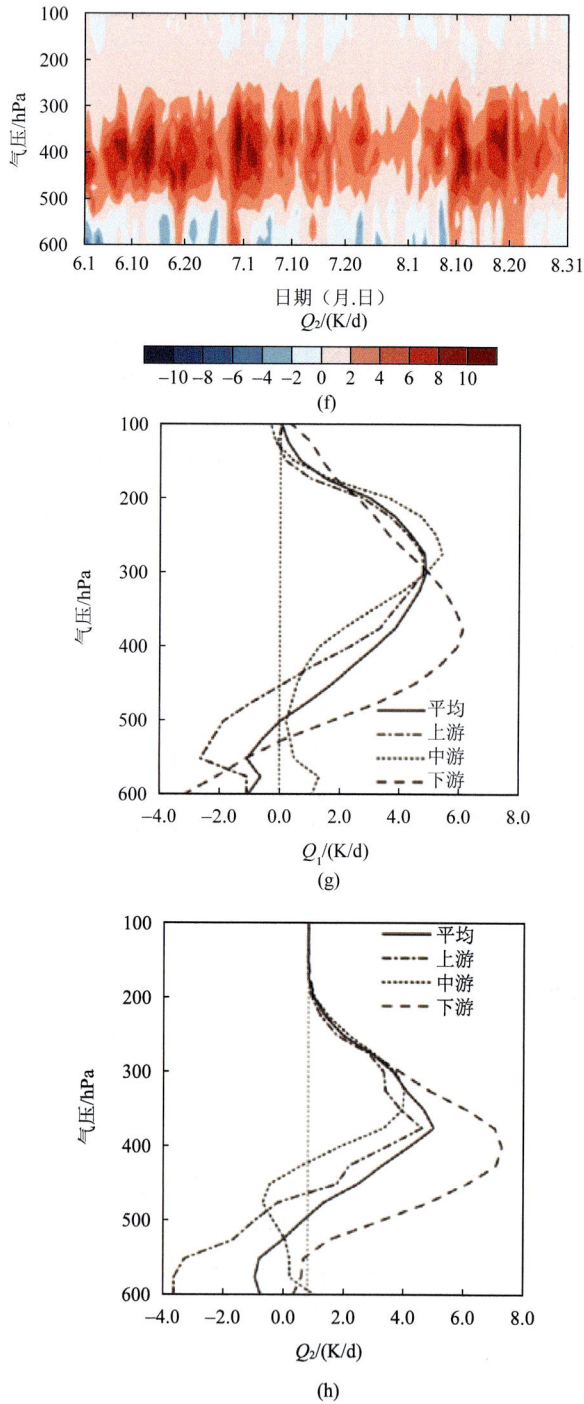

图 3.15 经约束变分分析得到的五年平均雅鲁藏布江上游〔(a) 和 (b)〕、中游〔(c) 和 (d)〕、下游〔(e) 和 (f)〕视热源 Q_1〔(a)(c)(e)〕和视水汽汇 Q_2〔(b)(d)(f)〕的高度－时间演变，以及垂直廓线分布〔(g) 和 (h)〕

雅鲁藏布江流域夏季降水充沛，水汽凝结加热是 Q_1 的主要贡献项之一。Q_2 表征水汽凝结加热的作用，雅鲁藏布江流域夏季平均 Q_2 为正［图 3.15(h)］。雅鲁藏布江下游［图 3.15(f)、图 3.15(h)］Q_2 显著大于另两个区域，而且整层为正。中游地区［图 3.15(d)、图 3.15(h)］Q_2 在 425 hPa 以上为正，加热中心为三个区域中最高，位于 325 hPa；在 425 hPa 以下为负，负值中心位于 475 hPa。上游地区［图 3.15(d)、图 3.15(h)］Q_2 为三个区域内最小，垂直积分平均结果约为 0，在 450 hPa 以上为正，加热中心位于 375 hPa；在 450 hPa 以下为负，低层 Q_2 冷却作用明显，随高度降低 Q_2 绝对值不断增加，量级上与最大正值中心相似，未形成负值中心。受高空水汽限制，Q_2 在 200 hPa 以上基本趋于 0。

Q_1、Q_2 中均包含水汽凝结释放的潜热项，表征水汽凝结潜热对大气非绝热加热的贡献。Q_1、Q_2 呈现出较明显加热作用的高度相似，三个区域平均的 Q_1、Q_2 的正值区间为 500 ～ 200 hPa，表明在此高度大气主要是水汽凝结释放的相变潜热加热，在青藏高原南部，充足的水汽随强烈上升运动向上输送，进而产生了较强的水汽凝结潜热，水汽在高空凝结释放的潜热又进一步加强了高原的热源效应。在雅鲁藏布江下游，Q_1、Q_2 的加热中心位于同一高度，而且二者量级差距不大，说明下游地区水汽充足，水汽凝结潜热占主要地位；在中游和上游，Q_1 的加热峰值高度高于 Q_2，水汽凝结潜热由中高层上升运动向上输送，而且 Q_2 峰值大小仅为 Q_1 的一半左右，说明在雅鲁藏布江的中上游，凝结潜热和感热加热对大气加热的贡献都比较大。

参考文献

高登义. 2008. 雅鲁藏布江水汽通道考察研究. 自然杂志, 30(5): 301-303.

江吉喜, 范梅珠. 2002. 高原夏季 TBB 场与水汽分布关系的初步研究. 高原气象, 21(1): 20-24.

李博, 杨柳, 唐世浩. 2018. 基于静止卫星的青藏高原及周边地区夏季对流的气候特征分析. 气象学报, 76(6): 983-995.

林振耀, 吴祥定. 1990. 青藏高原水汽输送路径的探讨. 地理研究, 9(3): 33-40.

林志强, 德庆, 文胜军, 等. 2014. 西藏高原汛期大到暴雨的时空分布和环流特征. 暴雨灾害, 33(1): 73-79.

刘江涛, 徐宗学, 赵焕, 等. 2018. 1973-2016 年雅鲁藏布江流域极端降水事件时空变化特征. 山地学报, 36(5): 92-106.

刘湘伟. 2015. 雅鲁藏布江流域水文气象特性分析. 北京: 清华大学.

刘忠方, 田立德, 姚檀栋, 等. 2007. 水汽输送对雅鲁藏布江流域降水中稳定同位素的影响. 地球科学进展, 22(8): 842-850.

鲁亚斌, 解明恩, 范菠, 等. 2008. 春季高原东南角多雨中心的气候特征及水汽输送分析. 高原气象, 27(6): 1189-1194.

苗秋菊, 徐祥德, 施小英. 2004. 青藏高原周边异常多雨中心及其水汽输送通道. 气象, 30(12): 44-47.

缪启龙, 张磊, 丁斌. 2007. 青藏高原近 40 年的降水变化及水汽输送分析. 气象与减灾研究, 30(1): 14-18.

聂宁，张万昌，邓财 . 2012. 雅鲁藏布江流域 1978-2009 年气候时空变化及未来趋势研究 . 冰川冻土，34（1）：64-71.

庞紫豪 . 2018. 基于物理协调大气分析模型的青藏高原试验区云和降水过程的研究 . 北京：中国气象科学研究院 .

邵骏，袁鹏，颜志衡，等 . 2018. 基于 HHT 的雅鲁藏布江径流变化周期及趋势分析 . 中山大学学报（自然科学版），49（1）：125-130.

施小英，施晓晖 . 2008. 夏季青藏高原东南部水汽收支气候特征及其影响 . 应用气象学报，19（1）：41-46.

王东海，姜晓玲，张春燕，等 . 2022. 物理协调大气变分客观分析模型及其在青藏高原的应用（I）：方法与评估 . 大气科学，46（3）：621-644.

王霄，巩远发，岑思弦 . 2009. 夏半年青藏高原"湿池"的水汽分布及水汽输送特征 . 地理学报，64（5）：601-608.

解承莹，李敏姣，张雪芹，等 . 2015. 青藏高原南缘关键区夏季水汽输送特征及其与高原降水的关系 . 高原气象，34（2）：327-337.

徐祥德，赵天良，Lu C G，等 . 2014. 青藏高原大气水分循环特征 . 气象学报，72（6）：1079-1095.

许健民，郑新江，徐欢 . 1996. GMS-5 水汽图像所揭示的青藏高原地区对流层上部水汽分布特征 . 应用气象学报，7（22）：246-251.

杨浩，崔春光，王晓芳，等 . 2019. 气候变暖背景下雅鲁藏布江流域降水变化研究进展 . 暴雨灾害，38（6）：565-575.

杨勇，罗骦翾，尼玛吉，等 . 2013. 西藏地区暴雨指标及暴雨事件的时空变化 . 暴雨灾害，32（4）：369-373.

姚檀栋，朴世龙，沈妙根，等 . 2017. 印度季风与西风相互作用在现代青藏高原产生连锁式环境效应 . 中国科学院院刊，32（9）：976-984.

张春燕，王东海，庞紫豪，等 . 2022. 物理协调大气变分客观分析模型及其在青藏高原的应用（II）：那曲试验区云－降水、热量和水汽的变化特征 . 大气科学，44（4）：936-952.

张文霞，张丽霞，周天军 . 2016. 雅鲁藏布江流域夏季降水的年际变化及其原因 . 大气科学，40（5）：965-980.

赵平，李跃清，郭学良，等 . 2018. 青藏高原地气耦合系统及其天气气候效应：第三次青藏高原大气科学试验 . 气象学报，76（6）：833-860.

周长艳，唐信英，李跃清 . 2012. 青藏高原及周边地区水汽、水汽输送相关研究综述 . 高原山地气象研究，32（3）：76-83.

Chen B, Xu X D, Yang S, et al. 2012. On the origin and destination of atmospheric moisture and air mass over the Tibetan Plateau. Theoretical and Applied Climatology, 110（3）: 423-435.

Feng L, Zhou T. 2012. Water vapor transport for summer precipitation over the Tibetan Plateau: Multidata set analysis. Journal of Geophysical Research: Atmospheres, 117: D20114.

Hersbach H, Bell B, Berrisford P, et al. 2020. The ERA5 global reanalysis. Quarterly Journal Royal Meteorological Society, 146: 1999-2049.

Lutz A F, Immerzeel W W, Shrestha A B, et al. 2014. Consistent increase in High Asia's run off due to increasing glacier melt and precipitation. Nature Climate Change, 4(7): 587-592.

Wu G, Zhang Y. 1998. Tibetan Plateau forcing and the timing of the monsoon onset over south Asia and the South China Sea. Monthly Weather Review, 126 (4): 913-927.

Yang K, Wu H, Qin J, et al. 2014. Recent climate changes over the Tibetan Plateau and their impacts on energy and water cycle: A review. Global & Planetary Change, 112(1): 79-91.

Zhang M, Lin J. 1997. Constrained variational analysis of sounding data based on column-integrated budgets of mass, heat, moisture, and momentum: Approach and application to ARM measurements. Journal Atmosphere Science, 54(11): 1503-1524.

第 4 章

雅鲁藏布大峡谷地区地 – 气间水热
交换过程

位于藏东南的雅鲁藏布大峡谷地区，是高原水汽输送的关键区域，在高原水分循环过程中占有重要地位（徐祥德等，2002）。来自印度洋的暖湿气流沿雅鲁藏布大峡谷深入高原腹地，形成了独特的水汽输送通道。受其影响，局地大气层中云、水汽和气溶胶等产生的辐射强迫对雅鲁藏布大峡谷地区地表温度和蒸散发过程有较大影响。雅鲁藏布大峡谷地区地表通量存在明显日变化和季节变化，地–气间感热和潜热能量与该地区水汽输送、大气水汽总量之间关系密切，水汽能强烈吸收并放射长波辐射，在大气中水相态变化过程中不断释放或吸收热量，进而对降水、地面和空气温度产生显著影响（Monteith，2008）。区域水汽输送是大气水分循环过程中的重要环节，对于水分与热量平衡也极为关键（陈萍和李波，2018），大气水的相态变化制约着云雾降水的水分集聚与大气垂直运动条件，降水与地表蒸（散）发过程制约着地表水热属性，进而决定了地表的能量分配。在湿润地区，近地面净辐射大部分被潜热通量所消耗（李宏毅等，2018）。雅鲁藏布江下游峡谷地区被誉为"高原水汽和热量的烟囱"，但是潜热、感热对降水与地表蒸（散）发过程响应并不同步，潜热的变化有明显的滞后性（王灵芝等，2021；伏薇等，2022），近地面辐射收支、感热和潜热通量具有独特的"水热格局"（王少影等，2012）。地–气间水热交换对区域天气气候系统有着不容忽视的影响，加强对藏东南边界层物理过程的研究，对于正确认识大尺度天气过程的演变、长期预报和气候理论等具有重要的科学价值。雅鲁藏布大峡谷地区作为高原水汽输送的"转运站"，地处印度洋暖湿气流的扩散区前锋带（徐祥德等，2002），在该地区开展地–气相互作用研究是揭示复杂及非均匀下垫面条件下地–气相互作用机理的机遇和挑战。

雅鲁藏布大峡谷地处青藏高原南缘，地形陡峭起伏较大，地表状态极不均匀。分析研究该地区地–气间的水热交换过程是正确认识整个青藏高原水热平衡的重要内容。雅鲁藏布大峡谷地区毗邻南亚，是青藏高原大气与南亚季风系统相互作用的关键区域（Zhou et al.，2008，2013，2012；Zou et al.，2012；周立波等，2007，2010）。南亚季风是亚洲季风的重要组成部分，其形成和演变对于中国和东亚地区的天气气候及大气环流变化至关重要（李崇银，1995；黄荣辉等，1998，1999；Zhao and Moore，2004；王绍武等，2005；Webster and Yang，1992）。南亚季风爆发导致孟加拉湾的大气水分可以通过喜马拉雅山东端的雅鲁藏布江水汽通道进入青藏高原内部，影响该地区的降水和水分平衡（高登义等，1985）。南亚夏季风爆发带来的对流层大气环流变化以及水热条件的改变可通过热力和动力作用影响该地区的局地水热状况、局地环流系统及其导致的地–气间物质能量交换过程。由于环境恶劣和生活条件所限，雅鲁藏布大峡谷地区现有观测资料极为稀少，发展适合雅鲁藏布大峡谷地–气间水热交换过程研究的数值模式，成为认识整个高原水热平衡亟须解决的关键问题。

4.1　雅鲁藏布大峡谷地区水汽输送分型

4.1.1　研究区域

雅鲁藏布江位于青藏高原东南部，发源于喜马拉雅山脉北麓，是世界上海拔最高的河流之一，平均海拔在 4000 m 以上，经纬度范围为 28°00′N ～ 31°16′N，82°00′E ～ 97°07′E。流域南部紧邻喜马拉雅山脉，北部以念青唐古拉山为界，东西方向呈狭长柳叶状分布，整个河谷构成了青藏高原的"低槽"部分。受印度洋和孟加拉湾夏季暖湿气流的影响，流域上下游的气候条件存在明显的差异，上游气温低于下游气温，上游源头地区年平均气温 0.0 ～ 3.0℃，而下游拉萨一带月平均最高气温 8.0 ～ 17.0℃；降水自上游（280 mm）至下游（5000 mm）呈梯度增加，且径流分配不均（孟庆博等，2021）。流域下游的雅鲁藏布大峡谷天然水汽通道面向孟加拉湾和印度洋，将来自印度洋的暖湿气流源源不断地向高原腹地输送。

位于藏东南缘的雅鲁藏布大峡谷（以下简称大峡谷），围绕喜马拉雅山东端的南迦巴瓦峰形成"U"形大拐弯，是地球上面积最大、最深的峡谷，全长 504.6 km，最深处 6009 m，平均深度 2268 m 左右，延伸至墨脱县境内的大峡谷地区地处北半球热带的最北端，年平均气温高达 18.0℃以上，年平均空气相对湿度 70% ～ 80%，被称为"热带绿山地"（高登义，2008）。暖湿气候条件使其自然带分布、垂直气候带分布多样化，常绿阔叶林等大量热带生物繁衍于此（杨逸畴，1999）（图 4.1）。雅鲁藏布江流经该地区，形成一个特殊的低凹地形，为孟加拉湾向高原地区输送水汽的通道，大峡谷地区独有的狭管通道地形地貌以及强烈的水汽输送效应造就了世界第二大降水带，中心区域年平均降水量可达 4000mm 以上（戴加洗，1990）。本研究选取排龙站代表大峡谷地区的入口，墨脱站代表末端，两个站点基本信息如表 4.1 所示。

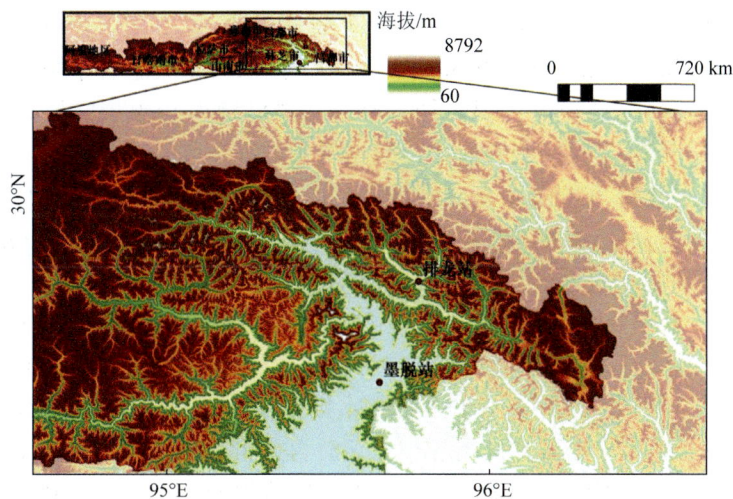

图 4.1　雅鲁藏布大峡谷地区地理位置及地形分布和本研究陆面观测站点分布

表 4.1　观测站点基本信息

站点	经度（°N）	纬度（°E）	海拔 /m	下垫面类型
墨脱站	29.31	95.32	1154.0	草地
排龙站	30.04	95.61	2058.0	砂石 / 草地

排龙站和墨脱站涡动相关系统观测数据由中国科学院青藏高原研究所和中国科学院西北生态环境资源研究院科研团队提供。数据起止时间为 2019 年 1 月 1 日 00:00 至 2019 年 12 月 31 日 00:00（文中出现的时间均为北京时间，大峡谷地区时间较北京时间无时差）。观测仪器主要包括辐射四分量（CNR-1 型，架设高度 1.6 m）、三维超声风速仪（CSAT3A 型，架设高度 2.4 m）、红外 CO_2/H_2O 气体分析仪（EC150 型，架设高度 2.4m）和 Campbell CR6 型数据采集器。所用原始湍流脉动观测数据采样频率均为 10 Hz，根据涡动相关计算方法涡动协方差（eddy covariance，EC），经计算获得每 30 min 输出湍流通量。同时利用德国拜罗伊特大学（University of Bayreuth）开发的 TK3 数据处理软件包处理涡动相关仪观测数据，计算得到感热通量和潜热通量（Mauder and Foken，2015）。TK3 数据处理软件包是利用涡动相关法经计算获得每 30 min 的湍流通量数据，并将得到的潜热通量和感热通量进行质量评估和质量控制。根据 TK3 数据处理软件包对数据质量状况的划分，本研究选用数据质量状况 QA（质量保证）<4 的感热、潜热数据用于研究。

本研究主要采用三类再分析资料，包括 ERA5 高分辨率再分析资料，该数据集相较于 ERA-Interim 资料同化了更多的观测数据和卫星数据，并且重新处理了 ECMWF 的气候数据集（climate data record，CDR），使用了大气快速辐射传输模型（radiative transfer for TOVS phase 11，RTTOV11），增加了数据的时间分辨率，以便能够更为准确地估计大气状况。本研究使用的 ERA5 再分析资料包括月平均比湿场（q）、纬向风分量（u）、经向风分量（v）、地面气压场（ps）、降水（pre），其水平分辨率为 0.25°×0.25°，时间跨度为 1980～2019 年，垂直积分取地面至 300 hPa 共 8 层。全球降水气候计划（Global Precipitation Climatology Project，GPCP）降水数据集融合了数十颗地球静止和极轨卫星以及地面台站观测资料，经过红外、微波辐射和雨量站资料校准，并增加了对降雨分析中不确定性问题的估计，数据质量较好（Adler et al.，2003）。气候预测中心合并的降水分析（Climate Prediction Center Merged Analysis of Precipitation，CMAP）月均降水产品是由美国气候预测中心（Climate Prediction Center，CPC）通过合并地面雨量站观测资料、卫星观测降水、美国国家环境预报中心 / 美国国家大气研究中心（NCEP/NCAR）再分析资料建立的全球逐月降水数据集（Xie and Arkin，1997），再分析数据和卫星资料重叠的部分根据其与观测资料的拟合度进行加权处理，提高了降水数据的可靠性。两类卫星融合降水数据的水平分辨率为 2.5°×2.5°，时间跨度为 1980～2019 年。本研究采用 ERA5 逐时再分析数据，对大峡谷地区水汽含量和输送级别分类，分析不同水汽条件下大峡谷地区近地面 - 大气间水热交换通量的变化特征。

4.1.2　雅鲁藏布大峡谷水汽输送类型的划分

季风指数是定量化季风强弱的标准，也是探讨季风演变规律的基础，选取齐冬梅等（2009）定义的高原季风指数 ZPMI，根据高原季风起止时间来表征高原地区的季风特征，当高原季风指数为正值时，高原季风爆发（4 月下旬爆发，6 月高原季风指数达到峰值），反之，高原季风结束（10 月左右）。本研究通过对 ERA5 逐时再分析数据计算，得到 2019 年 1 ～ 12 月大峡谷地区水汽总量和水汽输送通量时间变化，如图 4.2 所示。

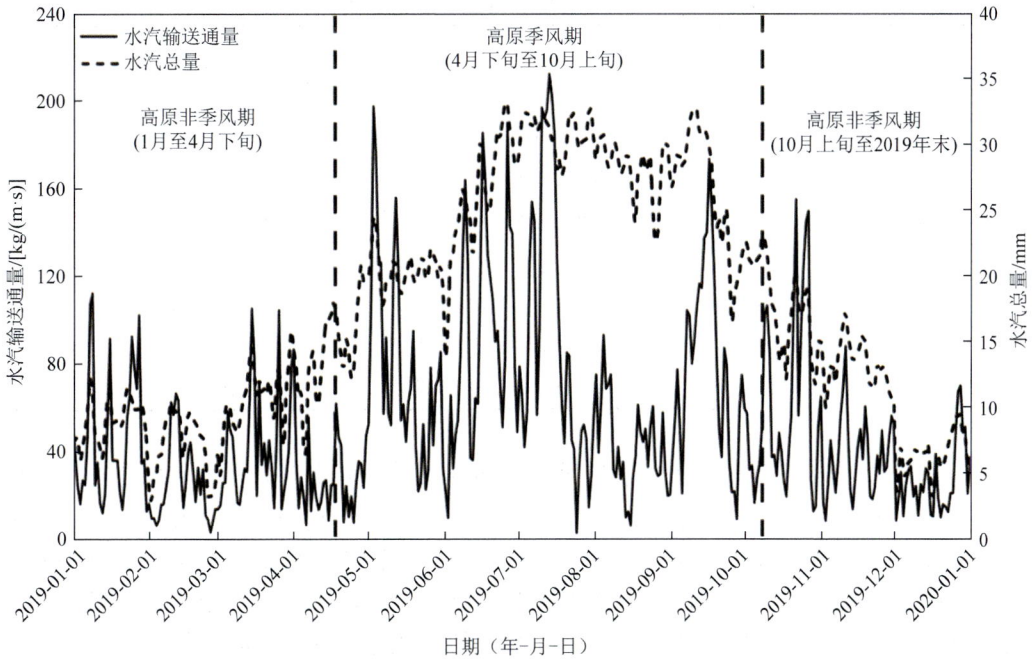

图 4.2　2019 年 1 ～ 12 月雅鲁藏布大峡谷地区水汽总量和水汽输送通量时间变化

高原季风环流是海洋暖湿气流输送至大峡谷地区的关键，也是该地区大气水汽得到补充的重要成因，高原季风的起止时间是划分水汽输送类型的先决条件。高原季风期，受印度洋暖湿气流强烈影响，水汽总量和水汽输送通量均达到全年最大值，整层水汽输送通量平均值达 71.3 kg/(m·s)，近地面至 300 hPa 大气水汽总量平均值达 25.4 mm，分别是高原非季风期水汽输送通量平均值 [26.2 kg/(m·s)] 的 2.72 倍、大气水汽总量平均值（9.5 mm）的 2.67 倍。由于高原季风期和高原非季风期水汽输送格局存在显著差异，对地 – 气间水热交换过程的影响同样存在差异，因此就高原季风期和非季风期分别进行水汽输送条件的划分。

大气水汽的补充主要源于水汽源地的水汽输送和地表的水分蒸发，雅鲁藏布大峡谷地区作为高原水汽输送的"转运站"，地处印度洋暖湿气流的扩散区前锋带，该地区降水充沛，日照时间长，温度高，地表水分蒸发过程和水汽的平流输送对该地区大气水汽的补充极为重要。经计算，该地区水汽输送通量与大气水汽含量存在显著的正相关关系，相关系数达 0.54，超过 0.01 显著性水平。周天军等 (2019) 研究指出，高原季风环流主导的水汽输送过程对藏东南地区大气水汽补充是决定性的。基于此，这里着重讨论"不同水汽输送过程"下大气水汽含量差异对该地区近地面 – 大气间水热交换过程的影响，将高原季风期和高原非季风期大气水汽条件分为有代表性的两种类型分别进行讨论，第一种为高大气水汽含量 / 强水汽输送条件，第二种为低大气水汽含量 / 弱水汽输送条件，水汽条件的判断方法见表 4.2。

表 4.2　高原季风期 / 非季风期不同水汽条件分类方法

时期	水汽条件	判断方法
高原季风期	高大气总量	大于大峡谷地区高原季风期大气水汽总量的区域年平均值 25.4 mm
高原季风期	低大气总量	小于大峡谷地区高原季风期大气水汽总量的区域年平均值 17.6 mm
高原季风期	强水汽输送	大于大峡谷地区高原季风期水汽输送通量的区域年平均值 71.3 kg/(m·s)
高原季风期	弱水汽输送	小于大峡谷地区高原季风期水汽输送通量的区域年平均值 54.2 kg/(m·s)
高原非季风期	高大气总量	大于大峡谷地区高原非季风期大气水汽总量的区域年平均值 17.6 mm
高原非季风期	低大气总量	小于大峡谷地区高原非季风期大气水汽总量的区域年平均值 9.5 mm
高原非季风期	强水汽输送	大于大峡谷地区高原非季风期水汽输送通量的区域年平均值 54.2 kg/(m·s)
高原非季风期	弱水汽输送	小于大峡谷地区高原非季风期水汽输送通量的区域年平均值 26.2 kg/(m·s)

为充分体现大气水汽与地表水热通量的耦合关系，分别对高原季风期和非季风期挑选满足上述水汽条件判据的典型晴天 / 阴天加以讨论，以向下总辐射划分典型天气条件。一般来说，典型晴天总辐射日变化特征呈光滑对称的单峰形，典型阴天总辐射日变化特征呈单峰形和波峰形，典型阴天的总辐射日最大值约为典型晴天的一半，并且典型晴天和典型阴天降水量均为 0.0 mm，本研究选取的日期如表 4.3 所示。

表 4.3　两个站点不同水汽条件下筛选的日期

站点	水汽条件	筛选日期
墨脱站	高原季风期典型晴天高大气水汽含量 / 强水汽输送条件	7 月 17 日
墨脱站	高原季风期典型晴天低大气水汽含量 / 弱水汽输送条件	5 月 1 日
墨脱站	高原非季风期典型晴天高大气水汽含量 / 强水汽输送条件	11 月 10 日
墨脱站	高原非季风期典型晴天低大气水汽含量 / 弱水汽输送条件	1 月 19 日
墨脱站	高原季风期典型阴天高大气水汽含量 / 强水汽输送条件	5 月 2 日
墨脱站	高原季风期典型阴天低大气水汽含量 / 弱水汽输送条件	4 月 20 日
墨脱站	高原非季风期典型阴天高大气水汽含量 / 强水汽输送条件	2 月 8 日
墨脱站	高原非季风期典型阴天低大气水汽含量 / 弱水汽输送条件	2 月 3 日
排龙站	高原季风期典型晴天高大气水汽含量 / 强水汽输送条件	7 月 20 日
排龙站	高原季风期典型晴天低大气水汽含量 / 弱水汽输送条件	6 月 2 日
排龙站	高原非季风期典型晴天高大气水汽含量 / 强水汽输送条件	3 月 14 日

续表

站点	水汽条件	筛选日期
排龙站	高原非季风期典型晴天低大气水汽含量／弱水汽输送条件	2 月 13 日
排龙站	高原季风期典型阴天高大气水汽含量／强水汽输送条件	6 月 15 日
排龙站	高原季风期典型阴天低大气水汽含量／弱水汽输送条件	4 月 28 日
排龙站	高原非季风期典型阴天高大气水汽含量／强水汽输送条件	2 月 24 日
排龙站	高原非季风期典型阴天低大气水汽含量／弱水汽输送条件	1 月 9 日

4.2　高原季风期与非季风期近地面感热通量变化特征

图 4.3 为 2019 年雅鲁藏布大峡谷地区两个站点高原季风期／非季风期不同水汽条件下典型晴天近地面感热通量日变化过程。可以看出，感热通量表现出明显的日变化特征，午后高而夜间低，夜间大气层结稳定，湍流强度弱，感热小，大气向地表传输能量，此时感热通量在图 4.3 中基本为负值。日出后，地－气温差加大，感热逐渐增大，湍流加强，感热通量日变化在 12:00 ～ 16:00 达到峰值。高原季风期典型晴天弱水汽输

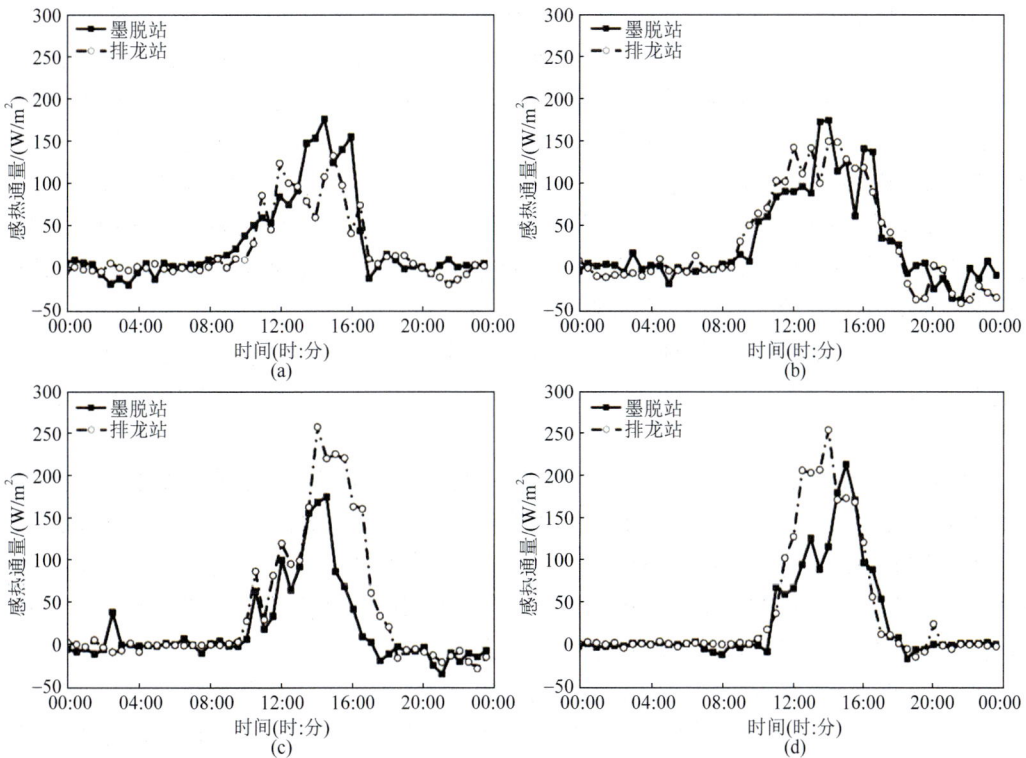

图 4.3　2019 年雅鲁藏布大峡谷地区典型晴天感热通量日变化

(a) 高原季风期强水汽输送条件；(b) 高原季风期弱水汽输送条件；(c) 高原非季风期强水汽输送条件；(d) 高原非季风期弱水汽输送条件

送条件下［图 4.3(b)］，墨脱站、排龙站的感热通量日均值分别为 33.43 W/m² 和 32.71W/m²，是强水汽输送条件下的 1.24 倍和 1.66 倍；两个站点在强水汽输送条件下［图 4.3(a)］日峰值分别约为 172.27 W/m² 和 128.82 W/m²，分别约为弱水汽输送条件下的 97.5%、84.8%；排龙站在弱水汽输送条件下的感热通量日较差（191.10 W/m²）约为强水汽输送条件下（151.50 W/m²）的 1.26 倍，墨脱站仅为 1.09 倍。

在典型晴天条件和强水汽输送条件下，充沛的大气水汽吸收更多地表发射的长波辐射，大气增温的同时并向地表发射大量长波辐射使地表升温（Sodergren et al.，2018）。大气温度越高，容纳水汽的能力越强，导致大气更大的升温，形成正反馈过程。高原季风期（大峡谷地区雨季），水汽充沛，大气水汽对太阳短波辐射基本透明，却吸收并放射长波辐射，强水汽输送条件下地表或接收到更多的大气长波辐射，净辐射也相对较大，净辐射消耗以潜热为主，植被作物蒸腾作用较强，而近地面地－气间感热输送受到抑制，尤其是海拔较高的排龙站。

高原非季风期典型晴天下，排龙站在不同水汽条件下近地面感热通量日变化与高原季风期存在相反的日变化特征，对比弱水汽输送条件下，排龙站在强水汽输送条件下近地面的感热输送更强烈，强水汽输送条件下［图 4.3(c)］近地面感热通量日均值（38.97 W/m²）和日峰值（255.65 W/m²）分别约为弱水汽输送条件下的 1.05 倍和 1.02 倍，二者基本相当。而墨脱站近地面感热输送却受到明显抑制，在弱水汽输送条件下［图 4.3(d)］近地面感热通量日均值（26.53 W/m²）约为强水汽输送条件下的 1.42 倍，感热通量日最大值差值达 36.95 W/m²。地处亚热带季风气候区的墨脱站受大气水汽的辐射强迫和对大气的保温作用，在高原非季风期典型晴天强水汽输送条件下向下的长波辐射、气温日均值分别达 370.97 W/m² 和 15.71℃，分别是弱水汽输送条件下长波辐射日均值（296.44 W/m²）的 1.25 倍、气温日均值（9.63℃）的 1.63 倍，即便在高原非季风期，墨脱站雨量仍充沛，下垫面仍较湿润，墨脱站在高原非季风期强／弱水汽输送条件下近地面水热交换特征与高原季风期一致，感热释放受到抑制［图 4.3(c) 和 (d)］。

云的强反照率减少了到达地表的太阳短波辐射，但云的长波辐射使地表升温。对比发现，典型晴天条件下感热通量日变化（图 4.3）比典型阴天条件下变化（图 4.4）更剧烈。

由 2019 年雅鲁藏布大峡谷地区墨脱站和排龙站高原季风期／非季风期不同水汽条件下典型阴天感热通量日变化（图 4.4）可以看出，感热通量表现出显著的日变化特征。高原季风期典型阴天［图 4.4(a) 和 (b)］，墨脱站和排龙站弱水汽输送条件下近地面感热通量日均值分别为 18.99 W/m² 和 35.12 W/m²，分别是强水汽输送条件下的 1.29 倍和 2.59 倍，排龙站在强／弱水汽输送条件下近地面感热通量日最大值差值可达 86.25 W/m²；高原非季风期典型阴天［图 4.4(c) 和 (d)］，墨脱站和排龙站弱水汽输送条件下近地面感热通量日均值分别为 15.58 W/m² 和 14.32 W/m²，分别是强水汽输送条件下的 1.15 倍和 1.27 倍。另外，排龙站在弱水汽输送条件下的近地面感热通量日变幅（100.27 W/m²）显著大于强水汽输送条件下（73.25 W/m²），强／弱水汽输送条件下感热通量日峰值差值达 36.4W/m²。水汽和云覆盖对长波辐射有强烈的吸收作用，从大气发射到地表的长波辐射量将随之增加，尽管温室效应增强，但地表增暖反应是弱的，两个站点近地面感热输送均受到抑制，这可能是由于地表吸收的短波辐射没有增加（同一时期下垫面反照率没有变化），以及由于云和水汽的存在向外反射了更多的太阳短波辐射。综上所述，在典型阴天情况下，云和水汽对太阳短波辐射的削弱作用大于其自身的辐射强迫和温室效应，云和水汽的共同作用使近地面感热通量的释放受到抑制。

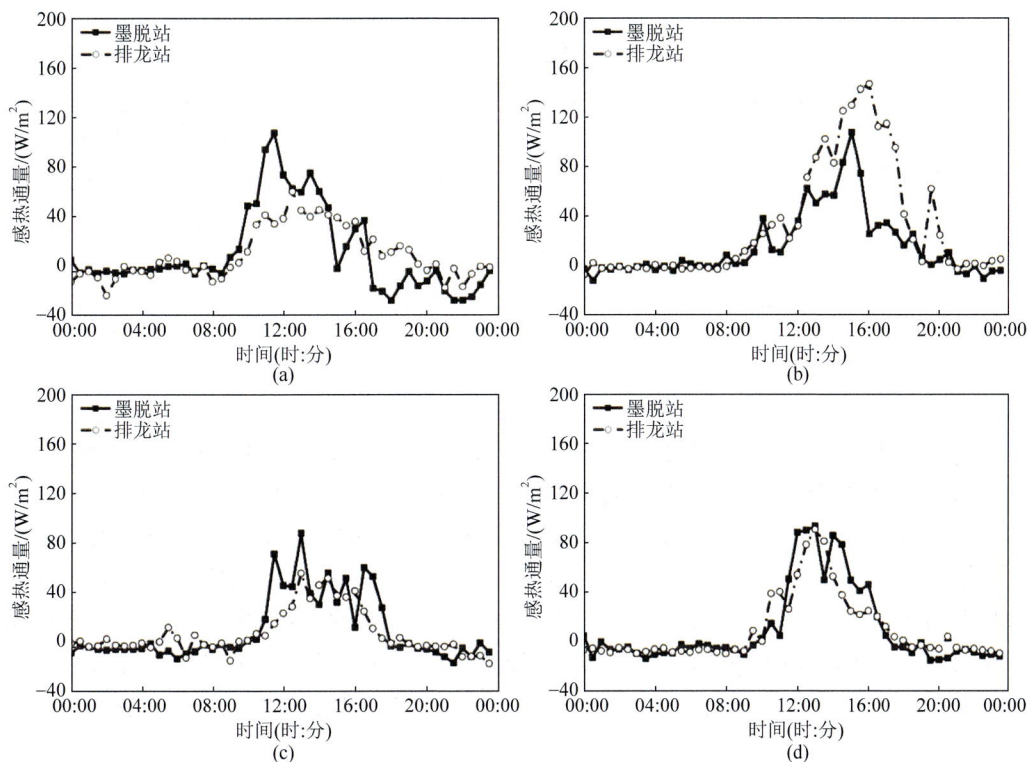

图 4.4　2019 年雅鲁藏布大峡谷地区典型阴天感热通量日变化

(a) 高原季风期强水汽输送条件；(b) 高原季风期弱水汽输送条件；(c) 高原非季风期强水汽输送条件；(d) 高原非季风期弱水汽输送条件

　　两个站点均地处大峡谷地区，但海拔、植被覆盖等存在差异，为进一步说明高原季风的水汽环流输送对近地面 – 大气间水热交换过程影响的一般性，本研究根据两个站点涡动相关系统时间间隔为 30 min 的高频湍流通量数据，得到两个站点近地面感热通量日变化的年分布（图 4.5 中的色阶描述了感热通量的数值，缺测值填充为白色）。从图 4.5 可以看出，排龙站海拔较高，地表水分对高原季风的水汽环流输送更为敏感，在高原非季风期感热通量高值区（红色区域）分布较为密集，而高原季风期感热通量高值区分布相对稀疏，说明排龙站在高原非季风期近地面感热输送强于温暖潮湿的高原季风期。取排龙站日间地 – 气湍流交换最为强烈的时段 12:00 ～ 16:00 的近地面感热通量资料，经计算可知，排龙站在高原非季风期（1 ～ 4 月和 11 ～ 12 月）的感热通量平均值比温暖湿润季节（5 ～ 10 月）高 40.5%。

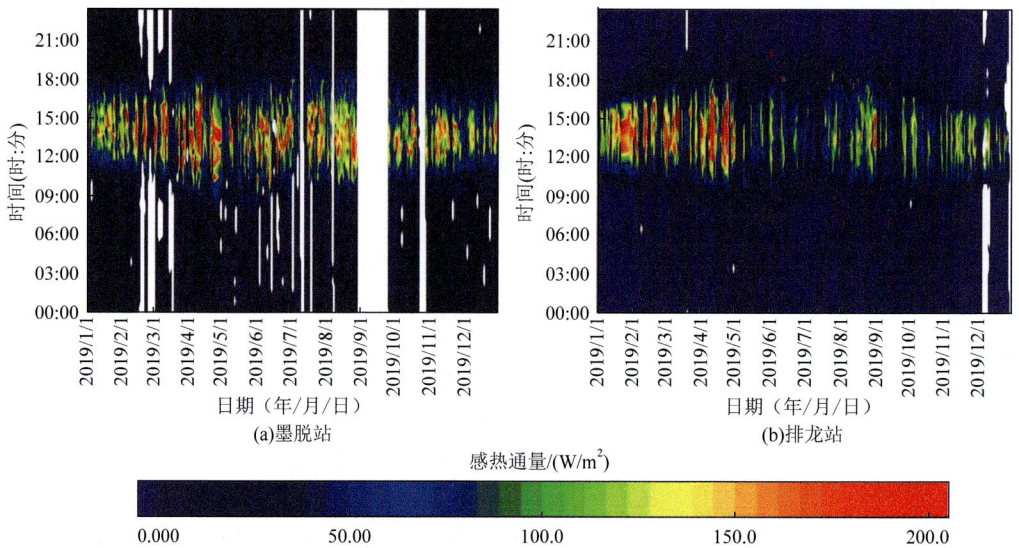

(a)墨脱站　　　　　　　　　　(b)排龙站

感热通量/(W/m²)

0.000　　　　50.00　　　　100.0　　　　150.0　　　　200.0

图 4.5　雅鲁藏布大峡谷地区不同观测站点近地面感热通量日变化的年分布

墨脱站 1～5 月感热输送逐渐增加，6～9 月呈波动状变化，10～12 月又逐渐减少，感热输送日变化的年分布总体特征为"小—大—小"，墨脱站近地面感热通量日变化随高原季风起止，没有明显的高原非季风期强于高原季风期的特征，通过对比墨脱站近地面感热通量日变化的年分布（图 4.5）可以看出，墨脱站在高原季风期近地面感热输送显著强于感热输送，虽然高原季风期降水和大气水汽条件抑制感热的增加，但感热却存在波动增加的趋势，说明此时墨脱站的地－气温差和风速对感热变化的影响占主导作用。总的来说，大气水汽的辐射强迫和保温作用对地－气间水热交换过程存在一定影响。

4.3　水汽输送条件下近地面潜热通量日变化特征

由 2019 年雅鲁藏布大峡谷地区墨脱和排龙两个站点的高原季风期/非季风期不同水汽条件下典型晴天近地面潜热通量日变化（图 4.6）可以看出，潜热通量存在显著的日变化，午后高而夜间低，夜间大气层结稳定，湍流强度弱，此时潜热通量在图 4.6 中维持较低值，潜热通量日变化在午后的 12:00～16:00 达到峰值。墨脱站和排龙站在高原季风期典型晴天强水汽输送条件下 [图 4.6(a)] 潜热通量日均值分别为 84.05 W/m² 和 80.72W/m²，是弱水汽输送条件下的 1.13 倍和 1.02 倍，日峰值分别为 341.17 W/m² 和 295.86 W/m²，两个站点在弱水汽输送条件下 [图 4.6(b)] 潜热通量日峰值分别约为强水汽输送条件下的 90.81%、85.76%。墨脱站和排龙站在高原非季风期典型晴天强水汽输送条件下 [图 4.6(c)] 潜热通量日均值分别约为 40.65 W/m² 和 27.52 W/m²，分别为弱水汽输送条件下的 2.02 倍和 1.84 倍，日峰值分别为 211.12 W/m² 和 81.57 W/m²，两个站点在弱水汽输送条件下 [图 4.6(c)] 潜热通量日峰值分别约为强水汽输送条件下的 57.13% 和 70.71%。

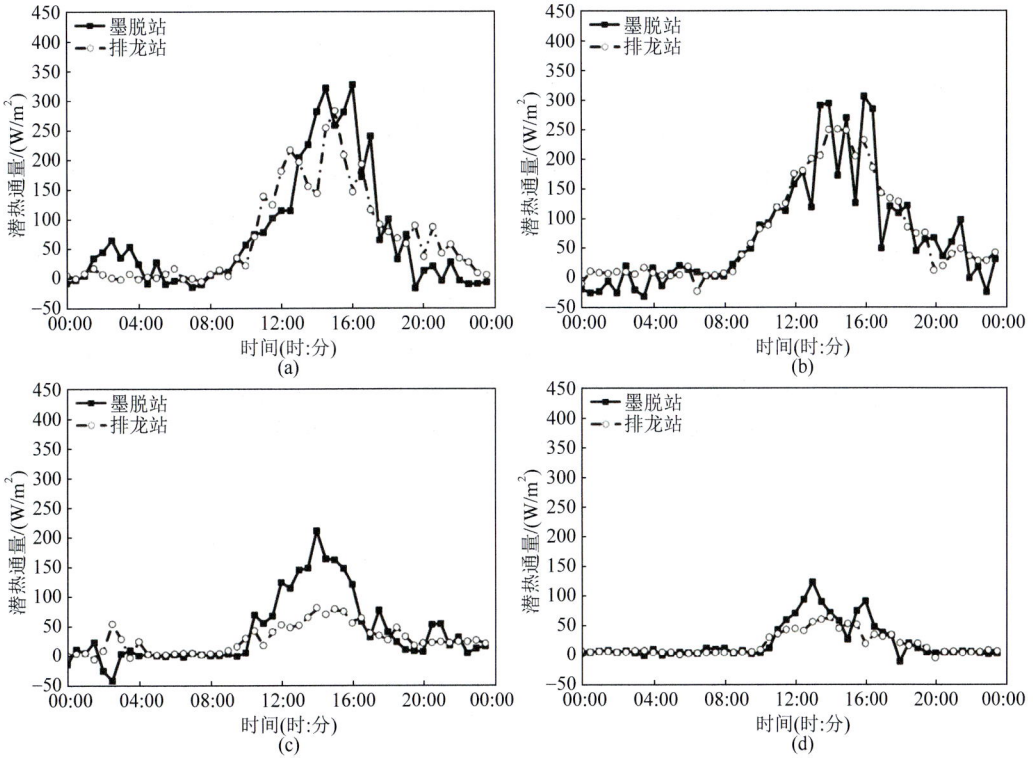

图 4.6　2019 年雅鲁藏布大峡谷地区典型晴天潜热通量日变化

(a) 高原季风期强水汽输送条件；(b) 高原季风期弱水汽输送条件；(c) 高原非季风期强水汽输送条件；(d) 高原非季风期
弱水汽输送条件

由此可见，两个站点在高原季风期／非季风期典型晴天强水汽输送条件下的潜热通量日变化均强于弱水汽输送条件下，墨脱站不同水汽条件下近地面潜热通量日变化差异最为显著，高原非季风期典型晴天下，墨脱站在强水汽输送条件下近地面潜热通量日较差 (253.92 W/m²) 约为弱水汽输送条件下 (134.24 W/m²) 的 1.9 倍，强／弱水汽输送条件下潜热通量日峰值差值可达 90.6 W/m²。

总的来说，高原季风期大峡谷地区受印度洋暖湿气流强烈影响，降水充沛，典型晴天下受大气水汽的辐射强迫和温室效应的影响，墨脱站和排龙站强水汽输送条件下向下的长波辐射 (416.25 W/m² 和 396.43 W/m²) 和气温 (21.65℃ 和 20.62℃) 分别是弱水汽输送条件下向下长波辐射的 1.05 倍和 1.16 倍、气温的 1.14 倍和 1.08 倍，大气水汽吸收并反射给地表长波辐射从而增加了净辐射。高原非季风期，大峡谷地区水汽输送减弱，降水减少，土壤含水量降低，虽然近地面潜热通量日变化不如高原季风期间剧烈，但通过对比图 4.6 (c) 和 (d) 可知，当满足一定大气水汽条件时，两个站点近地面潜热通量日变化特征与高原季风期一致。

由 2019 年两个站点不同水汽条件下典型阴天潜热通量日变化 (图 4.7) 可以看出，典型阴天强／弱水汽输送条件下潜热通量日变化表现出相反的特征。高原季风期典型阴天，墨脱站和排龙站在强水汽输送条件下［图 4.7（a）］的潜热通量日均值分别为 50.47 W/m² 和 40.82 W/m²，分别为弱水汽输送条件下的 1.62 倍和 1.24 倍；高原非季风期强水汽输送条件下［图 4.7（c）］的潜热通量日均值分别为 22.16 W/m² 和 24.36 W/m²，分别为弱水汽输送条件下［图 4.7（d）］的 1.25 倍和 2.31 倍，两个站点在高原季风期／非季风期典型阴天强水汽输送条件下的潜热通量日变化较弱水汽输送条件下更剧烈。另外，从图 4.7 可以看出，高原季风期／非季风期典型阴天下，墨脱站不同水汽条件下近地面潜热通量日变幅最显著（可达 214.15 W/m²），高原季风期／非季风期强／弱水汽输送条件下潜热通量日峰值差值分别可达 75.0 W/m² 和 37.1 W/m²，而排龙站日变幅差异较小（仅为 142.73 W/m²），虽然在水汽和云的共同作用下，两站点近地面潜热通量日变幅及峰值均有所增大，但排龙站海拔高，日间温度相对低，向上长波辐射小，大气水汽和云覆盖吸收并反射了更少的长波辐射，因此排龙站在高原季风期／非季风期典型阴天不同水汽条件下潜热通量日变幅较小。

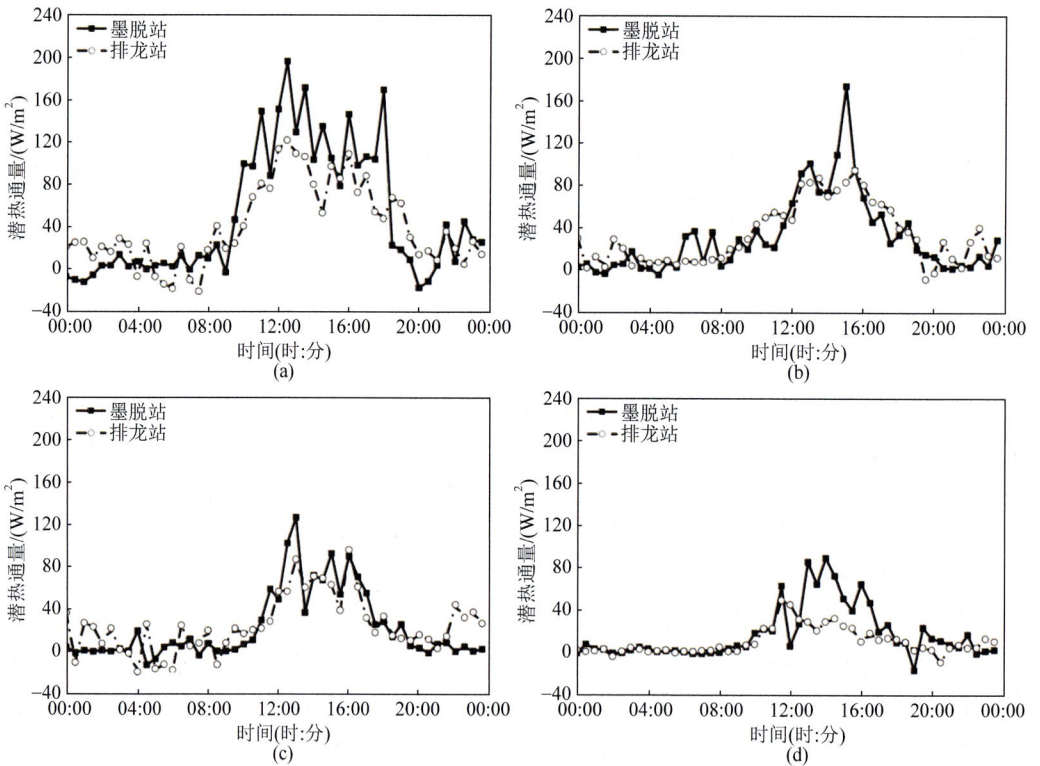

图 4.7　2019 年雅鲁藏布大峡谷地区典型阴天潜热通量日变化

（a）高原季风期强水汽输送条件；（b）高原季风期弱水汽输送条件；（c）高原非季风期强水汽输送条件；（d）高原非季风期弱水汽输送条件

　　从近地面潜热通量日变化的年分布（图 4.8）中可以看出，排龙站近地面潜热通量在干冷的非季风期明显小于温暖潮湿的季风期（5～10 月）；墨脱地区每年 11 月至次年 1 月降水较少，从图 4.8 中可以看出，除在上述月份内，墨脱站潜热通量红色区域分布均较密集（尤其在高原季风盛行的 5 月至 10 月中旬）。湍流交换最为强烈的时段为 12:00 ～ 16:00，墨脱站和排龙站高原非季风期的潜热通量平均值比温暖湿润季节分别低 87.3% 和 72.4%。

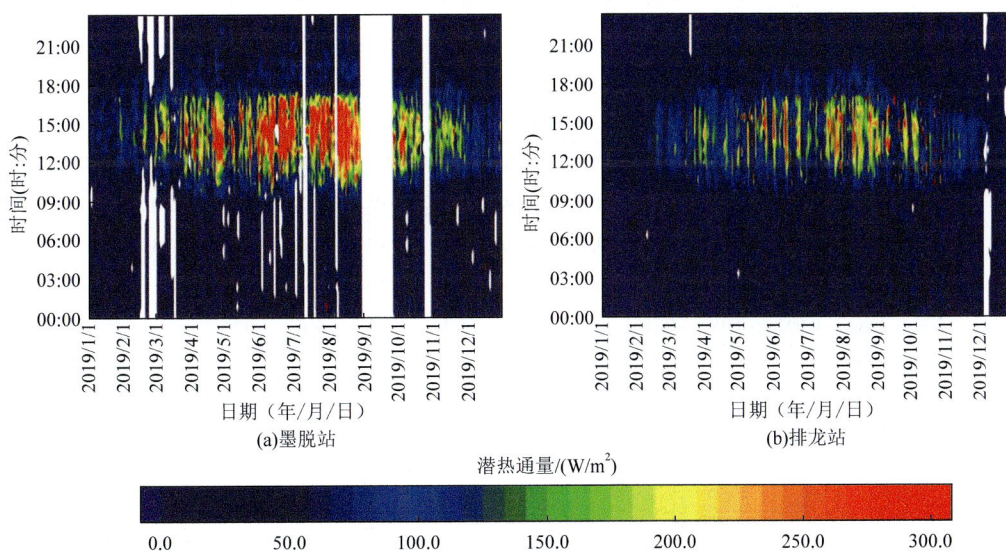

图 4.8　2019 年雅鲁藏布大峡谷地区不同观测站点近地面潜热通量日变化的年分布

特别指出，由于排龙站与墨脱站海拔、植被覆盖、局地气候特点等存在差异，即便在高原非季风期，伴随着高原南侧海洋暖湿气流水平输送减弱，大峡谷地区总体降水减少，但对于墨脱地区降水量仍能达到 520.80 mm（2019 年），土壤仍保持一定含水量。一般来说，下垫面的水热属性决定地表的能量分配，地表水分充盈时，能量以潜热消耗为主，高原非季风期墨脱站近地面潜热通量大值区分布仍较为密集［图 4.8（a）］。

4.4　雅鲁藏布大峡谷水热交换通量模拟

通用陆面模式（community land model version 5.0，CLM5.0）是由美国国家大气研究中心开发的第三代陆面模式，是当前最为完善和最广泛使用的陆面模式之一（Dickinson et al.，2006），它涵盖了生物地球物理、水文循环、生物地球化学和动态植被四个子模块，并且可作为公用地球系统模式（community earth system model，CESM）的陆面模块与大气、海洋、海冰等模块耦合使用。相较于 CLM4.5，CLM5.0 更新了植物光合作用和气孔导度方案，对植被繁茂的大峡谷地区近地面水热通量的模拟极具积极意义。

从雅鲁藏布大峡谷地区墨脱站近地面能量通量 CLM5.0 模拟值与实测值对比（图 4.9）中可以看出，近地面能量通量和地表温度模拟值与站点实测值相关性较好，近地面感热通量相关系数达 0.947、决定系数为 0.897，潜热通量相关系数达 0.917、决定系数为

0.841，地表温度相关系数达 0.943、决定系数为 0.888。然而，CLM5.0 对近地面感热通量的模拟值较站点实测值严重高估，均方根误差达 115.32 W/m²，而近地面潜热通量和地表温度均被低估，均方根误差分别为 35.12 W/m² 和 4.56K。

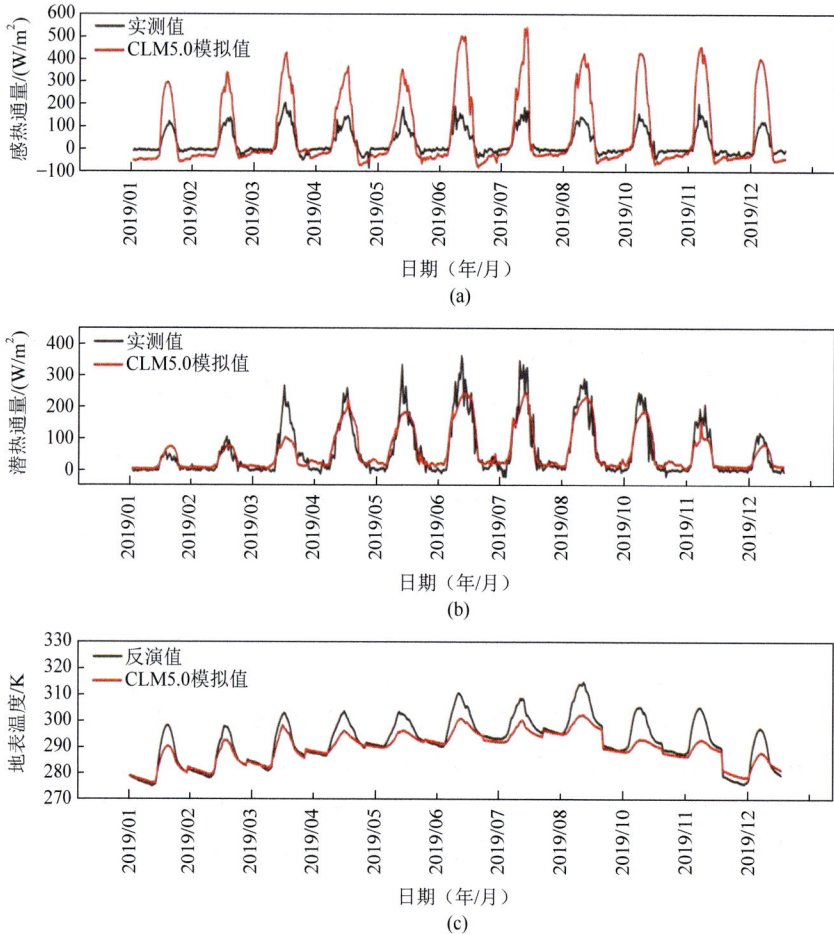

图 4.9　2019 年各月典型晴天下雅鲁藏布大峡谷地区墨脱站陆面模式模拟值与实测值对比

大量学者研究指出，目前流行的陆面模式，如美国国家大气研究中心陆面模式（NCAR land surface model，NCAR LSM）、通 用 陆 面 模 式（community land model，CLM）均低估了地-气温差以及高估了近地面感热通量，模拟误差源于陆面过程模式不能准确估计空气动力学阻抗参数（空气动力学阻抗常常被低估），因此作为空气动力学阻抗重要参数的粗糙度的参数化是格外重要的（Hogue et al.，2005；Yang et al.，2007a；Zeng et al.，2012）。另外，准确描述非均一下垫面地表粗糙度对揭示复杂下垫面地-气相互作用机理和大气数值模式模拟效果起着重要作用，其精度直接影响数值模式的模拟性能（Martano，2000）。本研究根据墨脱站实际下垫面特征修正了CLM5.0 的地表数据，详见表 4.4。基于中国土壤属性数据集修改了墨脱站土壤有机质、砂粒和黏粒的含量，详见表 4.5。在此基础上，将表 4.6 中列举的四种热力学粗糙度的参数化方案应用于雅鲁藏布大峡谷地面 – 大气间水热交换通量数值模拟中，以期确定大峡谷地区近地面水热通量对不同参数化方案的敏感性，揭示大峡谷地区复杂下垫面 – 大气间的地 – 气相互作用机理。

表 4.4　地表数据的修改　　　　　　　　　　　（单位：%）

编号	植被类型 PFTS	CLM5.0 生成的地表数据 （所占网格百分比）	基于实际站点下垫面修改后的地表数据 （所占网格百分比）
0	裸地	0.0	0.0
1	温带常绿针叶林	51.2	0.0
2	寒带常绿针叶林	0.0	0.0
3	寒带落叶针叶林	0.0	0.0
4	热带常绿阔叶林	0.0	0.0
5	温带常绿阔叶林	3.6	0.0
6	热带落叶阔叶林	0.0	0.0
7	温带落叶阔叶林	43.0	0.0
8	寒带落叶阔叶林	0.0	0.0
9	温带常绿阔叶灌木	0.0	0.0
10	温带落叶阔叶灌木	0.0	0.0
11	寒带落叶阔叶灌木	0.0	0.0
12	极地 C3 草	0.0	0.0
13	非极地 C3 草	0.0	100.0
14	非 C4 草	2.2	0.0
15	农作物	0.0	0.0

表 4.5　土壤属性的修改（体积百分比）　　　　　（单位：%）

土壤深度	修改前			修改后		
	土壤有机质	砂粒	黏粒	土壤有机质	砂粒	黏粒
0.010 m	71.8	50.0	27.0	74.1	42.0	17.3
0.040 m	47.8	50.0	27.0	74.0	42.0	17.3
0.090 m	30.0	50.0	27.0	66.4	41.9	17.7
0.160 m	18.8	49.0	29.0	61.2	42.2	18.9
0.260 m	11.7	49.0	30.0	42.0	40.2	19.2
0.400 m	7.3	47.0	32.0	28.2	32.2	26.1
0.580 m	4.5	48.0	32.0	28.2	42.2	22.8
0.800 m	2.8	49.0	30.0	22.2	42.2	22.8
1.060 m	0.0	49.0	30.0	0.0	41.7	18.2
1.360 m	0.0	52.0	28.0	0.0	41.8	18.2

Y08 和 Z12 方案在草地等稀疏冠层下适用性较好，Y08 方案已被纳入干旱和半干旱地区的地表数据同化系统；K07 方案在城市下垫面中适用性较好，而 G92 方案在稀疏或者浓密植被冠层下适用性较好（Garratt and Francey，1978；Yang et al.，2007b；Kanda et al.，2007）。

表 4.6　热力学粗糙度 Z_{0h} 参数化方案

公式	参考文献	缩写
$Z_{0h}=(70\nu/u^{*})\times\exp(-\beta u^{*0.5}\lvert T^{*}\rvert^{0.25})$	Yang et al.，2008	Y08
$Z_{0h}=Z_{0m}\times\exp(0.36R_{e}^{*0.5})$	Zeng et al.，2012	Z12
$Z_{0h}=Z_{0m}\times\exp(2.0-1.49R_{e}^{*0.25})$	Kanda et al.，2007	K07
$Z_{0h}=Z_{0m}\times\exp(-2.0)$	Garratt，1992	G92

注：分子黏度 $\nu=1.5\times10^{-5}$ m²/s，$\beta=7.2$，$R_{e}^{*}=Z_{0m}\times u^{*}/\nu$，$u^{*}$ 为摩擦风速，T^{*} 为摩擦温度。

研究表明，动力学粗糙度与热力学粗糙度之间不存在简单的对应关系（Hopwood，1995），动力学粗糙度即将惯性湍流层风速廓线外延至风速等于 0 的高度，其值与地面几何粗糙度相关（约为平均几何单元高度的 1/10）（Wiernga，1993），而热力学粗糙度即将温度廓线外延至气温等于地表温度时的高度，和实际的下垫面几何粗糙度没有这样简单的关系，热力学粗糙度通常由热传输附加阻抗 $KB^{-1}=\ln(Z_{0m}/Z_{0h})$ 确定，需要准确的参数化。CLM5.0 默认在植被冠层下热力学粗糙度与动力学粗糙度相等，这将导致热力学粗糙度被高估，空气动力学阻抗被低估，地表热量更容易扩散进而加热大气，使得感热通量增大，地表温度降低，植被作物及地表水分的蒸发减小，潜热的释放减小，土壤热通量减小，地表向上的长波辐射减小，净辐射增大，更多的能量用于近地面－大气间水热交换，表现在近地面感热通量的进一步增大，这与 Mauder 和 Foken（2015）的研究结果一致，陆面过程模式显著低估了干旱和半干旱地区地－气温差的日变幅，产生模拟误差的原因与在裸土和植被冠层下不恰当的土壤传热参数化方案有关，其高估了热传输附加阻抗 KB^{-1} 的平均值，导致热力学粗糙度偏大，进而导致上述模拟误差。

从图 4.10 及表 4.7 可以看出，本研究利用 Y08、Z12、K07、G92 四种热力学粗糙度参数化方案后，CLM5.0 对近地面感热通量和地表温度的模拟值较实测值误差大幅降低，尤其是应用 Z12 方案的 CLM5.0 感热通量模拟值与实测值相关性较好（相关系数达 0.934），均方根误差仅为 20.084 W/m²，均方根误差缩小为未修改前的模拟值的 17.4%，其次是 Y08 和 K07 方案。与感热通量不同的是，未修改前 CLM5.0 近地面潜热通量模拟值较实测值不仅具有较好的相关性（相关系数达 0.917），均方根误差仅为 35.120 W/m²，模拟值被低估，应用四种热力学粗糙度参数化方案后，潜热通量模拟值较实测值的误差无显著降低。而 CLM5.0 对地表温度模拟值与地表温度反演值虽然相关性较好（相关系数达 0.943），但是均方根误差较大，达 4.565 K，模拟值严重被低估，采用四种热力学粗糙度参数化方案后，CLM5.0 对地表温度的模拟值较反演值的误差均显著降低，尤其是 G92 方案，与反演值的均方根误差仅为 1.587K，其次是 Y08 和 Z12 方案。位于大峡谷地区的墨脱站海拔低、气温高、空气湿度高，下垫面以草地为主，前文提到 Z12、Y08 及 G92 方案在稀疏冠层下适用性较好，CLM5.0 对地表能量通量和地表温度的模拟值与站点实测值的差异详见表 4.7。

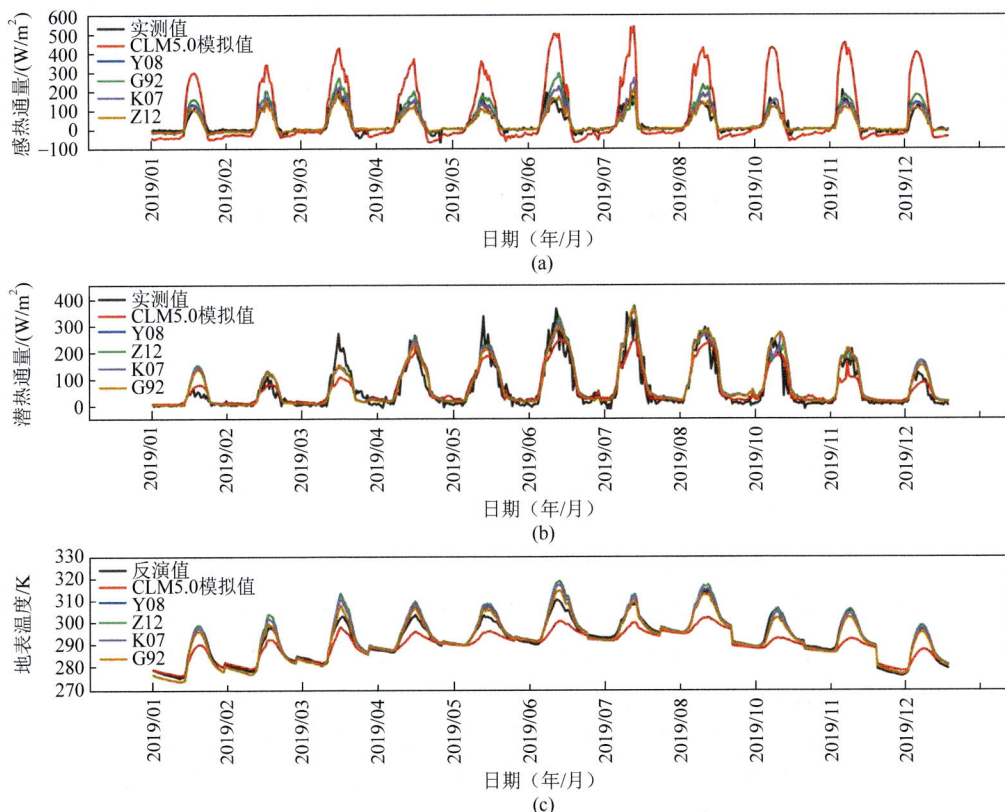

(a)

(b)

(c)

图 4.10　墨脱站 2019 年各月典型晴天分别利用 Y08、Z12、K07、G92 四种热力学粗糙度参数化方案下感热通量模拟值和实测值的比较

表 4.7　墨脱站 2019 年各月典型晴天分别利用 Y08、Z12、K07、G92 四种热力学粗糙度参数化方案下地表能量通量和地表温度模拟值与站点实测值的差异

物理量	参数化方案名称	相关系数	决定系数（R^2）	均方根误差（RMSE）
感热通量	Y08	0.931	0.867	22.541W/m²
	Z12	0.934	0.873	20.084W/m²
	K07	0.930	0.865	22.837W/m²
	G92	0.919	0.844	32.451W/m²
	未修改前的模拟值	0.947	0.897	115.320W/m²
潜热通量	Y08	0.929	0.862	34.310W/m²
	Z12	0.935	0.858	35.640W/m²
	K07	0.928	0.860	34.645W/m²
	G92	0.927	0.874	32.615W/m²
	未修改前的模拟值	0.917	0.841	35.120W/m²

续表

物理量	参数化方案名称	相关系数	决定系数 (R^2)	均方根误差 (RMSE)
	Y08	0.983	0.967	1.974K
	Z12	0.981	0.963	2.499K
地表温度	K07	0.984	0.968	2.011K
	G92	0.986	0.972	1.587K
	未修改前的模拟值	0.943	0.888	4.565K

4.5 南亚季风对雅鲁藏布江河谷地区水热过程影响模拟

4.5.1 雅鲁藏布江河谷地区水热状况的模拟研究

1. 观测实验和资料

本研究中的观测数据来自雅鲁藏布江河谷复杂下垫面地–气交换观测实验，观测时间为 2013 年 5 月 20 日至 7 月 9 日，观测地点 (29.449°N，94.691°E，海拔 2973 m) 为雅鲁藏布江流域河谷中。观测仪器包括大气辐射观测设备、自动气象观测设备、涡动协方差系统、激光风廓线雷达系统以及 GPS 大气探空系统。其中，激光风廓线雷达系统主要探测地面以上 100 ～ 6000 m 的三维风速和激光回波强度，垂直分辨率 100 m，时间间隔 1 min 和 10 min；GPS 大气探空系统主要探测地面至平流层低层 25 km 左右的水平风、温度、湿度、气压和探空仪方位，垂直分辨率小于 20 m，时间间隔 2 s；自动气象观测设备主要探测地表温度、1 m 高度气压、1.5 m 高度太阳总辐射、大气净辐射、温度、湿度和 2.4 m 高度水平风，时间间隔 10 min；涡动协方差系统主要探测 2 cm、5 cm、10 cm、20 cm、30 cm、50 cm 的土壤温度和土壤湿度，2 cm 和 5 cm 的土壤热通量，地面以上 1.5 m 高度水平风、温度、湿度、气压、向上 / 向下短波 / 长波辐射，地面以上 2.4 m 高度三维风速脉动、水汽脉动、二氧化碳脉动，地面以上 4 m 高度水平风、温度、湿度、气压。通过观测，获得了气象近地面大气过程、近地面大气物质能量交换、大气边界层与对流层结构、土壤能量水分交换等数据。

对上述观测数据进行了涡度相关观测数据前期处理运算，完成通量观测资料数据剔除和插补工作，采用倾斜校正、WPL 校正、储存项和 U^* 订正等方法开展了数据质量控制，采用足迹评价、功率谱和协谱分析、大气湍流统计特性分析以及能量闭合等方法对观测数据进行了质量评价，形成了雅鲁藏布大峡谷地区水热条件观测实验数据集。

基于上述观测资料，我们针对雅鲁藏布江河谷水热状况开展了数值模拟研究，包括陆面参数化方案、边界层参数化方案以及水热交换关键参数方案等的适用性评估。

2. 陆面参数化方案评估

基于上述观测资料，结合大尺度再分析资料（ECMWF ERA-Interim 资料），利用

WRF 中尺度数值模式，对雅鲁藏布江河谷草地下垫面上的地 - 气交换过程进行了模拟研究（观测和模拟区域见图 4.11），评估了包括 Noah、CLM、RUC 以及 SSiB 等 7 种常用的陆面参数化方案在雅鲁藏布江河谷地区的适用性。研究结果指出，WRF 陆面参数化方案都能成功模拟出观测期间平均以及不同天气背景状况下大气辐射状况、地 -

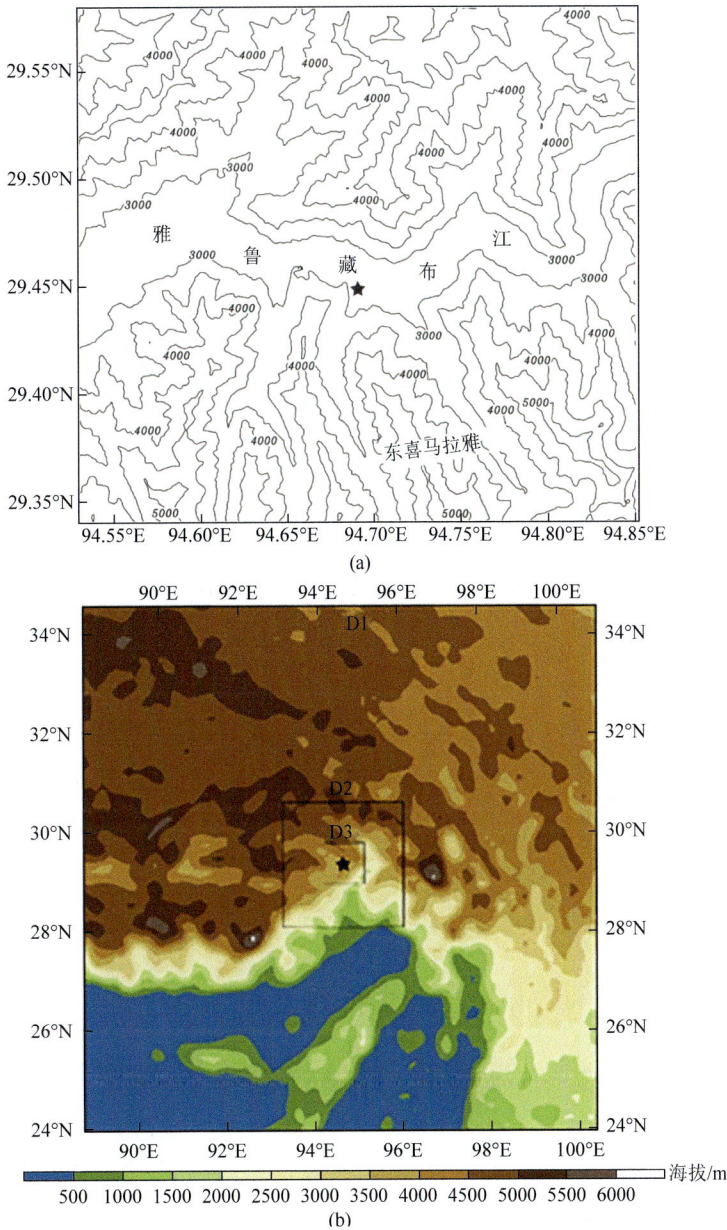

(a)

(b)

图 4.11　雅鲁藏布江河谷大气观测实验观测区域地形（a）及模拟区域（b）

D1 ～ D3 表示不同模拟区域，其分辨率分别为 15km、3km 和 1km，区域内的格点数分别为 83×83、91×91 和 94×94；

等高线单位：m

气间感热和潜热交换的日变化特征，但对热交换日变化的幅度模拟存在较大差异（图 4.12～图 4.14）。例如，Noah（包括 Noah-MP）、CLM 和 RUC 方案较好地模拟了观测期间的潜热通量，但 SSiB 方案却高估了潜热通量，而其他方案却低估了潜热通量。为定量分析各方案的适用性，我们采用统计学方法进行综合评估（表 4.8～表 4.10），结果表明，WRF-Noah 是 7 种常用陆面参数化方案中最优的方案，可以用于雅鲁藏布江河谷复杂地形和下垫面的地－气交换模拟研究（Ma et al.，2020）。

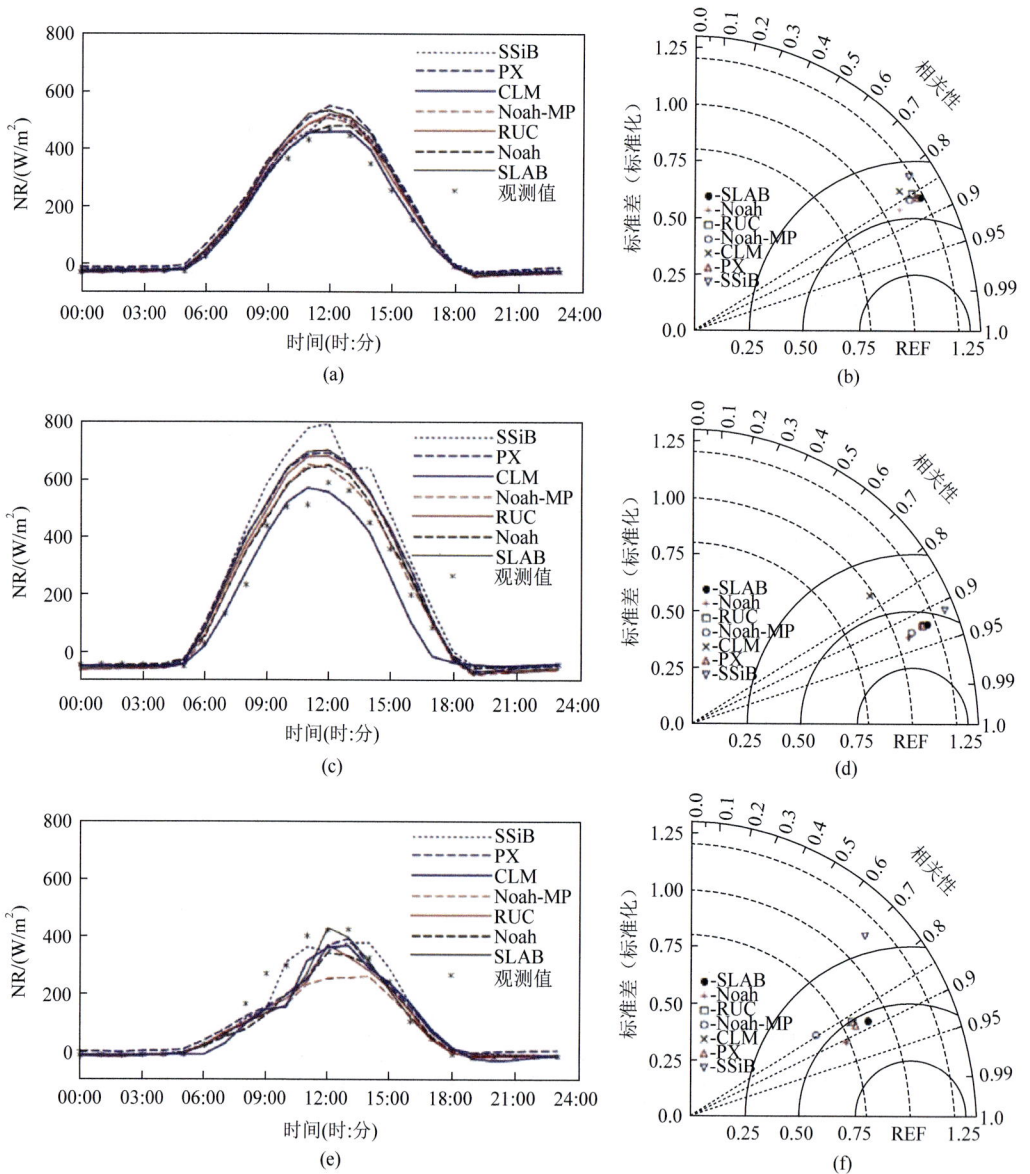

图 4.12　雅鲁藏布江河谷地区大气净辐射通量（NR）在观测期间（a）（b）、南亚夏季风偏南位相期间（c）（d）以及南亚夏季风偏北位相期间（e）（f）的平均日变化特征（左）以及 Taylor 图（右）

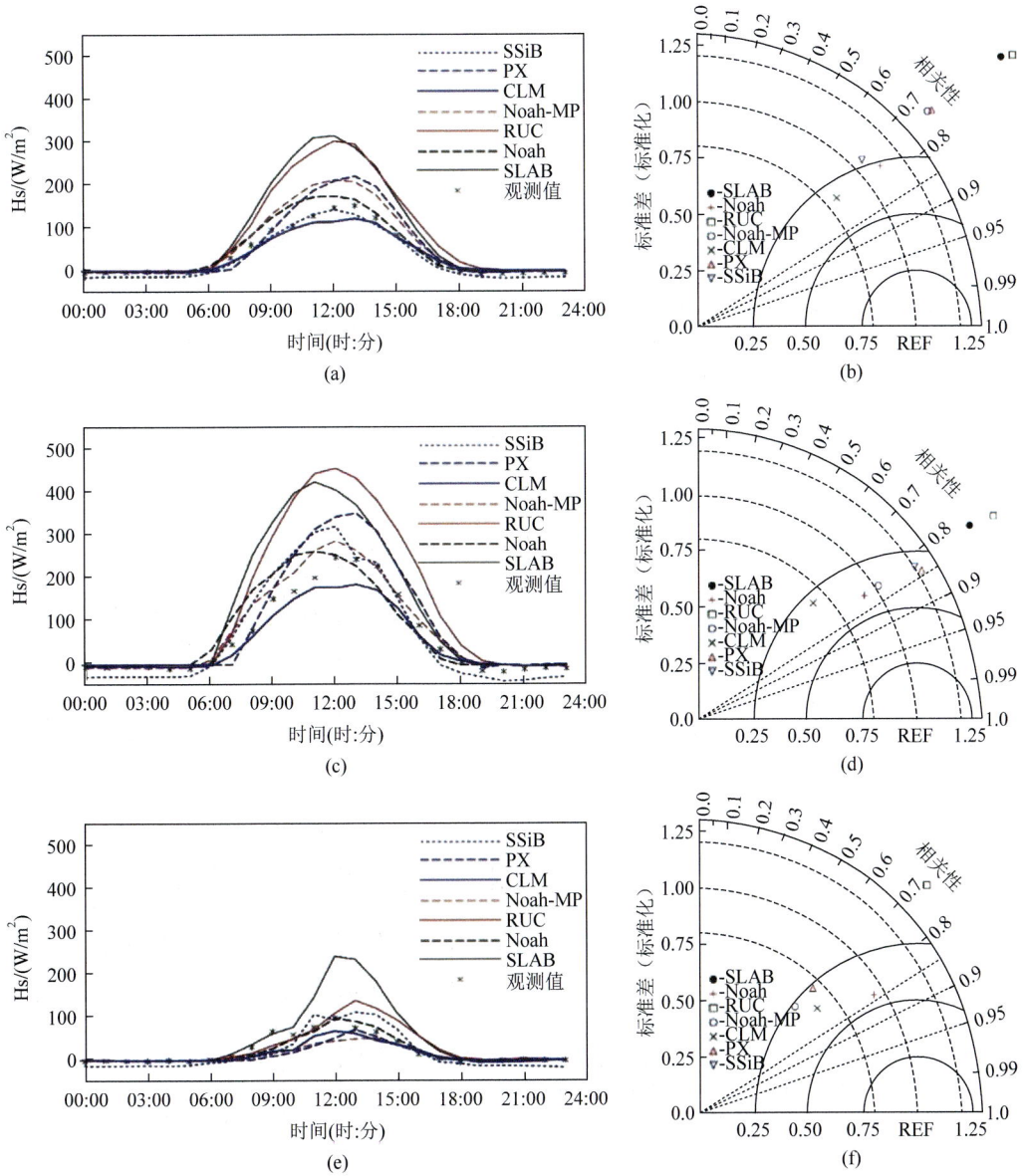

图 4.13　雅鲁藏布江河谷地区大气感热通量（Hs）在观测期间（a）（b）、南亚夏季风偏南位相期间（c）（d）以及南亚夏季风偏北位相期间（e）（f）的平均日变化特征（左）以及 Taylor 图（右）

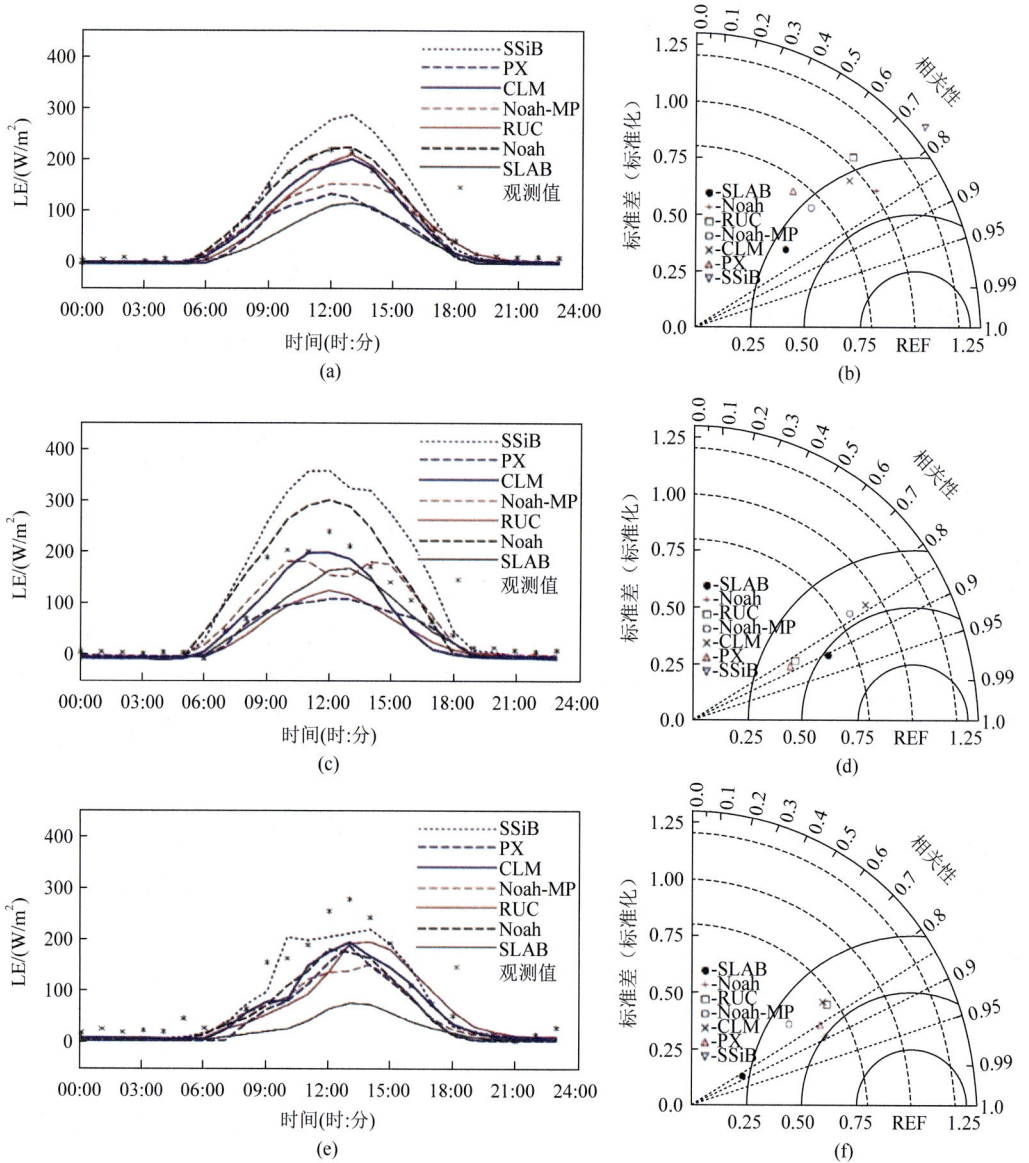

图4.14　雅鲁藏布江河谷地区大气潜热通量（LE）在观测期间（a）（b）、南亚夏季风偏南位相期间（c）（d）以及南亚夏季风偏北位相期间（e）（f）的平均日变化特征（左）以及 Taylor 图（右）

表 4.8　雅鲁藏布江河谷地区大气净辐射通量（NR）的观测和模拟结果在上述三个期间的平均值（MEAN）、平均偏差（MB）、均方根误差（RMSE）和相关系数（COR）

类别		观测值	SLAB	Noah	RUC	Noah-MP	CLM	PX	SSiB
NR (P1)	MEAN	115	142	130	133	132	121	153	138
	MB	—	27	**15**	18	17	**6**	38	23
	RMSE	—	122	**110**	119	**118**	126	125	140
	COR	—	**0.87**	**0.87**	0.85	0.86	0.83	0.86	0.82
NR (P2)	MEAN	148	194	181	188	169	135	199	223
	MB	—	47	33	41	**22**	**−13**	51	75
	RMSE	—	124	**104**	119	**107**	152	125	154
	COR	—	0.92	**0.93**	0.92	**0.92**	0.81	0.92	0.91
NR (P3)	MEAN	105	84	79	79	67	82	95	100
	MB	—	−21	−26	−26	−38	−23	**−10**	**−5**
	RMSE	—	83	**80**	90	104	99	**82**	142
	COR	—	**0.88**	**0.91**	0.87	0.84	0.83	0.88	0.70

注：黑体代表最优结果。P1、P2、P3 分别代表观测期间、南亚夏季风偏南位相期间、南亚夏季风偏北位相期间。

表 4.9　雅鲁藏布江河谷地区大气感热通量（Hs）的观测和模拟结果在上述三个期间的平均值（MEAN）、平均偏差（MB）、均方根误差（RMSE）和相关系数（COR）

类别		观测值	SLAB	Noah	RUC	Noah-MP	CLM	PX	SSiB
Hs (P1)	MEAN	39	88	51	87	60	35	53	29
	MB	—	49	12	48	21	**−4**	16	**−10**
	RMSE	—	105	**55**	105	74	**52**	72	159
	COR	—	0.76	**0.76**	**0.77**	0.74	0.74	0.74	0.71
Hs (P2)	MEAN	65	126	79	140	80	52	95	68
	MB	—	62	14	75	15	**−13**	30	3
	RMSE	—	114	**66**	128	**68**	76	77	71
	COR	—	0.82	0.81	**0.83**	0.81	0.71	**0.84**	0.83
Hs (P3)	MEAN	22	50	21	31	12	13	12	17
	MB	—	28	**−1**	9	−10	−8	−9	**−5**
	RMSE	—	67	**21**	39	29	**25**	28	64
	COR	—	**0.84**	**0.84**	0.72	0.69	0.76	0.69	0.52

注：黑体代表最优结果。P1、P2、P3 分别代表观测期间、南亚夏季风偏南位相期间、南亚夏季风偏北位相期间。

表 4.10　雅鲁藏布江河谷地区大气潜热通量（LE）的观测和模拟结果在上述三个期间的平均值（MEAN）、平均偏差（MB）、均方根误差（RMSE）和相关系数（COR）

类别		观测值	SLAB	Noah	RUC	Noah-MP	CLM	PX	SSiB
LE (P1)	MEAN	74	35	72	63	57	63	42	90
	MB	—	−39	**−2**	**−11**	−17	−11	−31	16
	RMSE	—	74	**58**	75	67	**66**	82	83
	COR	—	**0.78**	**0.81**	0.69	0.71	0.74	0.60	0.76
LE (P2)	MEAN	77	50	98	37	69	55	40	124
	MB	—	−27	**21**	−40	**−8**	−22	−37	47
	RMSE	—	**51**	55	67	**50**	58	66	87
	COR	—	0.90	**0.91**	0.87	0.84	0.84	0.88	**0.90**
LE (P3)	MEAN	85	20	51	58	48	57	43	74
	MB	—	−65	−34	**−27**	−37	−28	−42	**−11**
	RMSE	—	102	**61**	**65**	76	68	68	87
	COR	—	**0.87**	**0.89**	0.81	0.77	0.79	0.85	0.66

注：黑体代表最优结果。P1、P2、P3 分别代表观测期间、南亚夏季风偏南位相期间、南亚夏季风偏北位相期间。

3. 边界层参数化方案评估

大气边界层参数化方案的选取关系到能否正确模拟和预报局地大气过程。基于上述观测资料，采用 WRF 中尺度模式，分析研究了 ACM2、Boulac、MYJ、QNSE 和 YSU 5 种边界层参数化方案在雅鲁藏布江河谷地区的适用性，见图 4.15 和图 4.16。结果表明，对于水汽混合比垂直结构的模拟，Boulac 和 MYJ 方案分别在模拟对流边界层和稳定边界层时能力最优。ACM2 方案最适宜藏东南复杂下垫面条件下的位温和风速垂直分布的模拟。各边界层参数化方案模拟对流边界层高度均较实际观测值偏低，其中，QNSE 方案模拟的边界层高度最接近观测值。同一种边界层参数化方案对于夜间稳定边界层和正午对流边界层的模拟能力也不相同。该地区风场受地形影响显著，风速较小，模拟的近地层风场较观测值偏强，MYJ 和 QNSE 方案对近地层风场的模拟效果较好。综合结果表明，YSU 参数化方案可用于雅鲁藏布江河谷边界层模拟研究（李斐等，2017）。

4. 水热交换关键参数方案评估

对雅鲁藏布江地区热力粗糙度方案评估对于正确认识高原复杂地形上的数值模拟研究有重要意义。选择南亚夏季风偏南位相期间（此时南亚夏季风对雅鲁藏布江地区水热影响较弱），基于 WRF 模式，我们首先评估了常用的 7 种热力粗糙度方案在该地区地表加热过程中的适用性，结果指出，不同参数化方案在雅鲁藏布江地区存在明显不同，且皆存在对实际观测地−气交换参数的高估或低估（图4.17～图4.19，以及表4.11

和表 4.12）。总体而言，基于 B82 方案修正的 C97 热力粗糙度方案在上述地区表现最优，可以用于未来雅鲁藏布江复杂地形条件下水热条件和地－气交换过程的数值模拟研究（Ma et al.，2022）。

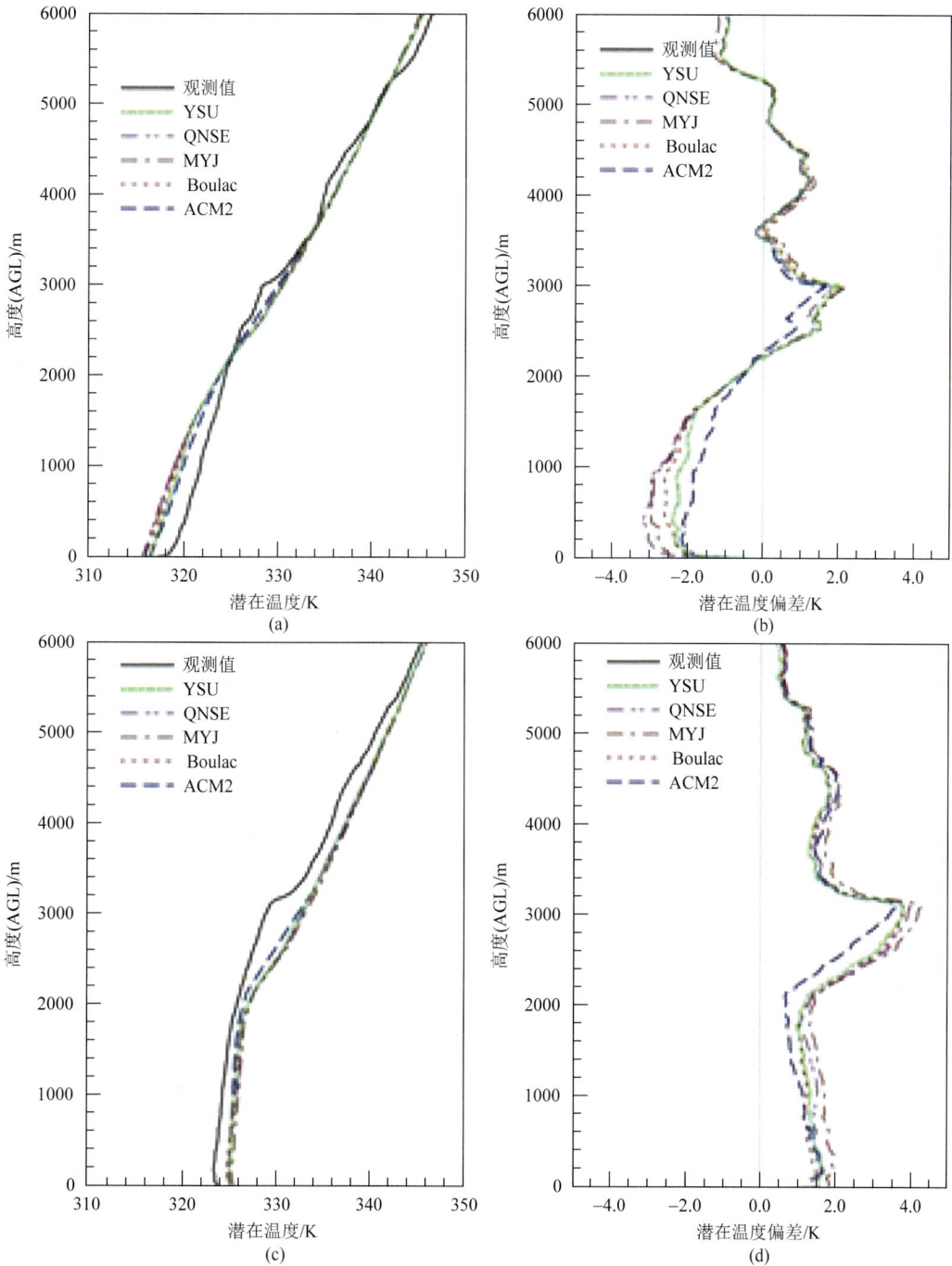

(a)

(b)

(c)

(d)

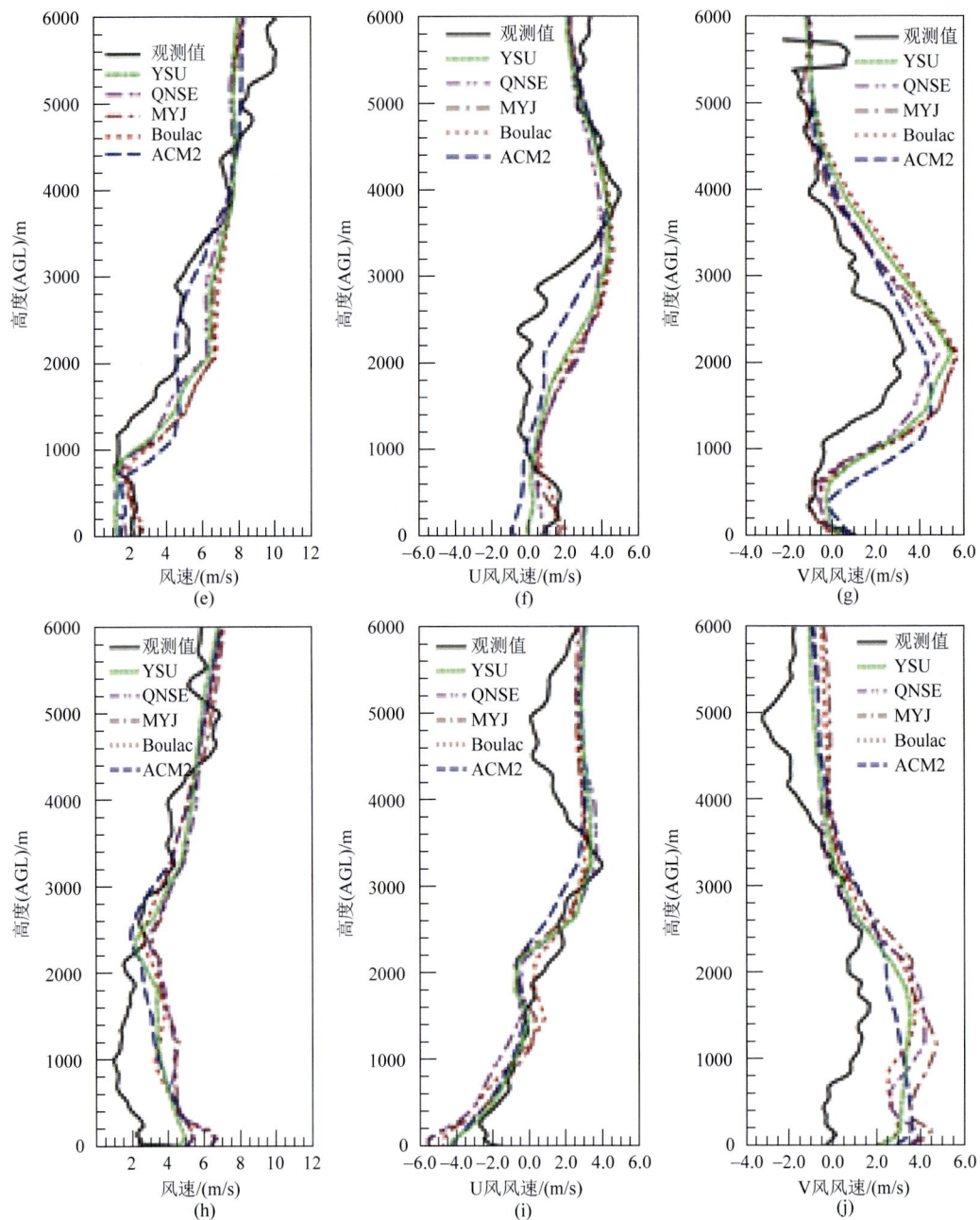

图4.15　平均位温及模拟误差随高度的分布［(a)～(d)］,观测和模拟的平均风速垂直分布［(e)～(j)］

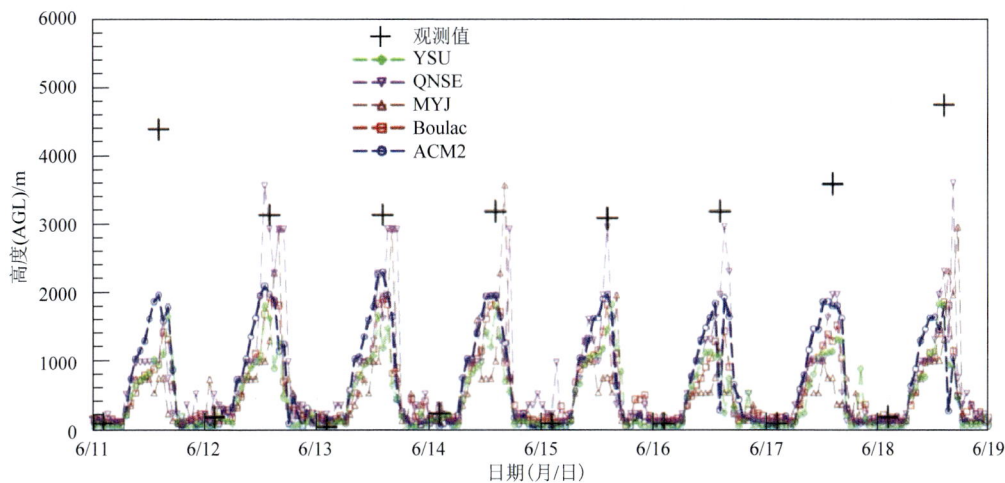

图 4.16　不同边界层参数化方案获得的边界层高度逐日分布

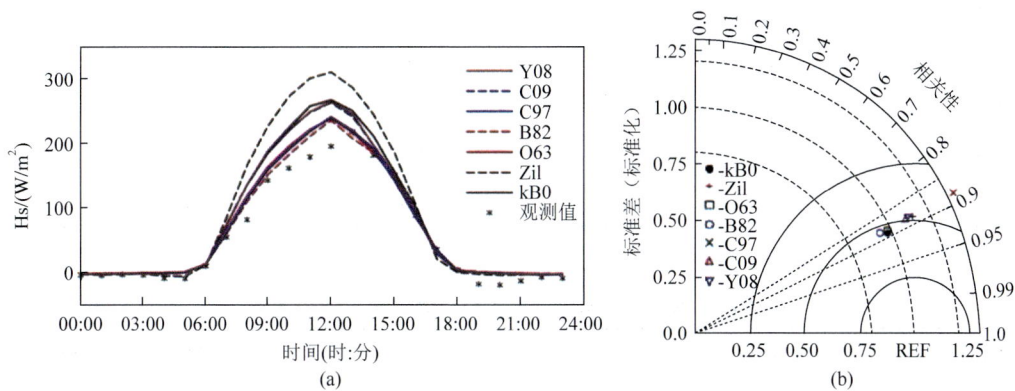

图 4.17　观测和模拟的感热通量（Hs）平均日变化（a）和泰勒图（b）

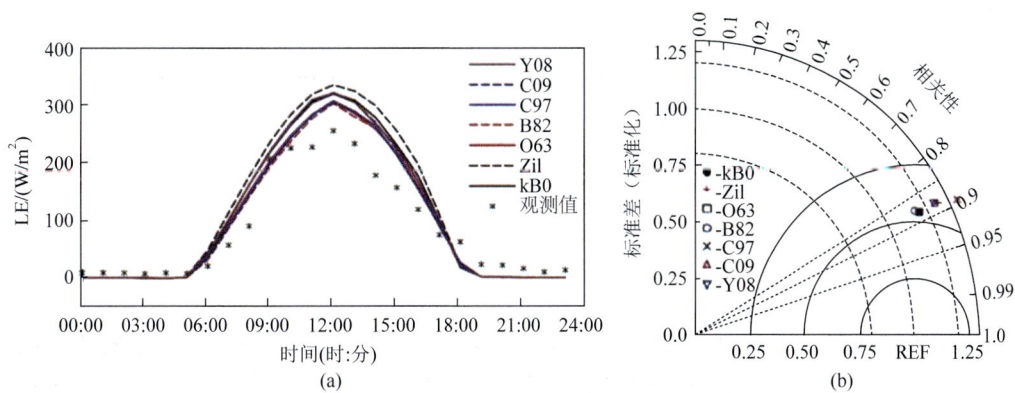

图 4.18　观测和模拟的潜热通量（LE）平均日变化（a）和泰勒图（b）

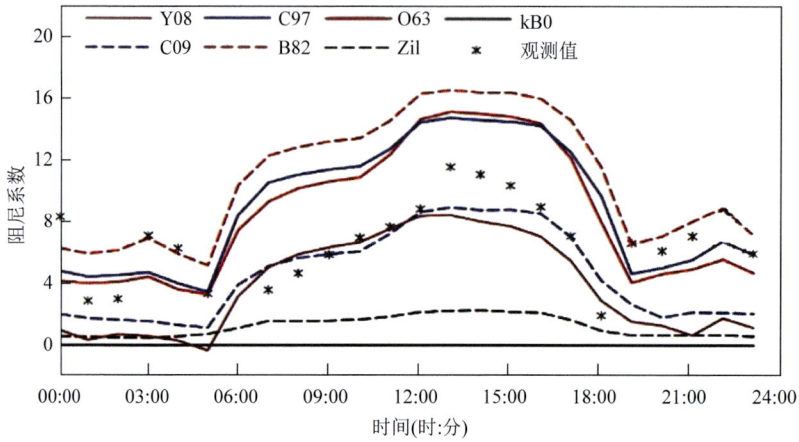

图 4.19　观测和模拟的热输送附加阻尼系数平均日变化

表 4.11　不同热力粗糙度方案模拟的感热误差统计

类别	观测值	kB0	Zil	O63	B82	C97	C09	Y08
MEAN	85	105	114	98	96	98	104	104
MB	—	21	29	13	11	13	19	19
RMSE	—	62	67	55	55	55	61	61
R	—	0.89	0.90	0.89	0.88	0.89	0.88	0.88

表 4.12　不同热力粗糙度方案模拟的潜热误差统计

类别	观测值	kB0	Zil	O63	B82	C97	C09	Y08
MEAN	57	77	89	68	66	67	75	75
MB	—	21	32	11	9	11	19	18
RMSE	—	52	67	45	44	44	50	50
R	—	0.88	0.88	0.89	0.88	0.89	0.88	0.88

4.5.2　南亚季风对雅鲁藏布江河谷水热状况影响的模拟研究

1. 雅鲁藏布江河谷水热状况模拟

为正确认识雅鲁藏布江河谷水热状况及南亚季风的影响，首先基于上述模式适用性研究结果，选择最优的数值模拟参数化方案，开展数值模拟实验。该数值模拟实验使用 WRF 3.8.1 模式系统，初始气象场为 ERA5 产品，土壤温度和湿度场来自 GLDAS

产品，土地使用类型来自美国地质调查局（USGS）1 km 分辨率数据。实验采用三重双向网格嵌套，水平分辨率分别为 15 km、3 km 和 1 km，垂直方向 45 层。各个区域水平方向格点数分别为 101×101、81×81、79×76。观测和数值实验区域见图 4.20，各个物理过程参数化方案见表 4.13。研究结果表明，该模式成功模拟了雅鲁藏布江河谷地区水热状况的平均日变化特征，其平均误差都在 4% 以内，观测与模拟结果的相关系数都在 0.7 以上见图 4.21。

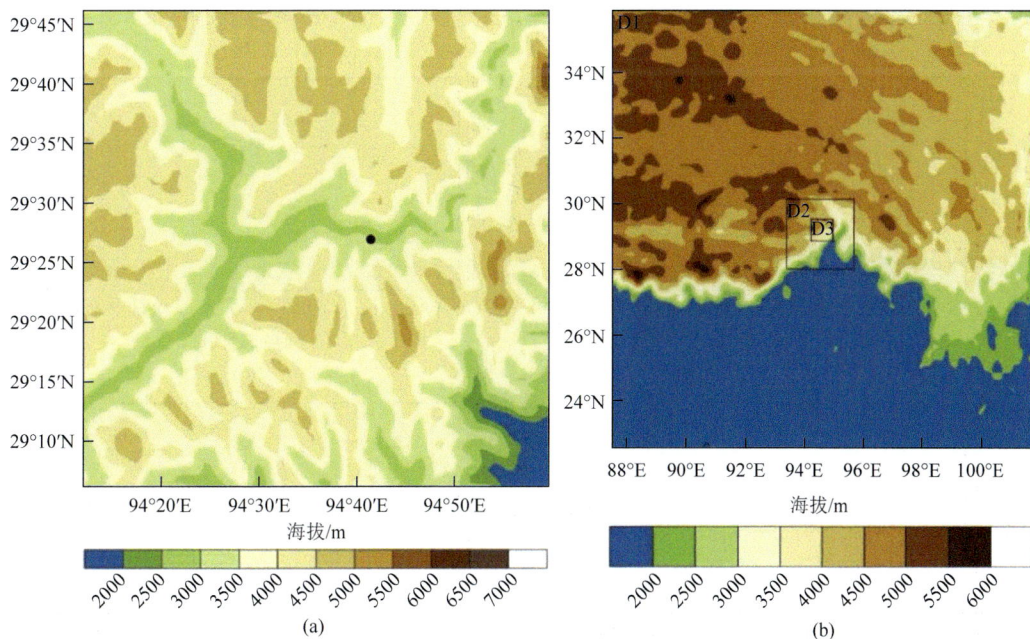

图 4.20　观测站点［(a) 中黑点］和模拟区域 (b)

D1、D2、D3 表示不同模拟区域

表 4.13　数值模拟物理过程参数化方案

物理选项	参数化方案
陆面	Noah（Chen and Dudhia，2001）
近地层	改进的 MO 方案（Jiménez et al.，2012）
边界层	YSU（Hong et al.，2006）
积云对流	Kain-Fritsch（Kain，2004），仅对 D1 区域
云微物理	New Thompson 方案（Thompson et al.，2008）
长、短波辐射	RRTMG（Iacono et al.，2008）
地形拖曳	Mass 和 Ovens（2011）

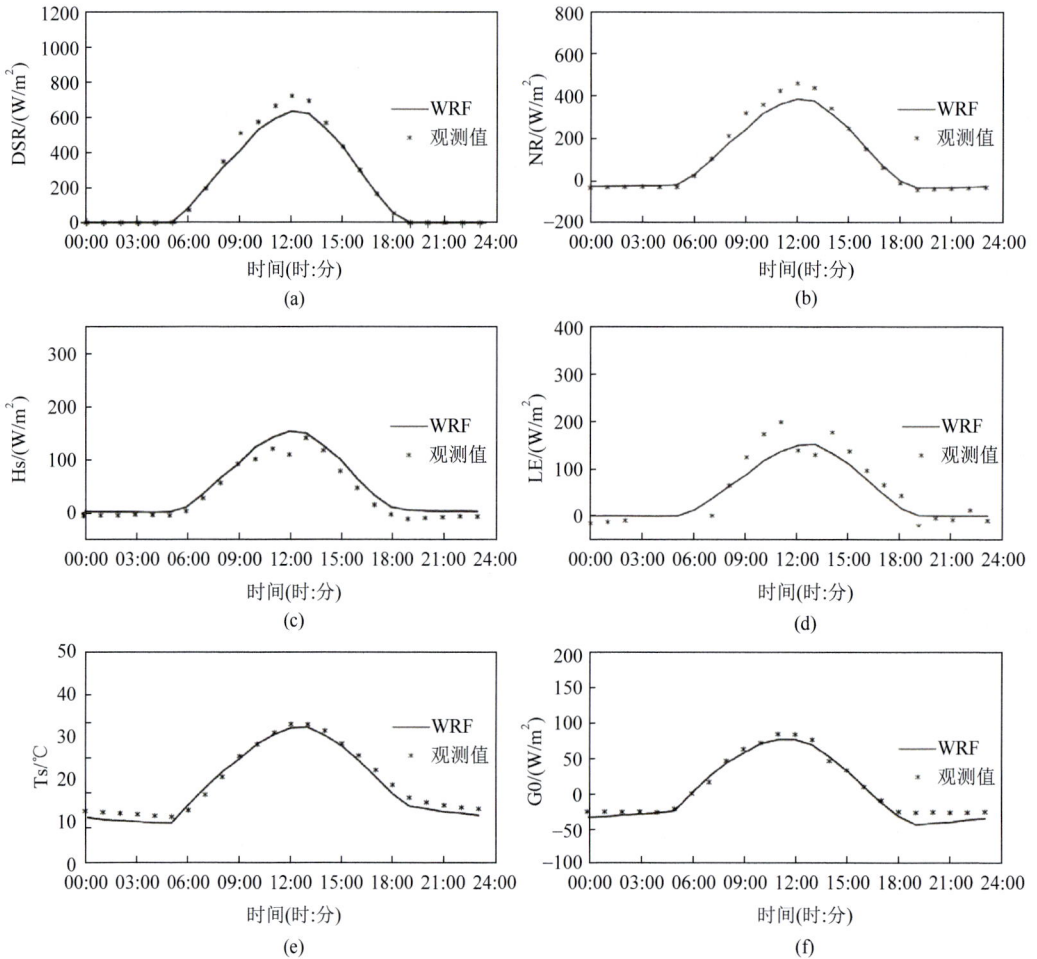

图 4.21 观测期间平均太阳短波辐射（DSR）、净辐射通量（NR）、感热通量（Hs）、潜热通量（LE）、
地表温度（Ts）和地表热通量（G0）的日变化状况及模拟

2. 南亚夏季风对雅鲁藏布江河谷水热状况影响研究

为研究南亚夏季风和相关天气形势的演变，我们首先给出观测期间南亚夏季风指数的逐日变化（图 4.22）。由图 4.22 可见，南亚夏季风指数在 6 月 1 日出现正极大值，远远超过标准方差，标志着南亚夏季风爆发。此后，南亚夏季风指数在 6 月中旬（6 月 11 ～ 16 日）和下旬（6 月 24 ～ 30 日）出现超过标准方差的正值和负值，分别表征了南亚夏季风的偏南位相和偏北位相。图 4.23 给出了南亚地区对流活动［向外长波辐射（OLR）］在观测期间、南亚夏季风偏南位相和偏北位相三个期间的水平分布状况。可以看出，观测期间，强对流活动主要位于印度南部的阿拉伯海地区、孟加拉湾地区以及

泰国湾地区（OLR<200 W/m²），最强对流活动位于孟加拉湾东部（OLR<170 W/m²）。南亚夏季风偏南位相期间，强对流活动（OLR<200 W/m²）覆盖了南亚南部地区，最强对流活动（OLR<170 W/m²）出现在印度中部以及南中国海和马来半岛地区。此时观测区域的对流活动相对较弱。南亚夏季风偏北位相期间，强对流活动（OLR<200 W/m²）主要位于印度北部、孟加拉湾北部和青藏高原东南地区。最强对流活动（OLR<170 W/m²）出现在孟加拉湾北部地区。此时，观测区域对流活动较强（OLR<190 W/m²）。由此可以看出，在南亚夏季风偏南和偏北位相期间，观测地区的对流活动存在显著差异，这种差异可能带来天气形势的明显不同。图 4.24 给出了三个期间 850 hPa 等压面上天气形势的水平分布状况。在观测期间，南亚地区主要为强西风和西南风所控制，将南部的湿润空气向东向北输送，此时观测区域主要位于西南暖湿气流的北缘，表明南亚夏季风可以影响到藏东南地区。在南亚夏季风偏南位相期间，盛行于印度南部的强西风气流转变为东南气流，将湿润空气输送到印度北部（该地区比湿出现高值中心，最大值超过 16 g/m³）。在季风偏北位相期间，印度北部的西风加强并转为西南风，进而影响观测区域，导致水汽最大值向北向东伸展至观测区域（Zhou et al.，2015）。

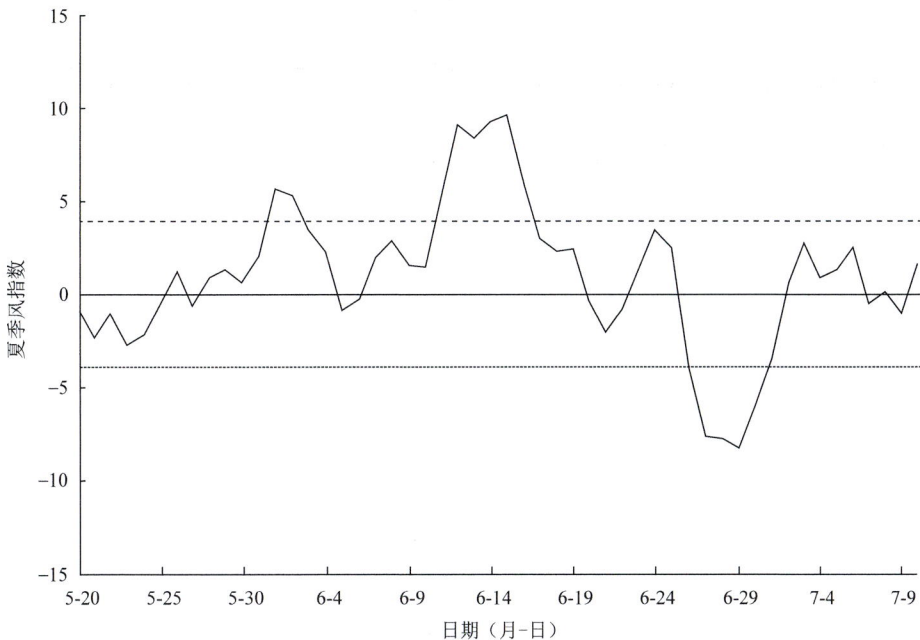

图 4.22　2013 年南亚夏季风指数（SASMI）变化

SASMI 为正代表季风处于偏南位相，为负代表季风处于偏北位相。虚线代表标准方差

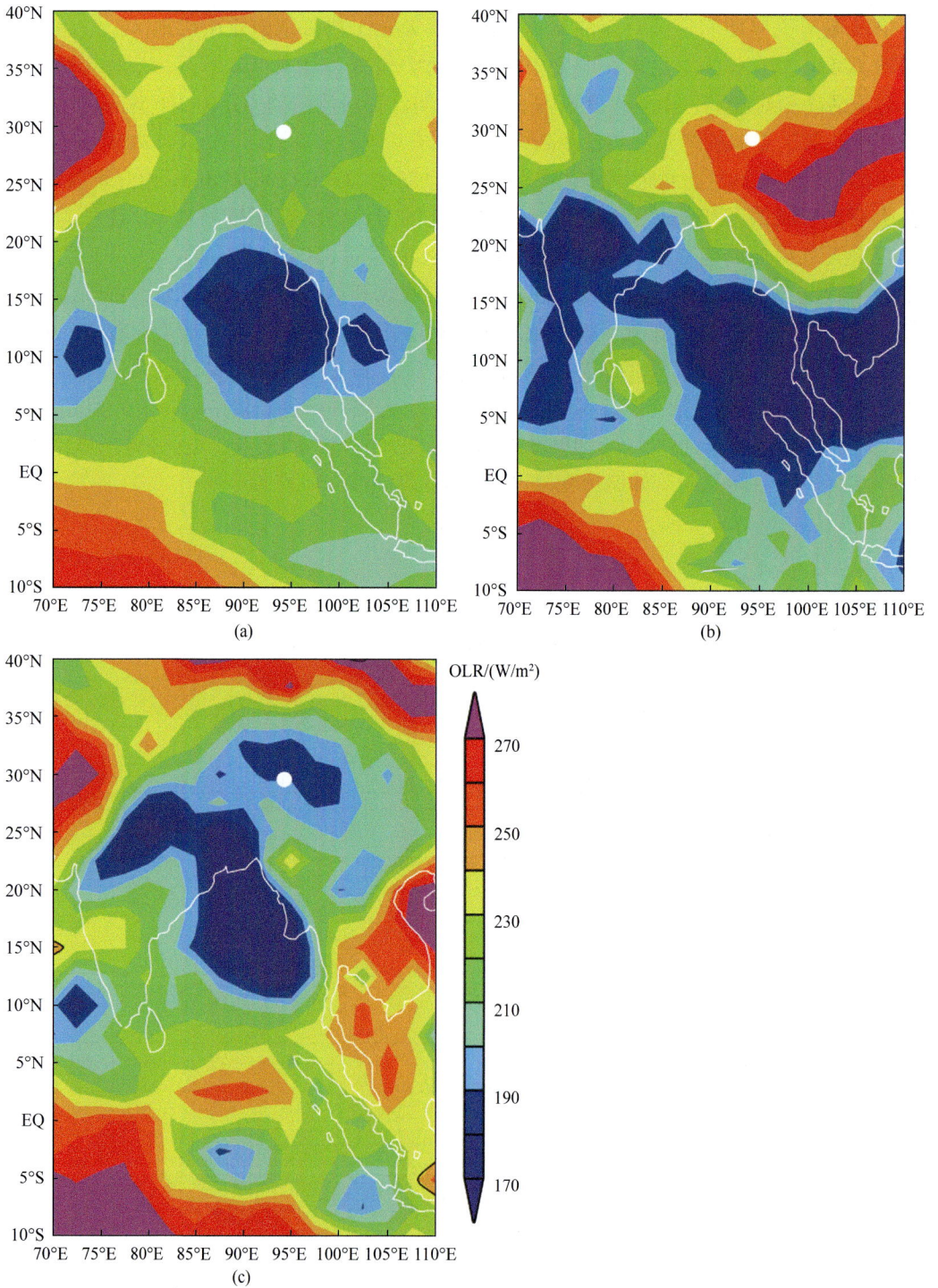

图 4.23　南亚地区对流活动在观测期间、南亚夏季风偏南位相和偏北位相三个期间的水平分布状况
白圆点代表观测区域，下同

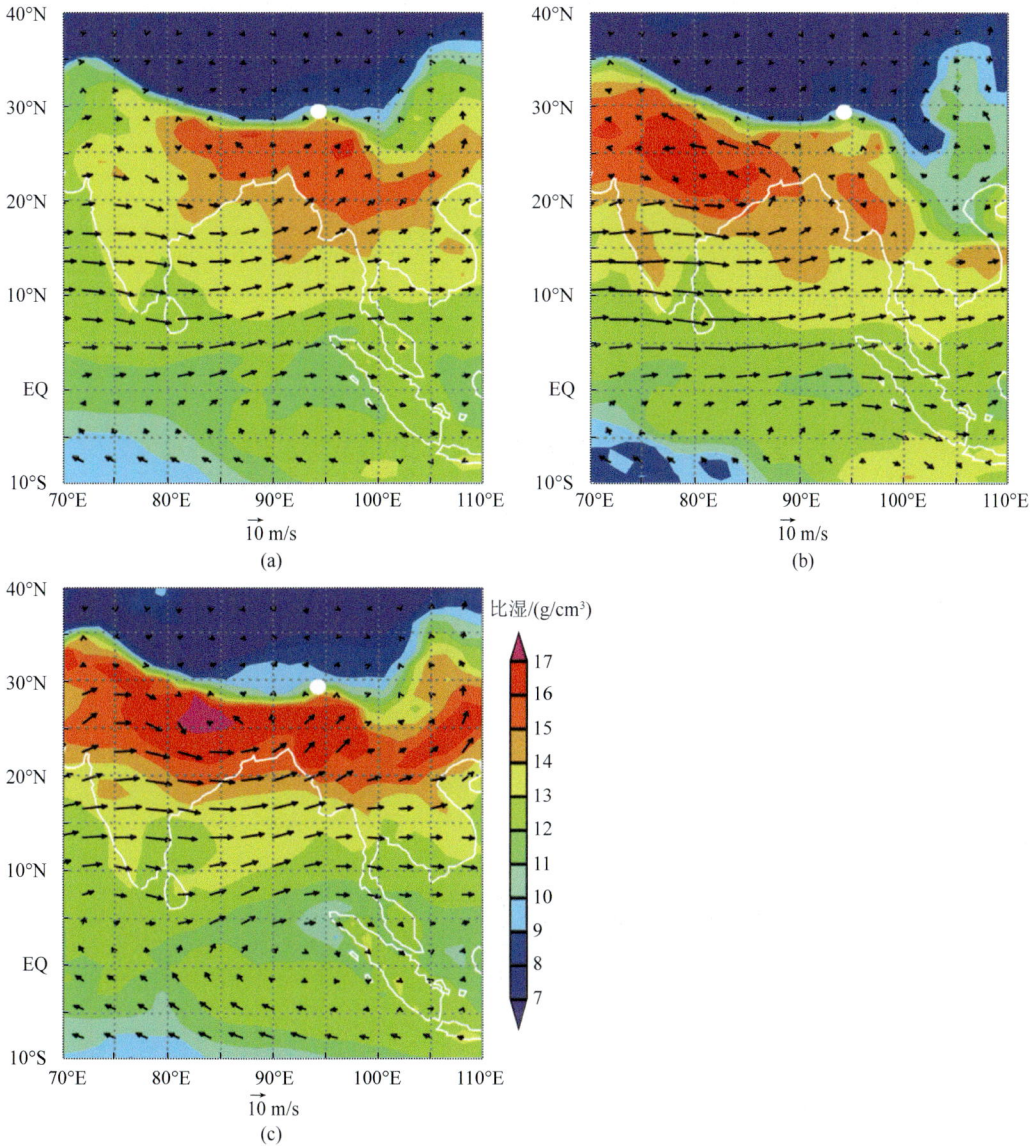

图 4.24　三个期间 850 hPa 等压面上天气形势的水平分布状况

　　图 4.25 给出了观测期间、季风偏南位相和偏北位相期间地－气间热量输送（感热通量、潜热通量和总热量）的日变化。在藏东南地区，感热通量是由地面向大气输送，其在观测期间平均为 35.0 W/m^2，在季风偏南位相期间增强至 55.8 W/m^2，在季风偏北位相期间减弱至 23.6 W/m^2。感热通量的变化与地－气温差密切相关，在季风偏北位相期间，地－气温差减弱，导致感热通量仅为季风偏南位相期间的 42%。潜热通量在观测期间平均为 67.1 W/m^2，在季风偏南位相期间增强至 82.9 W/m^2，在季风偏北位相期间减弱至 65.8 W/m^2。潜热通量在季风偏北位相期间的减弱与地－气温差变小导致的蒸发减弱有关。总热量输送在上述三个期间分别为 102.1 W/m^2、138.7 W/m^2 和 89.4 W/m^2，

且以潜热输送为主，其波文比（感热通量与潜热通量之比）分别为 0.52、0.67 和 0.36。

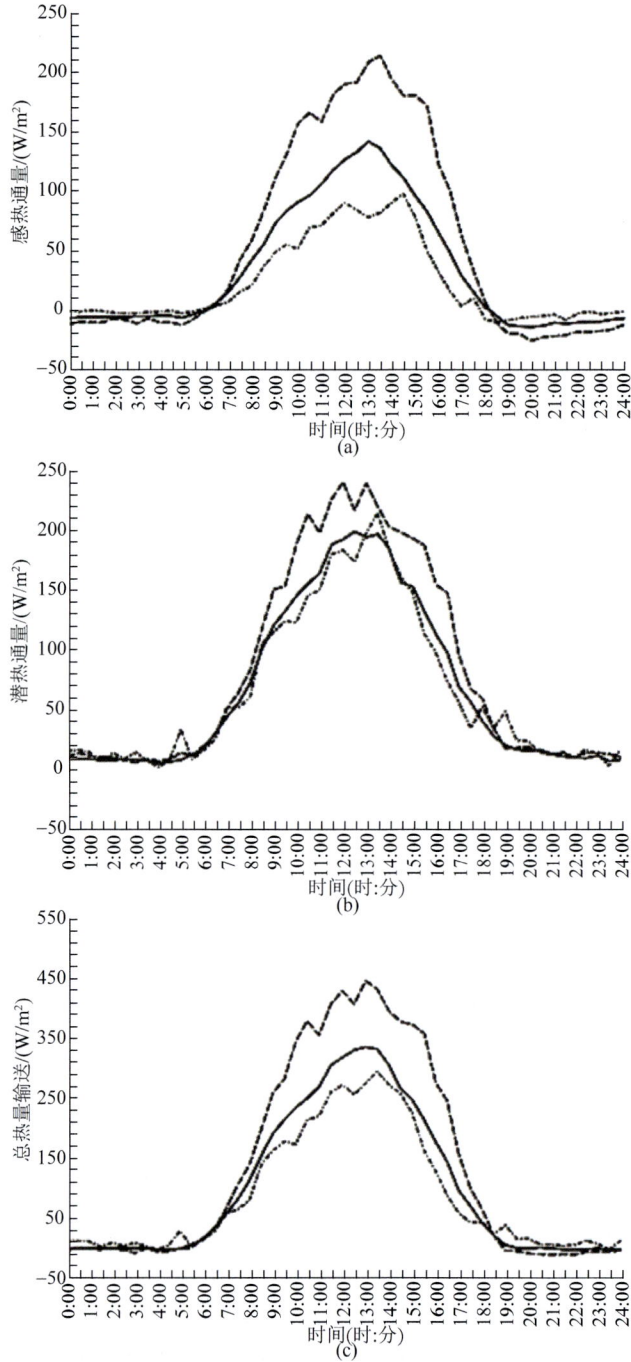

图 4.25　观测地区的感热通量（a）、潜热通量（b）和总热量输送（c）在观测期间（实线）、季风偏南位相（虚线）和偏北位相期间（点虚线）的日变化

3. 南亚夏季风季节内变动对水热状况影响的模拟研究

如前所述，观测期间季风存在明显的季节内变动（偏南和偏北位相），受其影响，雅鲁藏布大峡谷地区的水热状况出现显著差异。基于发展的数值模拟系统，对上述季风影响进行了模拟实验。研究结果表明（图 4.26），模式能再现季风不同位相下雅鲁藏布江水热条件的差异，但其数值低于实际观测差异，特别是对季风偏北位相期间潜热的模拟有较大偏差，这可能与模式中的水汽和云物理过程有关。下一步，我们拟针对南亚季风年际变化，特别是季风强弱年份，对雅鲁藏布江地区水热状况的影响进行理论分析和数值模拟研究。

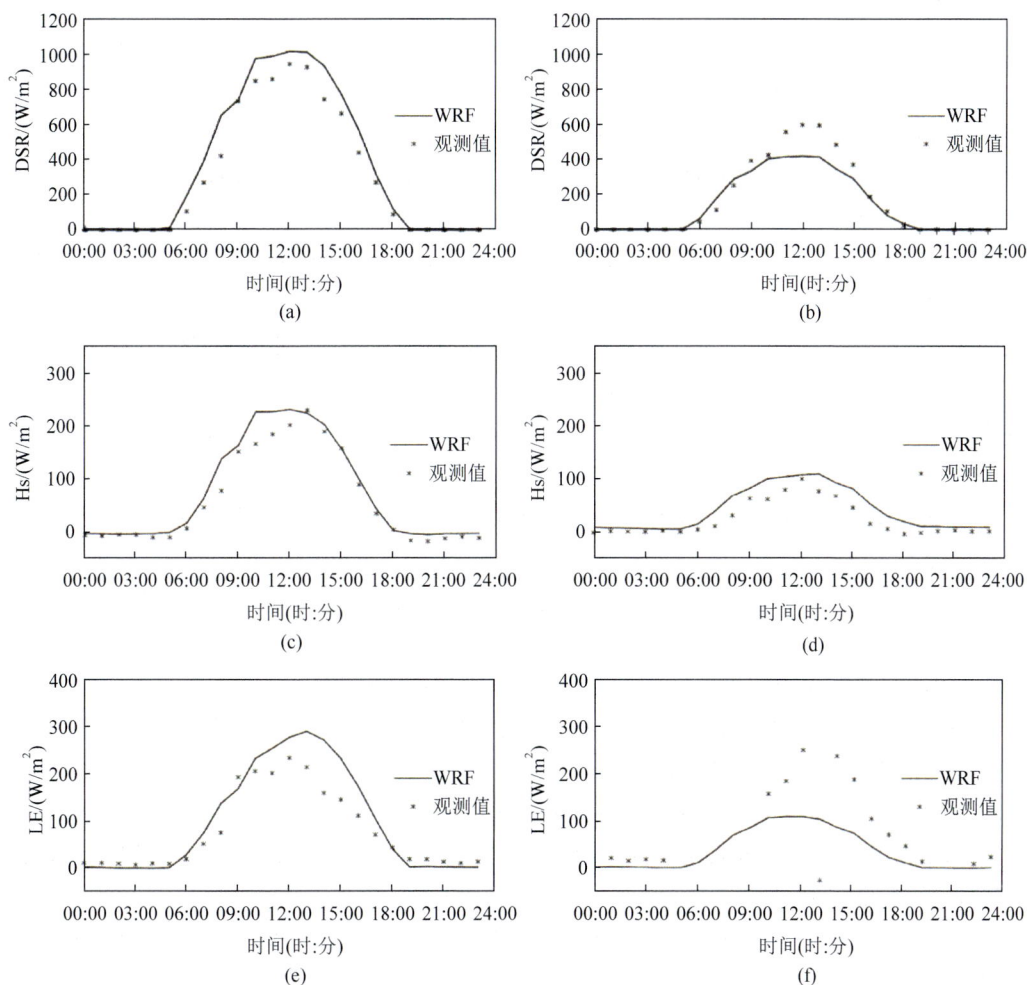

图 4.26　观测地区季风不同位相期间太阳短波辐射（DSR）、感热通量（Hs）和潜热通量（LE）日变化的模拟

参考文献

陈萍, 李波. 2018. 藏东南水汽输送特征分析及其影响. 南方农业, 12(9): 124-125.

戴加洗. 1990. 青藏高原气候. 北京: 气象出版社.

伏薇, 李茂善, 阴蜀城, 等. 2022. 西风南支与高原季风环流场下青藏高原大气边界层结构研究. 高原气象, 41(1): 190-203.

高登义. 2008. 雅鲁藏布江水汽通道考察研究. 自然杂志, (5): 59-61.

高登义, 邹捍, 王维. 1985. 雅鲁藏布江水汽通道对降水的影响. 山地研究, 3(4): 239-248.

黄荣辉, 黄刚, 任保华. 1999. 东亚夏季风的研究进展及其需进一步研究的问题. 大气科学, 23(2): 129-141.

黄荣辉, 张代洲, 黄刚, 等. 1998. 夏季东亚季风区水汽输送特征及其与南亚季风区水汽输送的差别. 大气科学, 22(4): 460-469.

李崇银. 1995. 气候动力学引论. 北京: 气象出版社.

李斐, 邹捍, 周立波, 等. 2017. WRF 模式中边界层参数化方案在藏东南复杂下垫面适用性研究. 高原气象, 36(2): 340-357.

李宏毅, 肖子牛, 朱玉祥. 2018. 藏东南地区草地下垫面湍流通量和辐射平衡各分量的变化特征. 高原气象, (4): 923-935.

孟庆博, 刘艳丽, 鞠琴, 等. 2021. 雅鲁藏布江流域近 18 年来植被变化及其对气候变化的响应. 南水北调与水利科技(中英文), 19(3): 539-550.

齐冬梅, 李跃清, 白莹莹, 等. 2009. 高原夏季风指数的定义及其特征分析. 高原山地气象研究, 29(4): 1-9.

王灵芝, 李茂善, 吕钊, 等. 2021. 藏东南峡谷地区不同下垫面地表通量变化特征及其与降水的关系. 高原气象, (1): 1-13.

王少影, 张宇, 吕世华, 等. 2012. 玛曲高寒草甸地表辐射与能量收支的季节变化. 高原气象, 31(3): 605-614.

王绍武, 赵宗慈, 龚道溢, 等. 2005. 现代气候学概论. 北京: 气象出版社.

徐祥德, 陶诗言, 王继志, 等. 2002. 青藏高原 – 季风水汽输送 "大三角扇型" 影响域特征与中国区域旱涝异常的关系. 气象学报, (3): 257-266, 385.

杨逸畴. 1999. 雅鲁藏布大峡谷科学考察. 科技导报, (7): 51-54.

周立波, 邹捍, 马舒坡, 等. 2010. 喜马拉雅山地区地气间物质交换及其与南亚夏季风的联系. 气候与环境研究, 15(3): 289-294.

周立波, 邹捍, 马舒坡, 等. 2007. 南亚夏季风对珠穆朗玛峰北坡地面风场的影响. 高原气象, 26(6): 1173-1186.

周天军, 高晶, 赵寅, 等. 2019. 影响 "亚洲水塔" 的水汽输送过程. 中国科学院院刊, 34(11): 1210-1219.

Adler R F, Huffman G J, Chang A, et al. 2003. The version2 Global Precipitation Climatology Project(GPCP) monthly precipitation analysis(1979 Present). Journal of Hydrometeorology, 4(60): 1147-1167.

Chen F, Dudhia J. 2001. Coupling an advanced land surface-hydrology model with the Penn State-NCAR

MM5 modeling system. Part I: Model implementation and sensitivity. Monthly Weather Review, 129: 569-585.

Dickinson R E, Oleson K W, Bonan G, et al. 2006. The Community Land Model and its climate statistics as a component of the Community Climate System Model. Journal of Climate, 19(11): 2302-2324.

Garratt J R, Francey R J. 1978. Bulk characteristics of heat transfer in the unstable, baroclinic atmospheric boundary layer. Boundary-Layer Meteorology, 15(4): 399-421.

Hogue T S, Bastidas L, Gupta H, et al. 2005. Evaluation and transferability of the Noah land surface model in semiarid environments. Journal of Hydrometeorology, 6(1): 68-84.

Hong S Y, Noh Y, Dudhia J. 2006. A new vertical diffusion package with an explicit treatment of entrainment processes. Monthly Weather Review, 134: 2318-2341.

Hopwood W P. 1995. Surface transfer of heat and momentum over an inhomogeneous vegetated land surface. Quarterly Journal of the Royal Meteorological Society, 121(527): 1549-1574.

Iacono M J, Delamere J S, Mlawer E J, et al. 2008. Radiative forcing by long-lived greenhouse gases: Calculations with the AER radiative transfer models. Journal of Geophysical Research-Earth Surface, 113: D13103.

Jiménez P, Dudhia J, González-Rouco J, et al. 2012. A revised scheme for the WRF surface layer formulation. Monthly Weather Review, 140: 898-918.

Kain J S. 2004. The kain-fritsch convective parameterization: An update. Journal of Applied Meteorology and Climatology, 43: 170-181.

Kanda M, Kanega M, Kawai T, et al. 2007. Roughness lengths for momentum and heat derived from outdoor urban scale models. Journal of Applied Meteorology and Climatology, 46(7): 1067-1079.

Ma S P, Zhou L B, Li F, et al. 2020. Evaluation of WRF land surface schemes in land-atmosphere exchange simulations over grassland in Southeast Tibet. Atmospheric Research, 234: 104739.

Ma S P, Zhou L B, Li F, et al. 2022. Evaluation of thermal roughness schemes in surface heat transfer simulations over the Southeast Tibet. Atmospheric Research, 270: 106055.

Martano P. 2000. Estimation of surface roughness length and displacement height from single-level sonic anemometer data. Journal of Applied Meteorology, 39(5): 708-715.

Mass C, Ovens D. 2011. Fixing WRF's high speed wind bias: A new subgrid scale drag parameterization and the role of detailed verification//24th Conference on Weather and Forecasting and 20th Conference on Numerical Weather Prediction. Seattle: 91st American Meteorological Society Annual Meeting.

Mauder M, Foken T. 2015. Documentation and Instruction Manual of the Eddy-covariance Software Package TK3. http://www.bayceer.uni-bayreuth.de/mm/de/software/soft-ware/software_dl.php. [2021-01-13].

Monteith J L. 2008. An empirical method for estimating long-wave radiation exchanges in the British Isles. Quarterly Journal of the Royal Meteorological Society, 87(372): 171-179.

Sodergren A H, McDonald A J, Bodeker G E. 2018. An energy balance model exploration of the impacts of interactions between surface albedo, cloud cover and water vapor on polar amplification. Climate Dynamic, 51(5): 1639-1658.

Thompson G, Field P R, Rasmussen RM, et al. 2008. Explicit forecasts of winter precipitation using an improved bulk microphysics scheme. Part II: Implementation of a new snow parameterization. Monthly Weather Review, 136: 5095-5115.

Webster P J, Yang S. 1992. Monsoon and ENSO: Selectively interactive systems. Quarterly Journal of the Royal Meteorological Society, 18: 877-926.

Wiernga J. 1993. Representative roughness parameters for homogeneous terrain. Boundary-Layer Meteorology, 63(4): 323-363.

Xie P, Arkin P A. 1997. Global precipitation: A 17-year monthly analysis based on gauge observations, satellite estimates, and numerical model outputs. Bulletin of the American Meteorological Society, 78(11): 2539-2558.

Yang K, Rasmy M, Rauniyar S, et al. 2007a. Initial CEOP-based review of the prediction skill of operational general circulation models and land surface models. Journal of the Meteorological Society of Japan, (85): 99-116.

Yang K, Watanabe T, Koike T, et al. 2007b. Auto-calibration system developed to assimilate AMSR-E data into a land surface model for estimating soil moisture and the surface energy budget. Journal of the Meteorological Society of Japan, (85): 229-242.

Zeng X, Wang Z, Wang A. 2012. Surface skin temperature and the interplay between sensible and ground heat fluxes over arid regions. Journal of Hydrometeorology, 13(4): 1359-1370.

Zhao H X, Moore G W K. 2004. On the relationship between Tibetan snow cover, the Tibetan Plateau monsoon and the Indian summer monsoon. Geophysical Research Letters, 31: L14204.

Zhou L B, Zhu J H, Zou H, et al. 2013. Atmospheric moisture distribution and transport over the Tibetan Plateau and the impacts of the South Asian summer monsoon. Acta Meteorological Sinica, 27(6): 819-831.

Zhou L B, Zou H S, Ma S P, et al. 2015. The observed impacts of South Asian summer monsoon on the local atmosphere and the near-surface turbulent heat exchange over the Southeast Tibet. Journal of Geophysical Research, 120: D022928.

Zhou L B, Zou H, Ma S P, et al. 2008. Study on impact of the South Asian summer monsoon on the down-valley wind on the north slope of Mt. Everest. Geophysical Research Letters, 35: L14811.

Zhou L B, Zou H, Ma S P, et al. 2012. Observed impact of the South Asian summer monsoon on the local meteorology in the Himalayas. Acta Meteorological Sinica, 26(2): 205-215.

Zou H, Li P, Ma S P, et al. 2012. The local atmosphere and the turbulent heat transfer in the eastern Himalayas. Advances in Atmospheric Sciences, 29(3): 435-440.

第 5 章

藏东南地区冰川变化趋势与物质平衡

冰川为冰冻圈重要的组成因素之一，由于对气候变化的强烈敏感性，其面积变化已经成为研究高海拔地区气候变化的指示器（Vaughan et al.，2013）。中国西部由于地壳强烈隆升而形成诸多山地高原，其部分地区海拔高于雪线，从而发育出众多的冰川（施雅风和刘时银，2000）。作为地形主体的青藏高原，平均海拔高于 4000 m，冬季干冷漫长、夏季温凉多雨的特殊气候均为现代冰川的发育提供了优质的自然条件，使得中国成为中低纬度山地冰川最广布的国家（Yao et al.，2012；施雅风，2005）。总体说来，冰川主要分布在青藏高原及周边地区，青藏高原发育着 36793 条现代冰川，冰川面积 49873.44 km^2，冰储量 4561 km^3，分别占中国冰川总条数的 79.5%、冰川总面积的 84% 和冰储量的 81.6%（叶庆华等，2016）。这些冰川分为海洋性冰川（占中国冰川面积的 22%，分布于青藏高原东南部）、亚大陆性冰川（占中国冰川面积的 46%，分布在青藏高原东南部、东北部及高原南缘和天山）、极大陆性冰川（占中国冰川面积的 32%，主要分布在青藏高原西部）3 类（施雅风和刘时银，2000；邬光剑等，2019）。

全球气温的升高导致冰川融化加剧，从而使冰川厚度普遍减薄（Lee et al.，2013；Racoviteanu et al.，2014；Brun et al.，2017）以及冰川面积普遍退缩（Bown et al.，2008；Mehta et al.，2013），气候条件的快速变化导致冰川物质平衡随之发生变化（Jakob et al.，2020）。最新的全球表面温度观测数据集（Xu et al.，2018；Yun et al.，2019）估计，1900～2017 年全球陆地平均表面温度升高趋势为（1.00±0.06）℃/100a（严中伟等，2020），2010～2019 年高亚洲地区的冰川物质平衡平均损失达到（−27.9±2.4）Gt/a，对海平面上升的贡献率达到（0.048±0.004）mm/a（Jakob et al.，2020）。

5.1　藏东南地区冰川特点

藏东南地区主要是指念青唐古拉山东段和喜马拉雅山东段部分，区域内冰川数量众多。根据 Randolph 冰川目录（Randolph Glacier Inventory，RGI）6.0 版，藏东南地区冰川数量超过 8500 条，其中大多为海洋性冰川。藏东南地区不同于干旱的西藏阿里及藏北地区，其是相对潮湿温润的，来自印度洋的暖湿气流能轻松越过海拔并不高的藏南地区进而进入藏东腹地，给该区域带来大量的水汽形成降水，这样日积月累，使得藏东南地区的山峰雪线都普遍偏低，甚至有些海拔仅有 5000 m 左右的山峰都会有少量的悬冰川发育，这种现象在其他同纬度地区并不多见（王仕哲，2019）。该区域内冰川表现出季风海洋性冰川的特征，海洋性冰川受气候变化影响显著，消融速度快。该区域冰川活动剧烈，融水众多，也因此产生了数量众多的冰湖，是整个青藏高原冰湖分布最为广泛的区域（王仕哲，2019；韩德祥，2020），藏东南地区的地理位置及冰川分布见图 5.1。

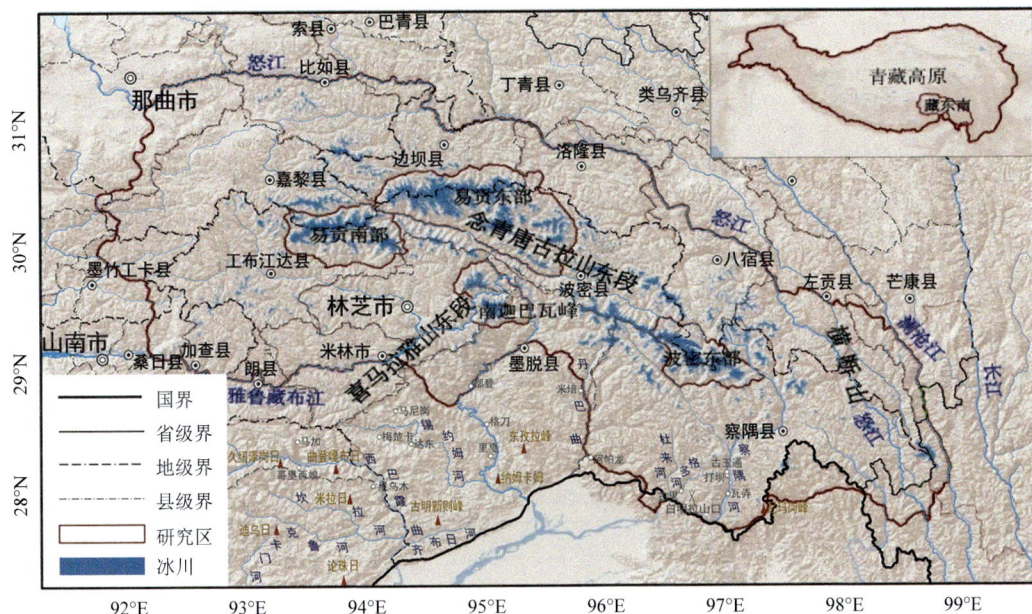

图 5.1　藏东南地区的地理位置及冰川分布

粗线为藏东南地区的空间范围；细线为藏东南地区四个冰川集中分布的子区域

5.2　藏东南地区冰川面积变化趋势

叶庆华等（2016）指出，2003～2009 年青藏高原冰川面积持续减少，青藏高原冰面高程的平均变化为（−0.24±0.03）m/a，冰川消融量的平均变化为（−14.86±11.88）km³/a，冰川消融呈现从青藏高原东、南外缘山区往内陆与西、北部山区减慢的时空特征（拉巴卓玛和喻薛凝，2020）。

第二次青藏高原综合科学考察研究采用多时相 Landsat 影像和多源数字高程模型数据为主要数据源，提取 2000～2021 年藏东南地区米堆冰川和雅弄冰川面积数据集，并对面积变化进行了统计。

图 5.2 为 2000～2021 年米堆冰川面积随时间的变化趋势，由于受到云覆盖的影响，部分年份冰川数据没有成功获取到。由图 5.2 可以看出，22 年间，米堆冰川的面积变化呈波浪形，但总体来讲呈现面积下降的趋势，在 2014 年呈现了一个极小值。图 5.3 为雅弄冰川长时间序列面积变化，变化趋势与米堆冰川相似。

图 5.4 和图 5.5 为 2021 年和 2000 年米堆冰川和雅弄冰川的分布图，可以明显看出相对 2000 年的冰川面积，两个冰川都有缩减。

图 5.2 米堆冰川长时间序列面积变化

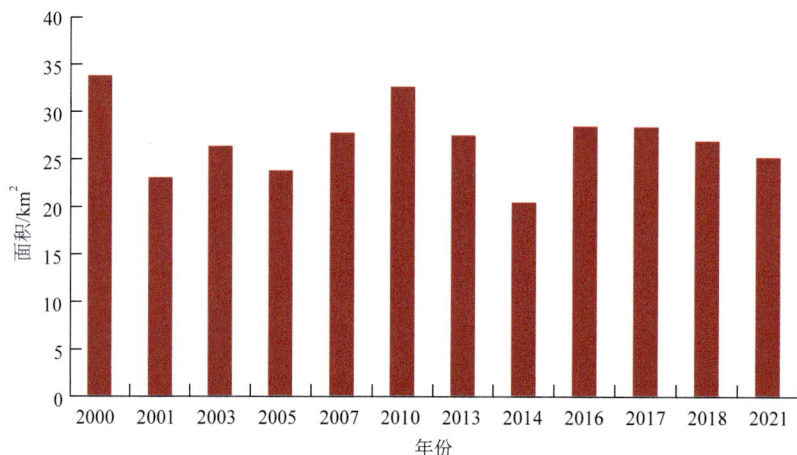

图 5.3 雅弄冰川长时间序列面积变化

国内外的学者也对藏东南冰川的变化做了大量研究。其中，张静潇（2019）以多时相 Landsat 影像和多源数字高程模型数据为主要数据源，提取 1995 年、2005 年和 2015 年冰川范围及冰川分类数据集，从冰川规模、高程、坡向和表碛覆盖程度四个方面对

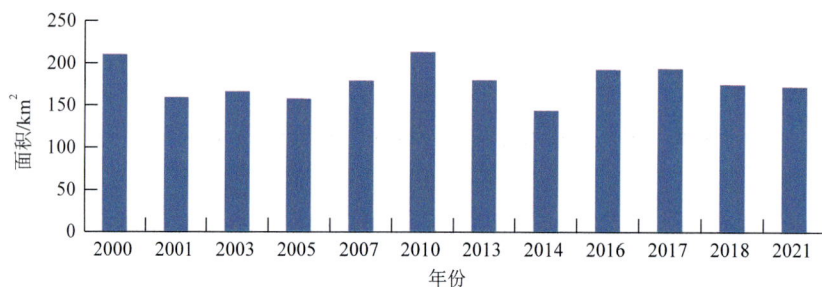

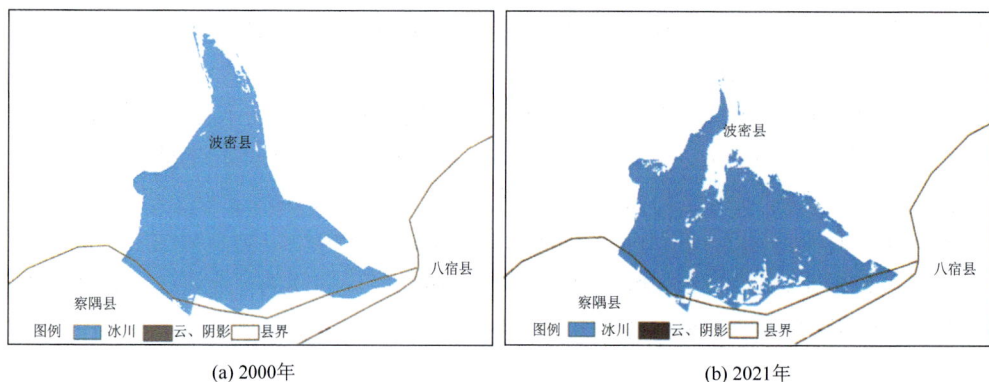

(a) 2000年   (b) 2021年

图 5.4 2000 年（a）和 2021 年（b）米堆冰川分布对比

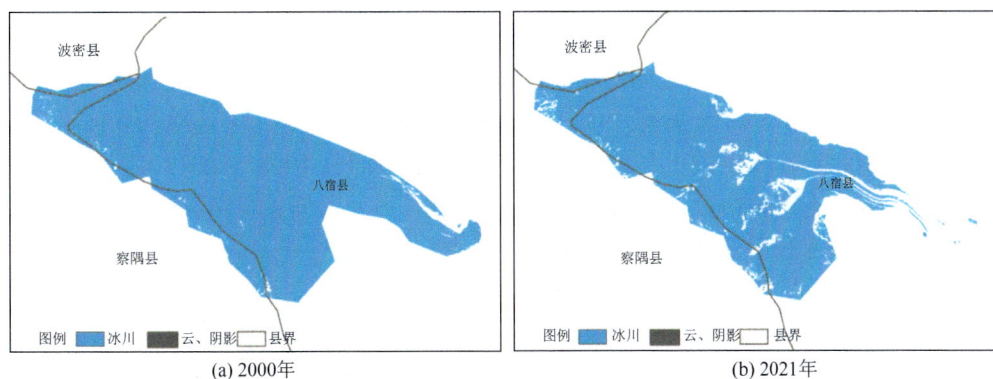

(a) 2000 年　　　　　　　　　　　　　　　　　(b) 2021 年

图 5.5　2000 年（a）和 2021 年（b）雅弄冰川分布对比

藏东南地区的冰川分布和变化特征进行了分析，结果表明，2015 年藏东南地区冰川总面积为 7102.72 km²，藏东南地区冰川在 1995～2015 年呈现退缩趋势，退缩面积比例达到 29.9%，退缩速率为 142.10 km²/a；并且 1995～2015 年，规模 <1 km² 的冰川数量减少最多，占冰川变化总数量的 89.3%；冰川规模对冰川面积的绝对和相对变化有重要的影响，冰川规模越大，绝对面积变化越大，相对面积变化越小；1995～2015 年，表碛覆盖冰川和无表碛覆盖冰川均呈现退缩趋势，无表碛覆盖冰川的绝对退缩面积较大，表碛覆盖冰川的相对退缩面积较大，即藏东南地区表碛覆盖冰川的退缩更加剧烈，其中，稀疏表碛覆盖冰川的绝对退缩面积速率最高（112.81 km²/a），且 2005～2015 年呈现加快趋势。

Wu 等（2018）的研究表明，受印度季风影响的喜马拉雅山脉及青藏高原东南部呈现最强烈冰川萎缩，其特点是冰川末端强烈退缩、冰川面积急剧缩小、冰川物质平衡呈强烈负平衡。与研究区冰川纬度相近的青藏高原其他区域以及研究区内的典型冰川相比较，2000～2016 年位于念青唐古拉山脉的古仁冰川和帕隆 94 号冰川处于退缩状态；西藏东部岗日嘎布区域分布着众多冰川，著名的然乌湖上游的雅弄冰川就分布于此，有研究表明，该区域冰川损失严重（Wu et al.，2018），2000～2014 年该区域冰川物质每年损失（0.71±0.10）m w.e.（Yagoub et al.，2018）；1976～2013 年冬克玛底冰川每年以（0.31±0.04）km² 的线性速率萎缩；2003～2008 年，位于青藏高原中部的冰川表面高程每年下降 0.56m（Yao et al.，2019）；1987～2018 年位于喜马拉雅山脉的 50251B0048 和 50251B0044 冰川面积变化率分别为 –0.578% 和 –0.497%，冰川下游冰湖明显扩大，冰湖溃决隐患增大。

由于大量降水的补给，相比于其他地区同等规模的冰川，藏东南地区的冰川运动较快。王仕哲（2019）采用 2017 年 11 月～2018 年 11 月的 Sentinel-1 数据，对一年之内 10 个时间段的冰川流速进行估算。结果显示，研究区域冰川流速在 200 m/a 左右很常见，最大流速在 300 m/a 以上，其中冰舌区域的流速为每年一二百米。

5.3　藏东南地区冰川变化原因

降水和气温是影响冰川运动最重要的因素。近几十年来，青藏高原及周边地区绝大部分地区都经历了显著的变暖。1955～1996年，青藏高原气温上升速率为0.16℃/10a，大大高于同期北半球气温的上升速率（0.054℃/10a）；而且1998～2013年，青藏高原气温的上升速率达到0.25℃/10a（Yao et al.，2019）。另外，气象观测资料表明，近几十年来青藏高原南部和东部地区降水量呈弱的减少趋势（Yang et al.，2014；Thompson et al.，2018），这也进一步加强了这些地区冰川的退缩趋势（王宁练等，2019）。虽然冰川变化与气候要素有一定的关系，但是进入21世纪后冰川融化速度超乎寻常，有研究表明，冰川与气候的不平衡性越来越强，即使气候保持稳定，冰川质量也会继续下降，气温升高会加速冰川消融（Yao et al.，2012），IPCC第五次评估报告同样指出，即使气温没有进一步上升，未来的冰川仍将继续缩小（拉巴卓玛和喻薛凝，2020）。同时，在气温升高的背景下，近年来由于印度季风带来的降水量减少，分布在这一区域的冰川长度、面积和厚度都有所减少，如高原南部喜马拉雅山脉及藏东南地区一带的冰川，受印度季风影响较少的高原内部冰川退缩幅度较小，如唐古拉山及羌塘高原一带的冰川（拉巴卓玛和喻薛凝，2020；张冬梅和张莉，2019）。

在时间范围上，气候影响冰川运动最直观的现象是冰川流速的季节性变化，冰川一般在雨季和温度较高的夏季比在冬季流速大，而在空间范围上，冰川的流速大小则跟冰川的局部气候及冰川的类型有关。由降水量和温度的数据可知，横断山区和藏东南地区有先天的气候优势，温度较高、降水量较大，也导致藏东南冰川的补给较多、冰川消融较快、冰川流速较大。

5.4　藏东南地区冰川物质平衡

根据冰川分布及周边河网，藏东南地区主要包括帕隆藏布（雅鲁藏布江一级支流）流域及其周边地区（图5.1），是我国海洋性冰川分布最为集中的地区，冰川水资源储量十分丰富，同时藏东南地区也是整个青藏高原冰川消融最为剧烈的地区之一。藏东南地区的冰川主要分布在念青唐古拉山中东段、岗日嘎布山、横断山西部的伯舒拉岭以及喜马拉雅山东端的南迦巴瓦峰区域。该地区山高谷深，平均海拔超过4300 m，最高峰为喜马拉雅山东端的南迦巴瓦峰，海拔7782 m，而最低的雅鲁藏布大峡谷海拔不到500 m，最大海拔落差超过7000 m。受地形影响，藏东南地区形成了罕见的水汽通道，降水丰沛，是整个青藏高原最为湿润的地区，喜马拉雅山脉及岗日嘎布山以南地区年降水量在1000 mm以上；念青唐古拉山南麓的察隅、波密和易贡年降水量也在790 mm以上（林芝地区气象局，2014）。受丰沛的降水和高海拔带来的低温影响，藏东南地区发育有数量众多和规模宏大的海洋性冰川，冰川总面积超过7000 km^2（数据来源于RGI 6.0）。

联合ICESat数据（2003～2008年）、DEM数据（2010年和2014年）、CryoSat-2

数据（2011 ～ 2020 年）和 ICESat-2 数据（2019 ～ 2020 年），可得到将近 20 年（2003 ～ 2020 年）的冰川表面高程变化时间序列，再通过冰川质量－体积转换因子[冰川密度：$(900 \pm 17)\,kg/m^3$]，即可将其转化为冰川物质平衡时间序列（图 5.6）（Zhao et al.，2022）。2003 ～ 2020 年，藏东南地区的冰川表面高程变化速率为 $(-0.73 \pm 0.02)\,m/a$，冰川物质平衡为 $(-0.66 \pm 0.02)\,m\ w.e./a$，相当于每年损失 48.6 亿 t 冰川水资源。另外，通过 2019 年的 ICESat-2 数据与 2000 年的 NASA DEM 数据，同样可得到 2000 ～ 2019 年整个藏东南地区的冰川表面高程变化值 $[(-0.71 \pm 0.18)\,m/a]$ 以及四个子区域的值，整体结果如表 5.1 所示。

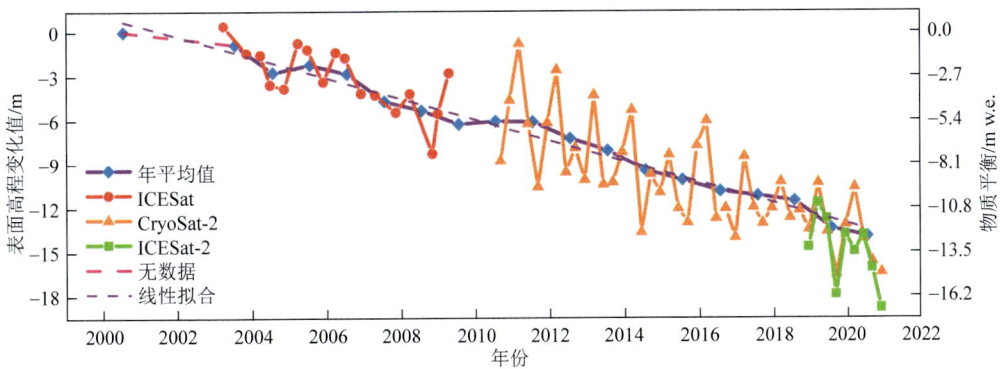

图 5.6　2000 ～ 2020 年藏东南地区冰川物质平衡时间序列（Zhao et al.，2022）

表 5.1　藏东南地区及其子区域的冰川表面高程变化值统计信息（Zhao et al.，2022）

区域	冰川面积 /km²	高程变化速率 (2000 ～ 2019 年) /(m/a)	质量收支 (2000 ～ 2019 年) /(Gt/a)	高程变化速率 (2011 ～ 2020 年) /(m/a)	质量收支 (2011 ～ 2020 年) /(Gt/a)
藏东南	7408	−0.71 ± 0.18	−4.72 ± 1.18	−0.83 ± 0.04	−5.53 ± 0.27
易贡东部	1957	−0.70 ± 0.18	−1.24 ± 0.31	−0.85 ± 0.22	−1.49 ± 0.39
易贡南部	899	−0.51 ± 0.13	−0.41 ± 0.10	−0.66 ± 0.32	−0.53 ± 0.26
南迦巴瓦峰	298	−0.61 ± 0.15	−0.16 ± 0.04	−0.89 ± 0.33	−0.24 ± 0.09
波密东部	829	−1.16 ± 0.29	−0.89 ± 0.22	−1.14 ± 0.28	−0.87 ± 0.21

通过高空间覆盖范围的 ICESat-2 数据，可分析藏东南地区冰川物质平衡的空间分布特征（图 5.7）。在 0.5°×0.5° 的网格尺度，藏东南地区冰川物质损失最严重的区域位于横断山区域（藏东南地区的东北部），2000 ～ 2019 年物质平衡速率达到了 $(-1.29 \pm 0.32)\,m\ w.e./a$；藏东南地区东部的冰川物质损失比其西部地区要快很多，东部区域的表面高程变化速率约为 –0.9 m/a，而西部区域的表面高程变化速率则为 –0.5 m/a；此外，藏东南地区成片分布的大型冰川的表面高程变化速率要低于周边零星分布的小型冰川的变化速率。

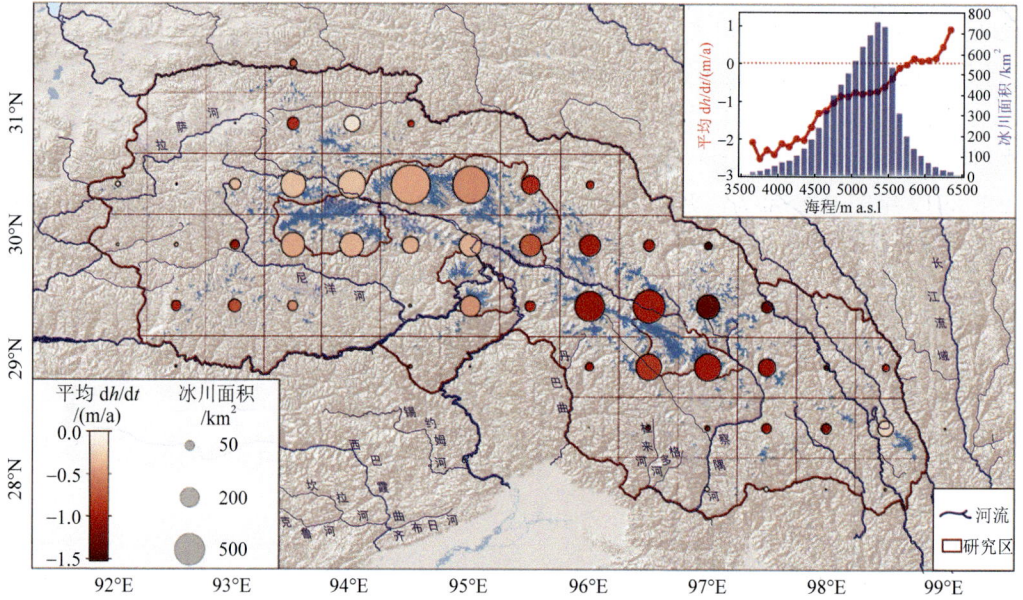

图 5.7 藏东南地区冰川表面高程变化空间分布（0.5°×0.5° 网格）（Zhao et al.，2022）

圆的大小代表每个网格内冰川的面积；圆的颜色代表每个网格内冰川表面高程变化值。

右上角的小图表示藏东南地区冰川面积和冰川表面高程变化随海拔的变化情况

参考文献

韩德祥 . 2020. 藏东南冰湖变化及其危险性评价 . 青岛：山东科技大学 .

拉巴卓玛, 喻薛凝 . 2020. 1976-2019 年西藏杰玛央宗冰川变化遥感监测 . 高原科学研究, 3(12)：17-29, 54.

林芝地区气象局 . 2014. 西藏林芝地区气象志 . 成都：四川科学技术出版社 .

施雅风 . 2000. 中国冰川与环境：现在、过去和未来 . 北京：科学出版社 .

施雅风 . 2005. 简明中国冰川目录 . 上海：上海科学普及出版社 .

施雅风, 刘时银 . 2000. 中国冰川对 21 世纪全球变暖响应的预 . 科学通报, 45(4)：434-438.

王宁练, 姚檀栋, 徐柏青, 等 . 2019. 全球变暖背景下青藏高原及周边地区冰川变化的时空格局与趋势
    及影响 . 中国科学院院刊, 34(11)：1220-1232.

王仕哲 . 2019. 青藏高原冰川流速估算 . 南京：南京大学 .

邬光剑, 姚檀栋, 王伟财, 等 . 2019. 青藏高原及周边地区的冰川灾害 . "亚洲水塔"的影响及应对 . 中
    国科学院院刊, 34 (11)：1285-1292.

严中伟, 丁一汇, 翟盘茂, 等 . 2020. 近百年中国气候变暖趋势之再评估 . 气象学报, 78(3)：370-378.

叶庆华, 程维明, 赵永利, 等 . 2016. 青藏高原冰川变化遥感监测研究综述 . 地球信息科学学报, 18(7)：
    920-930.

张冬梅, 张莉 . 2019. 对话姚檀栋：走近第二次青藏高原综合科学考察 . 科学通报, 64(27)：2765-2769.

张静潇 . 2019. 基于遥感数据的藏东南冰川和湖泊动态变化监测及其对气候变化的响应研究 . 北京：中

国科学院遥感与数字地球研究所.

Bown F, Rivera A, Acuña C. 2008. Recent glacier variations at the Aconcagua Basin, central Chilean Andes. Annals of Glaciology, 48: 43-48.

Brun F, Berthier E, Wagnon P, et al. 2017. A spatially resolved estimate of High Mountain Asia glacier mass balances from 2000 to 2016. Nature Geoscience, 10: 668-673.

Jakob L, Gourmelen N, Ewart M, et al. 2020. Ice loss in High Mountain Asia and the Gulf of Alaska observed by CryoSat-2 swath altimetry between 2010 and 2019. The Cryosphere, 15: 1845-1862.

Lee H, Shum C K, Tseng K H, et al. 2013. Elevation changes of Bering Glacier System, Alaska, from 1992 to 2010, observed by satellite radar altimetry. Remote Sensing of Environment, 132: 40-48.

Mehta M, Dobhal D P, Pratap B, et al. 2013. Glacier changes in Upper Tons River Basin, Garhwal Himalaya, Uttarakhand, India. Ztschrift Für Geomorphologie, 57(2): 225-244.

Racoviteanu A, Arnaud Y, Williams M, et al. 2014. Spatial patterns in glacier area and elevation changes from 1962 to 2006 in the monsoon-influenced eastern Himalaya. The Cryosphere, 8(4): 3949-3998.

Thompson L G, Yao T, Davis M E, et al. 2018. Ice core records of climate variability on the Third Pole with emphasis on the Guliya ice cap, western Kunlun Mountains. Quaternary Science Reviews, 188: 1-14.

Vaughan D G, Comiso J, Allison I, et al. 2013. Observations: Cryosphere. Cambridge, UK: Cambridge University Press.

Wu K P, Liu S Y, Jiang Z L, et al. 2018. Recent glacier mass balance and area changes in the Kangri Karpo Mountains from DEMs and glacier inventories. The Cryosphere, 12(1): 103-121.

Xu W H, Li Q X, Jones P, et al. 2018. A new integrated and homogenized global monthly land surface air temperature dataset for the period since 1900. Climate Dynamics, 50(7): 2513-2536.

Yagoub Y E, Li Z Q, Siddig A A H, et al. 2018. Glacier mass-balance variation in China during the past half century. Journal of Geoscience and Environment Protection, 6: 37-58.

Yang K, Wu H, Qin J, et al. 2014. Recent climate changes over the Tibetan Plateau and their impacts on energy and water cycle: A review. Global and Planetary Change, 112: 79-91.

Yao T, Thompson L, Yang W, et al. 2012. Different glacier status with atmospheric circulations in Tibetan Plateau and surroundings. Nature Climate Change, (2): 663-667.

Yao T, Xue K, Chen D, et al. 2019. Recent Third Pole's rapid warming accompanies cryospheric melt and water cycle intensification and interactions between monsoon and environment multidisciplinary approach with observations, modeling, and analysis. Bulletin of the American Meteorological Society, 100(3): 423-444.

Yun X, Huang B Y, Cheng J Y, et al. 2019. A new merge of global surface temperature datasets since the start of the 20th century. Earth System Science Data, 11(4): 1629-1643.

Zhao F, Long D, Li X, et al. 2022. Rapid glacier mass loss in the Southeastern Tibetan Plateau since the year 2000 from satellite observations. Remote Sensing of Environment, 270: 112853.

第 6 章

藏东南地区土壤温度和冻融过程
对降水变化的响应

在全球气候变化的背景下，降水也发生明显变化：气温升高加速水分蒸发，进而带来更多的降水；极端天气频繁发生，旱涝加剧（Trenberth，1998；Stocker et al.，2013；Hirabayashi et al.，2013）。青藏高原素有"亚洲水塔"之称，其冰川融水孕育了长江、黄河、雅鲁藏布江等多条亚洲大河，其水文上的重要地位也使得高原降水变化受到学界的广泛关注（Immerzeel et al.，2010）。由于降水与土壤水分的变化高度一致，当土壤水分可用的观测数据较少时，可以用降水的变化来表征土壤水分的变化，而土壤水分又与冻融的关系密不可分，因此分析降水的变化对指示冻融循环有重要意义。

作为世界上最大的高原，也是全球气候变化的敏感区，青藏高原对气候变化的响应迅速（Liu and Chen，2000）。降水在青藏高原大部分地区显著增多，但地区差异性大（Yang et al.，2011）。土壤温度显著升高，1960～2014年浅层土壤温度升幅可达0.36℃/10a（Fang et al.，2019；张文纲等，2008；Hu et al.，2019；Jin et al.，2011）。同时，青藏高原作为高海拔冰冻圈最典型的例子，其冻土在近年来经历了大面积退化（王绍令等，1996；高坛光，2020）：多年冻土区面积减小，活动层厚度增大，多年冻土的海拔下限上升，最大冻结深度减小，冻融期缩短，冻结始日延后且冻结终日提前（Cheng and Wu，2007；Luo et al.，2020）。

以往研究多将青藏高原土壤温度升高和冻土退化归结于气温升高（Jin et al.，2011；李林等，2008），而对降水的研究较少，且已有研究中大多着眼于降水的降温作用（王绍令等，1996），不同地区、不同季节的降水对冻土影响的表现可能不尽相同（蔡汉成等，2018；张明礼等，2016）。已有研究揭示，降水对土壤有增温及降温两种作用机制：在土壤冻结期，当土壤仍然处于冻结阶段时，由于降水温度接近大气温度、高于土壤温度，所以降水起增温作用，作为热源向土壤输送热量，加速冻土融化（Luo et al.，2016，2020；Douglas et al.，2020）；而在非冻结期，当土壤温度较高时，降水温度低于土壤温度，此时降水对土壤起降温作用，通过热传导以及土壤蒸发水分相变，吸收一部分土壤热量（Luo et al.，2016）。另外，降水作为土壤水分的重要来源，通过土壤的冻融过程进一步影响土壤热量的分配（Luo et al.，2020）。在土壤冻结阶段，地表热通量为负值，土壤向大气释放出热量。此时的热通量主要由两部分组成，一部分来自液态水冻结成固态水释放的相变潜热，另一部分来自土壤温度下降释放出的热量。降水越多，土壤湿度越大，将有更多液态水参与土壤的冻结，土壤的含冰量增大，此时土壤水变成冰将释放出更多的相变潜热，这使得土壤柱冷却速度变慢，土壤降温过程变慢，土壤的冻结深度更浅（Luo et al.，2020），即土壤向大气放出的热通量中相变潜热占的比例更大，土壤降温放热所占的比例更小，降水减缓了土壤的降温过程，对土壤起到增温作用（Luo et al.，2020）。在空间上，这也是相同温度带中，湿润地区土壤冻结深度浅于干旱地区土壤冻结深度的主要原因（Douglas et al.，2020）。整体来看，由于青藏高原冻土冻融期较长，随着近60年（1960～2019年）来高原降水的增加，降水对土壤主要起增温作用，加速冻土的融化（Luo et al.，2020）。但青藏高原内部气候区差异较大，藏东南地区的气候特征与高原整体存在一定的差异（李娟等，2016；王顺久等，2018），有必要进一步深入分析。

藏东南地区是位于青藏高原东南缘的典型山地地区，其下垫面有较强的非均匀性，雅鲁藏布大峡谷的存在也使得该区域成为东亚地区重要的水汽通道，其高湿的属性也使得降水对该地区的影响尤为明显（杨逸畴等，1987；高登义，2008；石磊等，2016）。现有研究表明，气温升高导致更多的水分蒸发。近年来，青藏高原整体降水增多（Trenberth，1998；Wan et al.，2017；Wang et al.，2018）；但由于印度季风的显著减弱，且藏东南地区位于季风区上，受其影响降水与整个高原趋势不同（许建伟等，2020；陈德亮等，2015）。藏东南降水的年际变化尚未有统一结论，由于选取的资料和时间段的不同，结果亦不尽相同。大多数研究认为降水量呈减少趋势（Wan et al.，2017；Wang et al.，2018；陈德亮等，2015；尼玛旦增，2018；张宏文和高艳红，2020），也有研究表明呈增加趋势（Wang et al.，2018；周天军等，2020；李林等，2010）或先升后降的趋势（邓明枫等，2017）。基于 CMIP5 的预估表明，藏东南总降水也将减少（Wang et al.，2018）。土壤水热方面，藏东南土壤温度明显升高，而土壤湿度明显下降（Luo et al.，2020）。冻结时间和最大冻结深度变化趋势在不同站点间差异明显，多数站点呈下降趋势但也有站点呈上升趋势（Luo et al.，2020）。青藏高原地域广阔，地形复杂，空间差异较大。以往的研究多着眼于整个青藏高原，有关降水和土壤水热区域特征的描述较少，且降水的改变对陆面水热特征的影响研究也较少。

　　本章内容依托专题 5“西风–季风协同作用对亚洲水塔变化的影响”，围绕“西风–季风协同作用对河谷地区降水特征的影响”以及“西风–季风协同作用对河湾区地–气过程的影响”的专题目标，详细分析 1960～2019 年藏东南地区降水时空分布特征及其变化趋势，并对该地区降水对土壤温度与冻融过程的影响作出了阐述。研究内容展示了雅鲁藏布大峡谷地形对降水分布的影响以及西风–季风变化背景下藏东南降水变化的气候特征；剖析了藏东南地区地–气相互作用中降水变化与土壤水热演变间的关系。本章研究内容对水汽通道关键区地–气相互作用进行了系统性阐释，同时对全球变化背景下未来藏东南地区降水格局变化对土壤水热及冻融的作用机制进行了进一步分析，为亚洲水塔水资源失衡决策提供了一定的科学依据。

6.1　降水、土壤温度及冻融的时空演变特征

6.1.1　降水、土壤温度及冻融多年平均特征

　　选取 1960～2019 年林芝和昌都地区 9 个气象站（图 6.1）的日降水量、0 cm 地温、土壤温度（深度为 5 cm、10 cm、15 cm 和 20 cm）、最大冻结深度、冻融期、冻结始日、融化终日、积雪深度的观测资料分析得出，藏东南地区气候湿润，降水较多，40 年间（1980～2019 年）藏东南地区年平均降水量 629.28 mm，比青藏高原整体和三江源地区多 20% 左右，比高原中最为干旱的西部羌塘地区多 3 倍（许建伟等，2020；刘晓琼等，2019；马伟东等，2020）。空间分布上，以念青唐古拉山为界，南部降水较多、北部降水较少［图 6.2（a）］。年降水最大值位于波密，为 878.11 mm；最小值位于洛隆，为

419.08 mm。波密与洛隆两个站点距离较近而降水差异较大，可能受地形影响，高大的念青唐古拉山阻挡了北上的水汽，使得迎风坡产生大量降水而背风坡空气较为干燥。另外，降水量最多的波密位于雅鲁藏布江大拐弯处，地势的剧烈变化使得气流被猛烈撞击抬升形成降水。察隅降水量次之，年降水量达到 778.60 mm，主要受印度季风影响降水较多。林芝与米林也因为地势较低且较为偏南而降水偏多，年降水量达到 695 mm 以上。而左贡、洛隆由于横断山脉阻挡水汽输送，使其降水少于其北部的丁青、类乌齐、昌都等地。

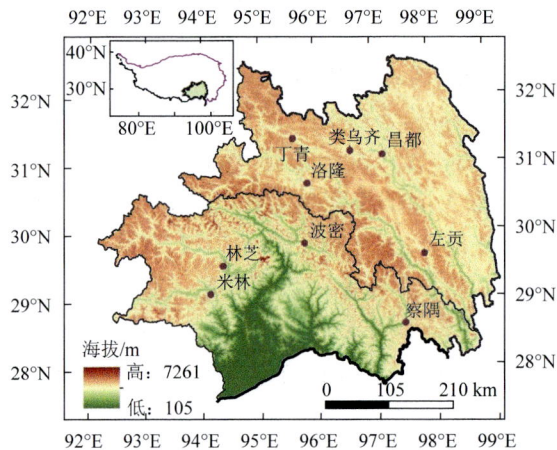

图 6.1　藏东南地区站点分布情况（董晴雪等，2022）

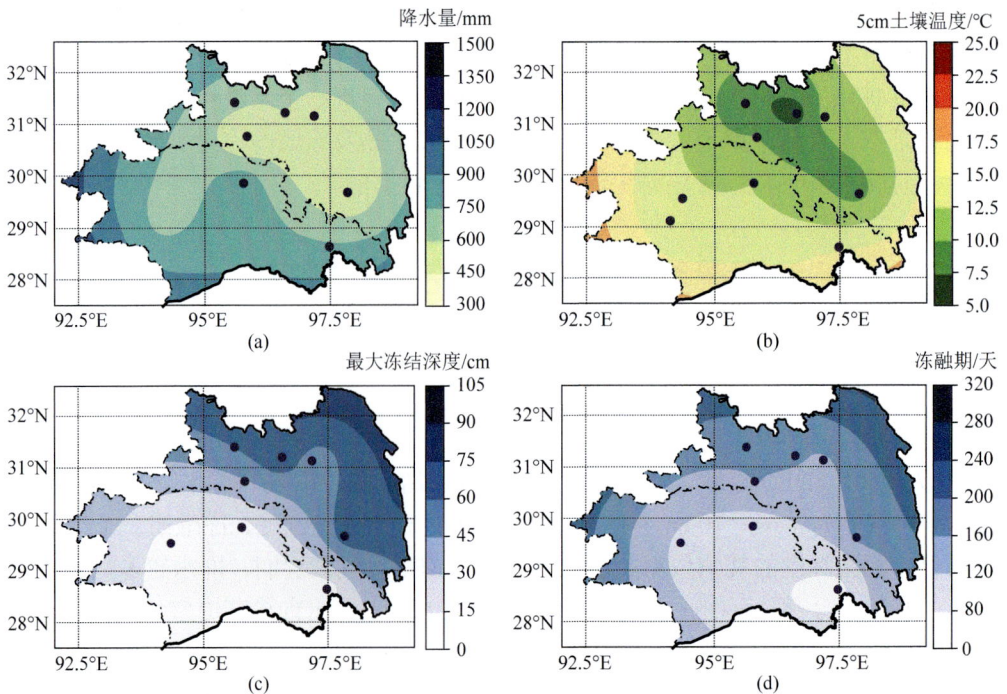

图 6.2　藏东南地区降水量、5cm 土壤温度、最大冻结深度、冻融期空间分布

1980～2014 年藏东南地区年平均 5 cm 土壤温度 8.75℃，自南向北呈递减趋势 [图 6.2(b)]。年平均 5 cm 土壤温度最高值位于察隅，为 14.75℃，最低值位于类乌齐，为 6.49℃。土壤温度分布主要受纬度和海拔的影响，如左贡站由于海拔较高所以土壤温度低于同纬度其他站点。

1980～2014 年最大冻结深度由北向南递减 [图 6.2(c)]，最大值位于类乌齐，为 75.97 cm；最小值位于察隅，为 5.80 cm。冻融期变化 [图 6.2(d)] 与最大冻结深度类似，最大值位于丁青，为 171 天；最小值位于察隅，为 65 天。冻土特征与海拔密切相关（表 6.1），丁青、类乌齐、昌都、洛隆、左贡海拔较高，最大冻结深度较深，均达到 45.00 cm 及以上，冻融期达 150 天以上，冻融自 10 月末开始 4 月结束；而波密、林芝、察隅海拔较低，最大冻结深度不足 9 cm，冻融期在 110 天以下，冻结从 11 月或 12 月开始，3 月初或 2 月上旬完全融化。

表 6.1　藏东南地区 9 个气象站基本情况及多年平均气温、降水量、土壤冻融特征（董晴雪等，2022）

站名	纬度 (°N)	经度 (°E)	海拔 /m	资料起 始年份	降水量/ mm	气温 /℃	最大冻结 深度/cm	冻融期 /天	冻结始日	融化终日
丁青	31.42	95.60	3873	1960	650.75	3.83	59.80	171	10 月 23 日	4 月 13 日
类乌齐	31.22	96.60	3810	1979	606.96	6.62	75.97	168	10 月 28 日	4 月 15 日
昌都	31.15	97.17	3315	1960	487.98	7.93	48.26	153	10 月 29 日	4 月 1 日
洛隆	30.75	95.83	3640	1979	419.08	5.93	45.00	162	10 月 25 日	4 月 6 日
波密	29.87	95.77	2736	1961	878.11	9.15	8.91	104	11 月 16 日	3 月 1 日
林芝	29.55	94.35	2992	1960	695.02	9.20	8.77	107	11 月 15 日	3 月 3 日
米林	29.13	94.13	2950	1980	696.41	8.77	—	—	—	—
左贡	29.67	97.83	3780	1978	450.61	4.88	68.29	169	10 月 23 日	4 月 11 日
察隅	28.65	97.47	2366	1969	778.60	12.18	5.80	65	12 月 6 日	2 月 10 日

6.1.2　降水、土壤温度及冻融的年际变化特征

图 6.3 为 1960～2019 年藏东南地区各站点降水量及 5 cm 土壤温度年际变化特征。总体而言，藏东南地区年降水量呈先下降后上升再下降趋势。从三次多项式拟合结果来看，多数站点在 1980 年和 2000 年前后出现拐点，可以看出在 1960～1980 年为下降趋势，1980～2000 年为上升趋势，2000～2019 年又为下降趋势。其中，各个站点的转折点出现时间差异较大。在 1960 年起始的三个站点中，丁青和昌都两个站点均在 1980 年附近由下降转为上升趋势，而林芝未见明显转折。类乌齐、洛隆、波密、米林和察隅站第二个转折点出现在 1995 年左右，而丁青、昌都、林芝和左贡站出现在 2000～2005 年。土壤温度年际变化整体为显著的上升趋势。其中，昌都、林芝出现了与降水类似的转折点。

由此分别计算降水量和 5 cm 土壤温度在 1980～2019 年、2000～2019 年的空间变化趋势（5 cm 土壤温度资料仅到 2014 年），由图 6.4(a) 和图 6.4(b) 可以看出，1980～2019 年降水量在空间上呈北部增多而南部减少的趋势。左贡、丁青两点上升趋

势较大，达到了 10 mm/10a 以上；类乌齐、昌都也呈上升趋势。这些站点海拔较高，受季风影响较弱，所以与整个青藏高原降水量增多趋势较为一致；而其余站点降水量下降，可能受印度季风减弱影响较大。2000 ~ 2019 年变化图中所有站点均呈现降水量下降，变化率也更大，6 个站点呈现出大于 10 mm/10a 的递减率；降水量下降最多的站点为米林，达到了 48.24 mm/10a。由于该地区年降水量较大，上述变化率均未通过显著性检验。该区域 1980 ~ 2014 年和 2000 ~ 2014 年 5 cm 土壤温度均呈上升趋势 [图 6.4(c) 和 (d)]，多数站点 1980 ~ 2014 年变化趋势通过了 0.05 显著性检验；而 2000 ~ 2014 年北部 5 cm 土壤温度的上升趋势更为显著，北部站点 5 cm 土壤温度上升率大于 1 ℃/10a，显示了藏东南区域对全球变暖响应迅速。

由图 6.5 和图 6.6 可以看出，藏东南地区各站点结果均指示冻土退化，具体表现为最大冻结深度减小、冻融期缩短。1980 ~ 2014 年除林芝外所有站点最大冻结深度减小、冻融期缩短。昌都、林芝、察隅三站的冻融表现出了明显的转折点，其中昌都、察隅两站总体显示冻土退化，但 1980 年前显示冻土最大冻结深度增加、冻融期增长；而林芝总体指示冻土发展，具体表现为 1960 ~ 2000 年最大冻结深度增加、冻融期增长，2000 年出现拐点开始退化。

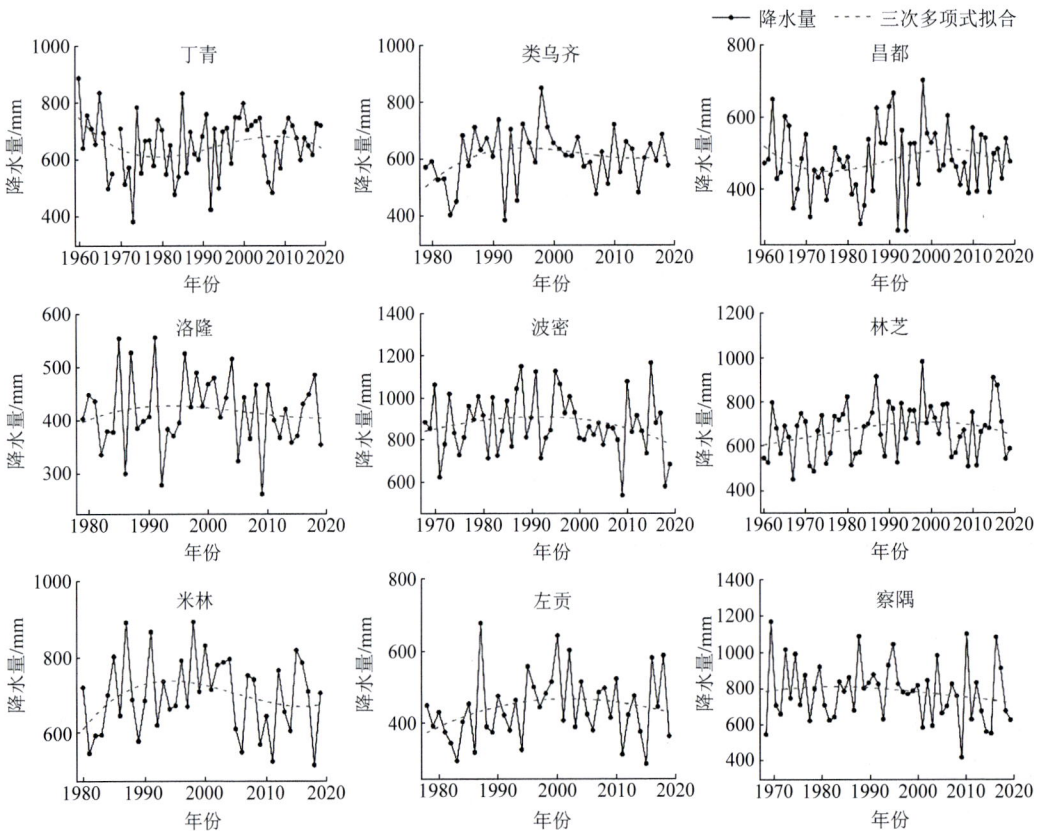

(a)

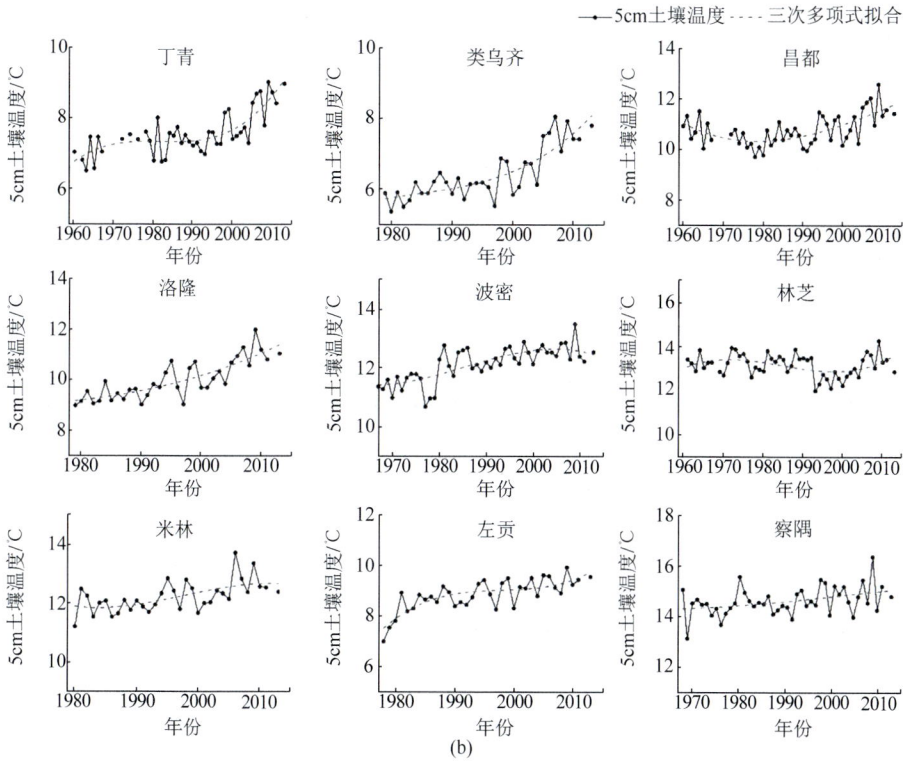

图 6.3 藏东南地区各站点降水量（a）、5cm 土壤温度（b）年际变化（董晴雪等，2022）

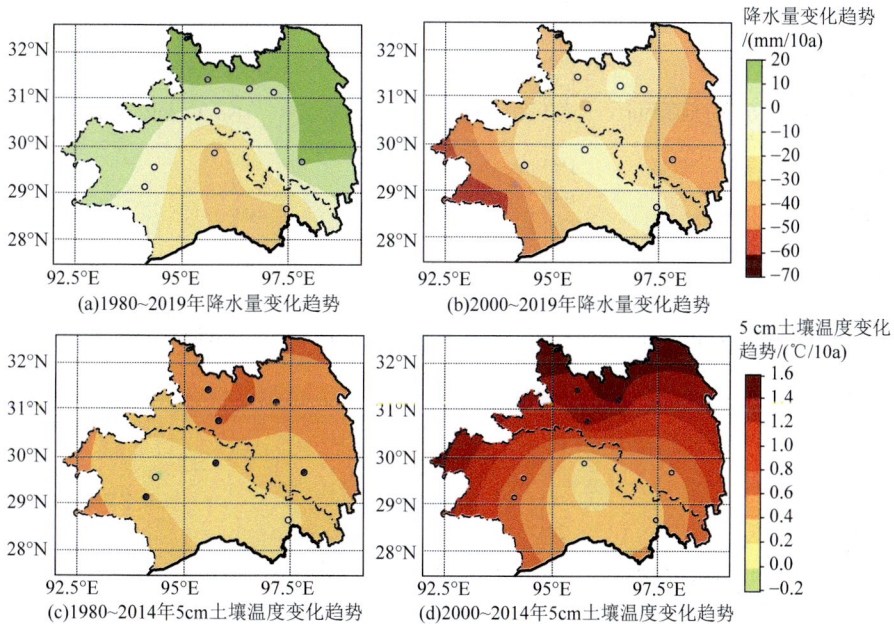

(a)1980~2019年降水量变化趋势

(b)2000~2019年降水量变化趋势

(c)1980~2014年5cm土壤温度变化趋势

(d)2000~2014年5cm土壤温度变化趋势

图 6.4 降水量、5 cm 土壤温度变化趋势空间分布

实心圆圈代表通过 0.05 显著性检验

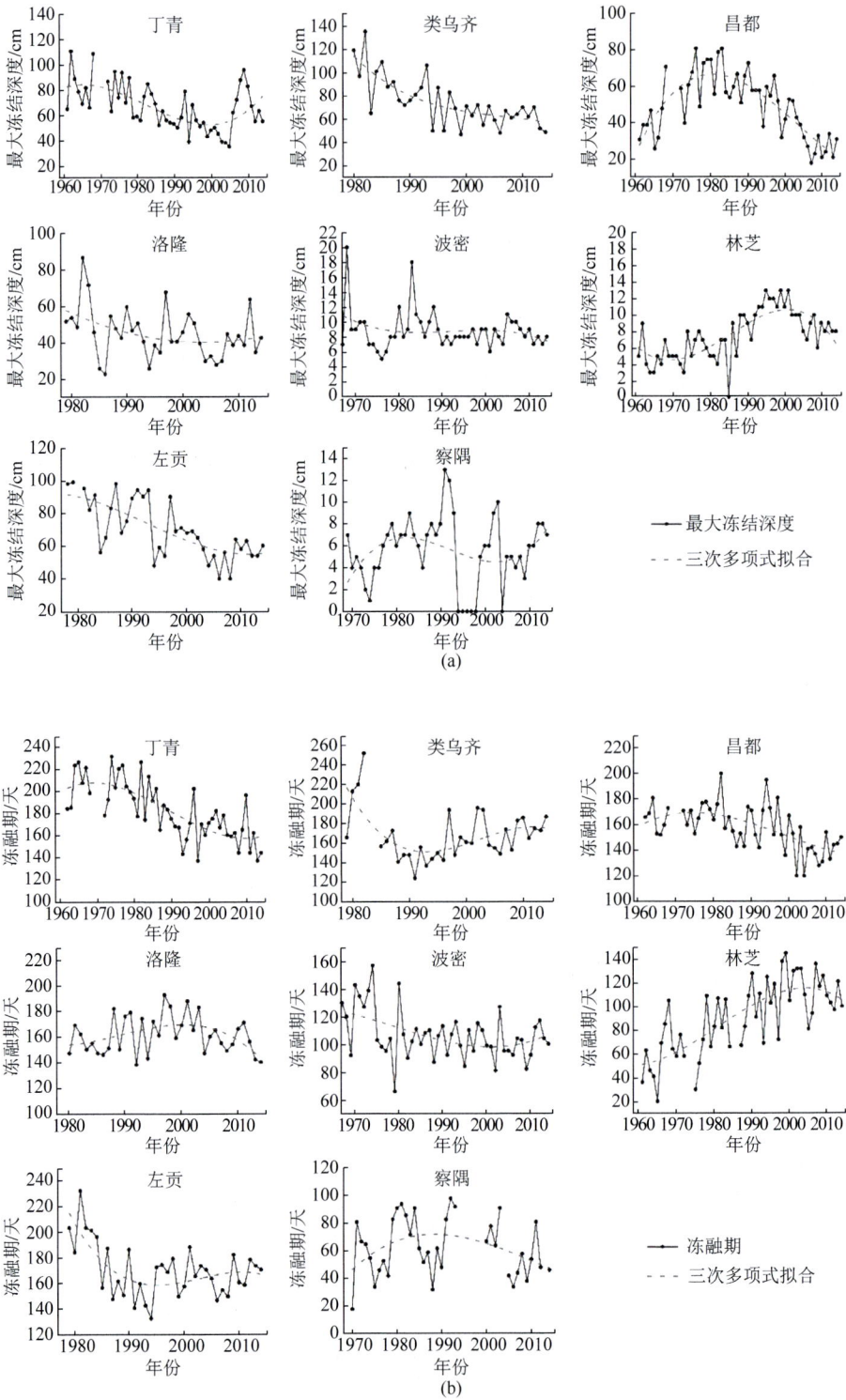

图 6.5　藏东南站点最大冻结深度（a）、冻融期（b）年际变化（董晴雪等，2022）

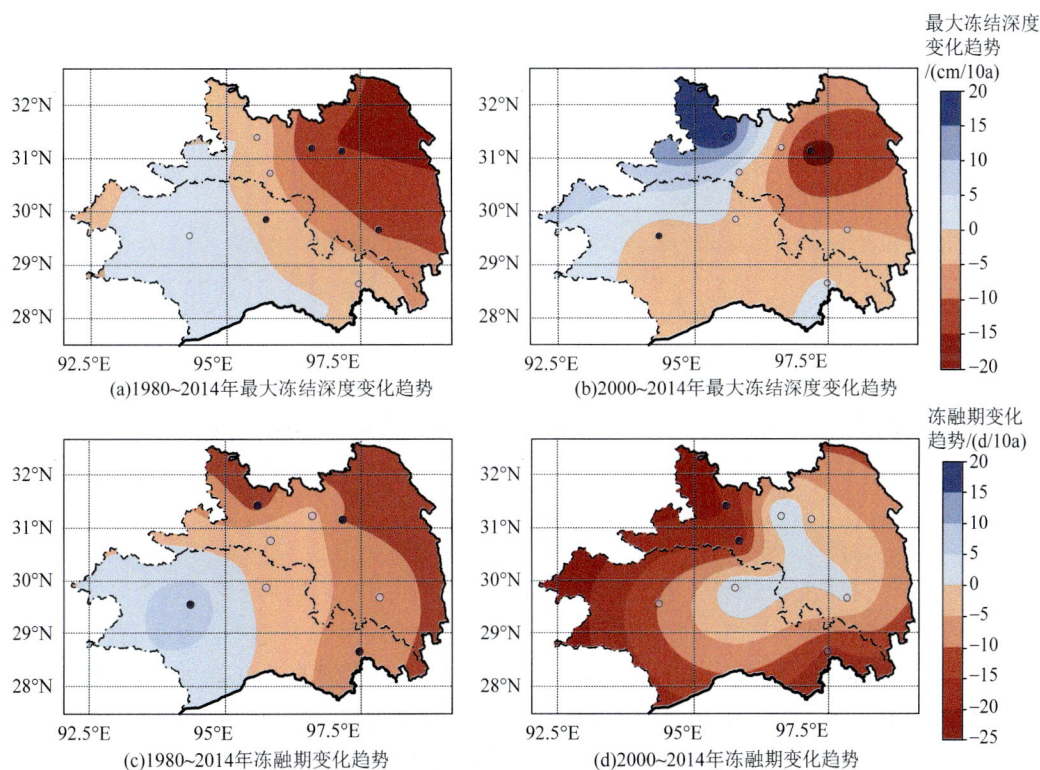

(a)1980~2014年最大冻结深度变化趋势　　　(b)2000~2014年最大冻结深度变化趋势

(c)1980~2014年冻融期变化趋势　　　(d)2000~2014年冻融期变化趋势

图 6.6　最大冻结深度、冻融期变化趋势空间分布

实心圆圈代表通过 0.05 显著性检验

6.1.3　降水季节、月际变化特征

　　如表 6.2 所示，藏东南地区降水的季节分配主要有两种类型：第一种为夏季占主导，其中 7 个站点夏季降水占全年降水的 50% 以上，其次为春季和秋季，冬季降水最少。第二种为各季节降水差异较小，春、夏、秋三季降水均较多，其中春、夏季降水均各占全年降水的 1/3 左右，主要发生在年降水最大的波密和察隅站。图 6.7 以丁青和察隅两站为例分别展示了这两种降水季节分布形态。

表 6.2　各季节降水占比　　　　　　　　　　（单位：%）

季节	降水占比								
	丁青	类乌齐	昌都	洛隆	波密	林芝	米林	左贡	察隅
春	15.26	15.85	14.58	20.21	34.20	20.68	23.77	11.68	37.41
夏	58.71	59.02	60.85	52.25	37.55	55.56	53.89	68.81	37.35
秋	23.87	23.15	23.11	24.96	23.91	22.73	19.77	18.55	18.34
冬	2.16	1.98	1.47	2.58	4.34	1.03	2.57	0.96	6.91

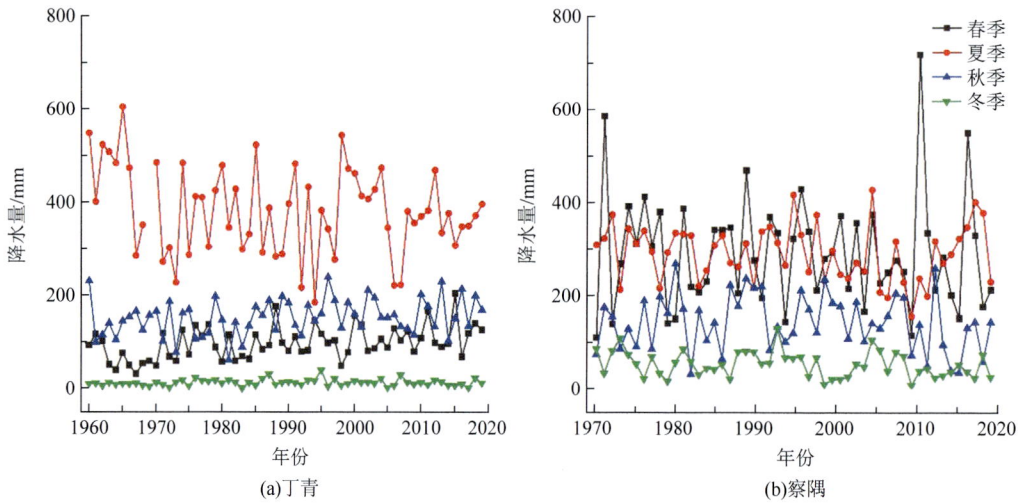

图 6.7　两种不同类型的降水季节分布（董晴雪等，2022）

从各季节降水变化趋势（表 6.3）来看，总体上显示出多数站点夏、秋季降水减少，其他季节增多的特点。春季，除察隅外其余各站点降水均呈增多趋势，且丁青、昌都、米林增多趋势显著；夏季，丁青、昌都、波密、米林、察隅 5 站点降水为减少趋势，且波密减少显著，达到 –18.12 mm/10a，其余站点降水增加但不显著；秋季，丁青降水显著增加，其余站点增减趋势不同，均未通过显著性检验；冬季多数站点降水也呈增加趋势。可以看出，各站点降水变化由不同的季节降水变化主导：左贡除秋季外，其余季节降水增多；丁青春、秋两季降水显著增多；类乌齐春、夏、秋季降水均增多；昌都夏季降水减少但春、秋、冬季降水均增多；林芝四季降水均呈增多趋势但不显著，且从图 6.3 可以看出，林芝降水上升趋势多表现在 1980 年前；洛隆由于秋季降水减少，导致整体降水减少；而波密由于夏季降水显著减少导致总体降水减少；米林虽然春季降水显著增多，但其余季节降水减少，总体降水减少；察隅四季降水均减少，导致总体降水减少。

与春季降水增多、夏季降水减少的结论对应，具体分月份（表 6.4）来讲，降水的显著变化集中在 3 月、4 月和 6 月，3 月、4 月为显著增加趋势，6 月为显著减少趋势。由于季节性冻土的存在，不同月份的降水对土壤水热的影响不同。降水变化与冻融期的耦合及其将为土壤温度和冻融过程带来怎样的影响将在后面详细阐释。

表 6.3　各季节降水变化趋势（董晴雪等，2022）　（单位：mm/10a）

季节	降水变化趋势								
	丁青	类乌齐	昌都	洛隆	波密	林芝	米林	左贡	察隅
春	8.62*	4.31	4.05*	1.98	8.79	4.21	11.49*	5.57	–2.03
夏	–12.96	3.75	–5.22	0.41	–18.12*	4.64	–8.32	11.98	–4.65
秋	5.92*	3.22	5.27	–6.32	–0.74	3.74	–5.09	–5.78	–5.14
冬	0.49	–0.78	0.37	1.77	0.03	0.17	–0.68	0.13	–4.57

*表示通过 0.05 显著性检验。

表 6.4　各月份降水变化趋势（董晴雪等，2022）　（单位：mm/10a）

月份	降水变化趋势								
	丁青	类乌齐	昌都	洛隆	波密	林芝	米林	左贡	察隅
1	0.29	−0.48	0.13	0.45	−0.54	0.15	0.87	−0.07	−0.93
2	0.03	0.29	0.29	1.36	0.99	−0.07	−1.01	0.16	−1.49
3	1.53	−0.47	0.94	−0.80	0.40	1.33	3.21*	0.43	−1.54
4	3.94*	1.53	2.54*	1.14	2.75	2.50	2.30	2.26	−5.57
5	3.15	3.25	0.57	1.64	5.63	0.38	5.98	2.88	5.08
6	−4.12	−0.24	−4.94*	−6.57	−19.65*	−1.40	−1.03	3.90	−7.09*
7	−1.31	1.05	0.75	4.22	−3.32	2.43	−5.07	8.46	2.93
8	−2.85	2.95	−1.03	2.76	4.84	3.60	−2.22	−2.38	−0.50
9	1.81	3.82	2.66	−6.11	−0.35	4.13	−3.13	−5.38	−0.14
10	3.61*	−0.33	2.31	−0.36	0.04	−0.15	−1.15	−0.50	−3.65
11	0.50	−0.27	0.29	0.15	−0.43	−0.23	−0.81	0.09	−1.35
12	0.24	−0.79	0.01	−0.30	−0.38	−0.04	−0.53	0.05	−1.78

＊表示通过 0.05 显著性检验。

6.2　降水变化对土壤温度与冻融过程的影响

往常研究多着眼于气温与土壤温度和冻融过程的响应，而降水对其影响的研究较少。在气温升高的背景下，藏东南地区土壤温度和最大冻结深度、冻融期在多数站点都与气温呈显著相关关系（表 6.5）：气温与各层土壤温度呈正相关，与最大冻结深度和冻融期呈负相关。只有类乌齐、林芝两站点表现不同。类乌齐的气温与土壤温度、冻融期的相关性均较弱；而林芝的气温与冻融期呈现与其他站点不同的正相关关系。

表 6.5　年降水、气温与各层土壤温度和冻融的相关系数（董晴雪等，2022）

	站点	土壤温度					最大冻结深度	冻融期
		0 cm	5 cm	10 cm	15 cm	20 cm		
降水	丁青	−0.02	−0.20	−0.13	−0.10	−0.09	−0.16	0.04
	类乌齐	—	0.18	0.18	0.15	0.19	0.07	−0.35*
	昌都	−0.17	−0.18	−0.18	−0.17	−0.16	−0.14	−0.14
	洛隆	−0.15	−0.15	−0.19	−0.19	−0.15	0.02	0.30
	波密	−0.37*	−0.11	−0.12	−0.22	−0.13	0.08	−0.13
	林芝	−0.46*	−0.55*	−0.49*	−0.45*	−0.33*	0.35*	0.18
	左贡	−0.06	0.02	0.02	0.05	0.06	−0.15	−0.26
	察隅	−0.64*	−0.52*	−0.45*	−0.45*	−0.42*	−0.22	−0.17

续表

站点		土壤温度					最大冻结深度	冻融期
		0 cm	5 cm	10 cm	15 cm	20 cm		
气温	丁青	0.84*	0.79*	0.79*	0.78*	0.75*	−0.26	−0.36*
	类乌齐	—	0.01	0.01	−0.01	0.03	0.11	0.12
	昌都	0.89*	0.88*	0.87*	0.83*	0.80*	−0.58*	−0.43*
	洛隆	0.90*	0.88*	0.89*	0.85*	0.89*	−0.47*	0.02
	波密	0.66*	0.81*	0.83*	0.68*	0.90*	−0.16	−0.30*
	林芝	0.18	0.07	0.12	0.22	0.22	0.40*	0.53*
	左贡	0.85*	0.93*	0.93*	0.93*	0.91*	−0.63*	−0.17
	察隅	0.62*	0.74*	0.66*	0.79*	0.63*	−0.04	−0.03

* 表示通过 0.05 显著性检验。

降水与土壤温度多呈负相关，大多数站点相关性较弱且不显著，表明在藏东南地区土壤温度变化与气温变化密切相关，但与降水变化也有一定的相关性，且多为降温作用。丁青、左贡两站点降水与土壤温度的相关系数很小，说明降水在这两个站点起的作用较弱；而林芝降水与土壤温度的相关系数较大且通过了显著性检验，则说明林芝降水变化对土壤水热的影响较大。降水与最大冻结深度、冻融期的关系显示，降水对冻融的影响在不同站点表现不同。之前有研究表明，在冻融的不同阶段，青藏高原降水变化对冻融过程有着不同的影响（Luo et al.，2016）。对于藏东南地区，具体在每个站点，不同月份、不同季节降水变化对土壤水热又有何影响，下面将进行详细讨论。

图 6.8 为类乌齐、林芝、察隅三个较典型的站点降水与 5 cm 土壤温度和冻融状态逐年变化关系。由于各层土壤温度相关性良好，所以选用 5 cm 土壤温度作为代表进行分析。结合表 6.5 可以看出，类乌齐气温和降水对土壤温度的相关性均较小且不显著；林芝土壤温度与降水变化显著相关，与气温变化相关性不显著；而察隅土壤温度变化与气温和降水变化均有显著相关性。从表 6.5 和图 6.8(a) 中可以看到，类乌齐的 5 cm 土壤温度明显上升，最大冻结深度和冻融期明显下降，而该站点的气温和降水与土壤温度相关性不显著，表明该站点气温对土壤升温的响应不明显，而降水对该站点土壤热状态的作用是复杂的，可能受降水类型的影响较大（如降雪）。如图 6.8(b) 所示，林芝的降水与土壤温度呈显著负相关，与最大冻结深度和冻融期呈正相关关系，而气温与土壤温度的相关性不显著，这表明在林芝，土壤温度变化对降水的响应已超过对气温的响应，并且由于林芝降水集中于夏季，降水在林芝主要起降温作用，使土壤温度下降，冻融期延长且冻结深度加深。林芝是藏东南地区南部唯一拥有 60 余年观测资料的站点，分析结果揭示了在海拔较低、降水较多的雅鲁藏布江下游地区，降水对土壤水热的影响不可忽视。察隅降水和气温与土壤温度均有良好的相关关系 [表 6.5、图 6.8(c)]，其结果均通过了显著性检验，可见在察隅地区，降水和气温均对土壤温度的改变产生重要影响。综上所述，在藏东南地区，土壤温度的变化对气温的响应非常迅速，但对降水变化的响应也不可忽视。

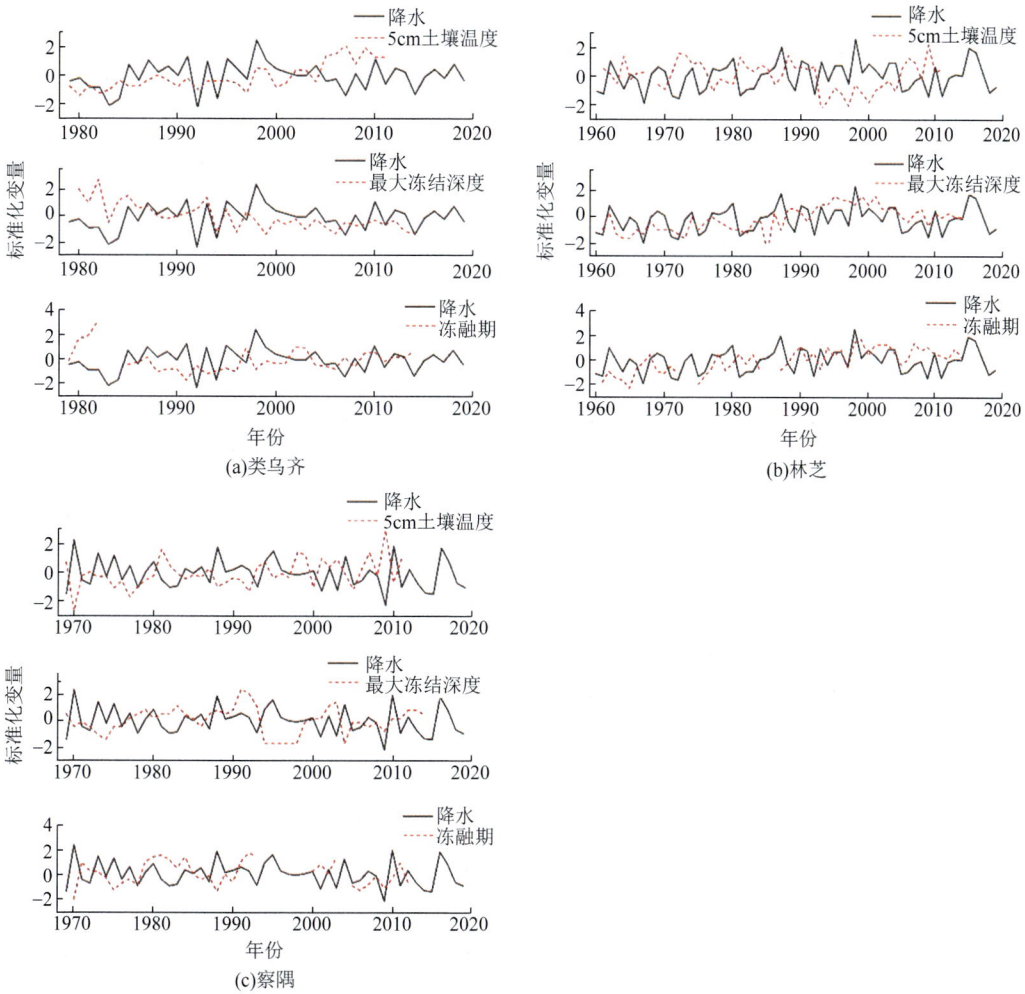

图 6.8　典型站点年降水与 5 cm 土壤温度和冻融的关系（董晴雪等，2022）

6.2.1　季节降水和土壤温度与冻融过程

为了探讨不同季节降水变化对土壤温度与冻融的影响机制及影响程度，本节进一步分析了季节降水与土壤温度和冻融的相关关系（表 6.6）。

表 6.6　季节降水与各层土壤温度和冻融的相关系数（董晴雪等，2022）

站点	季节	0 cm 土温	5 cm 土温	10 cm 土温	15 cm 土温	20 cm 土温	最大冻结深度	冻融期
丁青	春	0.30*	0.34*	0.37*	0.34*	0.35*	−0.16	−0.29*
	夏	−0.26	−0.33*	−0.31*	−0.28	−0.31*	0.08	0.21
	秋	0.21	0.01	0.10	0.17	0.25	−0.29*	−0.07
	冬	−0.10	0.07	0.06	0.07	0.06	−0.15	−0.03

续表

站点	季节	0 cm 土温	5 cm 土温	10 cm 土温	15 cm 土温	20 cm 土温	最大冻结深度	冻融期
类乌齐	春	—	0.09	0.16	0.13	0.22	−0.13	−0.48*
	夏	—	0.12	0.12	0.08	0.12	0.14	−0.14
	秋	—	0.12	0.08	0.09	0.05	−0.03	−0.03
	冬	—	−0.32	−0.32	−0.32	−0.34	0.43*	0.13
昌都	春	0.17	0.08	0.09	0.05	0.05	−0.18	−0.19
	夏	−0.16	−0.12	−0.13	−0.09	−0.11	−0.20	−0.08
	秋	−0.13	−0.10	−0.10	−0.14	−0.13	0.14	0.00
	冬	−0.25	−0.38*	−0.35*	−0.33*	−0.29*	0.16	0.29*
洛隆	春	0.06	0.18	0.16	0.08	0.17	−0.23	−0.12
	夏	−0.06	−0.14	−0.17	−0.19	−0.20	0.14	0.21
	秋	−0.22	−0.22	−0.26	−0.18	−0.13	−0.06	0.25
	冬	0.31	0.14	0.13	−0.01	−0.02	0.15	0.06
波密	春	−0.13	0.12	0.10	−0.07	0.19	−0.03	−0.30*
	夏	−0.33*	−0.24	−0.25	−0.14	−0.29	0.03	0.10
	秋	−0.26	−0.06	−0.07	−0.25	−0.13	0.09	0.01
	冬	0.07	0.05	0.06	0.12	0.12	−0.04	−0.10
林芝	春	0.03	−0.01	0.00	0.03	−0.14	0.18	−0.01
	夏	−0.45*	−0.54*	−0.52*	−0.48*	−0.33*	0.27	0.14
	秋	−0.22	−0.31*	−0.24	−0.23	−0.09	0.19	0.06
	冬	0.14	0.02	0.04	0.00	0.03	−0.05	0.01
左贡	春	0.04	0.17	0.21	0.27	0.28	−0.46*	−0.19
	夏	0.09	0.10	0.09	0.10	0.13	−0.15	−0.18
	秋	−0.36*	−0.21	−0.23	−0.23	−0.27	0.26	−0.20
	冬	0.14	0.16	0.18	0.16	0.17	−0.03	0.03
察隅	春	−0.49*	−0.45*	−0.41*	−0.38*	−0.34*	−0.27	−0.14
	夏	−0.28*	−0.19	−0.17	−0.16	−0.10	−0.07	0.12
	秋	−0.38*	−0.33*	−0.24	−0.35*	−0.33*	−0.05	−0.30
	冬	−0.03	−0.13	−0.12	−0.05	−0.11	0.05	0.30

* 表示通过 0.05 显著性检验。

在春季，土壤开始融化。多个站点（丁青、类乌齐、昌都、洛隆、左贡）春季降水与土壤温度呈正相关，与冻融期、最大冻结深度呈负相关，表明这5个站点春季降水对土壤主要起升温作用。而察隅冻融期较短（表6.1），春季冻土已经融化，所以春季降水与土壤温度呈显著负相关，降水对土壤起升温作用。在夏季，土壤处于未冻结状态，除类乌齐及左贡外，其余 6 个站点夏季降水与土壤温度呈负相关，其中林芝夏季降水与 5 层土壤温度的相关性均通过了显著性检验，丁青夏季降水与 5 cm、10 cm 和 20 cm 土壤温度的相关性通过了显著性检验；林芝夏季降水与最大冻结深度呈正相关；而察隅夏季降水与 0 cm 土壤温度呈显著负相关。上述分析可以看出，该地区夏季降水对土壤主要起降温作用。秋季大多数站点土壤开始冻结，土壤温度相对较低，如丁青秋季降水与最大冻结深度呈显著负相关；而察隅土壤未开始冻结，秋季降水与 0 cm、5 cm、15 cm、20 cm 土壤温度呈显著负相关。冬季土壤为冻结状态。类乌齐冬季降水与最大冻结深度呈显著正相关，表明冬季降水对冻土有加热作用。昌都冬季降水与土壤温度（5 ～ 20 cm）呈显著负相关，与冻融期呈显著正相关，则表明冬季降水在昌都总体起降温作用。

6.2.2　月尺度降水和土壤温度与冻融过程

由上述季节降水与土壤温度和冻融的关系可以看出，降水对土壤升温与降温的两种机制在藏东南地区普遍存在，为了更加详尽地阐述降水对土壤水热过程的作用，选取月降水与土壤水热资料进行详细分析，结果如表 6.7 所示，其中洛隆、波密、左贡的结果与昌都类似，故在表中省略。

表 6.7　典型站点月降水与各层土壤温度和冻融的相关系数（董晴雪等，2022）

站点		月降水											
		1 月	2 月	3 月	4 月	5 月	6 月	7 月	8 月	9 月	10 月	11 月	12 月
丁青	0 cm 土温	0.16	−0.03	0.21	0.20	0.20	−0.12	−0.18	−0.14	0.06	0.24	0.18	0.13
	5 cm 土温	0.09	0.08	0.36*	0.05	0.24	−0.21	−0.25	−0.18	−0.20	0.12	0.37*	0.21
	10 cm 土温	0.12	0.11	0.33*	0.07	0.28	−0.19	−0.19	−0.20	−0.14	0.17	0.35*	0.20
	15 cm 土温	0.15	0.12	0.26	0.07	0.25	−0.16	−0.15	−0.20	−0.08	0.20	0.35*	0.16
	20 cm 土温	0.11	0.08	0.26	0.08	0.26	−0.16	−0.12	−0.29	0.00	0.19	0.43*	0.09
	最大冻结深度	−0.15	−0.20	−0.11	−0.21	−0.04	0.09	0.05	0.01	−0.15	−0.20	−0.10	−0.04
	冻融期	−0.26	0.09	−0.25	−0.12	−0.24	0.30*	0.20	−0.04	0.08	−0.13	−0.16	−0.13
类乌齐	5 cm 土温	−0.30	0.23	−0.17	0.07	0.05	−0.01	−0.02	0.17	0.01	0.25	0.02	−0.27
	10 cm 土温	−0.34*	0.24	−0.14*	0.02	0.18	0.03	−0.01	0.15	−0.01	0.22	0.00*	−0.33
	15 cm 土温	−0.37*	0.25	−0.15*	−0.01	0.17	0.05	−0.01	0.10	0.01	0.22	−0.02*	−0.30
	20 cm 土温	−0.35*	0.22	−0.07	0.08	0.20	0.08	0.00	0.11	−0.02	0.19	0.06*	−0.31
	最大冻结深度	0.34*	−0.18	0.21	0.00	−0.24	−0.15	0.36	0.02	0.08	−0.20	0.06*	0.35
	冻融期	−0.34*	−0.14	−0.37	−0.35	−0.22	0.01	−0.03	−0.11	0.04	−0.19	0.04	0.08

续表

站点		月降水											
		1月	2月	3月	4月	5月	6月	7月	8月	9月	10月	11月	12月
昌都	0 cm 土温	0.04	0.26	0.12	0.03	0.17	−0.21	−0.05	−0.06	−0.22	0.05	0.13	−0.21
	5 cm 土温	−0.08	0.19	0.14*	−0.09	0.12	−0.18	−0.01	−0.09	−0.24	0.12	0.19*	−0.24
	10 cm 土温	−0.12	0.16	0.15*	−0.11	0.14	−0.19	−0.04	−0.06	−0.24	0.13	0.19*	−0.23
	15 cm 土温	−0.16	0.17	0.12	−0.17	0.13	−0.16	−0.03	−0.03	−0.25	0.09	0.20*	−0.20
	20 cm 土温	−0.18	0.13	0.11	−0.14	0.12	−0.21	0.03	−0.04	−0.21	0.08	0.13*	−0.15
	最大冻结深度	−0.03	−0.07	−0.05	0.02	−0.25	0.08	−0.13	−0.22	0.24	−0.09	−0.08	0.26
	冻融期	−0.33	−0.10	−0.27	−0.08	−0.06	0.28*	−0.22	−0.13	0.13	−0.11	−0.07	0.27
林芝	0 cm 土温	0.02	0.06	0.06	0.14	0.00	−0.18	−0.28	−0.38	−0.07	−0.25	−0.24	−0.06
	5 cm 土温	−0.20	0.14	0.01*	0.08	0.01	−0.31	−0.28	−0.42	−0.13	−0.24	−0.28*	−0.14
	10 cm 土温	−0.18	0.15	0.05*	0.10	0.00	−0.33	−0.22	−0.41	−0.07	−0.19	−0.23*	−0.11
	15 cm 土温	−0.20	0.08	0.05	0.09	0.05	−0.35	−0.20	−0.35	−0.07	−0.21	−0.23*	−0.12
	20 cm 土温	−0.18	0.16	−0.10	0.20	−0.15	−0.30	−0.10	−0.26	−0.06	−0.01	−0.05*	0.02
	最大冻结深度	0.02	−0.15	−0.01	0.06	0.10	0.05	0.12	0.33	0.10	0.13	0.05	0.07
	冻融期	0.01	−0.13	−0.09	0.12	−0.07	0.08*	0.16	0.10	0.02	0.03	0.08	0.32
察隅	0 cm 土温	−0.06	−0.11	−0.31	−0.38	−0.21	−0.13	−0.10	−0.26	−0.23	−0.40	0.08	0.11
	5 cm 土温	0.04	−0.12	−0.19*	−0.46	−0.08	−0.22	0.05	−0.22	−0.18	−0.30	0.03*	0.00
	10 cm 土温	0.06	−0.07	−0.22*	−0.41	−0.06	−0.22	0.03	−0.17	−0.07	−0.28	0.02*	0.03
	15 cm 土温	0.13	−0.12	−0.20	−0.40	−0.01	−0.19	0.10	−0.23	−0.17	−0.35	0.09*	−0.03
	20 cm 土温	0.09	−0.05	−0.18	−0.43	0.01	−0.17	0.13	−0.17	−0.06	−0.37	0.03*	0.09
	最大冻结深度	0.02	−0.11	−0.24	−0.04	−0.12	0.09	−0.13	−0.02	−0.07	0.07	−0.23	0.26
	冻融期	0.30	−0.30	−0.02	−0.14	−0.18	0.37*	0.08	−0.26	−0.13	−0.01	−0.30	0.47

* 表示通过 0.05 显著性检验。

丁青、察隅站的结果与之前的结论较为一致。丁青 10 月至次年 5 月为冻融期，此时降水起加热作用，丁青除 2 月 0 cm 土壤温度和冻融期外，降水与土壤温度呈正相关，与最大冻结深度、冻融期呈负相关；而 6～9 月是非冻融期，冻土完全融化，降水与土壤温度呈负相关，降水起降温作用。丁青 4 月、5 月为融化阶段，10 月、11 月为冻结阶段，降水均起加热作用，表明降水使冻土融化更加迅速，使冻土冻结更加缓慢。察隅站也有类似的特征，但由于该站冻融期较短、冻深较浅，所以多数时段降水与土壤温度呈负相关，降水作为冷源，对土壤起降温作用。

而其他站点虽然在非冻融期降水的降温作用表现明显，冻结阶段和融化阶段也可看出升温作用，但在冬天土壤完全冻结的时候又出现降温作用，原因在于冬季积雪的存在。因藏东南地区为青藏高原上的积雪大值区（车涛等，2019），在青藏高原，积雪的存在通过增大地表反照率使土壤温度降低（李文静等，2021），可以结合积雪数据进行分析（姜琪等，2020）。例如，类乌齐的 1 月，降水起显著的降温作用，积雪数据显示（图 6.9），1 月积雪较厚，最大雪深可达 7 cm，最大月积雪覆盖日数达 14 天，推断 1 月的降水为降雪，降雪使得积雪增厚，从而降低土壤温度。林芝 11 月降水与土壤温度呈显著负相关（0 cm 除外）也可用降雪的变化来解释。除丁青和察隅外，其他站点 12 月和 1 月的降水多与土壤温度呈负相关，结合积雪数据分析（图 6.9 以昌都为例），均推测为积雪的影响。

在冻融期较长、最大冻结深度较深的地区，夏季降水的降温机制和冬季的升温机制均比较明显；在冻融期较短、最大冻结深度较浅的地区，降水多表现为降温作用。由此降水对土壤水热的影响可归纳为一个负反馈机制：降水使土壤温度较低的地区升温，加速冻土的融化；与此同时，使土壤温度较高的地区降温，减缓冻土的退化。冻融变化主要由土壤的热状态和水状态共同决定，降水通过自身温度和土壤温度差异一方面影响土壤热状态，另一方面影响土壤湿度和潜热通量，而积雪通过改变地表反照率影响地表能量分配。这预示了降水在能量收支平衡维系上的作用不容忽视。而藏东南地区在青藏高原为降水和积雪大值区，水分的影响较其他地区更为明显，故降水对藏东南地区能量平衡的维系发挥重要作用，而该结论在其他地区的适用性也有待进一步验证。

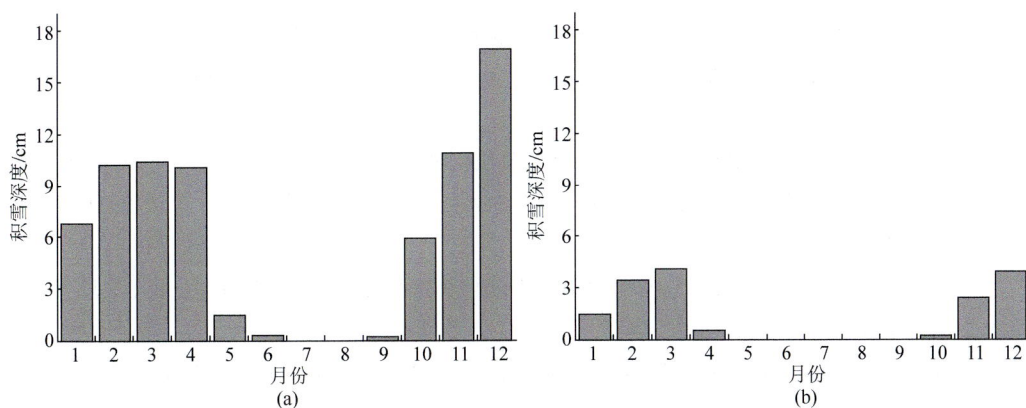

图 6.9　典型站点类乌齐（a）和昌都（b）月累积积雪深度情况（董晴雪等，2022）

参考文献

蔡汉成, 金兰, 李勇, 等 . 2018. 降水对青藏高原风火山地区多年冻土的影响 . 铁道学报, 40(9): 109-115.

车涛, 郝晓华, 戴礼云, 等 . 2019. 青藏高原积雪变化及其影响 . 中国科学院刊, 34(11): 1247-1253.

陈德亮, 徐柏青, 姚檀栋, 等 . 2015. 青藏高原环境变化科学评估: 过去、现在与未来 . 科学通报, 60(32): 3025-3035.

邓明枫, 陈宁生, 王涛, 等 . 2017. 藏东南地区日降雨极值的波动变化 . 自然灾害学报, 26(2): 154-161.

董晴雪, 罗భ琼, 文小航, 等 . 2022. 近 60 年来藏东南降水变化及其对土壤温度与冻融过程的影响 . 高原气象, 41(2): 404-419.

高登义 . 2008. 雅鲁藏布江水汽通道考察研究 . 自然杂志, 30(5): 301-303.

高坛光.2020.多年冻土退化,会是下一个"后天"吗?自然杂志,42(5):421-424.

姜琪,罗斯琼,文小航,等.2020.1961-2014年青藏高原积雪时空特征及其影响因子.高原气象,39(1):24-36.

李娟,李跃清,蒋兴文,等.2016.青藏高原东南部复杂地形区不同天气状况下陆气能量交换特征分析.大气科学,40(4):777-791.

李林,陈晓光,王振宇,等.2010.青藏高原区域气候变化及其差异性研究.气候变化研究进展,6(3):181-186.

李林,王振宇,汪青春,等.2008.青海季节冻土退化的成因及其对气候变化的响应.地理研究,27(1):162-170.

李文静,罗斯琼,郝晓华,等.2021.青藏高原东部不同季节积雪过程对地表能量和土壤水热影响的观测研究.高原气象,40(3):455-471.

刘晓琼,吴泽洲,刘彦随,等.2019.1960-2015年青海三江源地区降水时空特征.地理学报,74(9):1803-1820.

马伟东,刘峰贵,周强,等.2020.1961-2017年青藏高原极端降水特征分析.自然资源学报,35(12):221-232.

尼玛旦增.2018.1980-2013年雅鲁藏布江流域气候要素时空特征.高原科学研究,2(1):38-45.

石磊,杜军,周刊社,等.2016.1980-2012年青藏高原土壤湿度时空演变特征.冰川冻土,38(5):1241-1248.

王绍令,赵秀锋,郭东信,等.1996.青藏高原冻土对气候变化的响应.冰川冻土,18(S1):157-165.

王顺久,唐信英,王鸽,等.2018.藏东南地区复杂下垫面地气交换观测试验研究.干旱区资源与环境,32(2):149-154.

许建伟,高艳红,彭保发,等.2020.1979-2016年青藏高原降水的变化特征及成因分析.高原气象,39(2):234-244.

杨逸畴,高登义,李渤生.1987.雅鲁藏布江下游河谷水汽通道初探.中国科学,(8):97-106.

张宏文,高艳红.2020.基于动力降尺度方法预估的青藏高原降水变化.高原气象,39(3):477-485.

张明礼,温智,薛珂,等.2016.降水对北麓河地区多年冻土活动层水热影响分析.干旱区资源与环境,30(4):159-164.

张文纲,李述训,庞强强.2008.近45年青藏高原土壤温度的变化特征分析.地理学报,63(11):1151-1159.

周天军,张文霞,陈晓龙,等.2020.青藏高原气温和降水近期,中期与长期变化的预估及其不确定性来源.气象科学,40(5):697-710.

Cheng G, Wu T. 2007. Responses of permafrost to climate change and their environmental significance, Qinghai-Tibet Plateau. Journal of Geophysical Research, 112(F2): S03.

Douglas T A, Turetsky M R, Koven C D. 2020. Increased rainfall stimulates permafrost thaw across a variety of Interior Alaskan boreal ecosystems. Climate and Atmospheric Science, 3(1): 28.

Fang X W, Luo S Q, Lyu S H. 2019. Observed soil temperature trends associated with climate change in the Tibetan Plateau, 1960-2014. Theoretical and Applied Climatology, 135(1-2): 169-181.

Hirabayashi Y, Mahendran R, Koirala S, et al. 2013. Global flood risk under climate change. Nature Climate Change, 3 (9): 816-821.

Hu G J, Zhao L, Li R, et al. 2019. Variations in soil temperature from 1980 to 2015 in permafrost regions on the Qinghai-Tibetan Plateau based on observed and reanalysis products. Geoderma, 337: 893-905.

Immerzeel W W, Beek L P H, Bierkens M F P. 2010. Climate change will affect the Asian Water Towers. Science, 328: 1382-1385.

Jin H J, Luo D L, Wang S L, et al. 2011. Spatiotemporal variability of permafrost degradation on the Qinghai-Tibet Plateau. Sciences in Cold and Arid Regions, 3 (4): 281-305.

Liu X D, Chen B D. 2000. Climatic warming in the Tibetan Plateau during recent decades. International Journal of Climatology, 20 (14): 1729-1742.

Luo S Q, Fang X W, Lyu S H, et al. 2016. Frozen ground temperature trends associated with climate change in the Tibetan Plateau Three River Source Region from 1980 to 2014. Climate Research, 67 (3): 241-255.

Luo S Q, Wang J Y, Pomeroy J W, et al. 2020. Freeze-haw changes of seasonally frozen ground on the Tibetan Plateau from 1960 to 2014. Journal of Climate, 33 (21): 9421-9446.

Stocker T, Qin D, Plattner G, et al. 2013. Summary for policymakers, climate change 2013: The physical science basis//IPCC. Contribution of Working Group I to the Fifth Assessment Report of the Intergovernmental Panel on Climate Change. Cambridge, UK: Cambridge University Press.

Trenberth K E. 1998. Atmospheric moisture residence times and cycling: Implications for rainfall rates and climate change. Climatic Change, 39 (4): 667-694.

Wan G N, Yang M X, Liu Z C, et al. 2017. The precipitation variations in the Qinghai-Xizang (Tibetan) Plateau during 1961-2015. Atmosphere, 8 (5): 80.

Wang X J, Pang G J, Yang M. 2018. Precipitation over the Tibetan Plateau during recent decades: A review based on observations and simulations. International Journal of Climatology, 38 (3): 1116-1131.

Wu Q B, Hou Y D, Yun H B, et al. 2015. Changes in active-layer thickness and near-surface permafrost between 2002 and 2012 in alpine ecosystems, Qinghai-Xizang (Tibet) Plateau, China. Global and Planetary Change, 124: 149-155.

Yang K, Ye B S, Zhou D G, et al. 2011. Response of hydrological cycle to recent climate changes in the Tibetan Plateau. Climatic Change, 109 (3/4): 517-534.

第 7 章

藏东南地区气候变化未来趋势预估

藏东南地区属低纬山地，境内多山，河谷纵横，地势西高东低，以山地亚热带和热带湿润、高原温带湿润半湿润气候为主，气候宜人，水资源丰富，年降水量在 600 mm 以上，包括山南、林芝和昌都地区，地处横断山脉、三江流域和雅鲁藏布江流域，总面积约 26.5 万 km²，墨脱、察隅等低海拔地区是西藏降水丰沛的地区，也是我国第二个多雨中心和水汽输送的主要通道。

在全球变暖的大背景下，气候变暖引起的区域和局地气候变化，已引发生态环境保护、水资源安全等一系列生态安全问题，由此也产生了一系列显著影响。20 世纪 80 年代以来，全球变暖问题在青藏高原地区的表现越发突出，出现了土壤裸露、严重沙化、草地生产力下降等现象，气候变暖促使冰川持续退缩、冻土加速融化，这不仅会对水资源平衡和安全产生深远影响，而且还可能引发衍生灾害，给农牧业生产、工程质量和生命安全等带来重大威胁。位于低纬山地的藏东南地区也发生了显著的气候变化，1971～2014 年藏东南地区年平均气温上升趋势较为明显，平均上升了约 1.2℃，增温速率为 0.27℃/10a，年平均气温呈逐年上升趋势，并在 1994 年发生突变，升温速率急剧增加。藏东南地区春季降水量也呈增加趋势，为 10.18 mm/10a，积雪也在慢慢减少，且空间分布极不均匀。从目前的预估结果来看，藏东南地区仍将保持增暖趋势，未来形势并不乐观。如果未来全球变暖趋势持续，藏东南地区面临的气候与生态环境灾害复合风险也将加大。因此，了解藏东南地区的暖湿化是否会持续，对当地生态系统会产生什么样的影响非常必要，可为当地适应和应对气候变暖带来的机遇和挑战提供基础。

通过第二次青藏高原综合科学考察研究，具体了解藏东南地区在高原气候变化中的重要作用，为完成科考目标"全球变化背景下，未来西风－季风协同作用及其变化对两类不同形态水源区格局变化产生影响"建立了思路。虽然科学家已经做了一系列研究，但是变化着的青藏高原对全球天气气候的影响、与各个天气气候系统之间的关系仍然有很多不确定性。不同的气候模式模拟结果之间也存在明显差异。为进一步了解藏东南地区水汽输送的变化特征、保障该地区的可持续发展，加强藏东南地区的气候观测网络建设，提高数据获取和灾害风险早期预警能力，深化藏东南地区气候变化机理研究与科学评估是科学考察的重要任务之一。

众所周知，气候模式是预估未来气候变化的主要工具，尤其对于空间分辨率较小、地形复杂的地区，高分辨区域气候模式能够更合理地预估这些地区的未来气候变化特征。因此，本章针对藏东南地区的气候考察特征，使用意大利国际理论物理中心（The Abdus Salam International Centre for Theoretical Physics，ICTP）所发展的 RegCM4 区域气候模式，在四个不同全球模式（包括澳大利亚的 CSIRO-Mk3-6-0、欧洲中期天气预报中心的 EC-EARTH、英国哈德莱中心的 HadGEM2-ES 及德国马普研究所的 MPI-ESM-MR）的驱动下，进行了 RCP4.5 中等温室气体排放情景下藏东南地区 1980～2099 年的长时间连续积分模拟，并用分位数映射法对模拟结果进行误差订正。基于上述四个模拟结果的集合平均，以 1986～2005 年为基准期，对藏东南地区未来气候变化预估进行了分析。

7.1　区域模式模拟性能评估

7.1.1　气温

图 7.1 给出 1986～2005 年藏东南地区年平均气温分布及模拟与观测的差。由图 7.1 可以看出，误差订正后的模式对年平均气温的模拟效果较好，能再现观测的分布形势，相关系数达 0.99 以上。但相对于观测，模式模拟整体略偏高，其中观测年平均气温的区域平均值为 4.35℃，模拟的区域平均值为 5.30℃。从空间分布来看，偏差大值区主要位于山南地区南部、林芝地区西南部和昌都地区东部，偏差值都在 1.4℃ 以上。

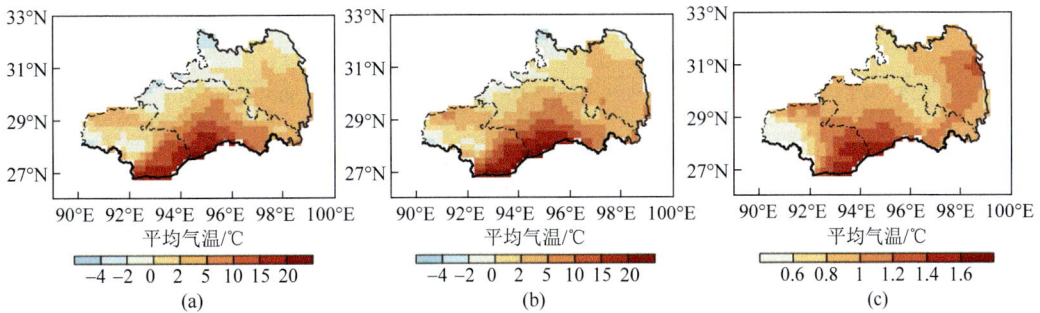

图 7.1　1986～2005 年藏东南地区年平均气温分布
(a) 观测；(b) 模拟；(c) 模拟与观测的差

图 7.2 给出 1986～2005 年藏东南地区冬季和夏季平均气温分布及模拟与观测的差。由图 7.2 可以看出，模式对冬季和夏季平均气温的模拟效果较好，能再现观测的空间分布，模拟与观测的空间相关系数均达 0.99 以上。相对于观测，模式模拟的冬、夏季平均气温整体均略偏高。其中，藏东南地区观测冬季气温的区域平均值为 –3.55℃，模拟的区域平均值为 –2.30℃；夏季气温的区域平均值为 11.60℃，模拟的区域平均值为 12.65℃。从空间分布来看，冬季平均气温偏差大值区主要位于山南和林芝地区的南部以及昌都地区南部，偏差值在 1.8℃ 以上；夏季平均气温偏差大值区主要位于山南地区北部和昌都地区东部，偏差值在 1.4℃ 以上。

7.1.2　降水

图 7.3 给出 1986～2005 年藏东南地区年平均降水分布及模拟与观测的差。由图 7.3 可以看出，误差订正后的模式对年平均降水的模拟效果较好，模拟与观测的空间相关系数在 0.99 以上。但相对于观测，模式模拟年平均降水整体偏少，其中观测年平均降水的区域平均值为 661 mm，模拟的区域平均值为 633 mm。从空间分布来看，偏差大值区主要位于区域东南部至中部一带，最大偏差值在 50 mm 以上。

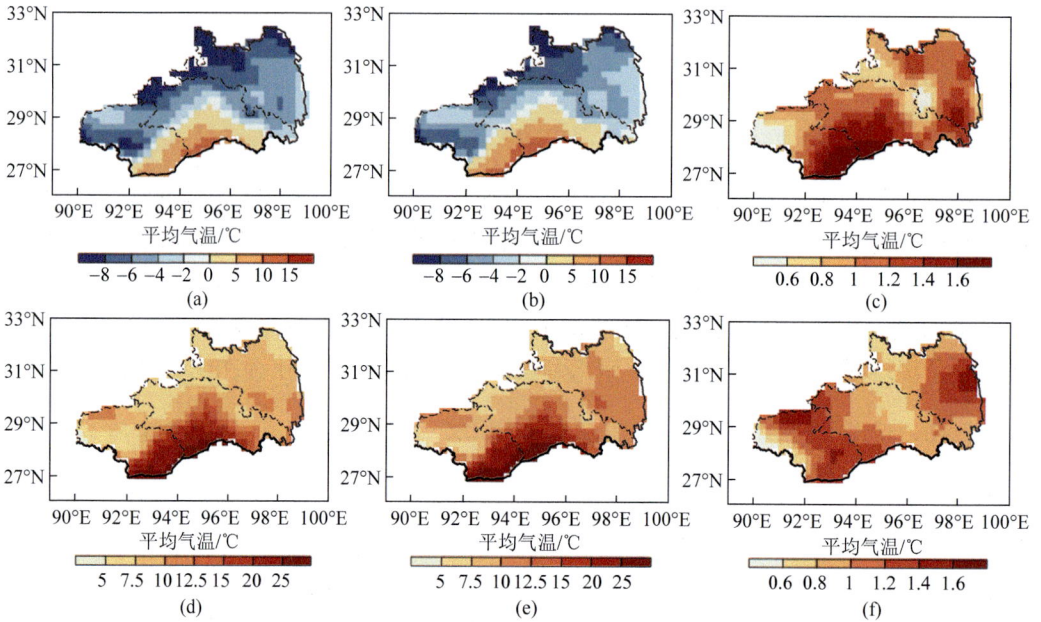

图 7.2　1986～2005 年藏东南地区冬［(a)～(c)］、夏［(d)～(f)］季平均气温分布
(a)(d) 观测；(b)(e) 模拟；(c)(f) 模拟与观测的差

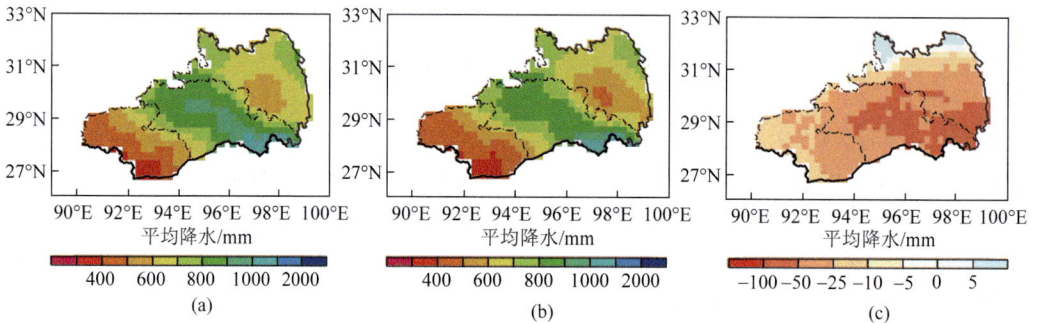

图 7.3　1986～2005 年藏东南地区年平均降水分布
(a) 观测；(b) 模拟；(c) 模拟与观测的差

图 7.4 给出 1986～2005 年藏东南地区冬季和夏季平均降水分布及模拟与观测的差。由图 7.4 可以看出，模式对冬季和夏季平均降水的模拟效果较好，模拟与观测的空间相关系数分别为 0.98 和 0.99。具体来看，模式模拟的冬季平均降水与观测相差不大，模拟与观测的偏差值大都在 –10～5 mm。模式模拟夏季平均降水偏差较冬季平均降水显著，且主要表现为模拟较观测偏少，数值一般在 –50～–10 mm。观测的冬、夏季降水区域平均值分别为 19.4 mm 和 370.2 mm，模拟的区域平均值分别为 17.3 mm 和 354.6 mm。从空间分布来看，冬季平均降水偏差除区域南部少部分地区模拟较观测偏多外，其他地区模拟较观测均偏少；夏季平均降水偏少较为显著的地区位于中部至东部一带，偏差值一般在 –25 mm 以上。

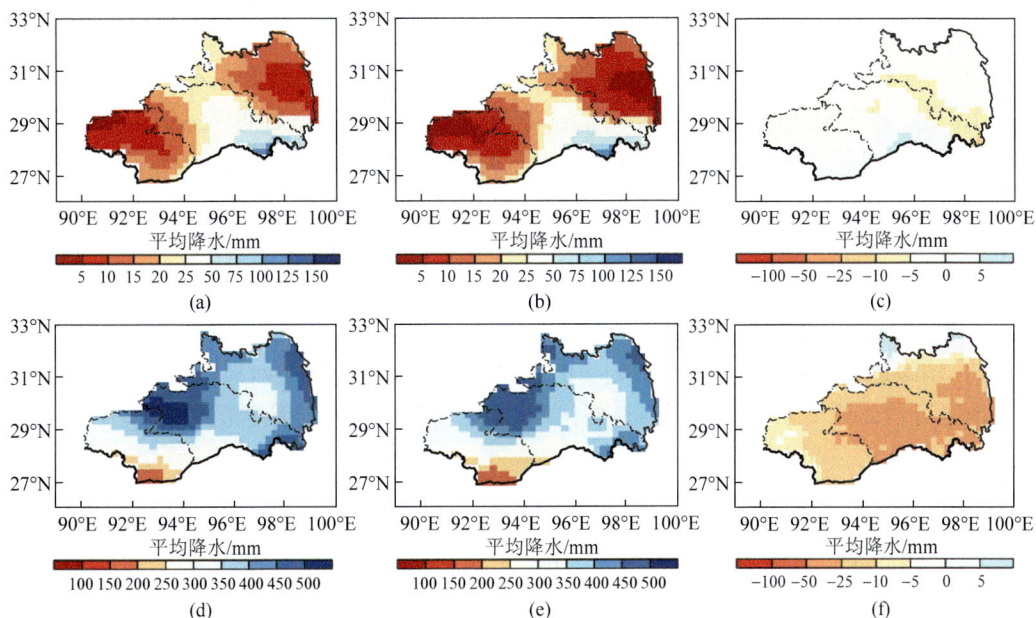

图 7.4　1986～2005 年藏东南地区冬 [（a）～（c）]、夏 [（d）～（f）] 季平均降水分布
（a）（d）观测；（b）（e）模拟；（c）（f）模拟与观测的差

7.2　气温预估

图 7.5 给出相对于 1986～2005 年，21 世纪中期和末期藏东南地区年平均气温相对增幅的分布图。在中等温室气体排放情景下，21 世纪中期藏东南南部地区增幅较小，为 0.5～0.75℃，北部地区尤其是昌都地区北部增幅较大，可达 1.5℃，其他地区增幅多在 0.75～1.0℃。21 世纪末期，藏东南地区年平均气温相对增幅进一步扩大，南部地区增幅仍为区域最小，为 0.75～1.0℃，藏东南西部和北部为增幅大值区，达 2.0℃以上，昌都地区西北部部分地区可达 2.25℃以上，其他区域多在 1.0～2.0℃。

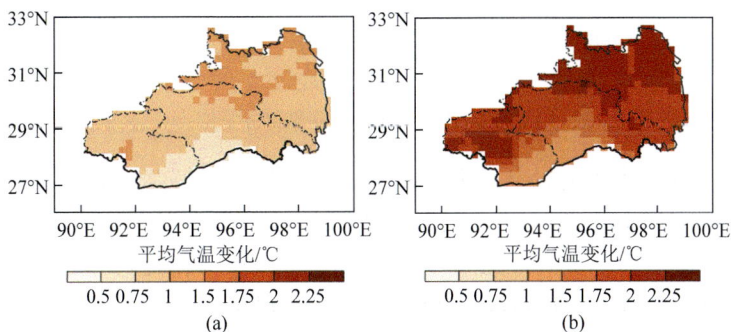

图 7.5　21 世纪中期（a）和末期（b）藏东南地区年平均气温变化（相对于 1986～2005 年）

图 7.6 给出相对于 1986～2005 年，21 世纪中期和末期藏东南地区冬季和夏季平均气温相对增幅的分布图。在中等温室气体排放情景下，冬季平均气温增幅呈自南向北增加的分布规律，21 世纪中期增幅大值区主要位于山南地区北部和昌都地区东北部，可达 1.6℃；藏东南南部地区增幅较小，多在 1℃以下。21 世纪后期增幅扩大，藏东南北部和东北部地区增幅较大，在 2.6℃以上，其中山南地区东北部和昌都地区东北部可达 3℃以上；林芝地区西南部增幅略小，多为 1.6℃以下，其他地区增幅均在 1.6～2.6℃。夏季平均气温增幅自西向东呈"高－低－高－低"的分布规律，21 世纪中期，增幅大值区主要位于山南地区西部、林芝地区东部和昌都地区西部，增幅可达 1.4℃；山南地区东部和林芝地区西南部增幅较小，在 1℃以下，其他地区多处于 1.2～1.4℃。21 世纪后期，增幅进一步扩大，大值区仍处于山南地区西部和昌都地区西部，约在 2.0℃以上，个别地区可达 2.6℃；低值区位置略有变化，位于山南地区和林芝地区南部，增幅在 1.4℃以下；其他地区多在 1.4～2.0℃。

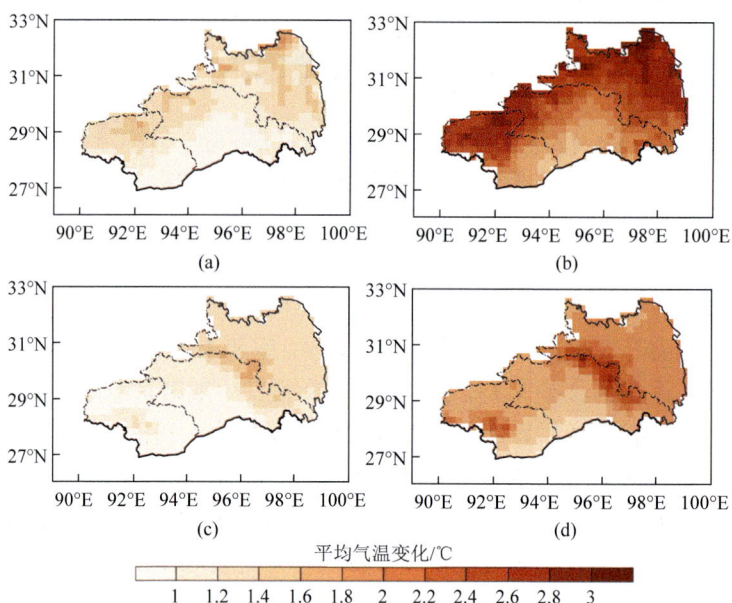

图 7.6　21 世纪中期〔(a)(c)〕和末期〔(b)(d)〕藏东南地区冬、夏季平均气温变化
（相对于 1986～2005 年）
(a)(b) 冬季；(c)(d) 夏季

在中等温室气体排放情景下，未来藏东南地区气温呈持续上升趋势，年平均气温的升温速度为 0.29℃/10a，夏季平均气温的增加速率略低于年平均气温，为 0.27℃/10a，冬季平均气温的增加速率最高，为 0.35℃/10a。到 2050 年附近，年平均气温升高将接近 1.8℃；到 2100 年附近，升温接近 2.8℃，冬季升温可达 3.6℃（图 7.7）。

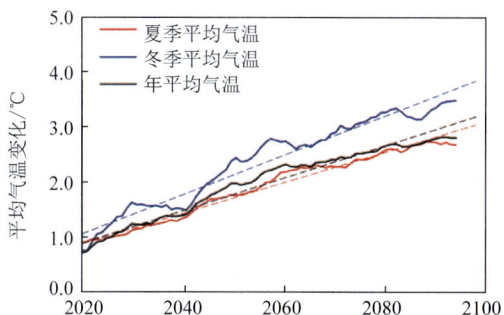

图 7.7　21 世纪未来藏东南地区平均气温变化（9 年滑动平均）

7.3　降水预估

图 7.8 给出 21 世纪中期和末期藏东南地区年平均降水的变化。由图 7.8 可以看出，21 世纪中期，在中等温室气体排放情景下，藏东南地区年平均降水整体以增加为主，变化值基本都在 5% 以上，相比较来看，区域西部降水变化不大，数值在 –5% ～ 5%。21 世纪末期整个区域降水基本都是增加的，增加的大值区分布与中期较为类似，在区域东北部和南部地区，最大增加幅度在 10% 以上。21 世纪中期和末期区域年平均降水变化幅度分别为 9.0% 和 8.5%。

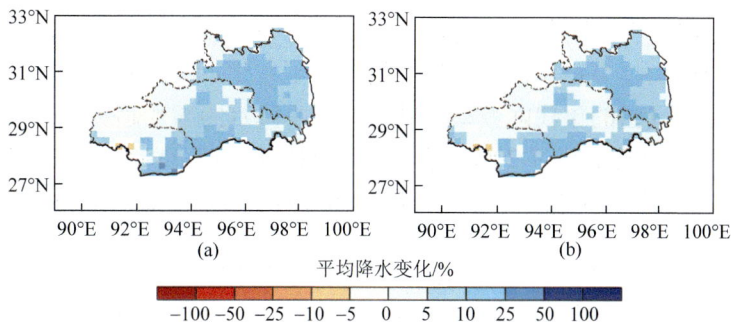

图 7.8　21 世纪中期（a）和末期（b）藏东南地区年平均降水变化（相对于 1986 ～ 2005 年）

图 7.9 给出 21 世纪中期和末期藏东南地区冬、夏季平均降水的变化。由图 7.9 可以看出，藏东南地区未来冬季降水以增加为主，且 21 世纪中期和末期的降水变化分布较为类似，均为东北和西南部增加较为显著，但末期增加幅度较中期要大，21 世纪末期最大增加幅度在 50% 以上。夏季降水变化与冬季存在较大的差异。具体来看，21 世纪中期夏季降水在整个藏东南地区东北部是增加的，西南部则主要是减少的。21 世纪末期降水增加区域与中期表现一致，但中南部地区降水减少区域有所扩大。21 世纪中期冬、夏季平均降水变化分别为 11.4% 和 6.5%，相应的 21 世纪末期降水变化分别为 20.2% 和 5.4%。

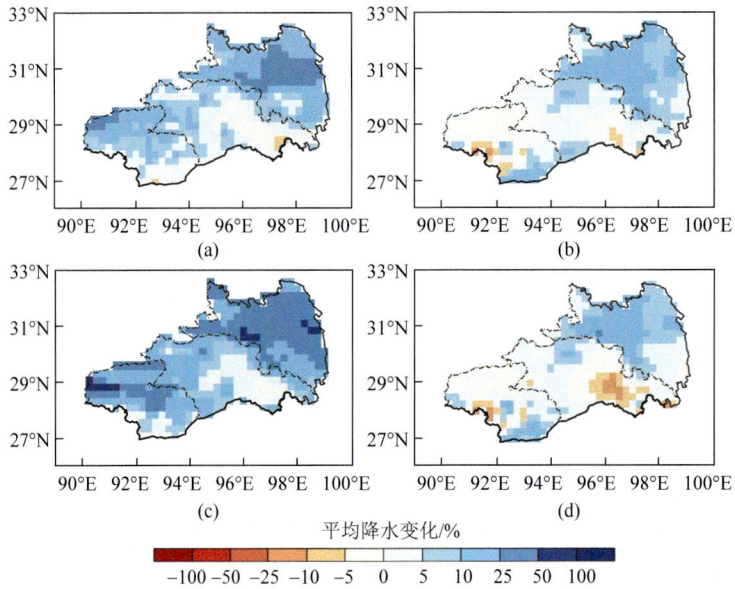

图 7.9　21 世纪中期［(a)(c)］和末期［(b)(d)］藏东南地区冬、夏季平均降水变化（相对于 1986～2005 年）

(a)(b) 冬季；(c)(d) 夏季

　　未来藏东南地区年平均、冬季和夏季平均降水变化见图 7.10。在中等温室气体排放情景下，未来藏东南地区冬季平均降水呈现出较为明显的增加趋势，夏季平均降水表现为增加，但增加趋势相对较小，年平均降水则变化不大；同时，冬季、夏季和年平均降水都显示出较强的年代际波动。其中，冬季降水的增加趋势值为 1.6%/10a，且相对增幅较大，但一般不超过 20%；夏季降水的增加趋势值为 0.5%，相对增幅多在 0%～10%；年平均降水量的线性趋势值为 0.8%/10a，相对增幅多在 0%～10%。

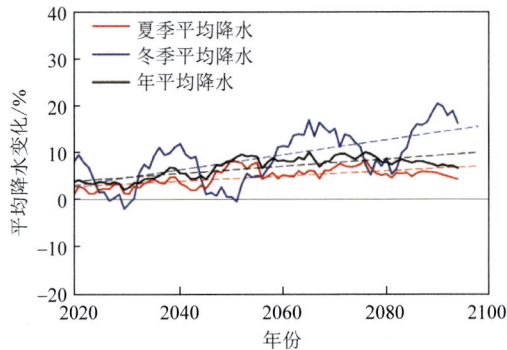

图 7.10　21 世纪未来藏东南地区平均降水变化（9 年滑动平均）（相对于 1986～2005 年）

7.4　积雪预估

7.4.1　年平均积雪日数和积雪量的变化

图 7.11 给出 21 世纪中期和末期区域模式模拟的年平均积雪日数和积雪量的变化。在全球变暖背景下，未来整个藏东南地区年平均积雪日数都在减少，相应的积雪量也是减少的。年平均积雪日数在 21 世纪中期减少值基本在 25 ～ 75 天，21 世纪末期大部分区域则达到 75 天以上；积雪量最大减少值在 21 世纪中期和末期均达到 25 毫米水当量以上，与模式模拟的此区域的相对较大升温和降水显著减少有关。

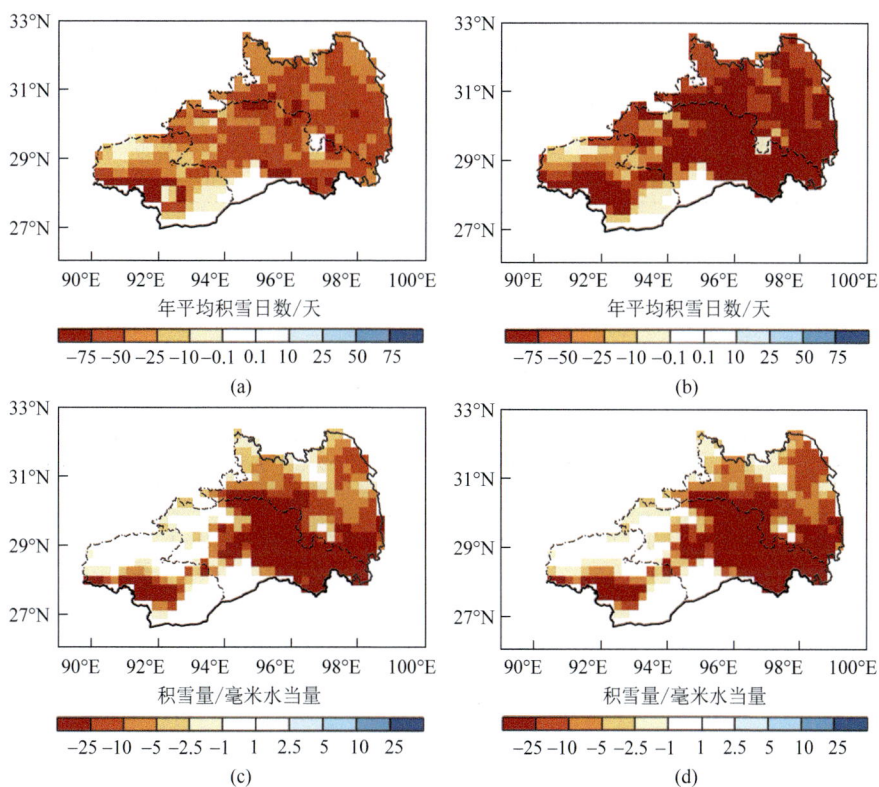

图 7.11　区域气候模式模拟的 21 世纪中期 [(a)(c)] 和末期 [(b)(d)] 年平均积雪日数 [(a)(b)] 和积雪量 [(c)(d)] 的变化

7.4.2　年平均积雪开始和结束时间的变化

图 7.12 给出区域模式模拟 21 世纪中期和末期年平均积雪开始和结束时间的变化。从图 7.12 中可以看出，21 世纪中期，未来藏东南地区年平均积雪开始时间在大部分地

区表现为推后，推后天数基本在 2.5 ～ 10 天。与年平均积雪开始时间的变化不同，整个区域除个别地区外年平均积雪结束时间都将提前，区域西部部分地区将提前 30 天以上，其他大部分地区将提前 5 ～ 20 天。21 世纪末期，年平均积雪开始时间基本都将推后，推后天数基本在 10 天以上，而年平均积雪结束时间除西部个别地区外都将提前，提前天数在大部分地区达到 20 天以上，使得整个区域大部分地区积雪期将缩短。

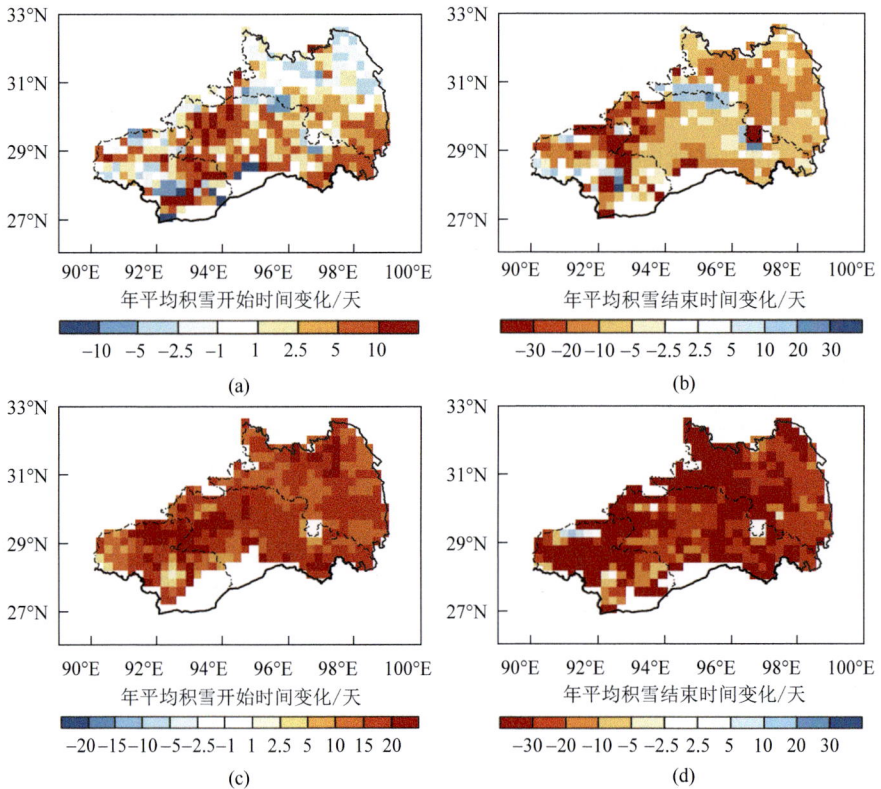

图 7.12　区域气候模式模拟的 21 世纪中期 [（a）（b）] 和末期 [（c）（d）] 年平均积雪开始时间 [（a）（c）] 和结束时间 [（b）（d）] 的变化

7.5　藏东南地区水资源与水循环对气候变化的响应和预估

　　由于青藏高原气候整体趋于暖湿化，藏东南地区水资源与水循环正在加强且正在发生显著变化，具体表现为冰川后退、湖泊扩张、积雪减少、径流增加等，这是水体对气候变暖和变湿的响应，预估在近期的 2050 年和远期的 2100 年前后这些过程仍将继续（Yang et al.，2011；陈德亮等，2015）。20 世纪以来的增温使冰川整体后退，其中以藏东南地区冰川末端后退最为显著（Gao et al.，2019；Yao et al.，2019）。冰川变化的预估需要考虑冰川类型（施雅风和刘时银，2000）、冰川规模（秦大河等，2013）、区域差异及其对气候变化的滞后响应等（图 7.13）。因此，不同预估模型得到的结果存在差异，但所有的预估结果都显示，藏东南的冰川将持续后退。陈德亮等（2015）以当前（1961～1990 年）状态为参照，考虑多种情景，分别对高原近期（现今至 2050 年）和远期（2051～2100 年）冰川做出预估，藏东南的冰川以敏感性冰川为主，以每 10 年增温 0.3℃为基础，在近期和远期，敏感性冰川面积相对于 20 世纪 80 年代将分别减少 31% 和 63%。

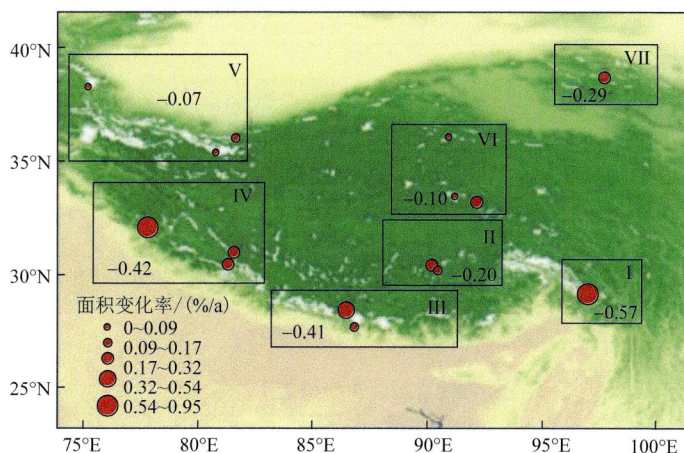

图 7.13　西藏高原及其周边地区近期冰川面积变化的空间分布（Yao et al.，2012）

　　在快速变暖的背景下，青藏高原地区冰冻圈对区域水资源与广泛分布的湖泊变化产生了重要的影响。2010 年青藏高原面积大于 1 km² 的湖泊有 1236 个，主要分布在内流区（面积占整个青藏高原湖泊面积的 66%）。1970～1990 年，大于 1 km² 的湖泊总数量和面积都略有减少，然而在 1990 年和 2010 年明显增加。近 40 年来，湖泊面积增加了 7240 km²（218%），湖泊面积的增加主要发生在 2000～2010 年（占 40 年湖泊增加面积的 84%）及内流区。青藏高原的湖泊变化存在显著的南北差异：北部湖泊水位都显著上升，而藏东南地区的雅鲁藏布江流域湖泊水位显著下降（Yao et al.，2012）。短期内（现今至 2035 年），青藏高原湖泊面积将增加（张国庆，2018）。

　　近 50 年来，青藏高原的积雪呈现先增加后减少的变化（Zhang et al.，2020）：1960～1990 年青藏高原的积雪日数和雪水当量均呈增加趋势，积雪日数增加了 13 天，雪水当量增加了 1.5 mm；1990 年以来出现减少趋势，1990～2004 年积雪日数减少了 20 天，雪水当量减少了 1.2 mm（陈德亮等，2015）。积雪在 21 世纪未来的变化具有明显的空间差异，如在 RCP4.5 情景下，21 世纪中期（2040～2059 年），积雪日数最大减少区域在高原东部（10～20 天）；雪水当量的最大减少区域在高原的东部和南部，减少的量可达 10 mm。到 21 世纪末期（2080～2099 年），积雪日数减少幅度增加，高原南部一些区域的积雪日数减少可达 30 天以上，雪水当量的减少幅度也有所增加（图 7.14）。

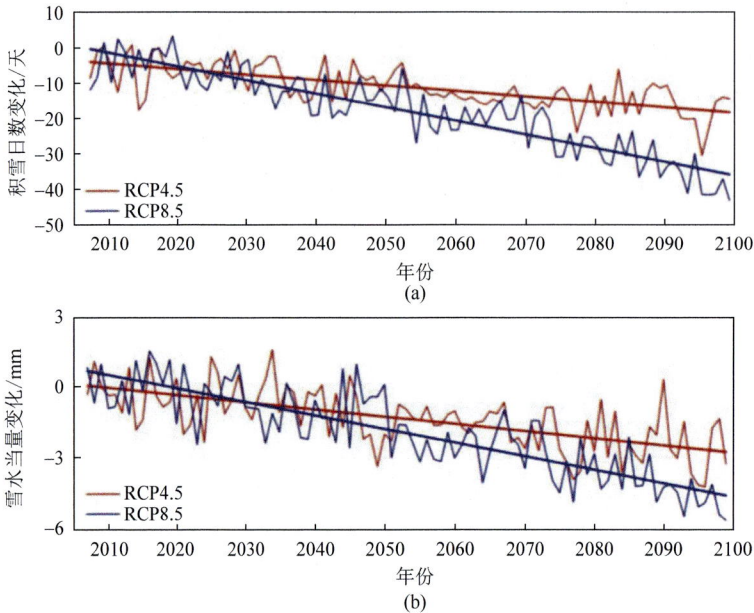

图 7.14　2006 ~ 2099 年青藏高原的积雪日数（a）和雪水当量（b）的变化（Ji and Kang，2013）
直线为线性趋势

　　青藏高原河流径流量在 20 世纪 80 年代到 21 世纪初整体呈现减少趋势，但是 21 世纪初以来，一些河流径流量出现增加趋势（Yang et al.，2011）。以雅鲁藏布江、怒江和澜沧江为例，20 世纪 60 年代为丰水期，70 年代和 80 年代为枯水期，除澜沧江以外，90 年代以来为丰水期。冰川、冻土的加速消融可能是 90 年代以来青藏高原南部河流径流量增加的主要原因（陈德亮等，2015）。青藏高原径流量的未来变化较复杂，不同流域之间的差异较大，径流量在不同流域表现为增加和减少并存（张人禾等，2015）。对藏东南地区帕隆 4 号冰川流域及然乌湖水文资料进行分析，结果表明（杨威，2008），帕隆 4 号冰川径流量波动主要受到气温控制，由于流域处于雨影区且冰川消融强烈，所以季风降水对于径流量的贡献率相对较小。就冰川径流量与然乌湖水位变化而言，冰川径流量与湖水水位之间存在高度相关性。气温升高所引起的径流量增大比例要远远强于降水量，1℃的升温会引起 42.7% 的径流量增加，而降水量对于径流量的影响则不太明显。对藏东南地区江河径流量变化的预估表明，雅鲁藏布江及其支流尼洋河在 21 世纪平均径流量均将增加（Li et al.，2013；巩同梁，2006）。

　　未来青藏高原地表层多年冻土呈现区域性退化趋势，但藏东南地区在过去 1980 ~ 2000 年只存在季节性冻土，不存在多年冻土，未来多年冻土面积也一直为零。

参考文献

陈德亮，徐柏青，姚檀栋，等 . 2015. 青藏高原环境变化科学评估：过去、现在与未来 . 科学通报，

60（32）：3025-3035, 3021-3022.

巩同梁 . 2006. 雅鲁藏布江流域水循环演变机理与水资源利用战略研究 . 北京 : 北京师范大学 .

秦大河 , 董文杰 , 罗勇 . 2013. 中国气候与环境演变 2012: 第一卷科学基础 . 北京 : 气象出版社 .

施雅风 , 刘时银 . 2000. 中国冰川对 21 世纪全球变暖响应的预估 . 科学通报 , 45（4）：5.

杨威 . 2008. 藏东南然乌湖地区冰川变化与径流特征研究 . 北京 : 中国科学院青藏高原研究所 .

张国庆 . 2018. 青藏高原湖泊变化遥感监测及其对气候变化的响应研究进展 . 地理科学进展 , 37（2）：214-223.

张人禾 , 苏凤阁 , 江志红 , 等 . 2015. 青藏高原 21 世纪气候和环境变化预估研究进展 . 科学通报 , 60（32）, 3036-3047.

Gao J, Yao T, Valérie M D, et al. 2019. Collapsing glaciers threaten Asia's water supplies. Nature, 565: 19-21.

Ji Z, Kang S. 2013. Projection of snow cover changes over China under RCP scenarios. Climate Dynamics, 41（3）：589-600.

Li F, Zhang Y, Xu Z, et al. 2013. The impact of climate change on runoff in the southeastern Tibetan Plateau. Journal of Hydrology, 505: 188-201.

Yang K, Ye B S, Zhou D G, et al. 2011. Response of hydrological cycle to recent climate changes in the Tibetan Plateau. Climatic Change, 109（3-4）：517-534.

Yao T, Thompson L G, Yang W, et al. 2012. Different glacier status with atmospheric circulations in Tibetan Plateau and suroundings. Nature Climate Change, 15: 663-667.

Yao T, Xue Y, Chen D, et al. 2019. Recent Third Pole's rapid warming accompanies cryospheric melt and water cycle intensification and interactions between monsoon and environment: Multi-disciplinary approach with observation, modeling and analysis. Bulletin of the American Meteorological Society, 100（3）：423-444.

Zhang G, Yao T, Xie H, et al. 2020. Response of Tibetan Plateau lakes to climate change: Trends, patterns, and mechanisms. Earth-Science Reviews, 208: 103269.

第 8 章

川藏铁路沿线灾害天气预报敏感区
追踪及模式优化途径

暴雨、雷电、大风等灾害性天气及其次生灾害对铁路设施和列车运行具有很大危害，国内外许多学者在灾害性天气及其次生灾害对铁路运行的影响方面开展了诸多研究。崔新强和郭雪梅（2018）分析了 1950～2015 年发生在我国铁路沿线的气象灾害，发现大风、降雪、雷电、强降雨及其引发的地质灾害是影响铁路运行的主要灾害。代娟等（2016）从气象灾害对高速铁路的影响机理入手，分析筛选出大风、水灾、雷电、低温雨雪冰冻等气象灾害的风险评价因子，科学制定了铁路沿线气象灾害风险区划方案。王志等（2012）通过建立高速铁路风险指数模型，绘制了高速铁路大风风险区划图。德庆卓嘎等（2018）通过调查发现，西藏境内主要公路气象灾害风险依次为强降水、路面积雪结冰、雪崩、大风和闪电，其中强降水是诱发和导致川藏公路沿线地质灾害的主要气象灾害之一，其调查结果对于川藏铁路建设和运行具有参考意义。

为了有效应对自然灾害对铁路线路造成的危害，各个国家对影响铁路建设和安全运行的气象灾害监测进行了研究，制定了适合本国的铁路气象防灾保障体系。日本在新干线铁路运营中，建立了一套监控大风、暴雨和降雪气象灾害的防护体系，如在瞬时风速超过 10 m/s 的地段设置监测站点；法国铁路运行防护系统包含对大风、暴雨、降雪等灾害性天气的监测，在铁路线路风速较大的地中海地区安装风向风速计监测大风灾害，开发了单站大风预警技术预报区域大风；德国、美国、瑞典、意大利等欧美国家也有铁路安全防护系统来监测灾害性天气（崔新强等，2017）。我国铁路部门也制定了《铁路自然灾害及异物侵限监测系统工程技术规范》（Q/CR 9152—2018），对风、雨、雪等气象灾害进行了监测规定和列车行驶规范。

川藏铁路是一条连接四川省与西藏自治区的快速铁路，呈东西走向，东起四川省成都市，西至西藏自治区拉萨市，是中国国内第二条进藏铁路，也是中国西南地区的干线铁路之一。川藏铁路沿线地形复杂，天气气候条件恶劣，暴雨、雷电、雨雪冰冻等灾害性天气事件频发，还往往引起次生灾害，对铁路工程建设和列车运行造成了极大威胁。为保障铁路建设和列车运行安全，一方面要做好对灾害性天气的实时监测，在不同类型灾害性天气频发的特有地段设置针对性的观测站点，实现对单站和地段的实时监测。同时，由于川藏铁路沿线气象观测站网稀疏，有必要通过对已有数据记录的长期统计以及数值预报敏感区计算技术，在厘清沿线灾害性天气发生发展和危害特征的基础上，发展沿线灾害性天气敏感区识别追踪技术，为未来实现靶向气象保障提供科学依据和技术基础。另一方面，针对铁路沿线灾害性天气发生发展特点、中小尺度天气系统的动力物理特征以及地形和下垫面特征，建立高时空分辨率的数值预报系统，这是实现灾害性天气快速预报预警的重要科技手段。

本章首先通过文献调研、气象灾害记录分析等方法，总结了可能影响川藏铁路的灾害性天气及其衍生灾害，包含暴雨、降雪、雷暴、大风、低温、雾等，为未来建设沿线灾害性天气实时监测系统提供了重要的统计事实。进一步地，本章还建立了数值预报奇异向量预报敏感区识别追踪技术，计算并分析了川藏铁路沿线不同季节灾害性天气预报的敏感区，开展了预报敏感性试验，这些结果为建立靶向灾害天气监测系统提供了重要的科学依据。8.3 节、8.4 节针对青藏高原灾害天气预报关键资料（卫星和雷达资料）同化技术开展研究，建立了关键资料的高分辨率同化系统。8.5 节、8.6 节针对灾害天气发生发展的对流过程和云物理过程，研制了新的夹卷混合和云雨碰并参数化方案，提高了高分辨率降水数值预报的效果。在上述基础上，本章建立了公里分辨率、逐小时快速循环同化数值预报系统，实现了雷达、地面自动站、风云静止卫星等高时空密度大气探测资料同化。

8.1 川藏铁路沿线主要灾害性天气

8.1.1 暴雨及其次生灾害

暴雨可能导致铁路线路和车站被淹没，并引起山洪、滑坡、崩塌、泥石流等次生灾害，造成铁路设施受损、列车运行中断。张子曰（2019）利用国家基本气象站降水观测数据分析发现（图 8.1），川藏铁路沿线地区的年均降水量存在由东向西递减的分布特征，并且与海拔有密切联系，四川盆地年均降水量超过 1400 mm，明显大于四川西部高原地区（800～1300 mm），西藏海拔较低的林芝地区降水量为 800～1300 mm，其余山南、昌都等海拔较高地区降水量低于 600mm。此外，基于重现期法，计算绘制了川藏地区 30 年、50 年和 100 年一遇的日降水量分布，发现日降水量大值区主要分布在四川盆地。30 年一遇日降水量方面，四川盆地日降水量最大值约为 200 mm，川西高原中部和南部约为 125 mm，西藏拉萨、山南、昌都和川西高原北部地区低于 50 mm，西藏林芝地区约为 75 mm；50 年一遇日降水量方面，四川盆地日降水量最大值约为 220 mm，川西高原中部和南部约为 150 mm，西藏拉萨、山南、昌都和川西高原北部地区低于 50 mm，西藏林芝地区约为 100 mm；100 年一遇日降水量方面，四川盆地日降水量最大值超过 250 mm，川西高原中部和南部接近 200 mm，西藏拉萨、山南、昌都和川西高原北部地区约为 75 mm，西藏林芝地区约为 125 mm。

最大日降水量方面，四川盆地为大值区，最大日降水量在 430 mm 以上，川西高原及西藏大部地区（日喀则南部除外）最大日降水量在 200 mm 以内，西藏北部那曲、昌都等地区最大日降水量为 30～40 mm，川藏铁路施工和运行需要注意四川盆地及其与川西高原接壤区域，以及西藏林芝地区（图 8.2）。

黄嘉丽和秦年秀（2020）分析了 1966～2016 年西南地区暴雨特征（图 8.3），发现四川省年均暴雨日数空间变化明显，结合川藏铁路位置可以发现，在铁路东段的四川盆地地区年均暴雨日数为 3～5 天，并且在雅安地区存在一个 5～7 天的暴雨日数大值区，川藏铁路四川境内年均暴雨日数由东向西迅速降低，在川西高原地区暴雨日数少于 1 天。

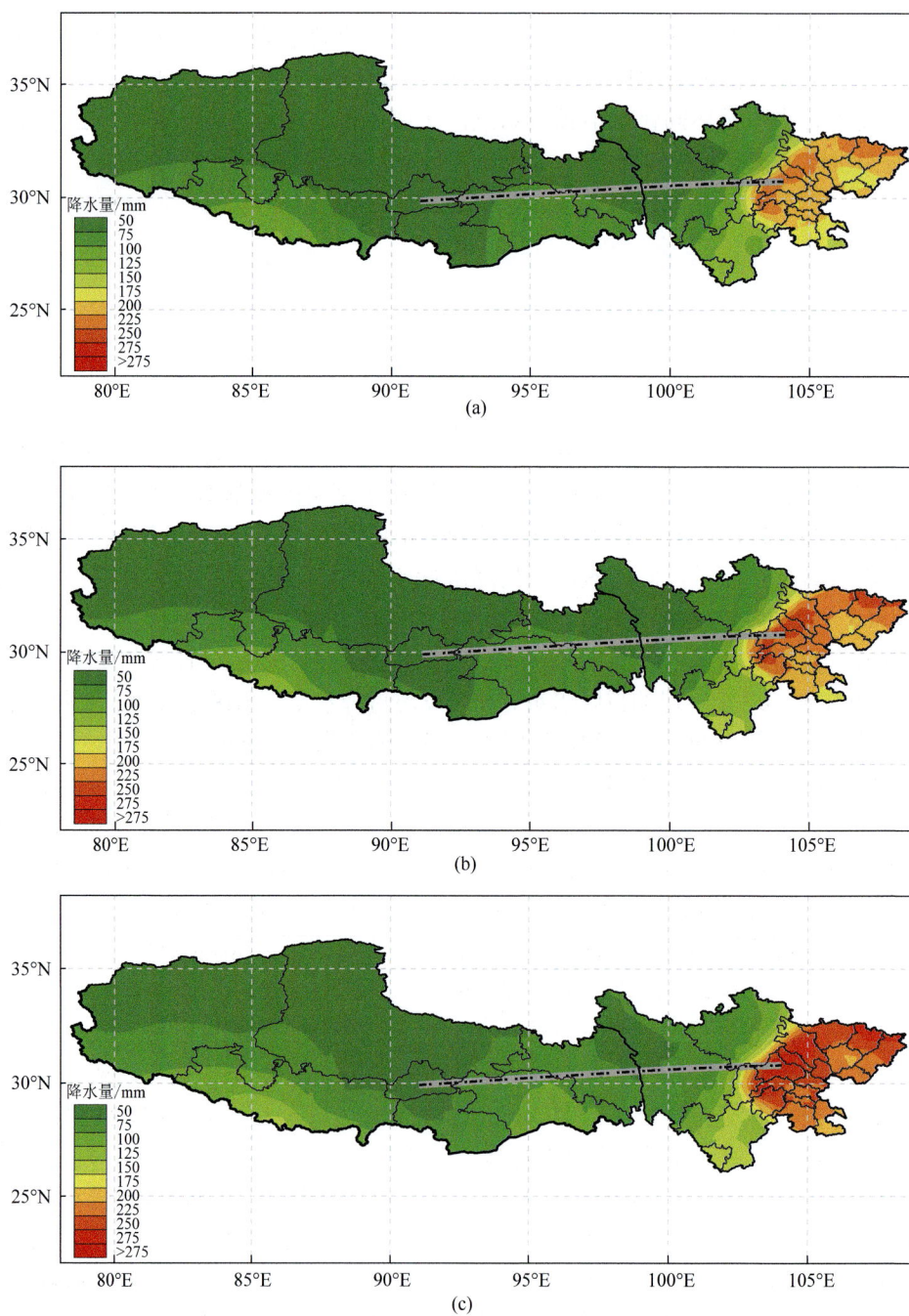

图 8.1　川藏铁路沿线地区日降水量重现期（灰色线为铁路线路示意图）（张子曰，2019）

(a) 30 年一遇日降水量；(b) 50 年一遇日降水量；(c) 100 年一遇日降水量

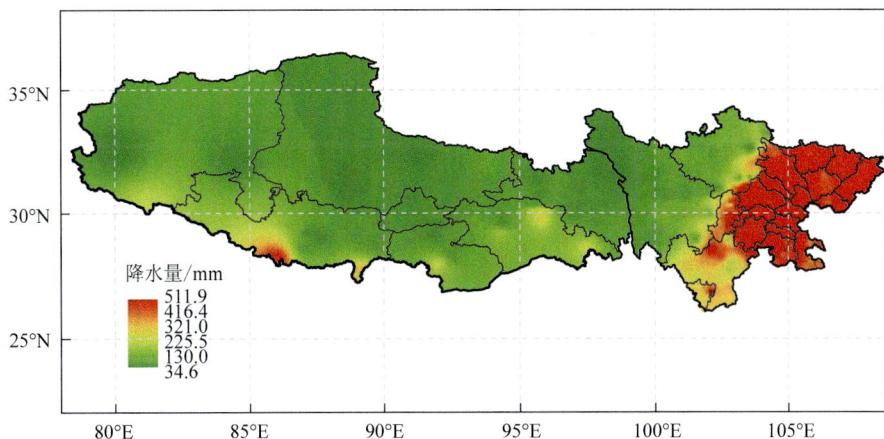

图 8.2　川藏铁路沿线地区最大日降水量分布（灰色线为铁路线路示意图）（张子曰，2019）

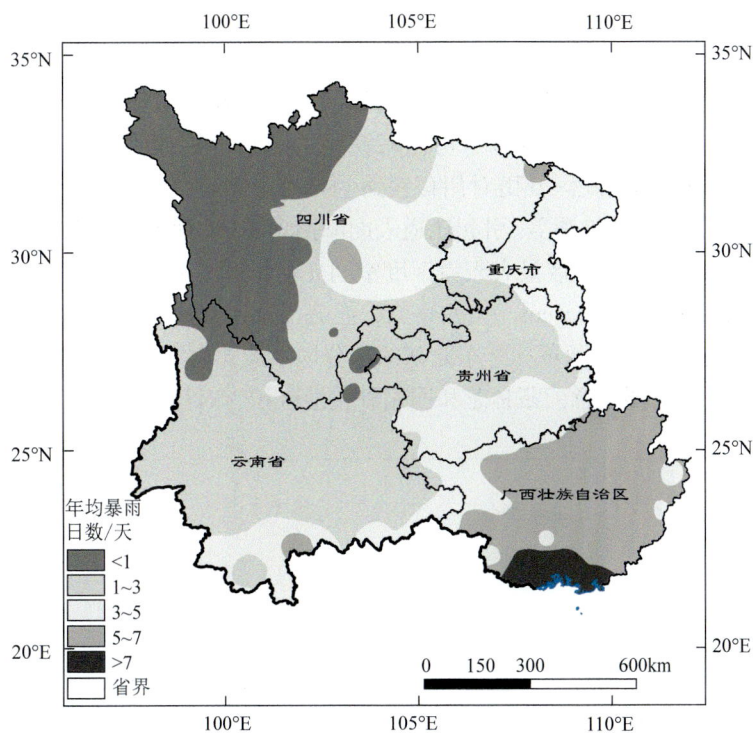

图 8.3　西南地区年均暴雨日数空间变化（黄嘉丽和秦年秀，2020）

我国天气预报业务规定以日降水量大于 50 mm 为暴雨，西藏本地天气预报业务中采用日降水量≥25mm 作为暴雨标准。林志强等（2014）利用 1980～2011 年西藏汛期 5～9 月降水资料分析了西藏地区暴雨（日降水量≥25 mm）的时空分布特征（图 8.4），发现西藏地区年均暴雨日数最多的地区是雅鲁藏布江中下游地区和怒江流域，年变化呈单峰分布，峰值出现在 7 月。结合川藏铁路位置，西藏地区年均暴雨日数以林芝和米林地区最高，接近 2 天，其次为拉萨地区（超过 1.3 天），昌都和泽当地区相对最低，年均暴雨日数约 1 天。

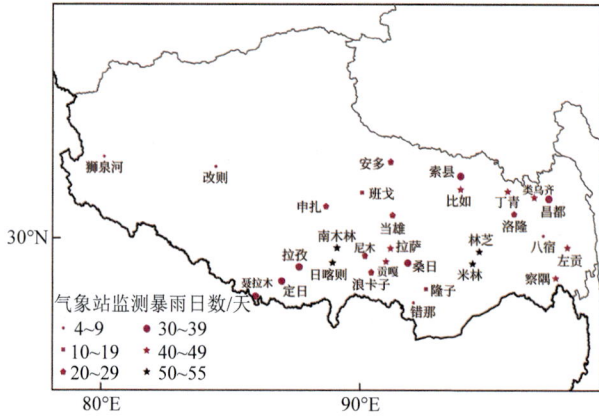

图 8.4　1980 ～ 2011 年西藏地区汛期年均暴雨日数空间分布（林志强等，2014）

可以看到，川藏铁路沿线降水量和暴雨日数整体呈现自东向西降低和随海拔升高而减少的特征，暴雨灾害性天气本身对川藏铁路的影响也是自西向东减少，需要重点关注四川盆地、西藏林芝地区暴雨对川藏铁路的直接影响。

积雪可能使铁路轨道被覆盖，引起轨道表面摩擦力减小，列车牵引力下降，引发事故。张子曰（2019）分析了川藏地区最大积雪深度空间分布特征（图 8.5），发现四川盆地属于低值区，最大积雪深度低于 5 cm，川西高原、西藏昌都东部和拉萨地区最大积雪深度大于 15 cm，川西高原甘孜、西藏林芝东北部的部分地区最大积雪深度大于 35 cm，局部地区超过 55 cm，因此需要注意西藏林芝和四川甘孜地区积雪对川藏铁路运行的不利影响。

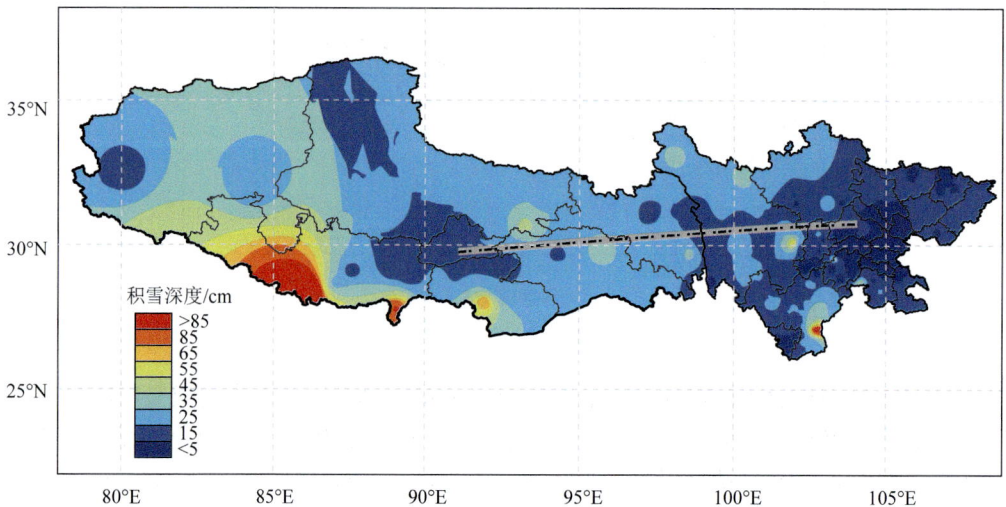

图 8.5　川藏地区最大积雪深度分布图（灰色线为川藏铁路线示意图）（张子曰，2019）

暴雨灾害性天气往往诱发渍涝、山洪、滑坡、泥石流等次生灾害，对铁路、公路等基础设施产生不利影响。例如，2020 年 6 月 26 日川西高原中部攀西地区冕宁县突发暴雨，引起山洪灾害爆发，造成严重损失（陈永仁和李跃清，2021）。黄楚惠等（2020）分析 2010～2019 年四川山地暴雨时间演变特征，发现暴雨频次略有减少，但是累积降水量和诱发的地质灾害却有所增加。刘佳等（2022）发现，川藏铁路四川段沿线地质灾害均发生在汛期，高发路段位于青衣江暴雨区，与四川地区降水时空分布特征吻合，指出降雨历时不是诱发地质灾害的最直接因子，前期降水的作用也不可忽视，并建立了针对川藏铁路四川段沿线诱发地质灾害的降水阈值。

对于西藏地区的地质灾害分布特征，陈宫燕等（2018）分析林芝市地质灾害时空分布特征发现，灾害总体沿河流分布，灾害概率随降水量的增加以指数形式增加，前期累积雨量在 100 mm 以上时，发生山洪地质灾害的概率明显增加，最大可达 40%，当日雨量在特大暴雨级别时地质灾害发生概率达 100%。关朝阳和李章国（2018）对西藏昌都地质灾害开展分析，发现昌都市地质灾害种类以崩塌、泥石流为主，其次为滑坡和不稳定斜坡。肖阳和叶唐进（2017）通过野外调查发现，拉萨市郊区在 6～9 月易形成崩塌、滑坡和泥石流等地质灾害，并认为地质灾害主要影响因素为雨量。祝建等（2018）通过现场调查和资料统计分析发现，川藏公路西藏境内地质灾害主要包含泥石流、滑坡、崩塌、水毁、溜砂 5 种，其中泥石流、崩塌、滑坡和水毁占灾害总数的 94%，地质灾害具有三大独特区域特征：①密集性与广泛性、地域性；②时域性和周期性；③共生性、重复性和交替性。德庆卓嘎等（2018）分析西藏公路沿线地质灾害隐患点和气象资料（图 8.6），发现地质灾害主要发生在 6～9 月，90% 以上的地质灾害由降水导致，并且灾害发生多与降水同步，与当日或前期连续降水同步发生的占 90%。此外，地质灾害危险性区划研究表明，西藏东部地区地质灾害危险性明显大于西部地区，滑坡、泥石流等地质灾害隐患点密集分布在川藏铁路沿线，川藏铁路沿线地质灾害危险性等级处于最高和次高等级。

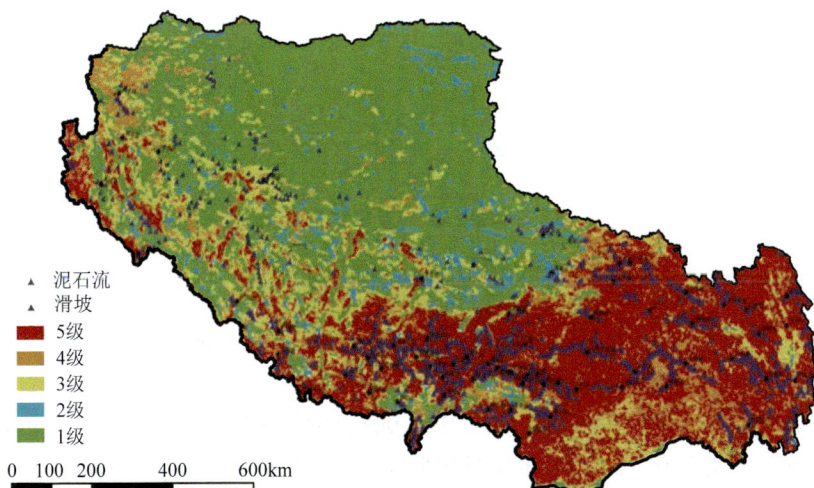

图 8.6　西藏地质灾害危险性评估区划分布图（德庆卓嘎等，2018）

8.1.2 雷暴

闪电是一种由带电荷的云层内部、云层与云层之间或与大地之间的一种长距离瞬间放电现象，具有大电流、高电压和强电磁辐射的特征，是一种严重的气象灾害。2011 年 "7.23" 甬温线特别重大铁路交通事故就是雷电灾害造成轨道电路与列车控制中心信号传输线缆故障而引起的。刘光轩（2008）认为，西藏高原全年皆可出现积雨云且成雷率高，是全国出现雷暴比例最高的地区，高原上的雷暴日数比我国同纬度平原地区和太平洋、伊朗高原等地多出 2 倍以上，是北半球同纬度地区雷暴日数最多的地区。张子曰（2019）分析发现，川藏地区是全国出现雷暴天气较高的地区之一，雷暴日数超过国内同纬度其他地区 1 倍，川藏地区雷暴高发区集中在夏季 7 ～ 8 月，海拔超过 3000m 和低于 1000m 的地区雷暴发生概率超过 20%。

尼玛央珍等（2014）分析西藏地区雷暴日数的气候分布特征，发现雷暴天气主要发生在那曲地区，并由该地区向西南、东南部递减，大值区位于贡嘎县，每年雷暴日数达到 78.88 天，低值区主要位于林芝地区和日喀则南部，其中波密县年雷暴日数仅为 7.33 天。雷暴日数时间分布特征方面，夏季雷暴日数最多，其次为秋季和春季，冬季最少，其中 6 ～ 8 月雷暴日数占全年的 67.92%，7 月的雷暴日数最多，达到 11.59 天。高懋芳和邱建军（2011）指出，川藏地区约 98% 的雷暴发生在午后至前半夜，具有持续时间短，但天气过程严重的特点。王宇等（2021）发现，川藏铁路沿线的拉萨、甘孜和昌都北部地区年均雷暴日数达到 80 天，林芝、雅安、成都等海拔较低地区雷暴日数在 20 天左右，认为桥隧比超过 80% 的川藏铁路需要特别注意高架桥接触网防雷（表 8.1）。

表 8.1 川藏铁路沿线城市年雷暴日数统计表（王宇等，2021）

雷暴日数	20 天	40 天	60 天	70 天	80 天
地区	成都市 雅安市 八宿县 波密县 林芝市 米林市	康定市 昌都市 郎县	雅江县 江达县	山南市	理塘县 白玉县 拉萨市

多吉次仁和旦增伦珠（2020）分析 2010 ～ 2019 年西藏地区地闪时空分布特征和强度发现，西藏地区雷电以负地闪为主，总地闪月分布呈弱的双峰形分布，6 ～ 9 月地闪发生次数最高，占全年地闪总数的 89.7%，90% 的地闪发生在 13:00 ～ 01:00 时段，空间分布上地闪密度呈中部多、东部和西部少的规律，并且正地闪强度比负地闪强度高 1.5 倍（图 8.7）。

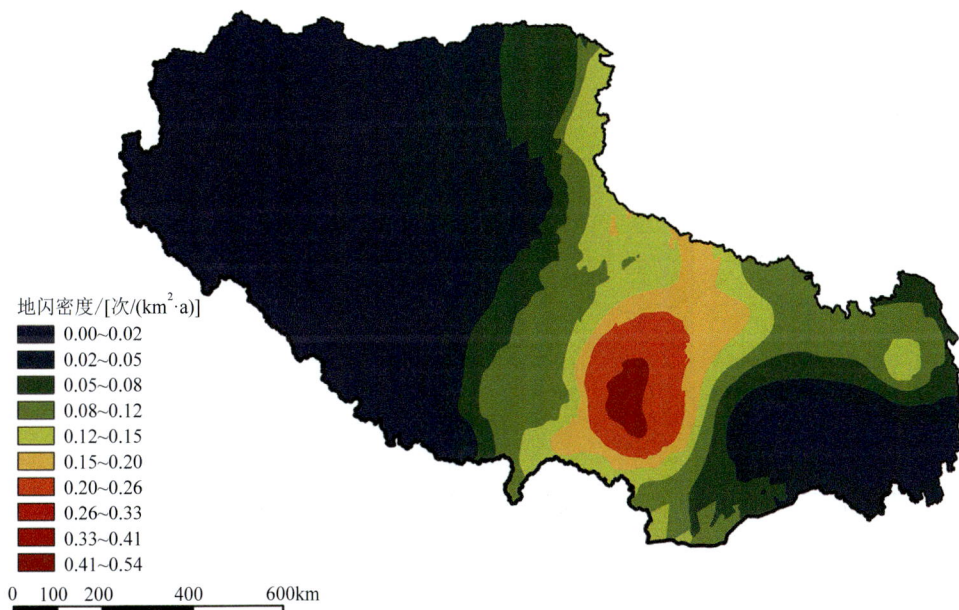

图 8.7 2010 ～ 2019 年西藏地区地闪密度分布（多吉次仁和旦增伦珠，2020）

林志强等（2012）分析发现，西藏高原闪电平均强度为 61.89kA，雨季前闪电主要为正闪，比例为 73%，雨季期间主要为负闪，比例为 91%。Anderson 和 Eriksson（1980）提出的雷电流幅值分布公式对高原地区总闪、正闪和负闪的雷电流强度概率方程的拟合率均达 0.99 以上。仓啦（2018）分析闪电定位系统资料，进一步指出西藏地区闪电强度存在显著的地域性差异，负地闪占总闪电的 80.06%，平均强度为 −42.723kA，正地闪平均强度为 53.96kA。

郭善云等（2012）分析四川雷暴发现，高原雷暴日数明显多于盆地，川西高原北部和西南部山地雷暴日数为 41 ～ 90 天，盆地西北部和南部为 21 ～ 29 天，其余地区雷暴日数为 30 ～ 40 天。任景轩等（2015）分析四川雷暴气候特征也发现年雷暴日数呈"西多东少"分布，雷暴集中出现在 6 月下旬至 8 月下旬，川西高原的雷暴出现时间略早于盆地南部和中部，川西高原雷暴多出现在 14:00 ～ 20:00。张子曰（2019）分析发现，川藏地区年均雷暴日数存在两个高发区（图 8.8），一个位于川西高原，一个位于西藏中部，年均雷暴日数最大可达 80 天，昌都南部、林芝地区和四川盆地是雷暴日数低值区。整体而言，川藏铁路四川段的雷暴活动频率低于西藏段。

雷暴日数是雷暴发生的频次，闪电密度可以反映雷电强度。川藏地区年均闪电密度呈现由东向西减弱的特征，四川盆地闪电密度达到平均每年 18 次 /km² 以上，川西高原和西藏地区数值明显降低，在 3 次 /km² 左右。综合来看，四川盆地雷暴日数比西藏中部和川西高原少，但闪电密度要高（图 8.9）。

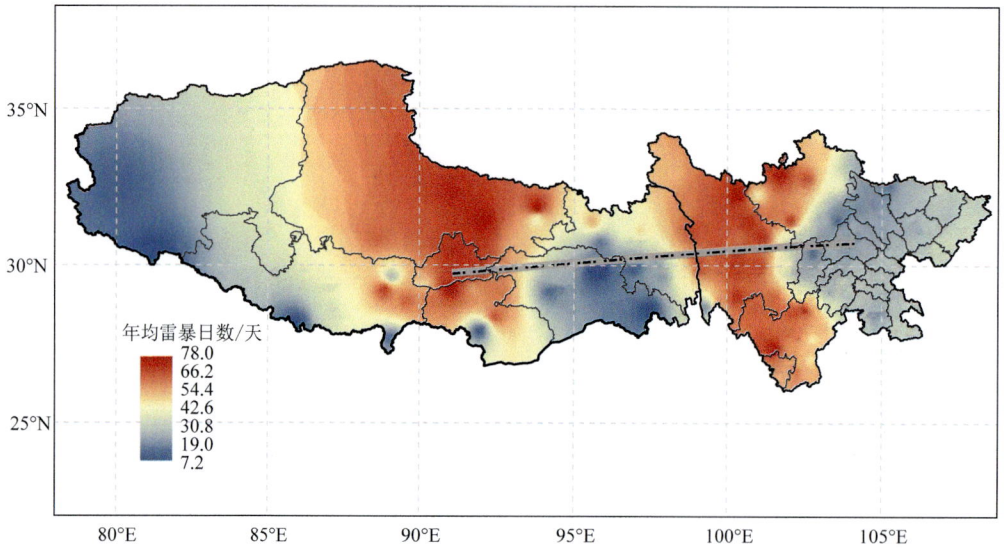

图 8.8 川藏地区年均雷暴日数空间分布图（张子曰，2019）

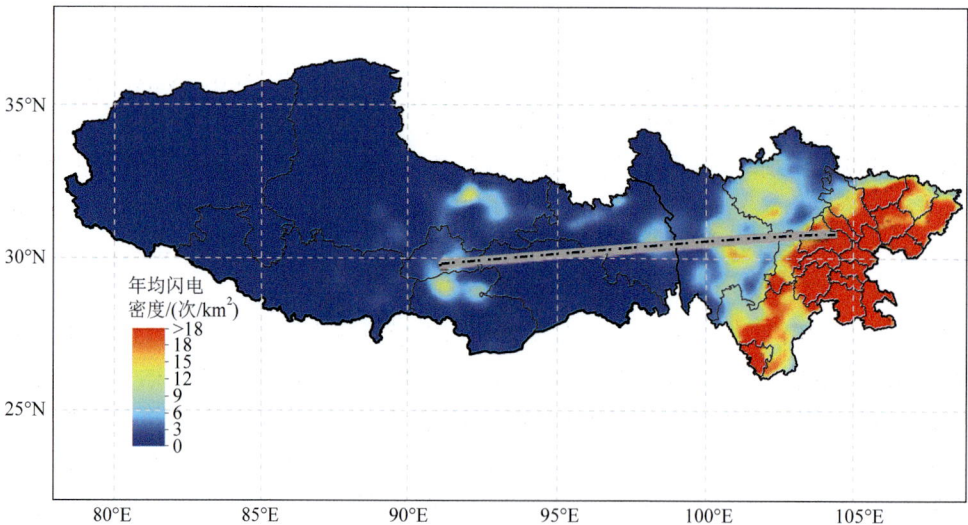

图 8.9 川藏地区年均闪电密度图（张子曰，2019）

8.1.3 大风

　　铁路走向与风向存在一定夹角（如 >45°）时，列车会受到横向风作用。2007 年 2 月 28 日，5806 次列车在新疆吐鲁番境内遭遇大风，最大瞬时风力达 49.1 m/s，造成 11 节车厢被吹翻，3 人死亡，34 人受伤。马淑红和马韫娟（2009）研究列车动力学系数指出，当风向与铁路之间夹角大于 45° 时，存在一定的横风效应影响，提出按照最大瞬时风速两年一遇设计值确定高速列车安全运行车速限值：最大风速大于 30 m/s 时列车停运，

20～30 m/s 时列车限速，低于 15 m/s 时列车正常运行。

邱博等（2013）讨论了我国 6 级及以上（≥ 10 m/s）大风的集中程度，发现最大值中心出现在青藏高原中部地区，部分台站年均 6 级及以上大风日数在 100 天以上，次大值中心出现在青藏高原东部边缘，四川盆地地区大风日数最低。结合铁路位置可以看到，西藏东部昌都和川西高原 6 级及以上大风日数最多，四川盆地段 6 级及以上大风日数最少（图 8.10）。

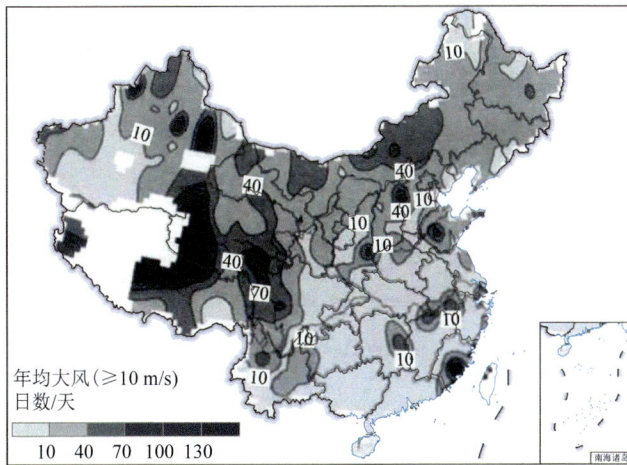

图 8.10　1961～2020 年中国年均大风（≥ 10m/s）日数（邱博等，2013）

张子曰统计川藏地区大于 8 级的大风（>17.2 m/s）年平均日数，发现大风日数较大值集中在高原中部地区，川藏铁路沿线受大风影响明显的区域为川西高原北部和昌都北部地区（图 8.11）。

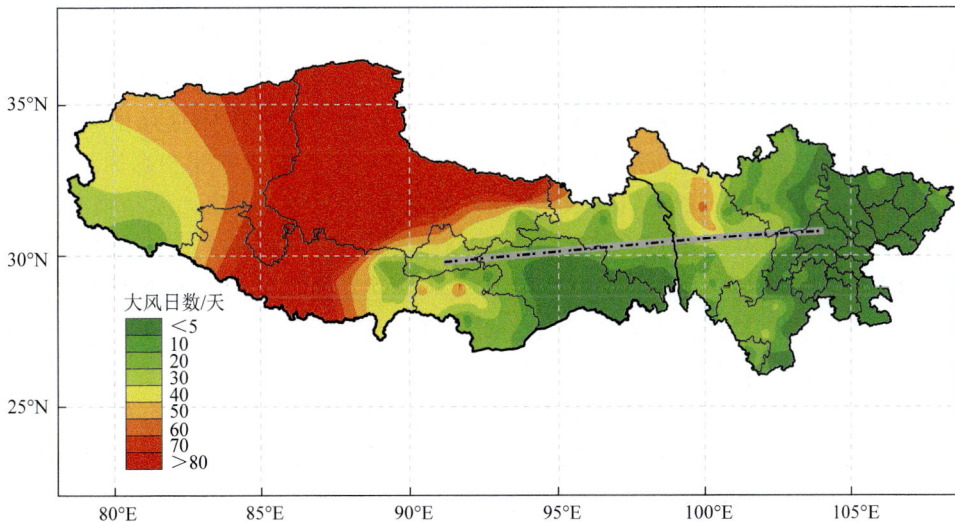

图 8.11　川藏地区年平均大风日数空间分布（张子曰，2019）

陈勇等 (2018) 分析发现，西藏地区大风出现在每年 10 月至次年 4 月期间，以 2 ~ 4 月为最多，主要发生在阿里、那曲和昌都西北部，与张子曰 (2019) 的研究结论一致。张核真 (2006) 分析指出，西藏高原是我国大风最多的地区之一，大风日数比我国同纬度东部地区多几倍甚至数十倍，西藏各地每年大风日数在 0.4 ~ 148.9 天，高海拔地区大风日数明显多于低海拔地区，地理分布上从东南向西北方向依次增多；时间方面，西藏一年中大风多出现在冬季和春节，占全年大风日数的 52% ~ 88%，也是月平均风速最大的季节。根据大风日数将西藏地区划分为基本无灾、轻度、中度和重度四个区域，可以看到，川藏铁路西藏段整体处于轻度风灾区域，不过需要注意雅鲁藏布江北岸的泽当等部分地区属于中度风灾区域（图 8.12）。

图 8.12   西藏地区风灾区域图（张核真，2006）

姚慧茹和李栋梁 (2019) 分析了 1971 ~ 2012 年青藏高原风季大风集中期和集中度年际变化特征，发现春季高原东部大风多受北方冷空气系统影响，大风集中期存在从 3 月底 4 月初提前至 2 月底 3 月初的特征，大风集中度则存在增大的趋势，高原大风集中期受急流系统经向位移的制约，大风集中度与中亚和高原地区 2 ~ 4 月副热带急流强度有关。大风因成因不同，主要分为冷空气活动大风和强对流大风，后者通常与雷暴同时出现。王黉等 (2020) 对川藏地区的雷暴大风活动特征开展分析，发现川藏高原（海拔高于 1 km）雷暴大风频次呈 5 ~ 6 月与和 9 月双峰分布，主要发生在午后，盆地（海拔低于 1 km）雷暴大风主要发生在夏季，午后和夜间均较活跃。高原雷暴大风年平均约 2 次 / 站，在雷暴和大风灾害性天气中分别约占 4.5% 和 8%；盆地雷暴大风年平均 0.4 次 / 站，在雷暴中仅占 1.5%，但在大风中占 60%。综合以上信息，结合川藏铁路位置可以发现，青藏高原地区大风以冷空气影响为主，川藏铁路西藏段和川西高原段需要注意冬春季节的大风天气，四川盆地段则需要注意夏季强对流大风，特别是伴随雷暴强对流天气的大风。

8.1.4 冰雹

冰雹灾害是由强对流天气系统引起的一种严重的自然灾害,世界多雹地区主要分布在高原和大山脉地区。张雷等(2012)分析西藏冰雹气候特征,发现多雹区沿高原地形和山脉呈带状分布,北部较多,西部和东部相对较少。冰雹具有明显的季、月和日变化特征,在 3 ~ 10 月均有发生,主要出现在 6 ~ 9 月,夜间和早晨很少降雹,主要发生在午后至前半夜,冰雹与海拔和雷暴有很好的正相关性。央金卓玛等(2016)分析西藏冰雹发现其分布受地形影响,主要出现在大小山脉及河谷地带,并与山脉河流走向一致,呈带状分布,年均冰雹日数最多的地区是那曲,达到 29.3 天,藏南河谷地区的波密、察隅等地年均冰雹日数最少,不足 1 天(图 8.13)。

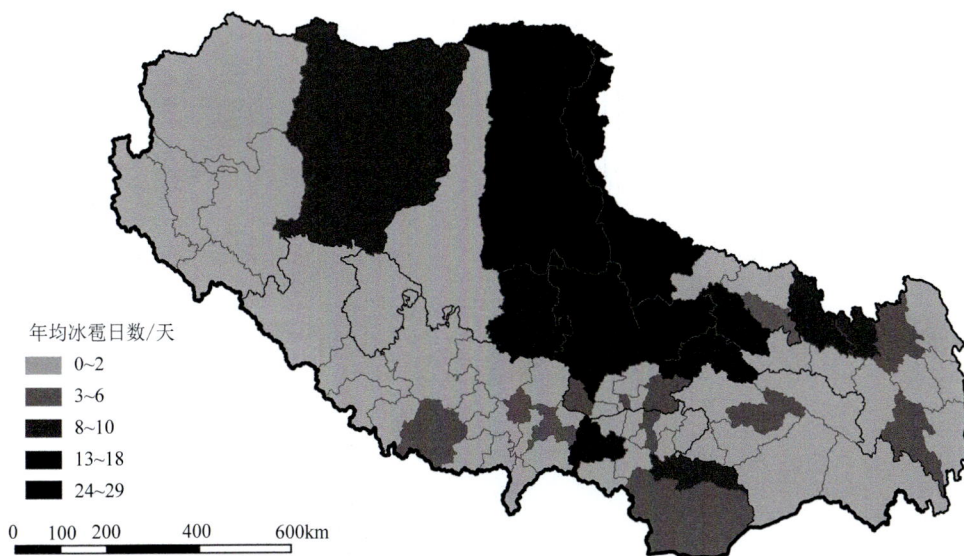

图 8.13 西藏地区年均冰雹日数分布(央金卓玛等,2016)

杨淑群和邱予声(2012)统计分析四川省冰雹日数地理分布,发现冰雹主要发生在川西高原地区,呈现出西北多东南少的区域分布特征。4 ~ 10 月是冰雹主要发生时间,占全年冰雹日数 96%,以初夏 5 月冰雹日数最多,达到 10.6 天 / 站(图 8.14)。

武敬峰等(2018)详细分析了川西高原冰雹特征与天气形势,指出川西高原冰雹主要出现在 3 ~ 10 月,以 5 月冰雹日数最多,降雹时间主要集中在 14:00 ~ 19:00,主要出现在川西高原西北部海拔 3000 m 以上的地区,并将引起阿坝藏族羌族自治州直径大于等于 5 mm 的大冰雹过程的天气形势分为西藏高压型、西北气流性和高原切变型 3 种,统计了冰雹过程中最有利抬升指数(benefit lifting index,BLI)、垂直温差等环境参数特征。

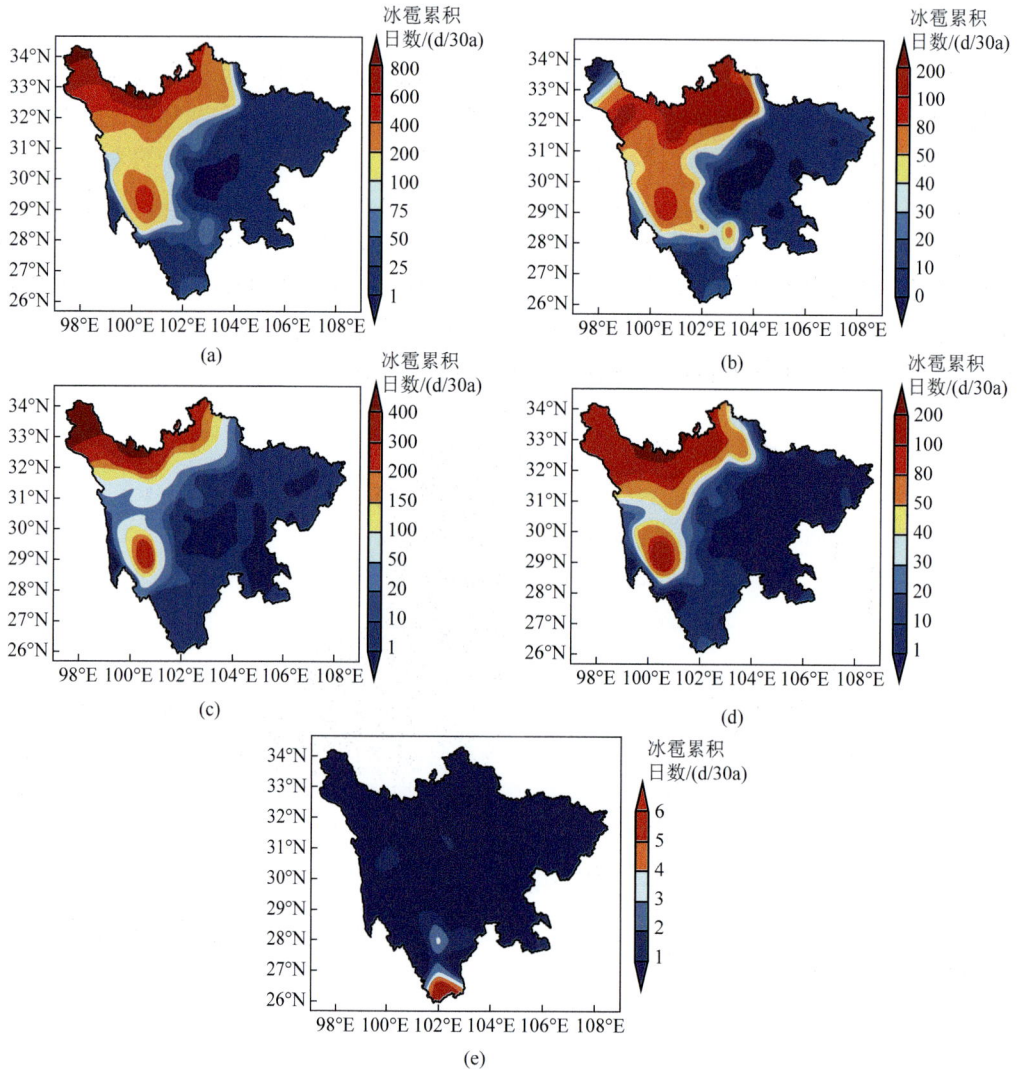

图 8.14　1971～2000 年四川省年（a）、春（b）、夏（c）、秋（d）、冬（e）冰雹累积日数分布
（杨淑群和邱予声，2012）

8.1.5　浓雾

　　2012 年以来，我国霾天气逐渐增多，对高铁运行造成了一定影响，导致多列火车停运和晚点。雾、霾天气对高铁运营的影响除低能见度外，更危险的是"雾闪"现象，即供电线路绝缘子电瓷瓶积存污垢后可能造成电线表面腐蚀，遇浓雾后，雾中水滴可形成导线通道，进而击穿瓷瓶，造成线路中断（刘丽霞，2010）。2013 年 1 月，京广高铁 D2031 次列车在河南省信阳附近因"雾闪"导致列车故障停车。电力机车"雾闪"

一般在冬季大雾天气停车或启动过程运行速度低于 10 km/h 时发生。孙丹等（2008）研究我国浓雾频数分布，发现我国浓雾频数最多的区域集中在东南沿海、四川盆地等，而浓雾频数最少的区域集中在西北、青藏高原和内蒙古地区（图8.15）。李慧晶等（2019）分析了四川地区雾的气候特征，发现川西高原雾日明显少于四川盆地，高原大部地区整年无雾出现，盆地雾最多的季节是冬季。因此，川藏铁路运行需要注意四川盆地浓雾的影响。

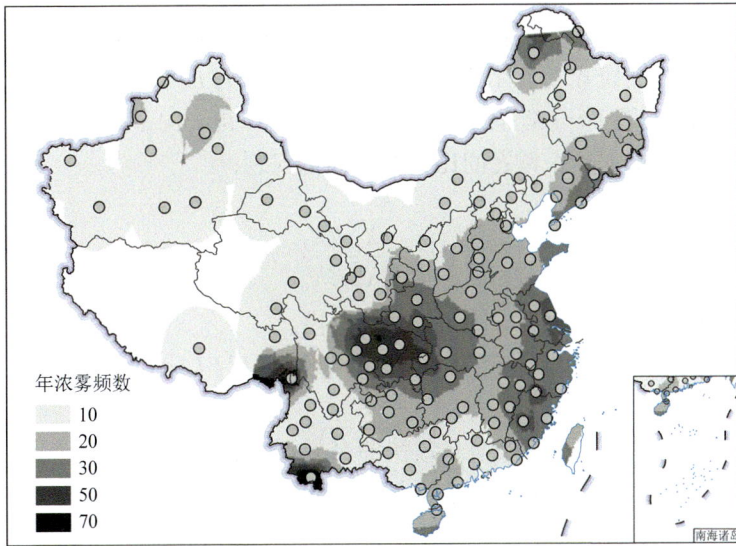

图 8.15　我国年浓雾频数空间分布（孙丹等，2008）

8.1.6　灾害性天气对川藏铁路运行的影响

暴雨对四川盆地和西藏林芝地区的川藏铁路有直接影响，川藏铁路西藏段沿线地质灾害隐患点分布密集，地质灾害危险性等级处于最高和次高等级，铁路四川段青衣江流域内（雅安地区）次生灾害风险也很高。西藏林芝和四川甘孜地区积雪可能对川藏铁路运行产生不利影响。西藏拉萨地区和川西高原北部年均雷暴日数较多，四川盆地雷暴日数少，但闪电密度大，川藏铁路全线均需要做好防雷工作。西藏昌都和川西高原地区大风日数相对较多，主要发生在冬春季节，由冷空气活动引起，四川盆地大风主要出现在夏季，多伴随雷暴强对流天气发生，除拉萨地区外，川藏铁路整体处于大风影响轻度风灾区域。川藏铁路沿线冰雹多发生在午后至前半夜，西藏东部年均冰雹日数不多，川西高原冰雹日数明显多于四川盆地。青藏高原发生浓雾的频数较低，四川盆地发生浓雾的频数比较高，川藏铁路运行需要注意四川盆地浓雾的影响。因此，有必要建设川藏铁路沿线灾害天气预报系统，对暴雨、雷暴、大风、冰雹、浓雾等灾害性天气开展预报预警，保障川藏铁路建设和运行。

8.2 铁路沿线灾害性天气预报敏感区追踪技术

8.2.1 全球奇异向量预报敏感性技术

奇异向量（singular vectors，SVs）扰动是在切线性模式中基于大气总能量权重模，在一定时间（最优化时间）间隔内增长最快的一组正交扰动。对于一个初始扰动向量 X_0，经过全球区域同化预报系统（global-regional assimilation and prediction system，GRAPES）全球切线性模式（表示为 L，伴随模式表示为 L^T）一定时间的正向积分，可以获得演化的扰动向量 $X_t = LX_0$ 的演变。GRAPES 全球奇异向量求解可归结为演化扰动向量 X_t 模与初始扰动向量 X_0 模之间比值的最大化问题：

$$\lambda^2 = \frac{X_t^T E X_t}{X_0^T E X_0} \tag{8.1}$$

式中，λ 为奇异向量值；E 为衡量扰动大小权重模。

式（8.1）可转换为标准的奇异值分解问题：$(L^T E L) X_i(t_0) = \lambda_i^2 E X_i(t_0)$（刘永柱等，2013）。

为获得某个特定目标区域内增长最快的奇异向量扰动，应用一个投影算子 P，通过该投影算子将实际计算过程中目标区之外的奇异向量扰动设置为零。本书也采用以上局地投影算子方法，来获得川藏铁路沿线目标区的 GRAPES 全球奇异向量。根据对称矩阵的变分原理，式（8.1）极大化问题可以转换为矩阵 $(L^T P^T E^T E P L)$ 的特征值分解问题：

$$(L^T P^T E P L) X_i(t_0) = \lambda_i^2 E X_i(t_0) \tag{8.2}$$

式中，L^T 为 GRAPES 全球伴随模式；λ_i 为矩阵 $(L^T P^T E^T E P L)$ 的第 i 个奇异值；$X_i(t_0)$ 为矩阵 $(L^T P^T E^T E P L)$ 属于 λ_i 对应的第 i 个奇异向量。对于式（8.2）定义的 GRAPES 奇异向量计算问题，可以采用 Lanczos 迭代算法来进行求解，在迭代过程中需多次积分大气切线性模式 L 及伴随模式 L^T。同时，由式（8.2）也可以看出，决定奇异向量结构的关键因素主要有三个：①衡量奇异向量扰动大小的权重模 E 的选择；②切线性和伴随模式的特点及线性化物理过程参数化方案的使用；③切线性模式 L 向前及伴随模式 L^T 向后的积分时间长度（最优化时间间隔 OTI）（李晓莉和刘永柱，2019）。

GRAPES 全球奇异向量计算所需要的 GRAPES 全球切线性模式和伴随模式，其预报量为 GRAPES 模式预报变量中的水平风分量（u, v）、扰动位温（θ'）以及扰动无量纲气压（Π'）可以分别表示为：u'、v'、$(\theta')'$ 和 $(\Pi')'$。基于 GRAPES 模式动力框架的切线性模式和伴随模式，采用总能量权重模的技术方案，开展了 GRAPES 全球 SVs 计算技术研究，其中所定义的总能量权重模 E 的计算公式如下：

$$E = \iiint_V \left(\frac{\rho_r \cos\varphi}{2}(u')^2 + \frac{\rho_r \cos\varphi}{2}(v')^2 + \frac{\rho_r \cos\varphi C_P T_r}{(\theta_r)^2}[(\theta')']^2 + \frac{\rho_r \cos\varphi C_P T_r}{(\Pi_r)^2}[(\Pi')']^2 \right) dV \quad (8.3)$$

式中，前两项之和为扰动动能，后两项之和表示扰动势能，其中第三项和第四项分别表示势能中扰动位温 $(\theta')'$ 和扰动无量纲气压 $(\Pi')'$ 分量的贡献。式 (8.3) 中，$dV = d\lambda d\varphi d\hat{z}$，其中 $\hat{z}$ 为地形追随坐标，λ 和 φ 分别代表模式球面坐标的经度和纬度，C_P 为干空气的定压比热，T_r、θ_r、Π_r 及 ρ_r 分别表示参考温度、参考位温、参考无量纲气压及参考密度，其计算公式分别为：$\theta_r = T_r \exp\left(\frac{gz}{C_P T_r}\right)$，$\Pi_r = \exp\left(-\frac{gz}{C_P T_r}\right)$，$\rho_r = \frac{P_r(\Pi_r)^{(C_P/R_d)}}{R_d T_r}$，其中 R_d 为干空气气体常数，P_r 为标准大气，T_r 为参考温度（常量，取值为 300 K），g 为重力加速度（刘永柱等，2013；李晓莉和刘永柱，2019）。

奇异值大于 1 的 SVs 表示初始时刻 SVs 会导致预报误差变大，因此基于 SVs 估计预报敏感性需要选择奇异值大于 1 的 SVs，具体方法为以奇异值为权重系数对这些 SVs 进行线性组合，并限制最小经验权重系数为 0.6。

8.2.2　铁路沿线天气预报敏感性计算方案

预报敏感性试验采用的全球预报模式版本是 GRAPES_GFS V3.2，具体试验配置如表 8.2 所示。

表 8.2　川藏铁路沿线预报敏感性试验设置

GRAPES SVs	配置
灾害性天气目标区域	85°E ～ 110°E, 25°N ～ 35°N
模式水平分辨率	1.5°
模式垂直层次	87 层
等经纬度网格水平格点数	240×120
最优时间间隔	24 h
SVs 个数	15 个
SVs 能量权重模 E 算子	干总能量模
线性化物理过程	次网格尺度地形参数化、垂直扩散、积云深对流和大尺度凝结
计算 SVs 预报轨迹	4DVar 循环同化 0 时刻 (UTC) 的 24 h 预报
试验个例	2018 年 11 月 1 日 00 时 (UTC) 到 2019 年 10 月 1 日 00 时 (UTC)

为了研究影响川藏铁路沿线灾害性天气预报敏感性，本节对一年 365 个例子进行统计分析，并针对气象学上的春夏秋冬四季分别进行研究。图 8.16 的蓝色虚线方框是川藏铁路沿线灾害性天气预报的目标区，本研究重点关注三江源（长江源、黄河源和澜沧江源）区域对川藏铁路沿线灾害性天气预报的敏感性。

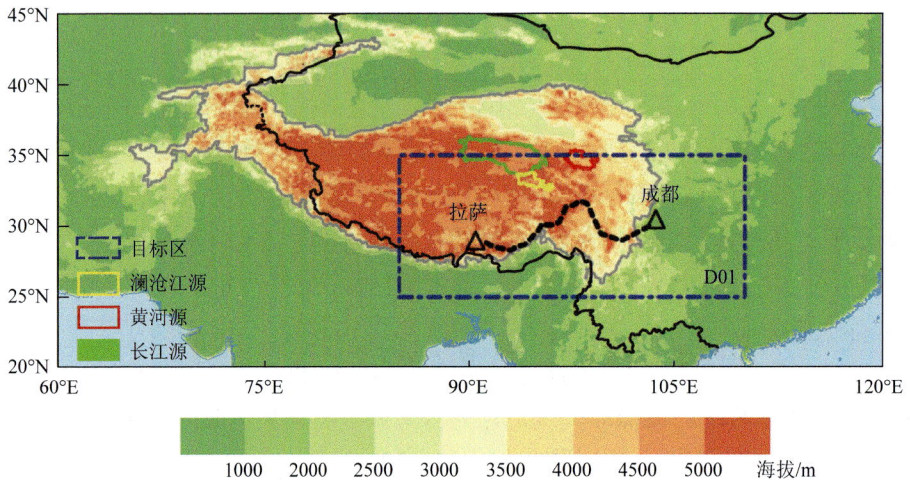

图 8.16　川藏铁路沿线灾害性天气预报敏感区设置图

蓝色方框为目标区；绿色为长江源；红色为黄河源；黄色为澜沧江源

8.2.3　川藏铁路沿线天气预报敏感性分析

　　川藏铁路沿线天气预报敏感性一年试验的时段为 2018 年 12 月 1 日～2019 年 11 月 30 日。从影响川藏铁路沿线预报敏感性年平均结果的水平分布可以看到（图 8.17），大于 80% 的预报敏感性主要分布在青藏高原南部区域，位于川藏铁路的西北方位，其原因主要是西风急流遇到青藏高原，在高原西段受阻，分成南北分支，沿着高原绕行，然后与来自高原以西的夏季印度季风在青藏高原上空交汇，形成了影响川藏沿线 24 h 预报的敏感区，其中大于 80% 的预报敏感性涵盖了三江源区域，因此三江源是影响川藏铁路沿线预报效果的关键敏感区之一。

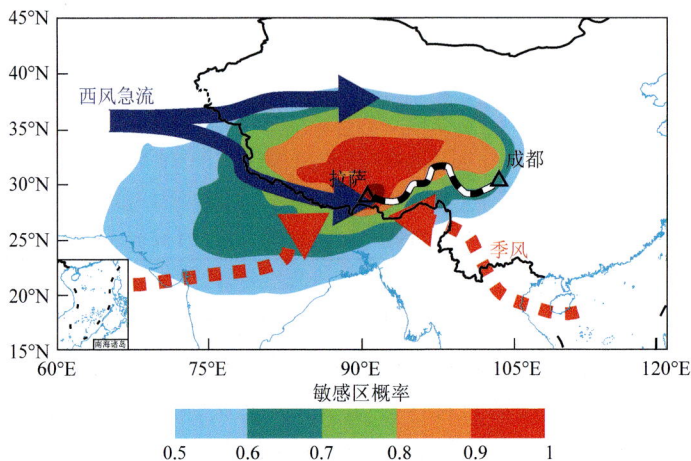

图 8.17　影响川藏铁路沿线区域的预报敏感区年平均水平分布

从影响川藏铁路沿线的预报敏感性年平均结果的垂直分布可以看到（图8.18），预报敏感性在垂直方向上有两个大值中心（概率大于80%），其中位于（100～150 hPa）的大值中心反映了西风急流对川藏铁路沿线灾害性天气24 h预报具有明显的影响。和图8.17中水平分布一致，沿着高原绕行的西风带与来自高原西南的夏季印度季风，在青藏高原边界层到对流层（500～250 hPa）中交汇，形成了影响川藏沿线24 h预报的第二个敏感性大值中心。

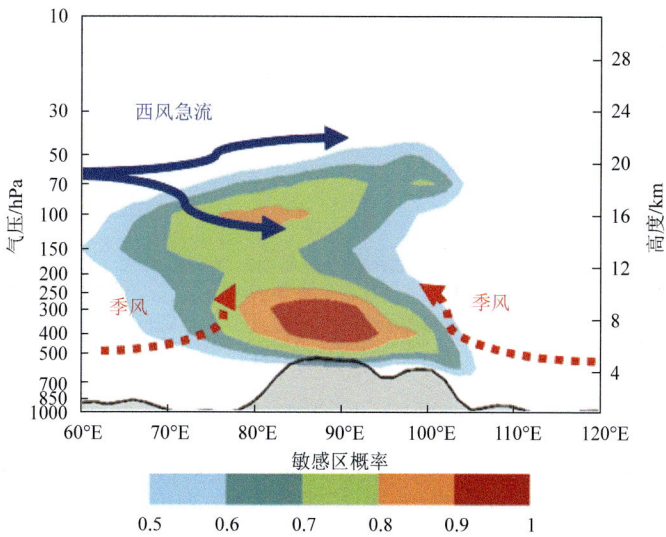

图 8.18　影响川藏铁路沿线区域的预报敏感区年平均垂直分布

8.2.4　川藏铁路敏感性试验结果分析

基于以上川藏铁路敏感区的结果，我们设计了相应的观测系统模拟试验（observation system simulation experiment，OSSE），模拟观测资料采用ECMWF的再分析版本5数据（ECMWF Reanalysis V5，ERA5）生成类似探空的模拟资料。试验采用GRAPES_GFS 3.2版本，水平分辨率为0.5°，垂直设为87层，4DVar循环同化–预报时间段为2019年7月1～31日。这里设计了两组对比试验，分别如下。

（1）控制试验（记为CON）：观测资料采用业务接收资料；

（2）三江源模拟试验（记为SJY）：观测资料增加三江源区域模拟探空，主要采用ERA5生成国家站（图8.19，共34个站点）对应位置的探空资料，探空资料的时间分布为每1 h一次。

下面以ERA5再分析为标准来检验4DVar循环同化试验的分析结果，评估CON与SJY试验的效果。从图8.20（a）中可以看出，针对川藏铁路沿线目标区域（85°E～110°E，25°N～35°N）位势高度的评估中，SJY试验分析场的均方根误差都优于CON试验，尤其是背景场（6 h预报场）均方根误差从500 hPa向上相对于CON改善非常明显，

200 hPa 位势高度误差最大可以减少 5 gpm 左右，这说明在川藏铁路敏感区中的三江源位置增加观测可以有效改善川藏铁路目标区的分析效果，还可以减少整个东亚区域位势高度 500 hPa 以上的分析场和背景场的均方根误差 [图 8.20(b)]，提高东亚区域的分析质量。

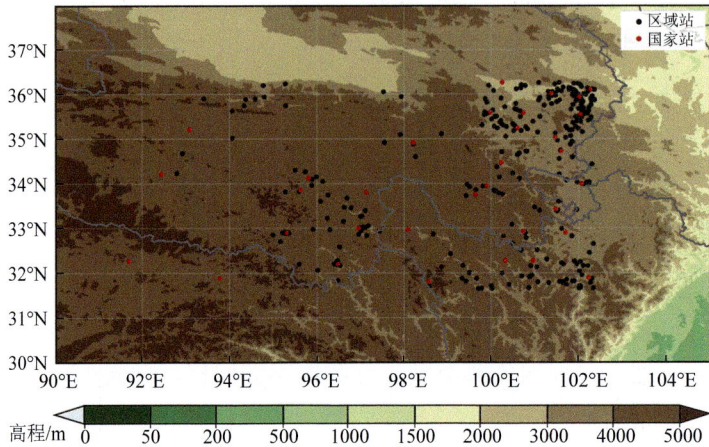

图 8.19　三江源的站点分布图

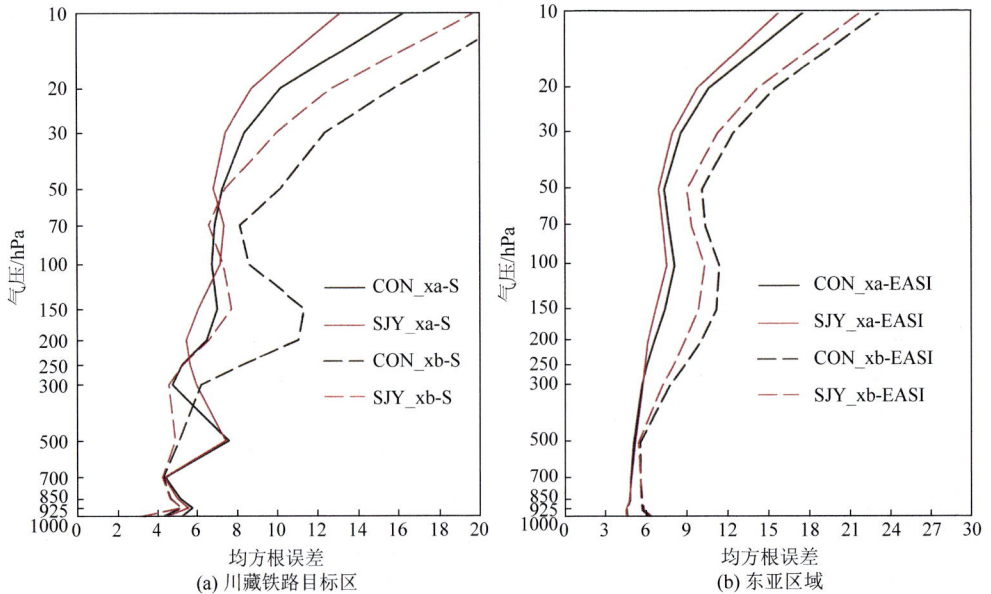

图 8.20　位势高度的背景场和分析场的均方根误差

黑线是 CON；红线是 SJY；虚线是背景场；实线是分析场。川藏铁路目标区：85°E ～ 110°E，25°N ～ 35°N；东亚区域：70°E ～ 145°E，15°N ～ 65°N。xa-S 表示川藏铁路目标区的分析场；xb-S 表示川藏铁路目标区的背景场。xa-EASI 表示东亚区域的分析场；xb-EASI 表示东亚区域的背景场。下同

从温度（图 8.21）和 U 风场（图 8.22）以及 V 风场的评估中可以得到与位势高度

评估相似的结论，由于 OSSE 试验是在青藏高原三江源区域增加了模拟观测资料，所以它对川藏铁路目标区 500 hPa 以上分析质量的提高非常明显，能影响并且改善整个东亚区域的分析质量，这说明青藏高原的三江源区域是影响下游天气预报质量的关键区域，通过增加观测资料可以改善天气预报效果。

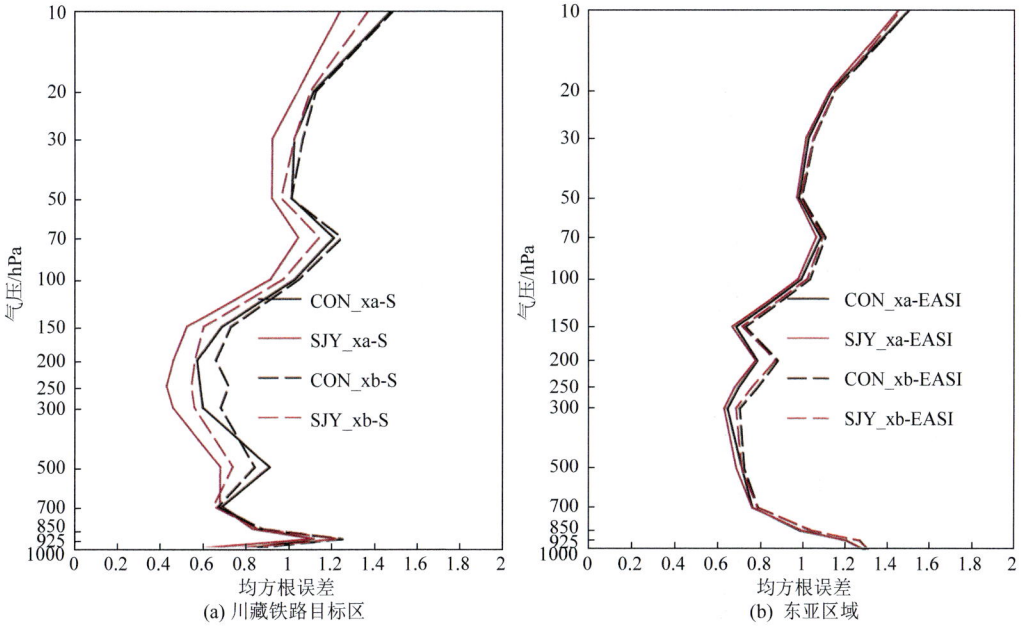

(a) 川藏铁路目标区　　　　　　　　　(b) 东亚区域

图 8.21　温度的背景场和分析场的均方根误差

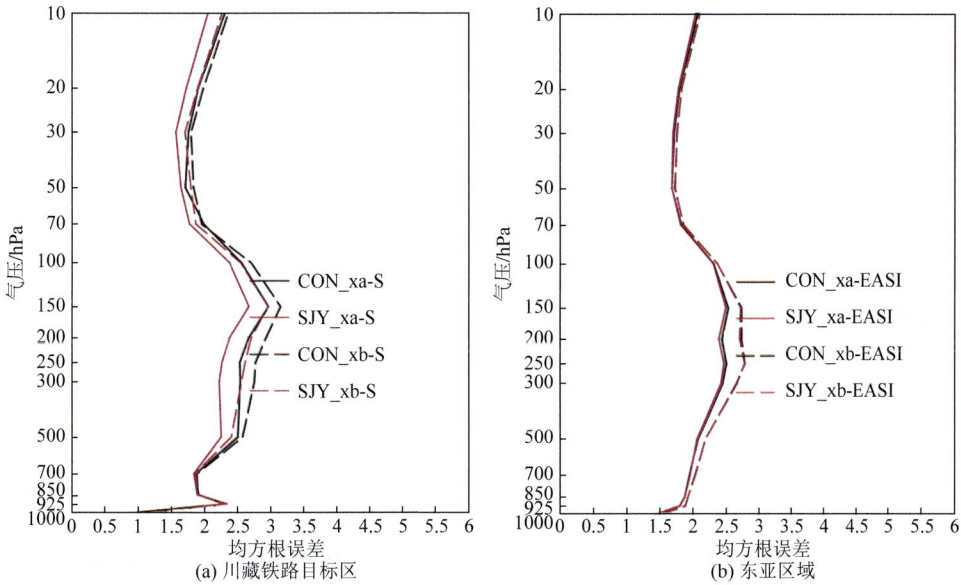

(a) 川藏铁路目标区　　　　　　　　　(b) 东亚区域

图 8.22　U 风场的背景场和分析场的均方根误差

图 8.23 给出了 2019 年 7 月 1 ～ 31 日 12 时 8 天预报结果的预报评分卡。从图中可以看出，SJY 试验在东亚区域的预报要略好于 CON，在南半球也要好于 CON，说明在三江源增加部分观测资料对东亚区域预报有正贡献，并且对全球预报都有一定的改善。

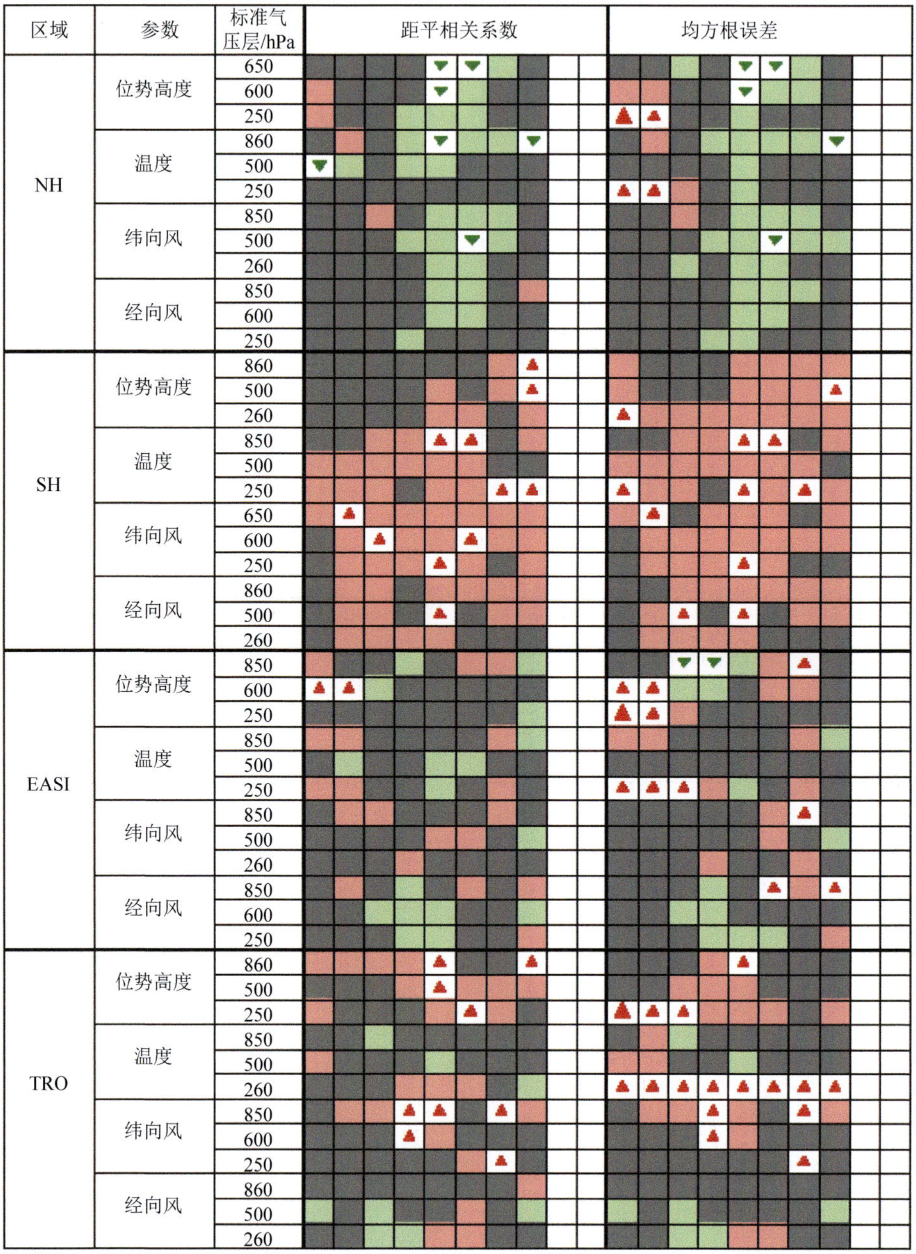

区域	参数	标准气压层/hPa	距平相关系数	均方根误差
NH	位势高度	650		
		600		
		250		
	温度	860		
		500		
		250		
	纬向风	850		
		500		
		260		
	经向风	850		
		600		
		250		
SH	位势高度	860		
		500		
		260		
	温度	850		
		500		
		250		
	纬向风	650		
		600		
		250		
	经向风	860		
		500		
		260		
EASI	位势高度	850		
		600		
		250		
	温度	850		
		500		
		250		
	纬向风	850		
		500		
		260		
	经向风	850		
		600		
		250		
TRO	位势高度	860		
		500		
		250		
	温度	850		
		500		
		260		
	纬向风	850		
		600		
		250		
	经向风	860		
		500		
		260		

图 8.23　SJY 试验相对于 CON 的预报评分卡（2019 年 7 月 1 ～ 31 日 12 时 8 天预报）

评分卡的说明：红色大三角表示 SJY 预报远优于 CON；红色小三角表示 SJY 预报优于 CON；粉色方框表示 SJY 预报略优于 CON；灰色方框表示 SJY 预报与 CON 相当；绿色大三角表示 SJY 预报远差于 CON；绿色小三角表示 SJY 预报差于 CON；绿色方框表示 SJY 预报略差于 CON。NH 表示北半球（20°N ～ 90°N）；SH 表示南半球（20°S ～ 90°S）；EASI 表示东亚区域（70°E ～ 145°E，15°N ～ 65°N）；TRO 表示热带区域（20°S ～ 20°N）

8.3　天气预报敏感区风四成像仪水汽通道同化

8.3.1　风云四号气象卫星水汽通道选择

风云四号气象卫星（FY-4A）是我国自行研制的新一代地球静止轨道气象卫星。FY-4A 于 2016 年 12 月 11 日成功发射，自 2017 年 5 月 25 日开始定位于 104.7°E 赤道上空，搭载的成像仪为先进的静止轨道辐射成像仪（advanced geostationary radiation imager，AGRI）。探测器共包含 14 个通道，其中 3 个可见光通道、3 个近红外通道、2 个中波红外通道、2 个水汽通道以及 4 个长波红外通道。表 8.3 给出 AGRI 仪器各通道的中心波长、空间分辨率等信息（张鹏等，2016）。

表 8.3　AGRI 仪器通道中心波长、空间分辨率

通道	中心波长 /μm	空间分辨率 /km
01	0.47	1
02	0.65	0.5
03	0.825	1
04	1.375	2
05	1.61	2
06	2.25	2
07	3.75（高）	2
08	3.75（低）	4
09	8.25	4
10	7.10	4
11	8.50	4
12	10.7	4
13	12.0	4
14	13.5	4

图 8.24 是中波红外通道、水汽通道、长波红外通道对温度探测 [图 8.24(a)] 和对湿度探测的雅可比函数（Jacobian）[图 8.24(b)]，Jacobian 主要用于卫星垂直探测器权重函数的计算，可以看出仪器通道对于大气温度和湿度的响应，由图中曲线峰值所在位置可以得出仪器主要探测大气哪些高度层内的信息。水汽通道 09(Ch09) 和水汽通道 10(Ch10) 主要获取 200 hPa 和 400 hPa 为中心的大气水汽信息，通道 08(Ch08)、通道 11(Ch011)、通道 12(Ch12)、通道 13(Ch13) 和通道 14(Ch14) 主要反映近地层的大气辐射信息（瞿建华等，2019）。

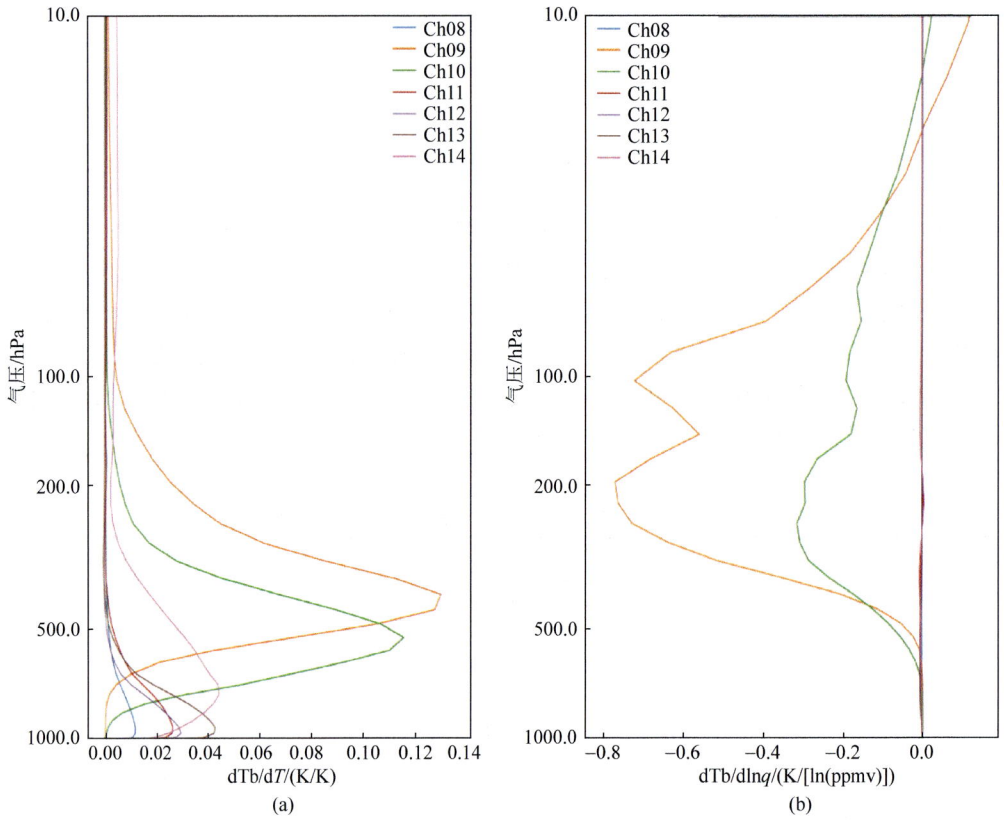

图 8.24　FY-4A 成像仪红外通道对温度探测（a）和湿度探测（b）的雅可比函数
Tb 表示卫星观测亮温；q 表示湿度

8.3.2　敏感区 FY-4A 水汽通道同化

　　静止卫星具有高时空分辨率的优势，对某一固定地区可以进行长时间连续扫描，在天气预报、短时邻近预报、数值预报等方面具有重要作用，静止卫星的这些特点很适合做目标观测试验。目标观测是为提升高影响天气和气候事件的预报技巧，在敏感区增加观测的一种手段（Buizza et al.，1993）。

　　针对 2019 年梅雨季高原槽东移影响长江中下游东部地区的典型个例，选取该区域作为目标区，利用 GRAPES SVs 方法来计算敏感区，筛选 FY-4A AGRI 成像仪位于敏感区的资料进行同化，敏感区计算试验配置如表 8.4 所示。

表 8.4　敏感区计算试验设置

GRAPES SVs	配置
模式版本	GRAPES_GFS 3.0
灾害性天气目标区域	85°E ~ 120°E，20°N ~ 40°N
模式水平分辨率	1.5°

续表

GRAPES SVs	配置
模式垂直层次	87 层（0.1hPa）
等经纬度网格水平格点数	240×120
最优时间间隔	24 h
SVs 个数	15 个
SVs 能量权重模 E 算子	干总能量模
线性化物理过程	次网格尺度地形参数化、垂直扩散、积云深对流和大尺度凝结
计算 SVs 预报轨迹	4DVar 循环同化 0 时刻（UTC）的 24 h 预报
试验个例	2019 年 5 月 25 日 00 时（UTC）

　　试验选取 2019 年 5 月 25 日一个高原槽东移的个例，所计算的观测敏感区如图 8.25 所示，敏感区分布于目标区域内，说明影响该高原槽 24 h 预报的主要敏感区与高原槽自身特点关系很大。

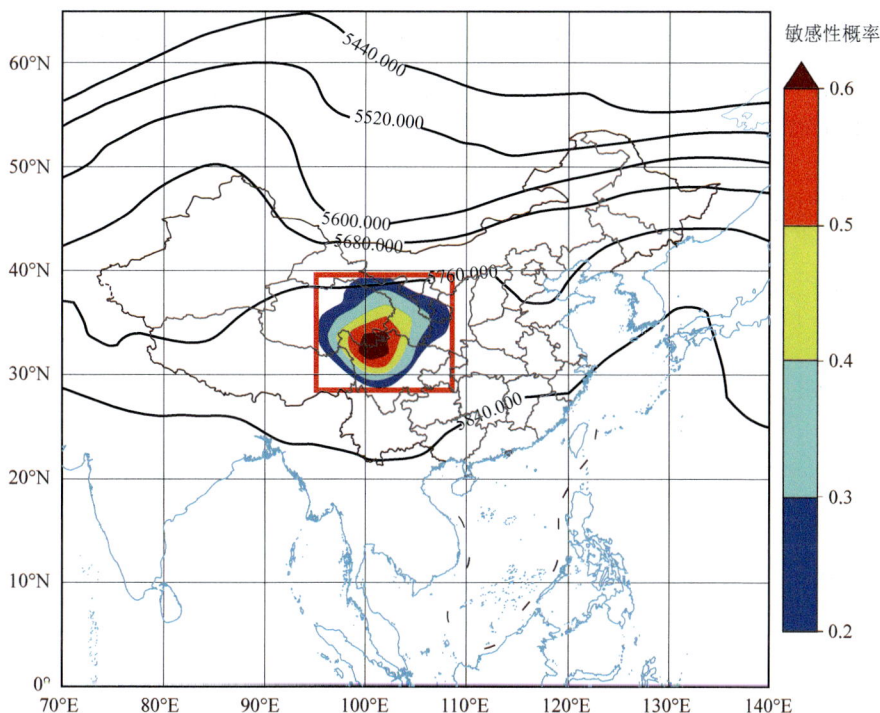

图 8.25　基于 GRAPES 奇异向量计算的 2019 年 5 月 25 日 00 时（UTC）的敏感区
图中数值表示等高线，单位为 gpm

　　针对计算出的敏感区，设计两组试验。控制试验同化常规的观测资料，包括探空资料、地面资料、风导云资料等；AGRI 同化试验在控制试验的基础上，只加入位于敏感区内 AGRI 水汽通道的资料。经过稀疏化、质量控制和偏差订正控制后资料分布如图 8.26 所示。

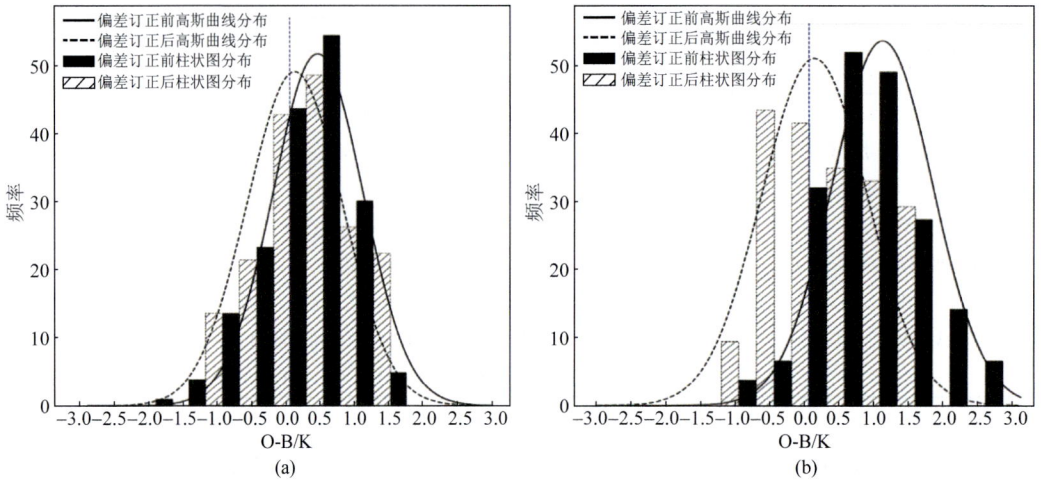

图 8.26　位于敏感区的两个水汽通道［(a) 09 通道、(b) 10 通道］偏差订正前后示意图

O-B 表示观测减去背景场（观测相当量）

　　图 8.27 为 500 hPa 水汽差值（AGRI 同化试验－控制试验），可以看出水汽差主要在甘肃、四川一带，同化 AGRI 成像仪资料会增加背景场的水汽，增加的水汽会随着高原槽移动而影响下游地区。

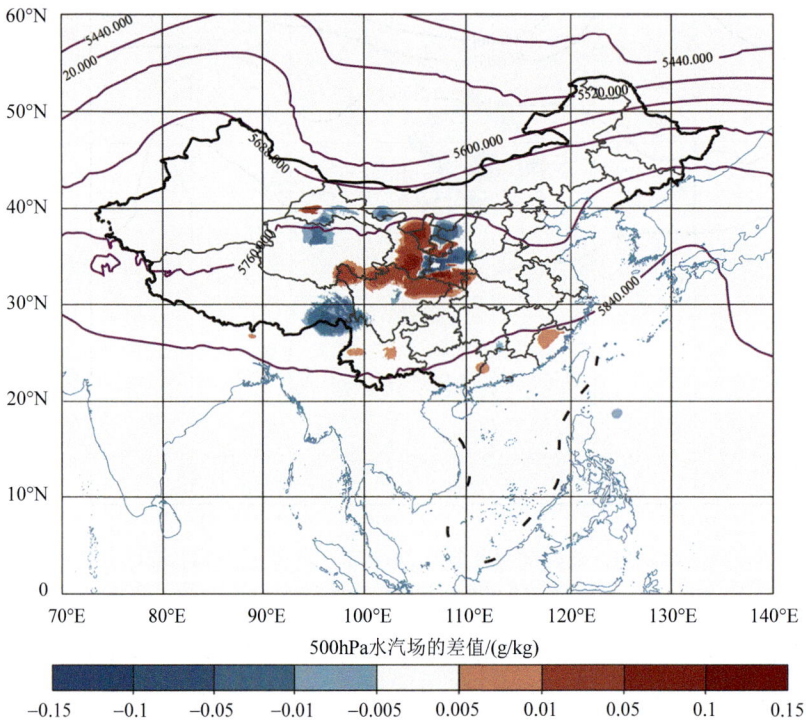

500hPa水汽场的差值/(g/kg)

图 8.27　AGRI 同化试验与控制试验 500 hPa 水汽场的差值

图中数值表示等高线，单位为 gpm

图 8.28 为 2019 年 5 月 25 日 00 时（UTC）至 26 日 00 时（UTC）观测、控制、AGRI 同化试验 24 h 累积降水，模式能够模拟出湖北、安徽的雨带，模式预报的降水大值中心较观测偏西。同化 AGRI 成像仪水汽通道资料后降水位置并未发生明显变化，但降水大值中心更加集中。

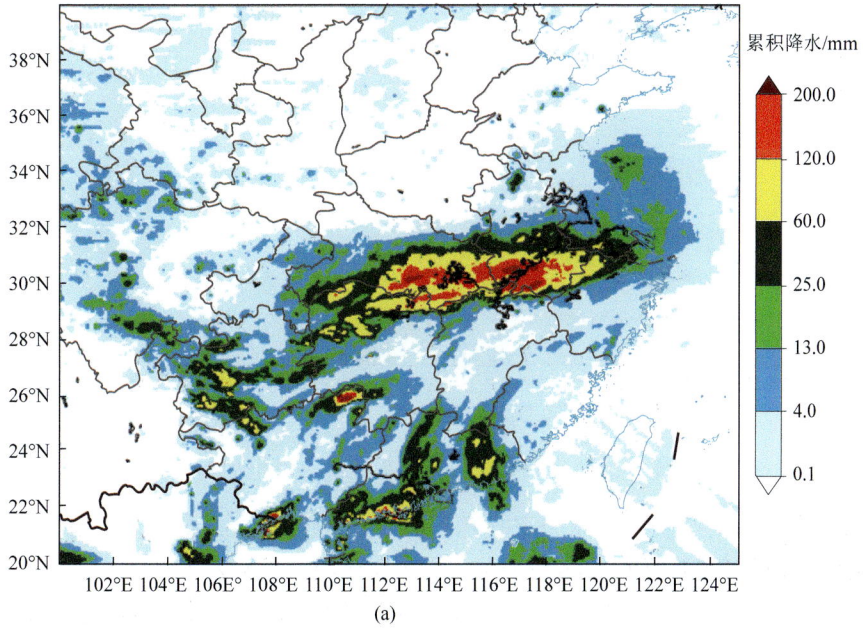

(a)

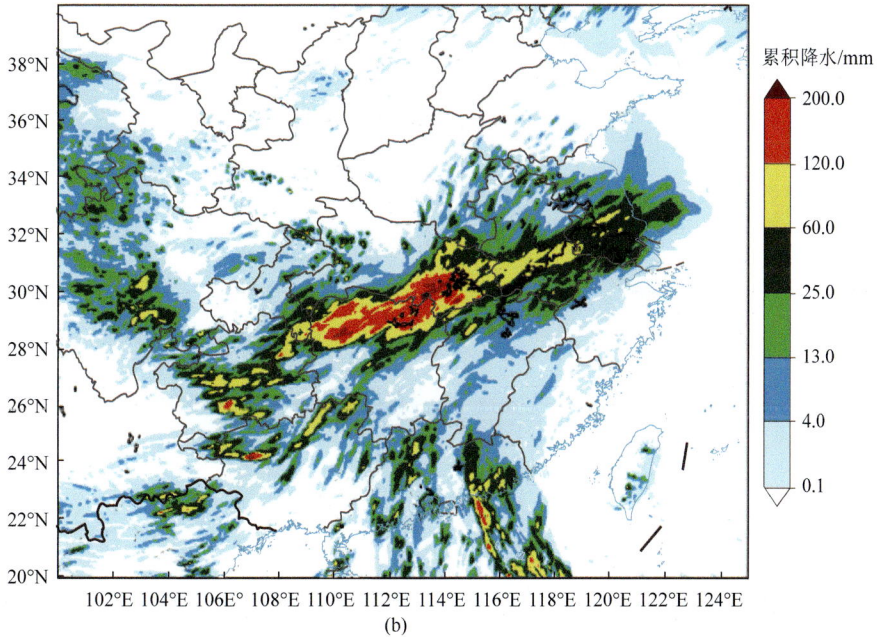

(b)

(c)

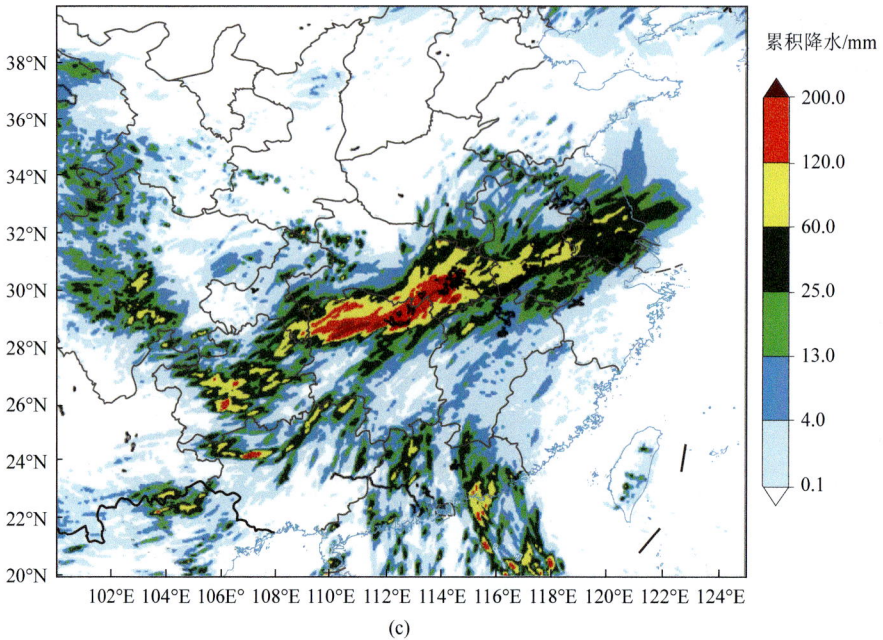

图 8.28　观测（a）、控制（b）、AGRI 同化试验（c）24h 累积降水

图 8.29 比较两个试验的降水公平技巧评分（equitable threat score，ETS）评分，通过分析两组试验的逐 6 h 降水 ETS 评分发现，AGRI 同化试验对 6 h 后的暴雨、特大暴雨的评分都有一定的提高，表明在敏感区增加风云四号卫星成像仪水汽通道资料可以提高目标区的降水 ETS 评分。

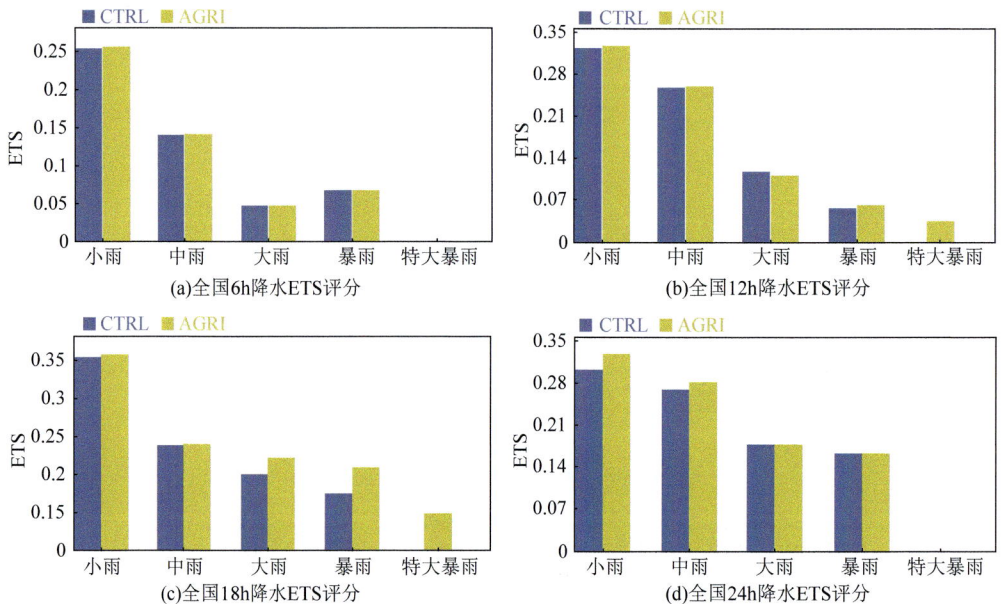

(a)全国6h降水ETS评分

(b)全国12h降水ETS评分

(c)全国18h降水ETS评分

(d)全国24h降水ETS评分

图 8.29　2019 年 5 月 25 日逐 6 h 降水 ETS 评分对比

CTRL 表示控制试验

8.4　铁路沿线降水预报雷达资料模式同化技术

夏季青藏高原是热源，随着南亚夏季风的爆发，高原上经常会激发出强对流系统，其在有利的天气形势配合下东移出高原，引发一系列中尺度对流活动，导致四川、重庆地区以及江淮流域出现强度大、持续时间长的暴雨，造成巨大的洪涝灾害（陶诗言，1980）。暴雨过程的水汽源及其水汽输送敏感区也是长江流域暴雨预报的着眼点。高原地区的动力和物理过程较为复杂，导致数值天气预报存在较大的不确定性（孙建华和赵思雄，2003；赵思雄和傅慎明，2007）。青藏高原面积广阔，但气象观测站点十分稀少，使得对高原及其下游地区高影响天气进行预测也存在不确定性（赵勇和钱永甫，2009；吴国雄等，2005；何钰和李国平，2013）。我国新一代业务天气雷达观测网在高原及周边区域部署，相对于单点观测，雷达体扫观测覆盖面较大，可获取更丰富的高原天气系统观测信息。依托中国气象局武汉暴雨研究所引进移植的局地分析预报系统（local analysis and prediction system，LAPS）系统和 WRF 模式，通过开展川藏铁路沿线雷达站点观测资料同化暴雨个例模拟试验，研究雷达资料同化对川藏铁路工程区降水预报的影响。

以美国国家环境预报中心（National Centers for Environmental Prediction，NCEP）和美国国家大气研究中心（National Center for Atmospheric Research，NCAR）联合制作的再分析数据 FNL 为初值背景场和侧边界条件，利用 LAPS 同化四川 8 部 C 波段（成都、绵阳、南充、达州、宜宾、乐山、西昌、广元）、西藏 4 部 S 波段（拉萨、日喀则、林芝、那曲）业务天气雷达基数据，设计控制试验 CON 和同化试验 EXP 两种数值试验方案，进行对比检验分析。CON 方案未同化雷达数据；EXP 方案同化上述 12 部四川和西藏的雷达基数据。试验的 LAPS 水平分辨率为 9 km，垂直层次为 35 层，层顶为 50 hPa，覆盖全国范围。预报模式为 WRF，采用 RRTM 长波辐射方案、Goddard 短波辐射方案、YSU 行星边界层方案、Thompson 云物理方案、Grell-Devenyi 对流参数化方案。图 8.30 为试验区域。

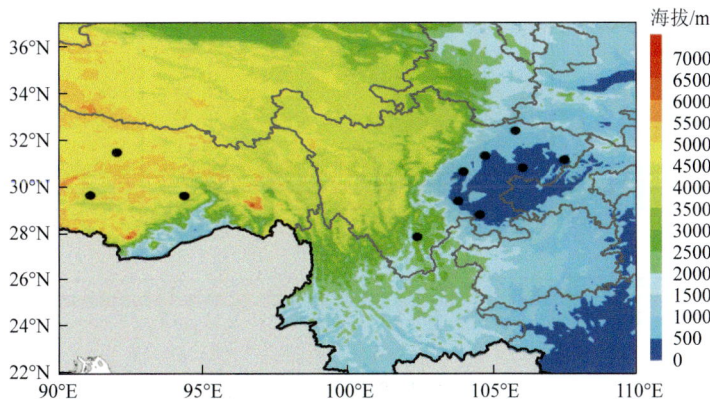

图 8.30　预报系统区域以及雷达分布图

以 2016 年 7 月 1 日的降水过程为个例，00 时起报，预报时效为 24 h，分析雷达资料同化对模式初值及降水的作用。对比 CON 方案与 EXP 方案初值背景场可知，雷达资料同化可在 EXP 方案初值背景场中增加云水凝物含量，实现模式热启动，并增强了初值背景场中川藏铁路工程区降水区域上空的水汽含量。积分 1 h 后，EXP 方案模拟的高原东侧的云水凝物含量较大，而 CON 方案该区域的云水凝物含量较小（图 8.31），说明雷达回波资料在 LAPS 云分析中的同化可减小模式启动后达到平衡状态所需要的时间（spin-up 时间），增大模拟 1 ～ 3 h 降水云团的云水凝物含量。图 8.32 为沿 29°N ～ 31°N 区域平均的 1 h 降水分布图，对于川藏铁路工程区（图中红框所示），CON 方案未能模拟出 1 ～ 3 h 的降水，而 EXP 方案模拟出该区域降水，且落区与实况相近，但强度有差异，进一步说明雷达资料同化改进了川藏铁路工程区 1 ～ 3 h 临近降水模拟。

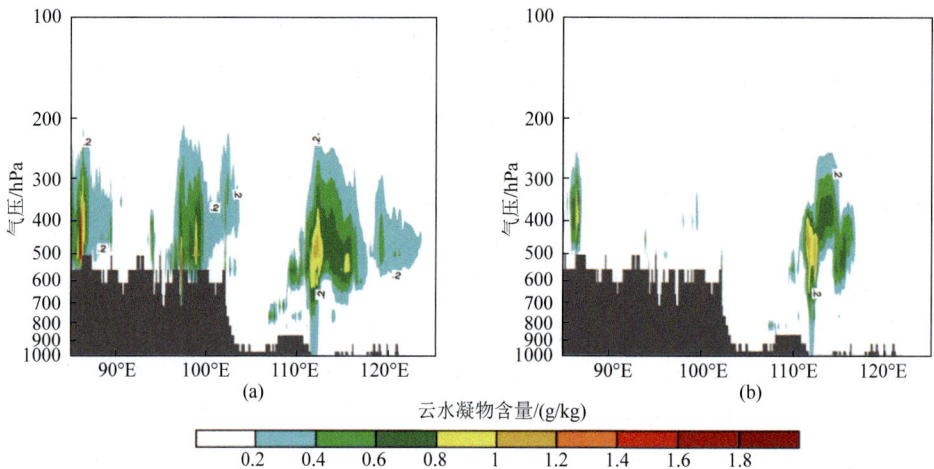

图 8.31　模拟的 1 h 云水凝物含量

(a) EXP 方案；(b) CON 方案

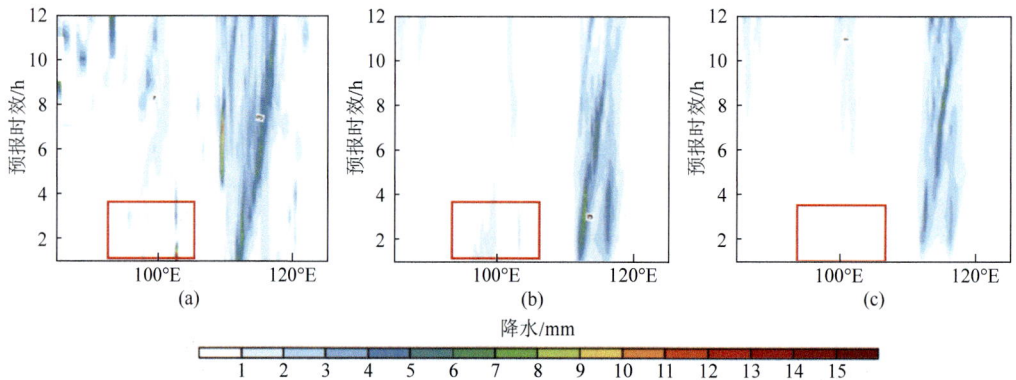

图 8.32　29°N ～ 31°N 区域平均的 1 h 降水分布

(a) 实况；(b) EXP 方案；(c) CON 方案

从图 8.33 可以看出，与 CON 方案相比，雷达资料同化 EXP 方案模拟雨带分布更接近实况，尤其是对 0 ～ 6 h 临近降水预报的改进更为显著。比较 12 h 和 24 h 降水，EXP 方案与 CON 方案模拟的降水范围和强度更接近，能模拟出与实况类似的雨带发展，且随着模拟时次的增加，初值的影响减弱，边界条件影响较大。

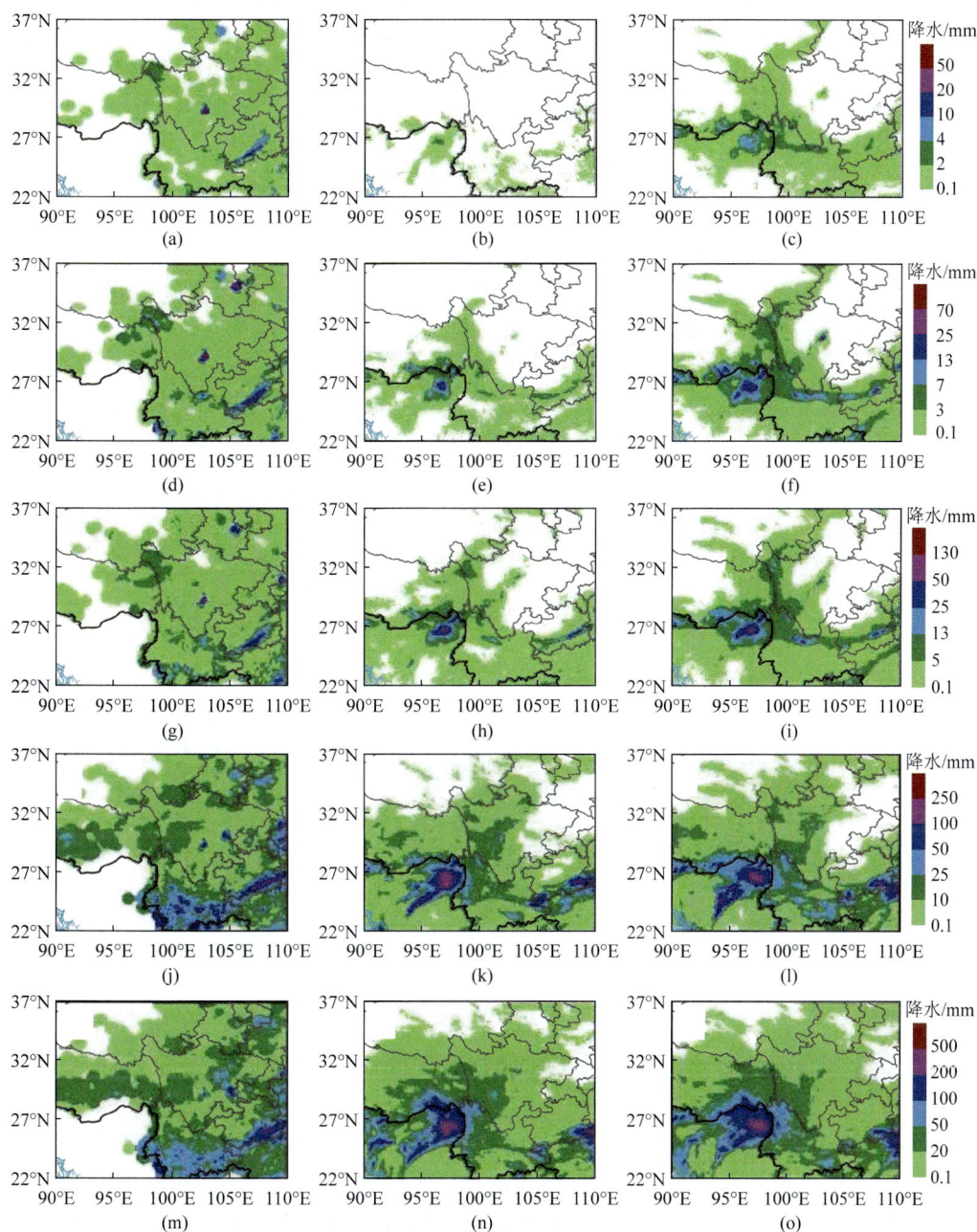

图 8.33　2016 年 7 月 1 日 00 时起报的 1 h［(a) 实况、(b) CON、(c) EXP］、3 h［(d) 实况、(e) CON、(f) EXP］、6 h［(g) 实况、(h) CON、(i) EXP］、12 h［(j) 实况、(k) CON、(l) EXP］、24 h［(m) 实况、(n) CON、(o) EXP］试验区域降水预报及观测图

批量试验时段为 2016 年 6 月 20 日～7 月 20 日，每日 00 时起报，预报时效为 24h。试验设计了两种方案，CON 为控制方案，GFS 前 6 h 的预报场提供模式初值背景场及侧边界条件；EXP 为同化方案，同化雷达观测基数据，其他同 CON 方案。

降水 TS（threat score）评分，是世界气象组织对定量降水预报准确率的评分标准，是衡量暴雨预报准确率的"标尺"之一。计算同化前后模式预报一个月的 24 h 降水 TS 评分可知（表 8.5），模式同化高原雷达资料后，对 24 h 时暴雨预报评分较高，说明同化上游高原雷达资料后，有利于改善模式对暴雨的预报。

表 8.5 不同降水量级的 24 h 降水 TS 评分

	降水 ≥ 1mm	降水 ≥ 10mm	降水 ≥ 25mm	降水 ≥ 50mm
CON 方案	0.638	0.280	0.109	0.030
EXP 方案	0.642	0.271	0.138	0.037
改进率 /%	↑0.6	↓3.2	↑26	↑23

根据 CON 方案和 EXP 方案模拟的西藏及四川区域 0～6 h 逐小时降水 TS 评分可知（图 8.34），高原雷达资料的同化明显提高了 1 h、2 h 和 3 h 的降水 TS 评分，对 ≥ 0.1 mm、≥ 1 mm、≥ 2 mm 量级的 0～3 h 的逐小时降水 TS 评分也有明显提高。

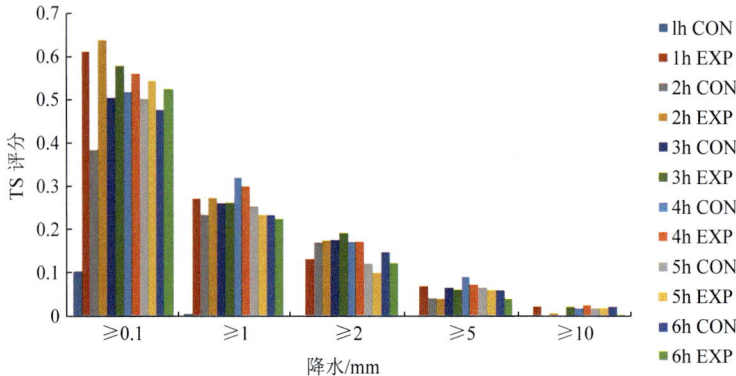

图 8.34 CON 方案和 EXP 方案模拟的西藏及四川区域前 6 h 逐小时降水 TS 评分

8.5 模式夹卷混合机制参数化新方案

目前在大尺度模式、云分辨模式乃至大涡模式等大多数数值模式中，小尺度的夹卷混合过程尚无法解析，因此需要对夹卷混合机制进行参数化。在现有的云微物理参数化方案中，通常假定次网格尺度的夹卷混合过程为均匀混合。然而，夹卷混合过程并不一定是均匀混合（Andrejczuk et al.，2004，2006；Burnet and Brenguier，2007；Chosson et al.，2007）。研究表明，在分别给定两种极端的夹卷混合机制的情况下，云的微物理特性对夹卷混合机制的参数化方案十分敏感，尤其是对云辐射传输有着重要影响（Slawinska et al.，2008；Grabowski，2006；Hoffmann et al.，2019）。例如，Chosson 等（2007）在层积云的模拟中发现，云的反照率在不同夹卷混合机制中变化显著。Grabowski（2006）使用云分辨率模式发现，在分别假设均匀夹卷混合机制和非均匀夹卷混合机制的清洁云和污染云中，到达地面的太阳辐射几乎相等，这个现象随后由 Slawinska 等（2008）通过大涡模式得到证实。但也有研究认为，夹卷混合机制对云微物理特性的影响较小（Hill et al.，2009；Andrejczuk et al.，2009）。在实际中，夹卷混合过程通常是在两种极端夹卷混合机制之间变化。对夹卷混合过程参数化可以改善大涡模式、云分辨率模式和全球气候模式中云微物理特性的模拟。因此，开发夹卷混合机制的参数化方案至关重要。

部分学者尝试通过飞机观测数据和数值模拟结果［例如，直接数值模拟（DNS）、显式混合气泡模式（EMPM）］，建立云微物理量和丹姆克尔数（Da）之间的关系以及均匀混合程度（ψ）和过渡尺度数（N_L）之间的关系，来开发夹卷混合机制的参数化方案（Jarecka et al.，2013；Lu et al.，2013，2014a；Gao et al.，2018）。然而，以上这些参数化方案都基于较少的观测数据或数值模拟结果，涵盖的条件有限，导致结果存在着不确定性。因此，基于不同的观测数据，驱动大量数值模拟来改进参数化方案十分有必要。

8.5.1　模式介绍及参数设置

1. 数值模式介绍

本研究所采用的显式混合气泡模式（EMPM）是犹他大学 Krueger 等（1997）、Su 等（1998）及 Tölle 和 Krueger（2014）等针对云和周围环境空气之间的湍流夹卷混合过程开发的。该模式的湍流部分是 Kerstein（1992，1988）发展的线性湍流涡度模式。EMPM 能够在近似一维的结构中，呈现湍流涡度尺度小至柯尔莫哥洛夫微尺度（约为毫米量级）时引起的云内部结构的变化。该模式中包含环境空气的卷入和云内空气的卷出过程以及卷入环境空气在湍流的作用下与云内空气之间的混合蒸发过程。环境空气的湍流混合蒸发过程包含两个阶段。第一阶段，环境空气块在湍流涡度的作用下发生形变、破碎，并分布在云中各处，增大了云内空气和环境空气之间的接触面积以及水汽、温度等标量场的梯度；第二阶段，当环境空气大小达到柯尔莫哥洛夫微尺度时，分子扩散过程起作用，并能迅速地使标量场梯度减小且变得均匀。

在夹卷混合过程中，EMPM 能够追踪每个云滴的变化。Su 等（1998）指出，根据云滴周围环境（温度、水汽混合比和压力）的变化，EMPM 能够计算每个云滴的凝结或蒸发。云滴周围的环境信息进一步通过线性涡度模式预报（Krueger et al.，1997；Kerstein，1992，1988）。在本研究中，模式模拟区域为 20 m（长）×1 mm（宽）×1 mm（高）的长方体，由 12000 个网格单元组成。网格格距为 1.67 mm（柯尔莫哥洛夫微尺度的 1/6），相同的模式设置也使用在其他的研究中（Lu et al.，2013；Tölle and Krueger，2014）。

EMPM 的基本轮廓如下（Krueger et al.，2008）：首先，云绝热抬升，并在到达夹卷高度后停止抬升。在夹卷高度上，环境空气通过夹卷进入云内，并发生等压混合过程。云中随机位置上的一部分云被相同大小的卷入环境空气所取代并被卷出。在有限速率的湍流耗散率的作用下，卷入的不饱和环境空气能够发生湍流形变，破碎成不同大小的环境空气块，并随机分布在云中，云滴可以根据周围过饱和度的变化发生相应的生长或蒸发（图 8.35）。

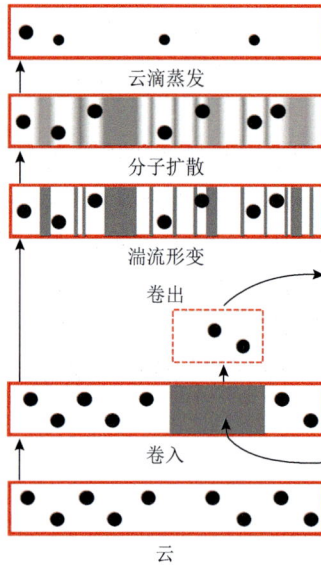

图 8.35　EMPM 中等压混合过程的示意图

2. 驱动 EMPM 的气象要素资料

在本研究中，驱动 EMPM 的气象观测资料来源于第三次青藏高原大气科学试验（TIPEX-III）那曲气象站（92.1°E，31.5°N）。云底高度由激光云高仪（Vaisala CL31 芬兰 Vaisala 制造）测量得到。云底处的气压、温度和水汽信息来源于 2014 年 7 月和 8 月，当地时间 05:00、12:00 和 17:00（世界时 +6 h）的探空数据［更多的观测介绍见 Zhao 等（2017）］。液相过程在青藏高原地区云和降水的发展过程中起着重要作用（Gao et al.，2016）。为了研究云中的液相过程，EMPM 中只使用了云底温度大于 0℃ 的 23 天的探空资料。以往的研究只关注一个高度或假定一个液态水含量（liquid water content，LWC）作为初始值（Andrejczuk et al.，2009；Lu et al.，2013；Gao et al.，2018），为了使研究更加接近实际情况，本研究将不同个例的夹卷发生高度分别设置为云底上 200 m、300 m 和 400 m。如图 8.36（a）所示，这些高度上的温度可能低于 0℃，但高于 −5℃，此时云内冰相/混合相过程较弱。由于在那曲地区没有气溶胶的观测数据，模式采用了在拉萨地区使用粒子光谱仪测量到的气溶胶信息。所有使用的探空数据在云底高度处的平均气溶胶数浓度为 191.5 cm^{-3}，如图 8.37 所示。在 EMPM 中，假定气溶胶粒子处于平衡状态。

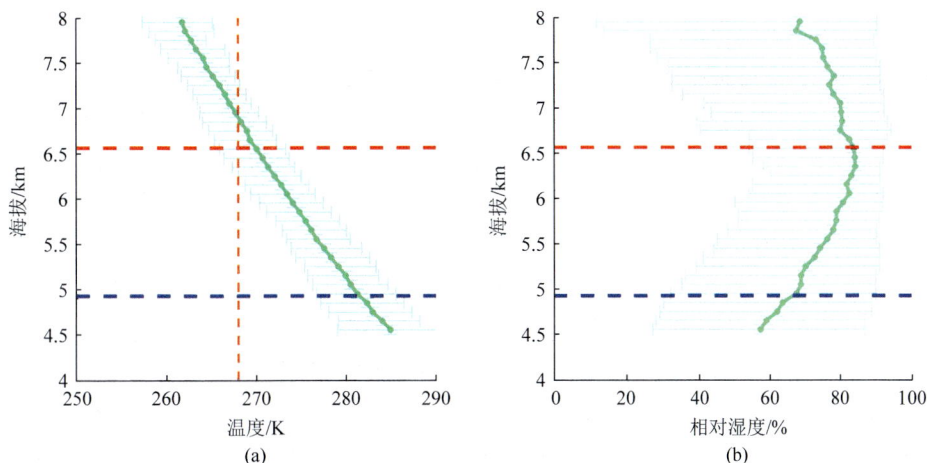

(a)　　　　　　　　　　　　(b)

图 8.36　2014 年 7 月和 8 月经过筛选后 23 天的青藏高原地区温度（a）和相对湿度（RHₑ）
（b）平均值的垂直廓线

误差棒给出温度和相对湿度的平均值、最小值和最大值。红色虚线和蓝色虚线分别对应最大云底高度以上 400 m 处的
夹卷高度，以及最小的云底高度。黄色虚线为 –5℃ 的阈值

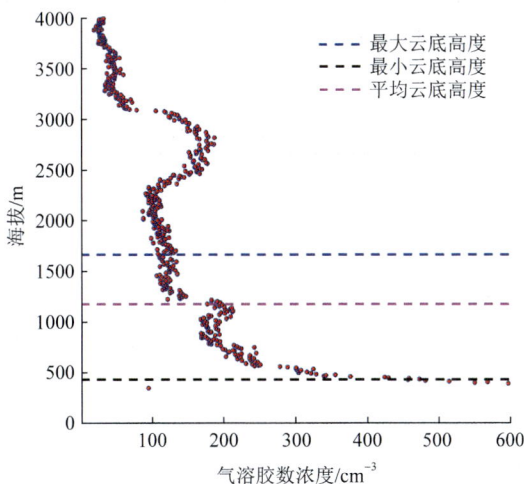

图 8.37　拉萨地区气溶胶数浓度的垂直分布

3. EMPM 中参数的设置

表 8.6 给出了模式中模拟参数的设置。在本研究中，假定卷入的环境空气来自湿
壳外部的环境空气，三个夹卷高度上的环境空气相对湿度（RHₑ）都来自相同高度的探
空数据。实际上，积云中卷入的环境空气来自云周围的壳层，这些壳层的湿度和温度
比壳层外环境中湿度稍微大一些、温度稍微低一些（Heus and Jonker，2008）。Gerber

等（2008）在观测中的结果显示，夹卷导致的云滴谱分布变化也支持以上结论。正如 Lu 等（2012）所讨论的，Heus 和 Jonker（2008）提出的云周围的三层模型分别考虑了云、云周围的壳层和环境，因此应该使用来自壳层的 RH_e；然而，在两层烟羽模型中，只考虑了云和环境（Zhang and Mcfarlane，1995）。在这种情况下，通常假定 RH_e 来自壳层外部的环境空气。根据那曲地区云雷达的观测结果，云抬升到达夹卷发生高度前，垂直速度（w）设置为 2m/s 比较合理（Liu et al.，2015）。当达到夹卷发生高度时，云和环境空气之间发生等压混合，因此 $w = 0$m/s。本研究还在以下不同的条件下进行了敏感性试验，其中，初始云滴数浓度（n_d）设为气溶胶平均数浓度 191.5 cm^{-3} 的 1/3、2/3、1、4/3、5/3 和 2 倍。另外，根据观测资料（Meischner et al.，2001）可知，湍流动能耗散率（ε）设置在 $1\times10^{-5} \sim 5\times10^{-2}$ m^2/s^3。卷入环境空气的尺度设置为 2 m，因此可以通过改变卷入环境空气的个数，实现将卷入环境空气在云中的占比（f）从 0.1 变化到 0.7。需要注意的是，在 $f = 0.1$ 的情况下，由于云内剩余过饱和度的影响，在大多数模拟个例中，体积平均半径（r_v）会显著增大，导致凝结增长的影响显著大于夹卷混合过程。因而，和 Lu 等（2013）的研究一样，本研究未分析 $f = 0.1$ 的夹卷混合个例。云中存在剩余过饱和的原因是，到达夹卷高度后，未受卷入环境空气影响的区域仍处于过饱和状态。本研究总共模拟了超过 23000 个个例，并对其中 12218 个在经历夹卷混合过程后，云没有完全消散的个例进行了分析。此外，本研究还进一步对这 12218 个个例中的每一个个例都使用了不同的随机种子，循环 10 次以获得一个更好的统计特性。本研究中云的选取标准为含水量大于 0.001 g/m^3 且数浓度大于 10 cm^{-3}（Deng et al.，2009；Lu et al.，2014b）。

表 8.6　EMPM 模拟夹卷混合过程的参数设置

参数	值
模式尺度（D）/m	20
垂直速度（w）/(m/s)	2
卷入环境空气尺度（l）/m	2
初始云滴数浓度（n_d）/cm^{-3}	63.8、127.7、191.5、255.3、319.2、383
卷入环境空气比例（f）	$0.1 \sim 0.7$
湍流动能耗散率（ε）/(m^2/s^3)	10^{-5}、10^{-4}、10^{-3}、10^{-2}、5×10^{-5}、5×10^{-4}、5×10^{-3}、5×10^{-2}
夹卷发生高度（云底以上）/m	200、300、400
探空数据（2014 年 7 月和 8 月）/天	23

8.5.2　定量夹卷混合机制的方法

1. 基于云微物理量的计算方法

为了直观地定量化夹卷混合过程的均匀程度，Lu 等（2013，2014a）基于广泛使用的夹卷混合图（Burnet and Brenguier，2007），提出了四种定量描述夹卷混合过程均匀程度的方法——均匀混合程度（ψ_1、ψ_2、ψ_3、ψ_4），该方法随后被广泛用于定量描述夹卷混合过程的类型（Lu et al.，2013，2014a，2014b，2018；Gao et al.，2018；Krueger et al.，1997；Gao et al.，2020）。为了更加直观地解释均匀混合程度，本研究引用了 Lu 等（2013）中的示意图，如图 8.38 所示，其定义为

$$\psi_1 = \frac{\beta}{\pi/2} \tag{8.4}$$

$$\beta = \tan^{-1}\left(\frac{\dfrac{r_v^3}{r_{va}^3}-1}{\dfrac{n_c}{n_a}-\dfrac{n_0}{n_a}}\right) \quad n_c < n_0 \tag{8.5}$$

或者，

$$\beta = \pi + \tan^{-1}\left(\frac{\dfrac{r_v^3}{r_{va}^3}-1}{\dfrac{n_c}{n_a}-\dfrac{n_0}{n_a}}\right) \quad n_c \geqslant n_0 \tag{8.6}$$

$$\psi_2 = \frac{1}{2}\left(\frac{n_c - n_i}{n_0 - n_i} + \frac{r_v^3 - r_{va}^3}{r_{vh}^3 - r_{va}^3}\right) \tag{8.7}$$

$$n_i = n_0 - \frac{\mathrm{LWC}_0 - \mathrm{LWC}_f}{\dfrac{4}{3}\pi r_{va}^3 \rho_w} \tag{8.8}$$

$$\psi_3 = \frac{\ln n_c - \ln n_i}{\ln n_0 - \ln n_i} = \frac{\ln r_v^3 - \ln r_{va}^3}{\ln r_{vh}^3 - \ln r_{va}^3} \tag{8.9}$$

$$\psi_4 = \frac{1 - \left(\dfrac{r_v}{r_{va}}\right)}{1 - \dfrac{1}{\chi}\dfrac{\mathrm{LWC}}{\mathrm{LWC}_a}} \tag{8.10}$$

式中，n_a、r_{va}、LWC_a 分别为绝热云中云滴数浓度、绝热云的体积平均半径和含水量；n_0 和 LWC_0 分别为夹卷后蒸发前的云滴数浓度和含水量，并且 n_0 也可以认为是在均匀混合机制下的云滴数浓度；n_i 为极端非均匀混合机制下的云滴数浓度；n_c 为夹卷混合过程中的云滴数浓度；r_{vh} 为均匀混合后的体积平均半径；χ 为云与卷入环境空气混合时的绝热云所占比例；ρ_w 为水的密度；LWC_f 为在混合蒸发过程中云达到新的平衡状态时的含水量。平衡状态的定义为模拟区域内平均相对湿度第一次大于 99.5%，且 LWC_0 与瞬时 LWC 之间的差值大于 LWC_0 与最小含水量差值的 98%。对于均匀夹卷混合机制，$\psi_1 = \psi_2 = \psi_3 = \psi_4 = 1$；对于极端非均匀夹卷混合机制，$\psi_1 = \psi_2 = \psi_3 = \psi_4 = 0$。由于这四种均匀混

合程度的结果类似，本研究重点分析了 ψ_3[式(8.9)]，为了方便起见，接下来的内容中 ψ_3 用 ψ 表示。

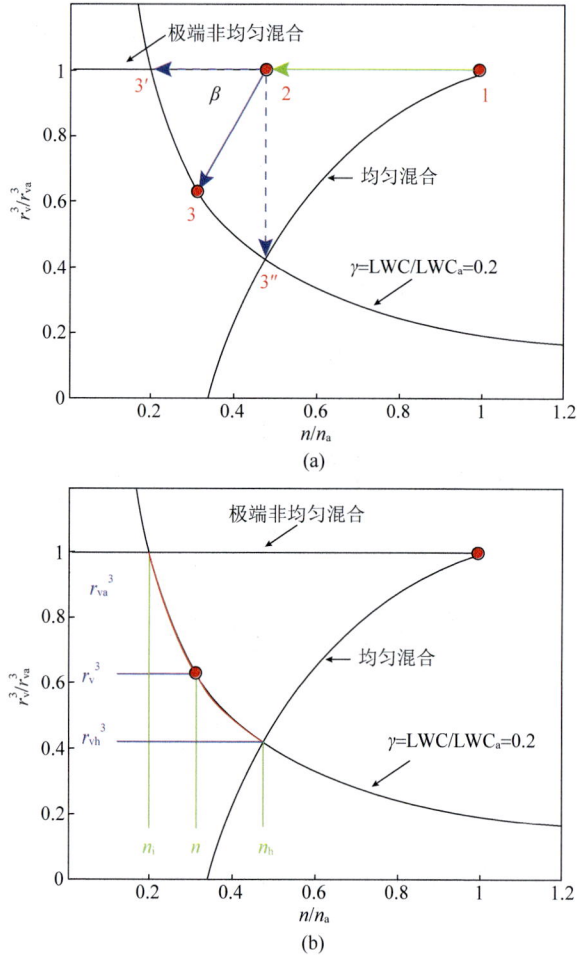

图 8.38   通过夹卷混合图来定义的均匀混合程度（Lu et al., 2013）

三条黑色实线分别对应卷入环境空气相对湿度为 66% 时的均匀混合线、极端非均匀混合线以及 LWC 与 LWC$_a$ 的比值为 0.2 时的曲线轮廓。n_h 表示发生均匀夹卷混合机制时云滴的数浓度，其他相关符号和线段的含义，请详见正文

2. 基于动力参数的计算方法

从动力因子出发，学者们首先引入了 Da 来区分夹卷混合机制的类型，其定义为

$$Da = \frac{\tau_{mix}}{\tau_{evap}} \tag{8.11}$$

$$\tau_{mix} = (L^2/\varepsilon)^{1/3} \tag{8.12}$$

$$\tau_{\text{evap}} = -\frac{r_{\text{va}}^{2}}{2AS_{\text{e}}} \tag{8.13}$$

式中，τ_{mix} 为通过湍流混合使用环境空气混合均匀时的时间尺度；τ_{evap} 为单个云滴完全蒸发的时间；L 为环境空气的线性尺度；ε 为湍流动能耗散率（Burnet and Brenguier，2007；Andrejczuk et al.，2009）；A 为压强和温度的函数；S_{e} 为环境空气的过饱和度。当 Da=1 时，Lehmann 等（2009）定义了过渡长度（l^{*}），Lu 等（2011）进一步在 l^{*} 的基础上，提出了考虑湍流惯性副区特征的过渡尺度数（N_{L}）。本研究使用了 N_{L}，其定义如下：

$$N_{\text{L}} = \frac{l^{*}}{\eta} = \frac{\varepsilon^{1/2}\tau_{\text{evap}}^{3/2}}{\eta} \tag{8.14}$$

$$l^{*} = \varepsilon^{1/2}\tau_{\text{evap}}^{3/2} \tag{8.15}$$

$$\eta = (v^{3}/\varepsilon)^{1/4} \tag{8.16}$$

式中，η 为柯尔莫哥洛夫微尺度；v 为运动黏度。Lu 等（2018）对 τ_{evap} 和其他几个时间尺度，包括云滴的相变时间尺度和反应时间尺度［如 Lehmann 等（2009）和 Lu 等（2011）］进行了对比并指出，当关注的科学问题是夹卷混合过程中云滴尺度和数浓度的变化时，τ_{evap} 是最合适的时间尺度。因此，在本研究中使用 τ_{evap}。较小的 Da 或较大的 N_{L} 表明夹卷混合过程更加均匀。

8.5.3　夹卷混合机制的参数化方法

在前面的内容介绍中，ψ 是从云微物理量出发得到的一个微物理参数，N_{L} 是从动力因子出发得到的动力参数。因此，通过将微物理参数和动力参数结合，建立 ψ 与 N_{L} 之间的联系，可以实现夹卷混合机制对云微物理影响的参数化。本研究将 ψ 的拟合函数，在 Lu 等（2013）使用的幂函数的基础上进行了优化，采用了一个更加普适的函数，其拟合形式如下：

$$\psi = c\exp(aN_{\text{L}}^{b}) \tag{8.17}$$

式中，a、b、c 为三个拟合参数。

我们可以将夹卷混合机制的参数化方案应用于目前尚未解析夹卷混合过程的数值模式，如云分辨率模式（CRM）和大涡模式（LES）。在双参数云微物理方案中，需要得到的是经历夹卷混合过程后的云滴数浓度 n_{c}。根据式（8.9），ψ 和 n_{c} 的关系可以表示为

$$n_{\text{c}} = n_{\text{i}}^{1-\psi}n_{0}^{\psi} \tag{8.18}$$

计算得到 n_{c} 有三个步骤：首先，使用式（8.14）～式（8.16）计算得到 N_{L}；其次，

用式（8.17）计算得到 ψ；最后，使用式（8.18）计算得到 n_{c}。计算时的输入量分别为 ε、A、S_{e}、η、r_{va}、n_0、LWC_0 和 $\mathrm{LWC}_{\mathrm{f}}$。$\varepsilon$ 可以使用 Deardorff（1980）中的方法计算得到。A 可以在 Rogers 和 Yau（1989）中找到。S_{e} 等于 $\mathrm{RH}_{\mathrm{e}}-1$。混合蒸发前的体积平均半径、数浓度和含水量分别为当前夹卷混合个例的 r_{va}、n_0 和 LWC_0。$\mathrm{LWC}_{\mathrm{f}}$ 可以用 LWC_0、相对湿度、气压和温度计算得到。

8.5.4　夹卷混合机制参数化方案的建立及测试

在建立夹卷混合机制参数化方案时，本书使用了与 Lu 等（2014a，2013）相同的云微物理量选取方法，并利用夹卷混合过程达到平衡状态时的云微物理量，分别对三个夹卷高度上的夹卷混合机制进行了参数化［图 8.39（a）～（c）］。图 8.39 展示了 ψ 与 N_{L} 的联合概率密度分布函数（PDF）以及每个 N_{L} 档中 ψ 的平均值的拟合函数。结果表明，新函数能够很好地表达 ψ 和 N_{L} 之间的关系，并且 ψ 和 N_{L} 在所有夹卷高度上都具有良好的正相关关系。当夹卷高度为 200 m 时，$a = -1.13$、$b = -0.19$、$c = 133.92$；当夹卷高度为 300 m 时，$a = -0.90$、$b = -0.23$、$c = 116.79$；当夹卷高度为 400 m 时，$a = -0.78$、$b = -0.32$、$c = 105.55$。有趣的是，参数 a 和 c 的绝对值都随着夹卷高度的增加而减小，而参数 b 的变化则相反。ψ 在较低的夹卷高度时较小，随着夹卷高度的增加，ψ 逐渐增大，夹卷混合机制从非均匀混合向均匀混合转变。这种变化和 Jarecka 等（2013）使用大涡模式模拟季风区中浅积云的结果一致。他们将 ψ 变化归因于随高度而增大的湍流强度以及云滴尺度。由于在 EMPM 中湍流耗散率不随高度变化，ψ 的变化主要由云滴尺度的变化引起。根据式（8.13）可以看到，云滴尺度的增大进一步导致 τ_{evap} 增大；云滴完全蒸发时间尺度的增大，有利于混合过程向均匀混合机制发展。还可以看到，在较高的高度上，较大的 r_{va} 也会导致较大的 N_{L}，从而引起 ψ 的增大。另外，通过将所有夹卷高度上对满足云标准的夹卷混合个例进行整合，可以得到基于平衡状态微物理量发展的夹卷混合机制的终态参数化方案［图 8.39（d）］：

$$\psi = 113.39\exp(-0.90N_{\mathrm{L}}^{-0.26}) \tag{8.19}$$

在自然界中，云在夹卷混合过程中不可能总是处于新的平衡状态，或者更常见的是，许多云仍在朝着新的平衡状态发展。例如，图 8.40 展示了夹卷发生高度为 200 m 时，在典型情况下（$\varepsilon = 1 \times 10^{-4}$ m^2/s^3、$\mathrm{RH}_{\mathrm{e}} = 82.3\%$、$f = 0.2$、$n_{\mathrm{d}} = 127.6$ cm^{-3}）云微物理量在混合图中的演变（Burnet and Brenguier，2007），以及对应的 ψ 的变化。可以看到，在夹卷混合过程中，云内微物理量发生了显著的变化。ψ 随时间的变化不是单调的，这是因为在夹卷混合过程中 r_{v} 基本上呈现减小的趋势，但因为水滴的大量蒸发，r_{v} 仍能在短时间内增大。另外，混合蒸发过程达到平衡状态时需要很长时间。在观测中，得到的云内微物理量实际上对应着夹卷混合过程中各个阶段的瞬时状态（Pinsky and Khain，2018）。因此，使用包含所有瞬时状态的微物理量来开发夹卷混合机制的瞬时参数化方案非常合理且十分必要。

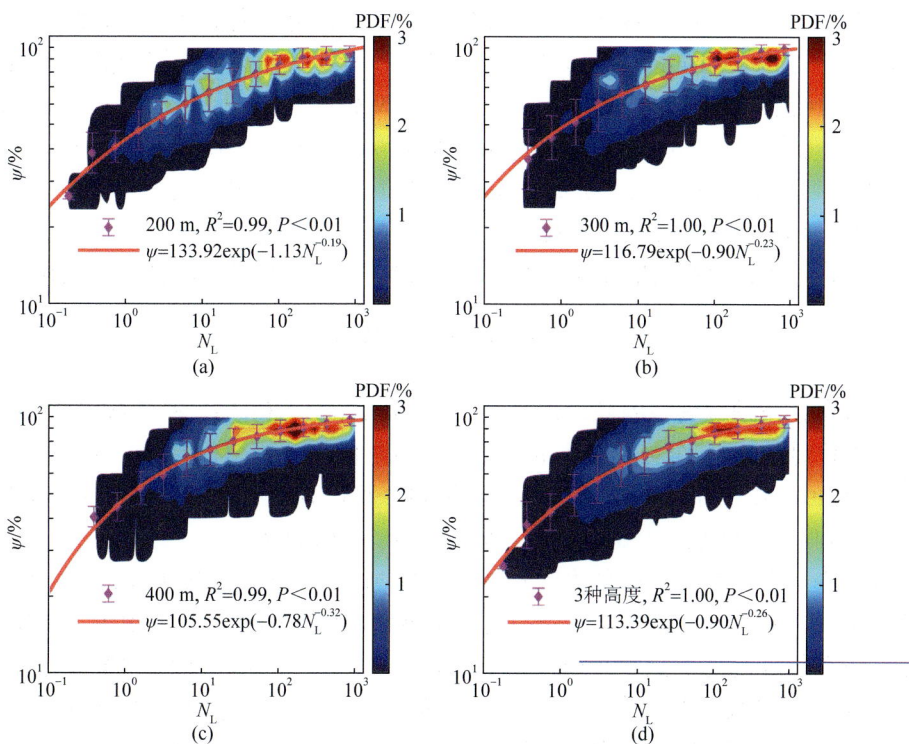

图 8.39　通过将平衡状态的 ψ 和 N_L 联系起来，建立的青藏高原地区
积云中夹卷混合机制的终态参数化方案

云底以上各个夹卷高度处的参数化方案 (a) 200 m，(b) 300 m，(c) 400 m，(d) 整合 200 m、300 m、400 m。等值线表示 ψ 与 N_L 的联合概率密度分布函数 (PDF)。红点和误差棒分别表示 ψ 在每个 N_L 档中的平均值和标准差。本研究使用加权最小二乘法拟合平均值，并以每个 N_L 档中的数据点的个数为权重。图中也给出了拟合方程、决定系数 (R^2) 和 P 值

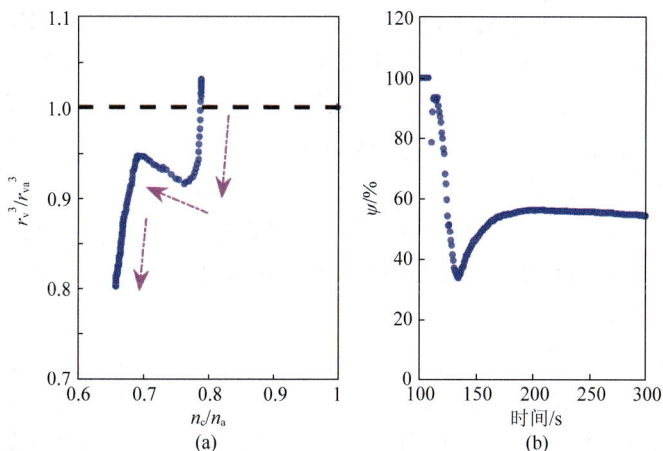

图 8.40　体积平均半径的立方 ($r_v{}^3$) 和其绝热值的立方 ($r_{va}{}^3$) 的比值与云滴数浓度之比 (n_c/n_a) 在夹卷混合过程中的关系 (a) 及均匀混合程度 (ψ) 随时间的演变 (b)

箭头给出了夹卷混合过程随时间演变的方向。该典型个例夹卷发生高度为 200 m，湍流耗散率为 $1 \times 10^{-4}\,\mathrm{m^2/s^3}$，卷入环境空气相对湿度为 82.3%，卷入环境空气比例为 0.2，初始云滴数浓度为 127.6 $\mathrm{cm^{-3}}$

需要注意的是，在夹卷混合过程开始时，部分云滴在剩余过饱和的作用下会通过凝结过程不断增长（Kumar et al.，2017，2018），与卷入环境空气接近的云滴则会发生蒸发。当凝结强于蒸发时，$(r_v/r_{va})^3$ 大于 1.0，LWC_f 甚至大于 LWC_0。在这种情况下，n_i 大于 n_0［式（8.8）］。由于一些云滴可能完全蒸发，$n_0 > n_c$。因此，$n_i > n_0 > n_c$。式（8.9）表明，$\ln n_c - \ln n_i$ 的绝对值大于 $\ln n_0 - \ln n_i$ 的绝对值，$\psi > 1$。本研究只关注 $(r_v/r_{va})^3 \leqslant 1.0$ 且 ψ 范围在 0% ～ 100% 的这部分。

基于瞬时状态微物理量开发的夹卷混合机制的瞬时参数化方案如下所示：

$$\psi = 107.96 \exp(-0.95 N_L^{-0.35}) \tag{8.20}$$

该方案使用瞬时状态的微物理量，与 Andrejczuk 等（2009）和 Gao 等（2018）的研究中参数化时的方法类似。结果显示，终态参数化方案［式（8.19）］和瞬时参数化方案［式（8.20）］中的系数很接近，其中，终态参数化方案中 $a = -0.90$、$b = -0.26$、$c = 113.39$；瞬时参数化方案中 $a = -0.95$、$b = -0.35$、$c = 107.96$。

为了进一步探究这两种参数化方案接近的原因，本研究将每个模拟个例划分成 60 个时间间隔，因为在不同的个例中，达到平衡状态所需的时间差异很大。将所有模拟条件下的个例分别对应到每个时间间隔中，这样就能得到 60 个瞬时参数化方案。如图 8.41 所示，参数 a 先减小后增大，参数 b 总是增大。这导致 ψ 先减小后增大的变化趋势；而参数 c 只影响 ψ 的值，对 ψ 的趋势没有影响。夹卷混合机制由均匀混合向非均匀混合转变，再向均匀混合发展，这种变化趋势也可以在 Krueger 等（2008）中找到。夹卷混合机制的这种演变趋势也证实了前人对夹卷混合过程的各个阶段的划分。在夹卷混合过程中，刚开始时大尺度涡度会导致云和卷入环境空气之间的丝状结构的形成，随后在柯尔莫哥洛夫微尺度上的分子扩散导致混合过程均匀化（Broadwell and Breidenthal，1982；Jensen and Baker，1989）。在 60 个时间间隔中，前 10 个时间间隔的 a 和 b 分别与终态参数化方案［式（8.19）］中的值有很大的差异。Kumar 等（2017）的模拟结果也显示，在混合刚开始后的前十几秒，云内微物理有显著的变化。在接下来的 50 个时间间隔中，参数化方案的 a 和 b 值和式（8.19）接近，因为模拟区域内相对湿度接近 100%，蒸发较弱。这就是终态参数化方案［式（8.19）］和瞬时参数化方案［式（8.20）］参数相近的原因。需要注意的是，图 8.41 中的五角星和三角形可能在曲线上，也可能不在曲线上。原因是一些个例的夹卷混合过程很短，需要 60 个时间间隔进行插值来生成数据。这些插值数据是在 EMPM 的原始输出之外附加的，因此可能会在拟合过程中影响 a 和 b 的值。

在得到夹卷混合机制的参数化方案后，可以通过以下两个步骤来评估参数化方案的效果。首先，利用式（8.17）和式（8.18）计算得到 n_c，输入量为 ε、A、S_e、η、r_{va}、n_0、LWC_0 和 LWC_f。其次，将第一步中得到的 n_c 与 EMPM 中使用云滴谱分布计算得到的 n_c 进行比较。从图 8.42 可以看出，这两个 n_c 的值具有良好的一致性。然而，夹卷混合机制的参数化方案在云分辨率模式或大涡模式中的应用需要在以后的工作中进一步探究。

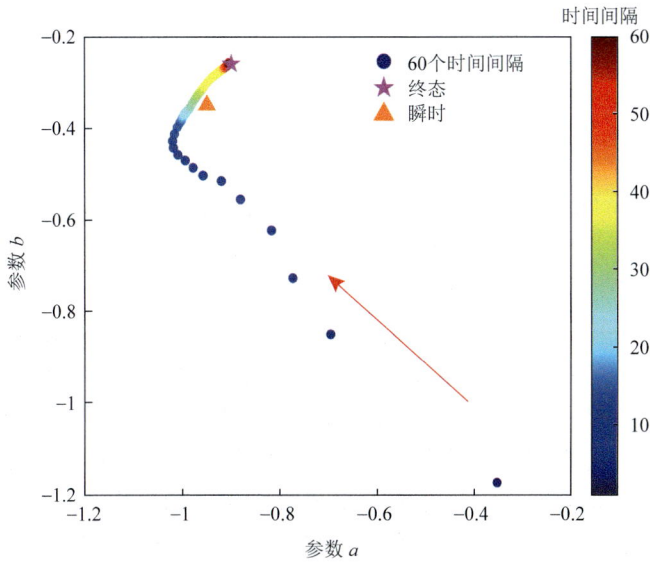

图 8.41　利用每个时间间隔（1 ~ 60）内的微物理量建立的参数化方案中参数 a、b 随时间的演变

箭头表示随时间演变的方向。五角星和三角形分别代表使用终态和瞬时微物理量建立的参数化方案

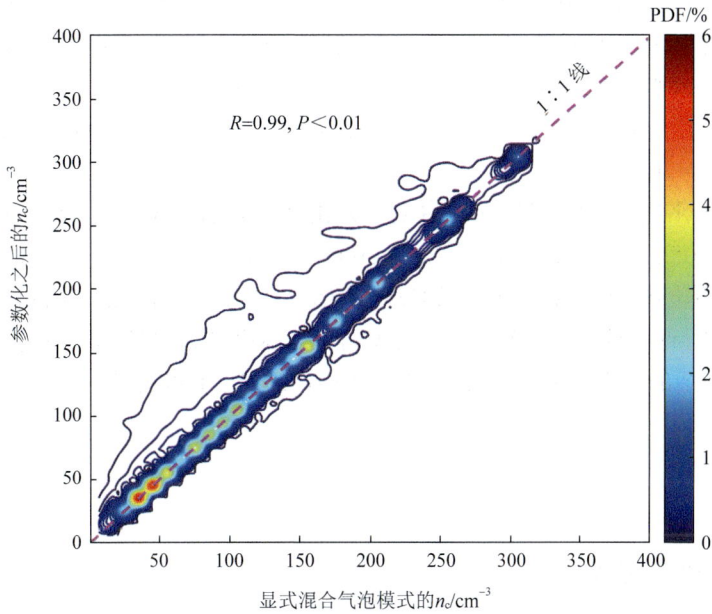

图 8.42　在 12218 个例中，通过参数化方案公式（8.20）得到的 n_c 与由 EMPM
得到的 n_c 的概率密度分布

8.6 模式 Morrison 云雨碰并物理新方案

8.6.1 研究意义

青藏高原由于特殊的地势和大气条件，其在云微物理、降水和辐射等方面都有独特性，而云降水相关的物理过程对这些方面都有着显著影响。模式结果能够基本再现该地区降水的变化趋势和降水分布，但是在数值上往往是观测资料的两倍。以往研究常常将这样的结果归因于过粗的模式分辨率和不准确的强迫场（Sato et al.，2008；Wang et al.，2020）。尽管青藏高原以冰相降水为主，但不管是雨滴谱还是使用模式对不同相态降水来源分析都显示，液相微物理过程依然有着重要影响（Gao et al.，2016）。因此，探究在降水的形成过程中液相过程是否承担了重要的作用也是有意义的。

液滴的碰并增长是雨滴以及液相降水形成最为重要的过程之一，总体云微物理方案中处理液滴碰并的方式主要分为自收集过程、云水自动转化和云雨碰并。大多数微物理方案中雨滴的产生和生长来源于后两个过程。云水自动转化定义为云滴之间的碰并导致云滴向雨滴的转化，云雨碰并则是云滴和雨滴之间的碰并，其会导致雨滴的增长。云水自动转化只依赖于云滴本身的性质，而云雨碰并同时取决于云滴和雨滴的性质（Wood，2005a）。在各种不同的微物理方案中，参数化方法主要有两种（Wood，2005b）：①针对一个较大范围的谱分布对随机碰并方程进行积分，然后使用简单的拟合函数，拟合出云水自动转化和云雨碰并转化率计算的表达式；②假定谱分布形式，随后简化碰并核函数，计算云水自动转化和云雨碰并转化率。Morrison 双参微物理方案（Jarecka et al.，2013）采用了第一种方法。

云水自动转化决定了液相降水的启动，云雨碰并过程则对液相降水总量有着显著影响（Wood，2005a，2005b；Wood et al.，2009）。这两个方案的不确定性阻碍了模式对降水的准确模拟（Gettelman et al.，2013，2015）。很多研究探究了不同的云水自动转化方案，它们之间有着显著的差异；但先前评估云雨碰并的研究所涉及的方案非常相似，没有考虑一些复杂的方案（Gettelman et al.，2013，2015；Hill et al.，2015）。

8.6.2 降水个例、试验说明和方法

1. 个例描述和观测数据

本研究对青藏高原地区 2014 年 7 月 21 ～ 23 日经历的一场大型锋面系统进行了模拟，降水于 7 月 22 日 04 时（UTC）开始。用于与模拟进行比较的观测资料来自 Ma 等（2018），该资料对于青藏高原这样的复杂地形有着较好的效果，与该地区常用的 TRMM 相比（Yin et al.，2008；Maussion et al.，2011；Xu et al.，2012；Qie et al.，2014），该数据集也具有较高的时间（1 h）和空间（0.1°）分辨率。

2. 模拟试验说明

本研究使用 WRF 3.8.1 版本模拟了上述降水过程，最内层区域（D03）的水平网格间距为 1 km，共 276×276×45 个网格点，覆盖了高原的大部分中心地区。两个外层区域（D02 和 D01）的空间分辨率分别为 5 km 和 25 km（图 8.43）。WRF 由美国国家环境预报中心的全球再分析数据驱动。模拟时间为从 7 月 21 日 12 时到 24 日 00 时（UTC），模式输出间隔为 30 min。

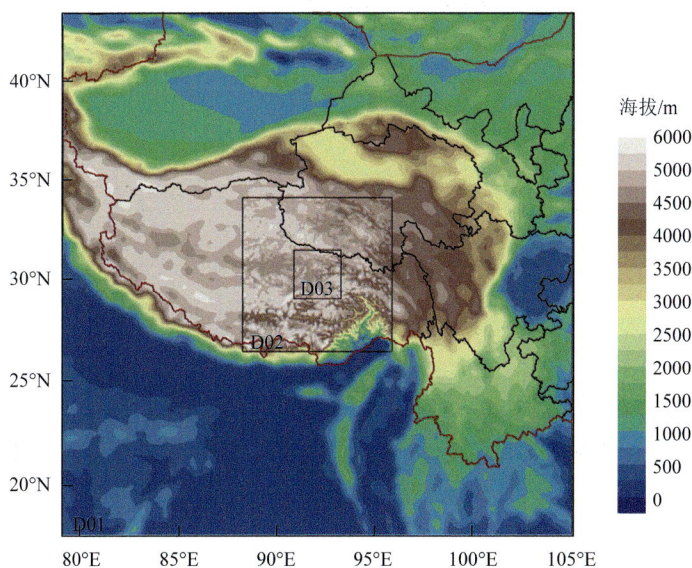

图 8.43　模拟的三层嵌套区域

控制试验中使用 Morrison 双参微物理方案（Morrison and Grabowski，2008）。不同于具有固定云滴数浓度的默认版本，本试验使用的方案可以预报以下五个水凝物的质量混合比和数浓度：云滴（q_c, N_c）、雨滴（q_r, N_r）、冰晶（q_i, N_i）、雪花（q_s, N_s）和霰粒子（q_g, N_g）。云水自动转换率 $[A_u$, kg/(kg·s)$]$ 和云雨碰并转换率 $[A_c$, kg/(kg·s)$]$ 的参数化方案均来自 Khairoutdinov 和 Kogan（2000）中的表达式（称为 KK00 方案）：

$$A_u = 1350 \times q_c^{2.47}(N_c \times 10^{-6} \times \rho_a)^{-1.79} \tag{8.21}$$

$$A_c = 67 \times (q_c q_r)^{1.15} \tag{8.22}$$

式中，ρ_a 为空气密度。

为了实现探索液相过程影响的目标，我们将几种不同的液相过程表达式耦合入 Morrison 方案中。对于云水自动转换，我们采用了三种常用方案（称为 Be68、Bh94 和 LD04）。

（1）Be68：

$$A_u = \frac{3.5 \times 10^{-2} q_c^2}{0.12 + 1.0 \times 10^{-12} \dfrac{N_c}{q_c}} \tag{8.23}$$

（2）Bh94：

$$A_u = 6.0 \times 10^{28} n^{-1.7} (q_c \times 10^{-3})^{4.7} (N_c \times 10^{-6})^{-3.3} \tag{8.24}$$

式中，n 为云滴谱宽（Beheng，1994），此处设置为 10。

（3）LD04：

$$A_u = P_0 T \tag{8.25}$$

$$P_0 = 1.1 \times 10^{13} \left[\frac{(1+3\varepsilon^2)(1+4\varepsilon^2)(1+5\varepsilon^2)}{(1+\varepsilon^2)(1+2\varepsilon^2)} \frac{q_c^3}{N_c} \right] \tag{8.26}$$

$$T = \frac{1}{2}(x_c^2 + 2x_c + 2)(1+x_c) e^{-2x_c} \tag{8.27}$$

$$x_c = 9.7 \times 10^{-14} N_c^{3/2} q_c^{-2} \tag{8.28}$$

式中，P_0 和 T 分别为比率函数和阈值函数；x_c 为归一化的临界质量，可以写为 N_c 和 q_c 的函数（Kerstein，1992）。根据 Wang 等（2019）和 Zhao 等（2006）的观测研究，相对离散度 ε 设为 0.4。

与大多数云雨碰并方案仅将云雨碰并速率与雨滴和云滴的质量浓度联系起来（Khairoutdinov and Kogan，2000；Beheng，1994；Kogan，2013）不同，我们引入了一个同时考虑液滴的大小和浓度的参数化方案 [CP2k（Cohard and Pinty，2000）]。

雨滴半径大于等于 50 μm 时：

$$A_c = \frac{\pi}{6} \rho_w \rho_a K_1 \frac{N_c N_r}{\lambda_c^3} \left(\frac{A_1}{\lambda_c^3} + \frac{B_1}{\lambda_r^3} \right) \tag{8.29}$$

雨滴半径小于 50 μm 时：

$$A_c = \frac{\pi}{6} \rho_w \rho_a K_2 \frac{N_c N_r}{\lambda_c^3} \left(\frac{A_2}{\lambda_c^6} + \frac{B_2}{\lambda_r^6} \right) \tag{8.30}$$

式中，K_1 和 K_2 为经验参数；斜率参数 λ 与液滴混合比、数浓度和离散度参数有关（Morrison et al.，2005）；下标 r 和 c 分别代表雨滴和云滴；ρ_w 为水的密度。除了 KK00 和 CP2k 方案外，我们还考虑了另一个命名为 Ko13 的云雨碰并方案（Kogan，2013）：

$$A_c = 8.53 \times q_c^{1.05} q_r^{0.98} \tag{8.31}$$

微物理方案中夹卷混合过程的影响使用单个参数 α 来表示（Morrison and Grabowski，2008；Lu et al.，2013）：

$$N_c = N_{c0} \left(\frac{q_c}{q_{c0}} \right)^{\alpha} \tag{8.32}$$

式中，q_{c0} 和 N_{c0} 分别为蒸发过程前云水的混合比和数量浓度；达到新的饱和度时，q_c 和 N_c 代表相应的云特性。参数 α 对于均匀混合（控制试验）设置为 0，对于极端非均匀混合（INHOMO 试验）设置为 1。

综上，我们总共进行了 7 次模拟试验：使用默认方案的控制试验，以及包括 CP2k、Ko13（两种云雨碰并方案）、Be68、Bh94、LD04（三种云水自动转换方案）和 INHOMO（一种夹卷混合方案）在内的敏感性试验。表 8.7 总结了试验名称、相应的表达式。

表 8.7　各模拟试验的名称、相应的表达式

液相过程	试验名称	表达式
—	控制试验	$A_u = 1350 \times q_c^{2.47}(N_c \times 10^{-6} \rho_a^{-1.79})$ $A_c = 67 \times (q_c q_r)^{1.15}$
云水自动转换	Be68	$A_u = \dfrac{3.5 \times 10^{-2} q_c^2}{0.12 + 1.0 \times 10^{-12} \dfrac{N_c}{q_c}}$
	Bh94	$A_u = 6.0 \times 10^{28} n^{-1.7}(q_c \times 10^{-3})^{4.7}(N_c \times 10^{-6})^{-3.3}$
	LD04	$A_u = 1.1 \times 10^{13} \left[\dfrac{(1+3\varepsilon^2)(1+4\varepsilon^2)(1+5\varepsilon^2)}{(1+\varepsilon^2)(1+2\varepsilon^2)} \dfrac{q_c^3}{N_c} \right]$ $\times \dfrac{1}{2}(x_c^2 + 2x_c + 2)(1+x_c)e^{-2x_c}$
云雨碰并	Ko13	$A_c = 8.53 \times q_c^{1.05} q_r^{0.98}$
	CP2k	$A_c = \dfrac{\pi}{6} \rho_w \rho_a K_1 \dfrac{N_c N_r}{\lambda_c^3} \left(\dfrac{A_1}{\lambda_c^3} + \dfrac{B_1}{\lambda_r^3} \right)$ $A_c = \dfrac{\pi}{6} \rho_w \rho_a K_2 \dfrac{N_c N_r}{\lambda_c^3} \left(\dfrac{A_2}{\lambda_c^6} + \dfrac{B_2}{\lambda_r^6} \right)$
夹卷混合	INHOMO	$N_c = N_{c0} \left(\dfrac{q_c}{q_{c0}} \right)^{\alpha}, \; \alpha = 1$

8.6.3 案例分析

1. 降水和观测比对

将控制试验中 D02 区域和 D03 区域从世界时 2014 年 7 月 22 日 00 时到 24 日 00 时的 48 h 累积降水量插值到 0.1° 的分辨率,以便与观测值进行比较(图 8.44)。

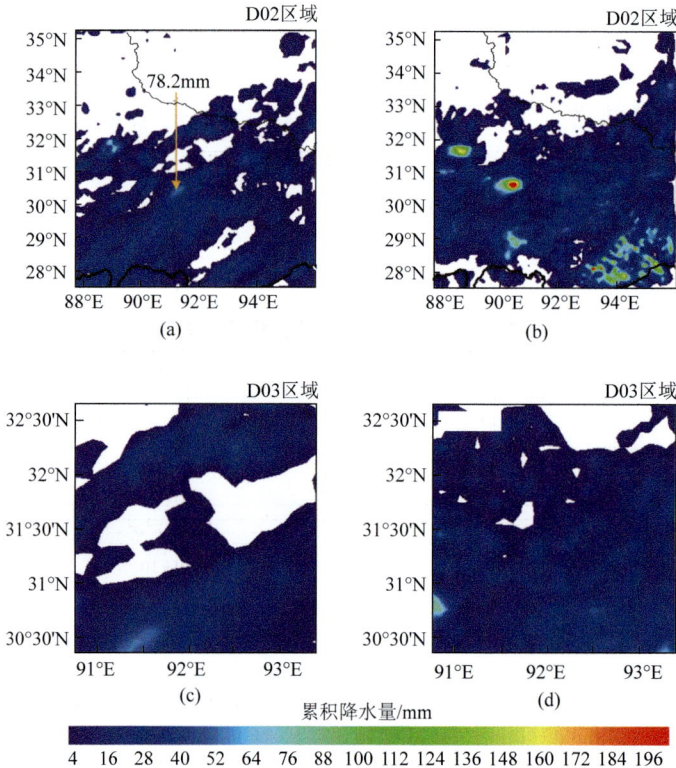

图 8.44 观测 [(a)、(c)] 和控制 [(b)、(d)] 试验的 48h 累积降水分布情况

D02 区域的结果表明,尽管模拟结果与观测在空间上的分布比较一致,但模拟得到的最大降水量约为 200 mm,远远超过了观测中的最大值 80 mm。对于 D03 区域来说,图 8.44(c) 和 8.44(d) 中显示的空间降水偏差主要是由模拟的降水量平均到 0.1° 时数据量明显不足(仅约 27×27 个数据点)导致的。

除了空间分布,图 8.45 也比较了区域平均降水率随时间的变化趋势。控制试验模拟得到的降水率的变化趋势与观测值(黑色实线)具有很好的一致性,但是 D03 区域的结果显然更接近于观测值。总的来说,控制试验可以基本再现降水分布和演变的主要特征(趋势和峰值),但是与观测的 48 h 区域累积降水量相比有着明显高估。

与控制试验类似,图 8.46 和图 8.47 分别显示了各敏感性试验中降水的空间分布和时间演变。所有试验都有着相似的降水空间分布特征和时间变化趋势,但 CP2k 具有比其他试验明显更弱的降水,特别是在 D02 区域东南角和 D03 区域第二个降水峰值区。

CP2k 中 D02 区域的降水高估了 30.2%，低于其他试验（48.8% ～ 52.5%）。在 D03 区域中，CP2k 中对降水的高估为 8.9%，也远小于 INHOMO 中的 15.1% 和其他试验中的 20.8% ～ 26.9%。

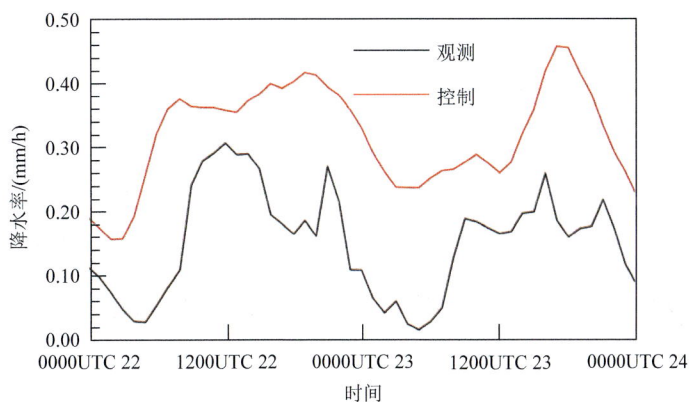

(a) D02区域

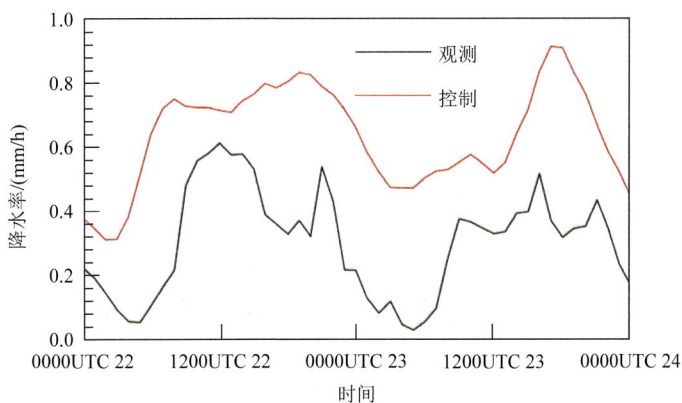

(b) D03区域

图 8.45　观测和控制试验中区域平均每小时降水率随时间的变化

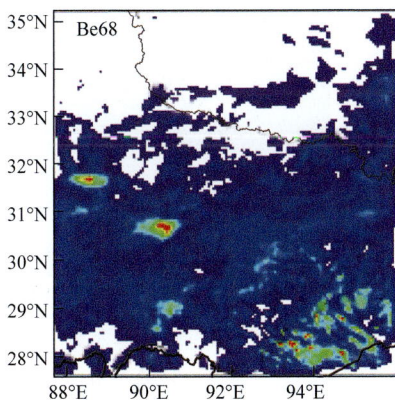

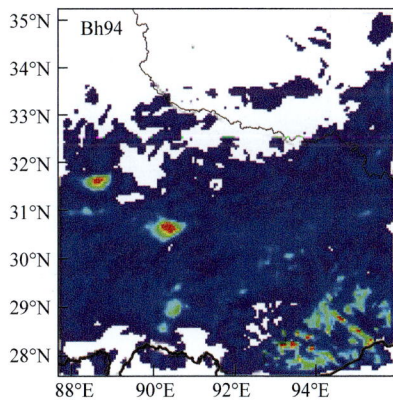

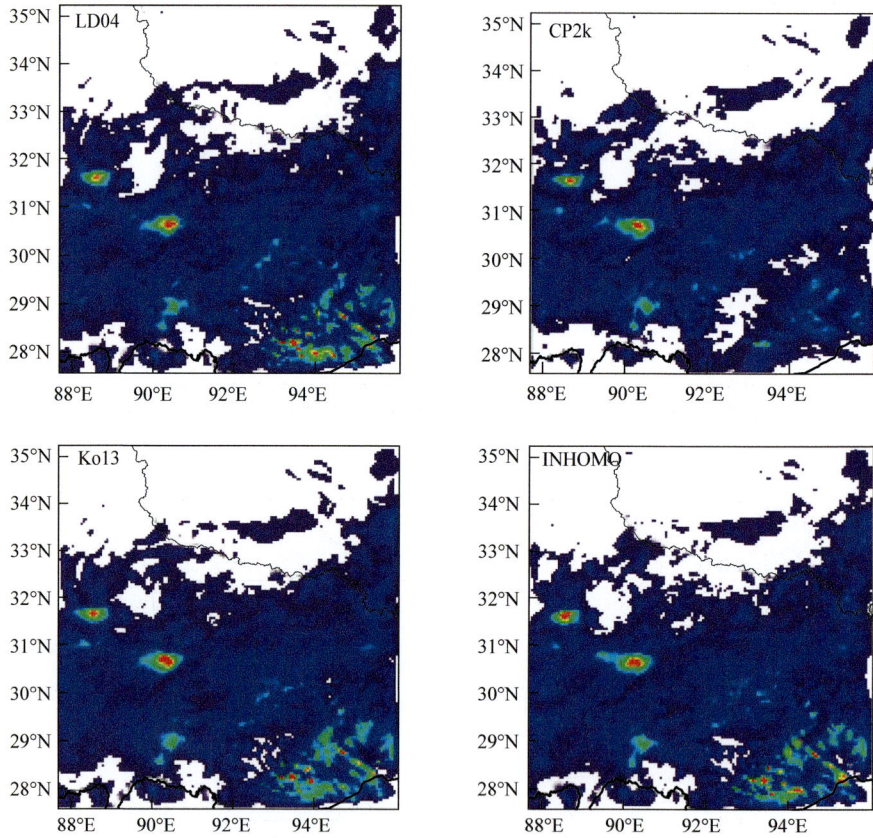

(a) D02区域

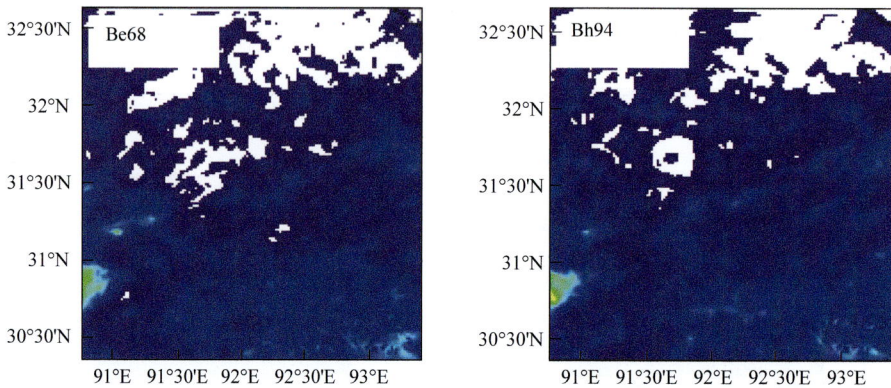

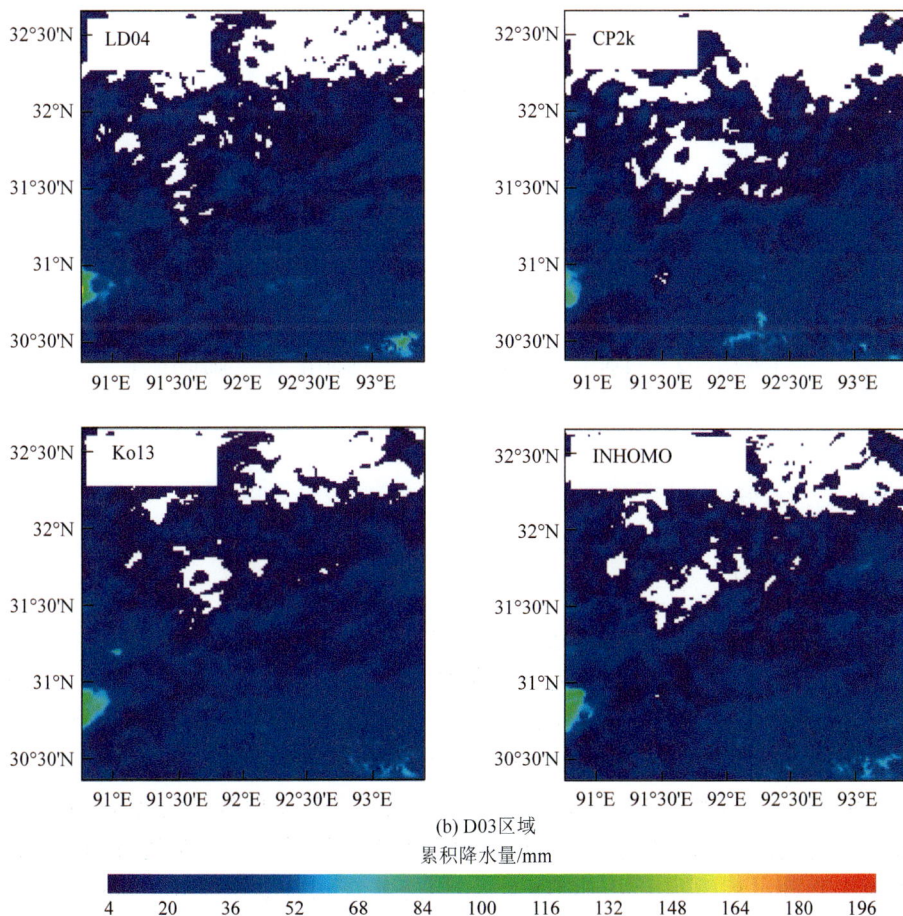

(b) D03区域

累积降水量/mm

图 8.46 敏感性试验中的 48 h 累积降水分布情况

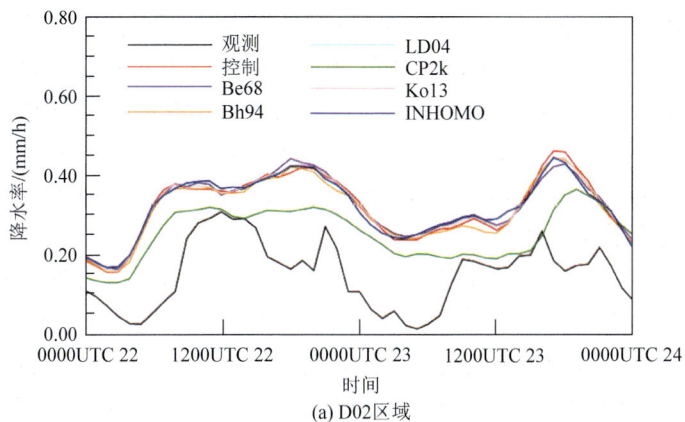

(a) D02区域

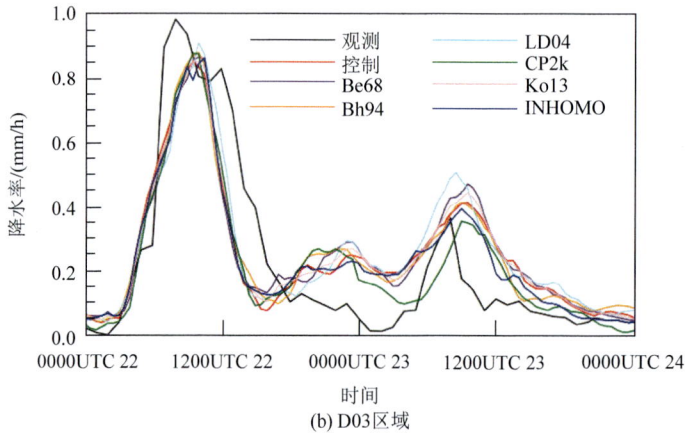

(b) D03区域

图 8.47　敏感性试验中区域平均每小时降水率随时间的变化

2. 微物理过程

为了探讨上述降水偏差的成因，需要对两个区域的微物理过程进行深入分析。考虑到降水的差异，D02 区域分为两个部分：东南角以外的 D02 区域和东南角。对于 D03 区域，则针对两个降水峰值时段（每个峰值 5 h）分别研究液相过程的影响。

图 8.48 显示了四个不同区域或时间段的所有水凝物及其主要微物理过程的垂直廓线。与 D02 其他区域的结果相比，东南角的冰相粒子和冰相微物理过程转换率（霰凇附 RIM-g、雪凇附 RIM-s 和融化 MELT）相差不大。相反，东南角的液相粒子的混合比和液相微物理过程的速率（云雨碰并 ACCR-r 和云水自动转换 AUTO-r）要大于 D02 其他区域。这是由于东南角地势较低，云底低，更有利于液滴的生长。对于 D03 区域而言，第二个峰值的降水速率较小，大多数粒子（雨、雪、冰和霰）较少，并且微物理过程（RIM-s、RIM-g、雪花黏连 ACCR-s、雪花自动转化 AUTO-s 雨滴蒸发 EVAP-r 和 MELT）也比前一个峰值弱。另外，尽管融化仍然占主导地位，但与第一个峰相比，第二个峰的云雨碰并（ACCR-r）过程比例明显增大。通过计算垂直方向上液相过程（ACCR-r 和 AUTO-r）和冰相过程转化到雨滴的累积转化率，可得 D02 中除东南角以外区域，D02 区域的东南角和 D03 区域的两个降水峰值中液相过程的贡献分别为 32.9%、65.2%、27.0% 和 35.4%。因此，液相过程在 D02 区域东南角和 D03 区域的后一个降水峰值中显然更为重要。

图 8.49 显示了不同区域和不同时期 CP2k 试验与控制试验（CP2k-Control）之前主要微物理过程转换率的垂直分布差异。从图 8.49 中可以看出，CP2k 有着更大的 A_u 和较小的 A_c。结合这两个云滴到雨滴的主要液相转化过程来看，CP2k 中的云水损失少于控制试验，这导致 CP2k 中的云水路径（LCWP）大了 50.0%，表明有更多的云滴在零度

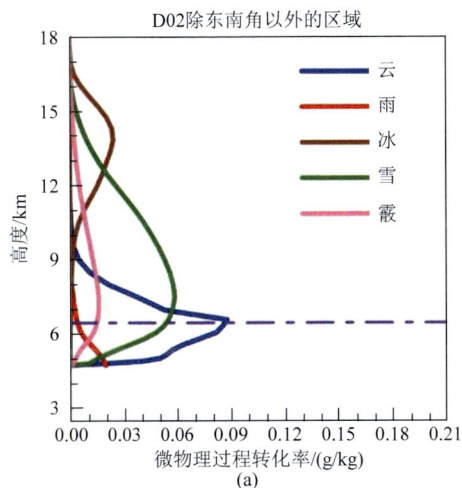

(a)

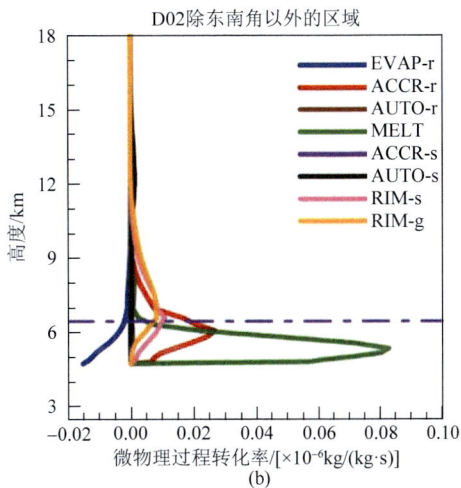

(b)

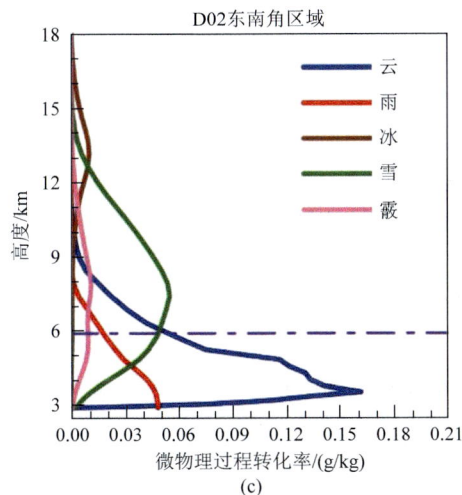

(c)

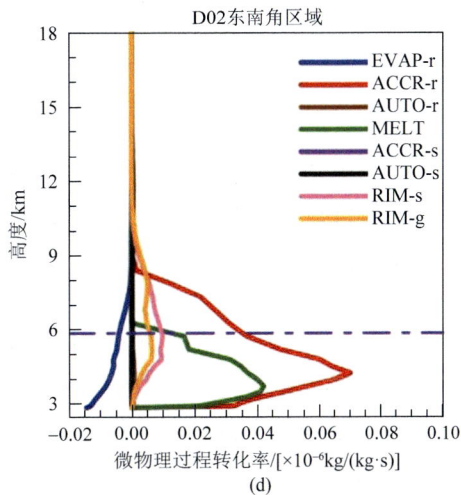

(d)

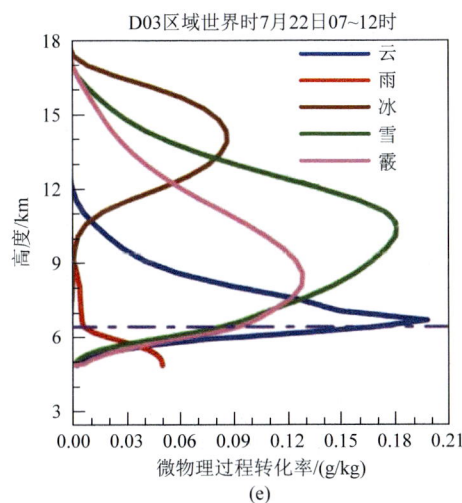

(e)

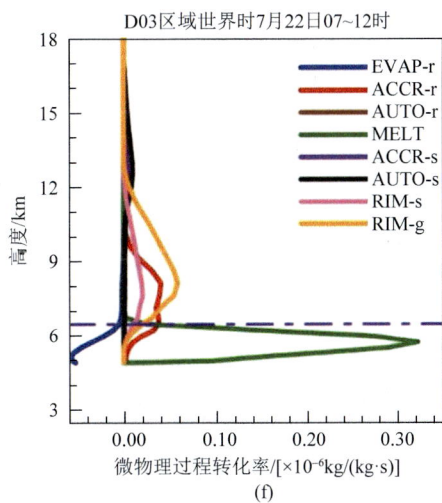

(f)

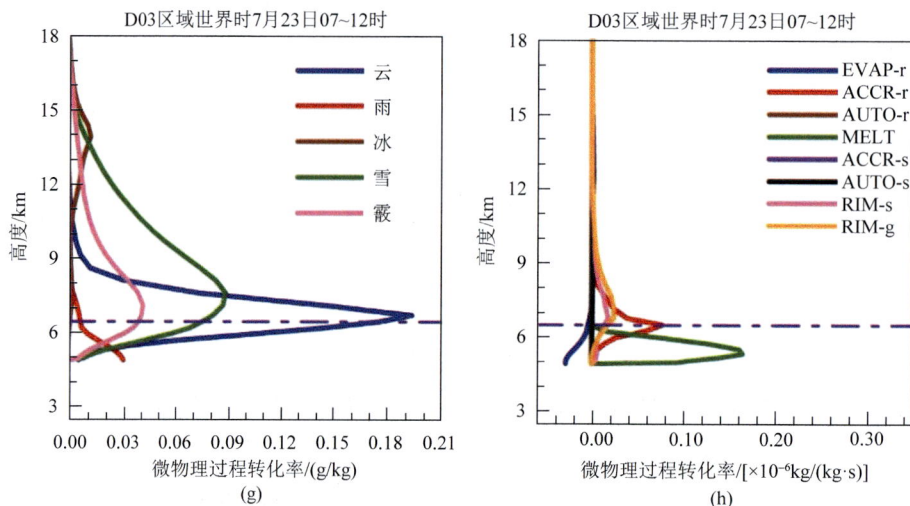

图 8.48 四个不同区域或时间段的所有水凝物及其主要微物理过程的平均垂直分布

层以上的大气中存活，这对于凇附过程（RIM-s + RIM-g）是有利的。凇附过程通过降低 A_c 来抑制液相雨滴的形成过程，但是通过增加融化速率来增强冰/混合相雨滴的形成过程。对于 D03 区域中的第一个降水峰值时段，尽管 CP2k 中的 A_c 小于控制试验中的 A_c，但更多的凇附导致更多的冰相粒子，因此在融化层以下融化速率更大，使得 CP2k 中较弱的云雨碰并和较强的融化相互抵消。结果，CP2k 的降水非常接近在此期间的控制试验。除东南角外，类似的解释也适用于 D02 等其他区域。但是，对于 D02 区域东南角和 D03 区域的第二个高峰时段，液相过程对降水的贡献比重变大，使得融化过程无法补偿 CP2k 中云雨碰并的抑制，从而减小了对降水的高估，也使得 CP2k 中的地表降水比其他试验更接近观测值。

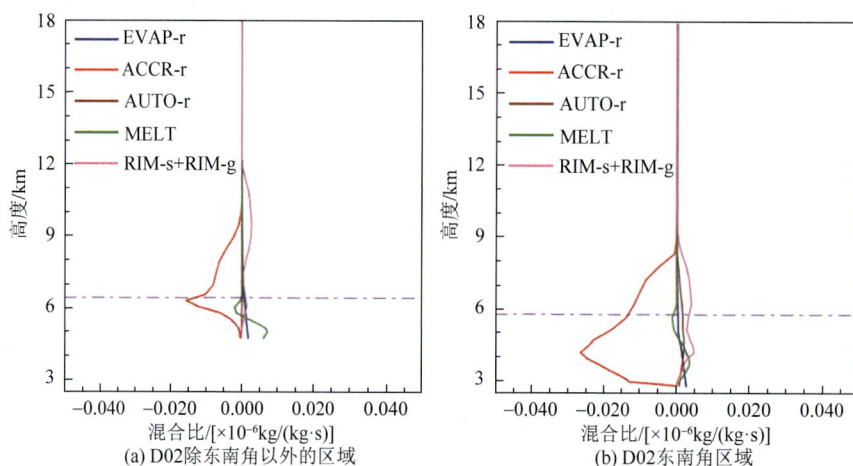

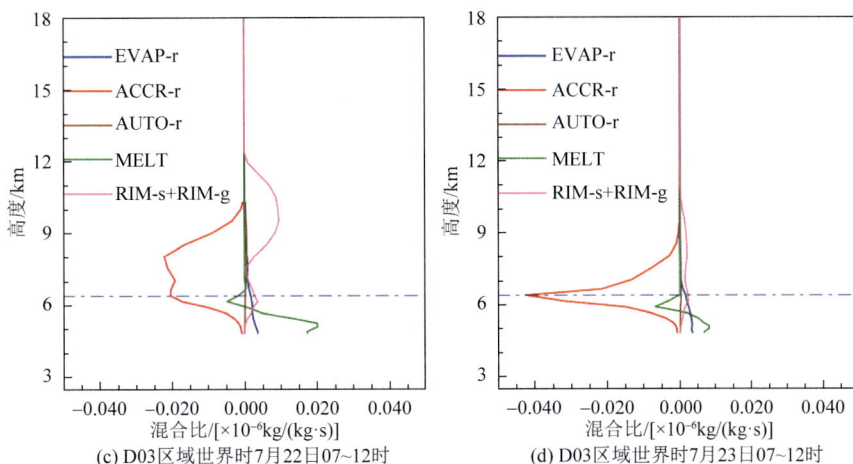

图 8.49　CP2k 和控制试验中主要微物理过程的垂直分布差异

3. CP2k 参数化的理论分析

云雨碰并过程的不同表征可以说明，CP2k 试验与其他试验在降水和微物理过程之间有巨大差异。图 8.50 中比较了 $q_c = 1$ g/kg，$R_c = 10$ μm，$N_r = 4000$ /m³ 情况下的三种不同的云雨碰并方案（控制试验、CP2k 和 Ko13）根据雨滴半径计算的 A_c。对于 KK00 方案和 Ko13 方案，如果云水充足，A_c 仅取决于雨水混合比，因此在对数坐标下 A_c 与雨滴半径呈线性关系。不同的是，由于分段函数受雨滴半径的限制，CP2k 在 50μm 出现拐点，如果雨滴半径小于 50μm，则 CP2k 中的 A_c 很小。与其他两种方案相比，当雨滴半径小于 2000 μm 时，CP2k 方案中的 A_c 始终较小。当雨滴半径小于 50 μm 时，CP2k 与其他两种方案差异更为明显，最大可超过两个数量级。因此，不同云雨碰并方案之间的差异很大程度上依赖于雨滴半径的分布情况。

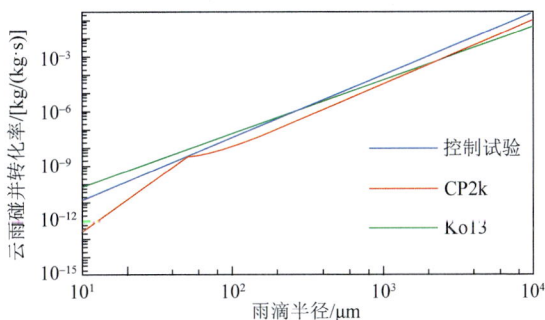

图 8.50　三种云雨碰并方案中云雨碰并速率与雨滴半径的关系

图 8.51 显示了雨滴半径的分布。在控制试验、Ko13 和 CP2k 中，PDF 的峰值分别为～ 30 μm、～ 30 μm 和～ 25 μm，累积分布显示各方案中小于 50 μm 的雨滴半径比例分别为 58.8%、53.8% 和 46.0%。如此大比例的小雨滴导致 CP2k 的 A_c 和降水与其他

方案有着较大差异。此外，还存在着正反馈机制，因为 A_c 越大，q_r 越大，而在云水充足的情况下，大的 q_r 进一步导致大的 A_c。因此，KK00 或 Ko13 中对 A_c 的高估会反馈给自己，从而导致更大的 q_r。因此，CP2k 与其他试验之间的差异在 D02 区域东南角和 D03 区域第二个峰值期间更为显著。

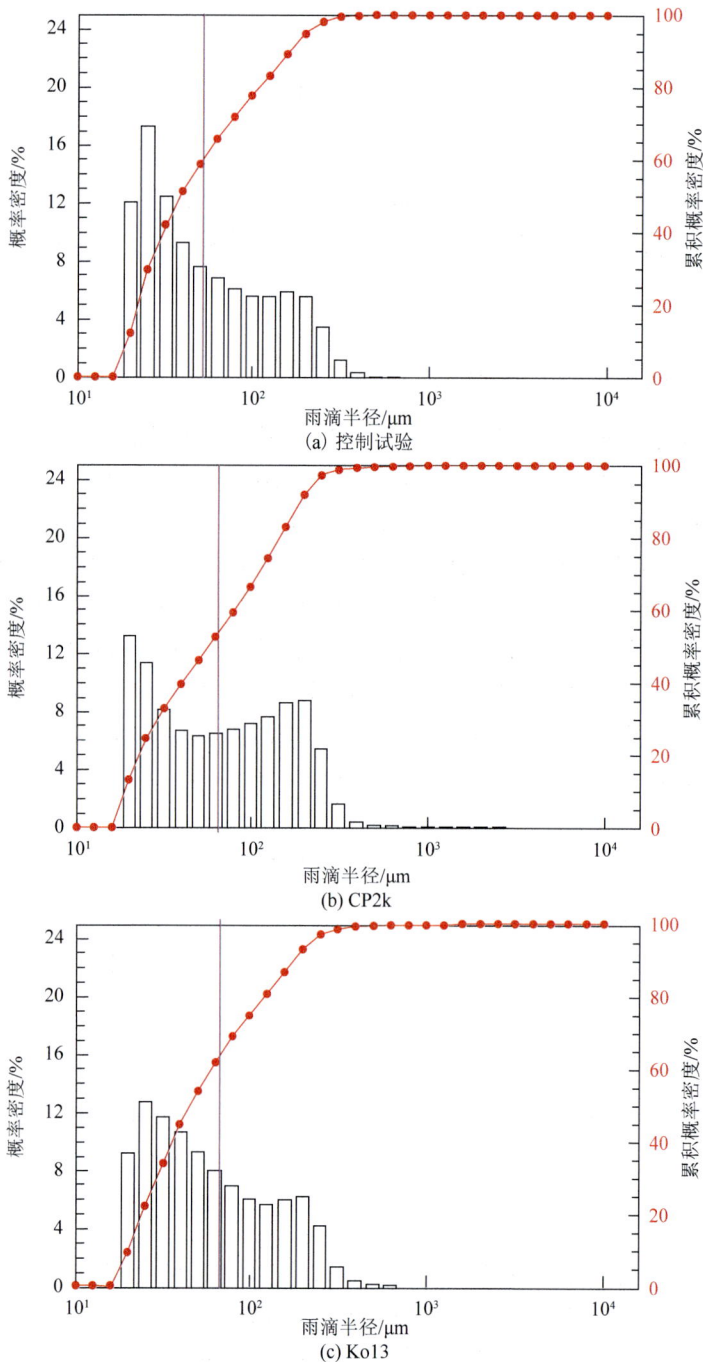

图 8.51　三种云雨碰并方案中雨滴的概率密度分布情况（紫色竖线对应 50 μm）

8.6.4　长时间模拟

尽管对单个案例研究进行了深入分析，但尚需验证个例是否能够代表模拟的一般行为。因此，我们使用三种云雨碰并方案（控制试验、CP2k 和 Ko13）从 2014 年 7 月 21 日 00 时（UTC）到 8 月 21 日 00 时（UTC）进行了为期一个月的模拟。本研究分析了从 2014 年 7 月 22 日 00（UTC）开始的结果。三层嵌套的水平分辨率分别为 30 km、10 km 和 3.3 km；除了分辨率和模拟时间外，所有其他设置与之前为期两天的模拟中的设置相同。

根据计算得到的降水与观测到的降水，对比发现，控制试验大部分时间都明显高估了降水，在 D02 区域尤其如此。观测、控制试验、Ko13 和 CP2k 在 D02 区域的平均降水率分别为 1.6 mm/d、2.5 mm/d、2.5 mm/d 和 2.2 mm/d，在 D03 区域中则分别为 4.5 mm/d、5.8 mm/d、5.9 mm/d 和 5.2 mm/d。Ko13 的结果非常接近于控制试验，而 CP2k 则显著减少了降水的高估。表 8.8 显示，CP2k 的 HSS 评分在两个区域均高于控制试验和 Ko13。因此，CP2k 在该地区对降水高估的改善不仅限于某个个例。

表 8.8　一个月模拟下各试验的 HSS 评分及其对应的评分要素

		a	*b*	*c*	*d*	HSS
D02 区域	控制试验	3780	5052	1924	24584	0.403
	CP2k	3749	4369	1955	25267	0.435
	Ko13	3764	4825	1940	24811	0.413
D03 区域	控制试验	1188	2856	93	2538	0.220
	CP2k	1163	2355	118	3084	0.262
	Ko13	1181	2908	100	2531	0.211

参考文献

仓啦 . 2018. 西藏地区云地闪电时空分布特征分析 . 西藏科技 , 304: 62-66, 70.

陈宫燕 , 普布桑姆 , 次仁 , 等 . 2018. 西藏林芝降水引发的山洪地质灾害分布特征 . 中国地质灾害与防治学报 , 29（2）: 100-103.

陈勇 , 杨虎 , 刘赛 . 2018. 西藏主要气象灾害特征及防御对策 . 农业灾害研究 , 8（2）: 60-61.

陈永仁 , 李跃清 . 2021. 攀西地区冕宁 "6.26" 突发性暴雨成因分析 . 高原山地气象研究 , 41（4）: 8-17.

崔新强 , 付佳 , 代娟 , 等 . 2017. 高铁气象灾害防御体系现状分析与对策研究 . 气象科技进展 , 7（2）: 46-49.

崔新强 , 郭雪梅 . 2018. 1950-2015 年我国铁路气象及其衍生灾害特征分析 . 气象与环境科学 , 41（2）: 98-104.

代娟 , 崔新强 , 刘文清 , 等 . 2016. 高速铁路气象灾害风险分析与区划方法探讨 . 灾害学 , 31（4）: 33-36.

德庆卓嘎 , 张国平 , 胡骏楠 , 等 . 2018. 西藏公路交通地质灾害气象预警 . 中国地质灾害与防治学报 , 29（4）: 121-129, 145.

多吉次仁 , 旦增伦珠 . 2020. 2010-2019 年西藏地区地闪时空分布特征及强度分析 . 西藏科技 , 332: 37-

39, 64.

高懋芳, 邱建军. 2011. 青藏高原主要自然灾害特点及分布规律研究. 干旱区资源与环境, 25(8): 101-106.

关朝阳, 李章国. 2018. 西藏昌都地质灾害特点及防治对策. 中国地质灾害与防治学报, 29(2): 104-107.

郭善云, 陆晓静, 朱海斌, 等. 2012. 四川 1960-2010 年雷暴观测事实及灾害防范区域研究. 沙漠与绿洲气象, 6(6): 69-72.

何钰, 李国平. 2013. 青藏高原大地形对华南持续性暴雨影响的数值试验. 大气科学, 37(4): 933-944.

黄楚惠, 李国平, 张芳丽, 等. 2020. 近 10a 气候变化影响下四川山地暴雨事件的演变特征. 暴雨灾害, 39(4): 335-343.

黄嘉丽, 秦年秀. 2020. 近 50 年来我国西南地区暴雨变化特征分析. 低碳世界, 12: 229-230.

李慧晶, 李洪梅, 刘东升, 等. 2019. 四川地区雾的气候特征及其变化趋势研究. 高原山地气象研究, 39(3): 43-47.

李晓莉, 刘永柱. 2019. GRAPES 全球奇异向量方法改进及试验分析. 气象学报, 77(3): 552-562.

林志强, 德庆, 文胜军, 等. 2014. 西藏高原汛期大到暴雨的时空分布和环流特征. 暴雨灾害, 33(1): 73-79.

林志强, 假拉, 罗骕翾, 等. 2012. 西藏高原闪电特性时空分布特征. 气象科技, 40(6): 1002-1006.

刘光轩. 2008. 中国气象灾害大典. 西藏卷. 北京: 气象出版社.

刘佳, 郭海燕, 邓国卫, 等. 2022. 川藏铁路四川段沿线诱发地质灾害降水阈值研究. 灾害学, 37(1): 83-91.

刘丽霞. 2010. 高速铁路防灾气象监测系统设计. 计算机测量与控制, 18(9): 1979-1981.

刘永柱, 沈学顺, 李晓莉. 2013. 基于总能量模的 GRAPES 全球模式奇异向量扰动研究. 气象学报, 71(3): 517-526.

刘永柱, 张林, 金之雁. 2017. GRAPES 全球切线性和伴随模式的调优. 应用气象学报, 28(1): 62-71.

马淑红, 马韫娟. 2009. 瞬时风速对高速列车安全运行的影响及其控制. 铁道工程学报, 26(1): 11-16.

尼玛央珍, 央金, 洛桑曲珍. 2014. 近 30 年西藏地区雷暴日数的气候分布特征. 高原山地气象研究, 34(3): 36-40.

邱博, 张录军, 谭慧慧. 2013. 中国大风集中程度及气候趋势研究. 气象科学, 33(5): 543-548.

瞿建华, 张爤, 陆其峰, 等. 2019. 基于 ERA5 的快速辐射传输模式与 FY-4A 成像仪观测结果的偏差分析. 气象学报, 77(5): 911-922.

任景轩, 徐志升, 陈琦, 等. 2015. 近 54 年四川雷暴气候特征分析. 高原山地气象研究, 35(3): 62-67.

孙丹, 朱彬, 杜吴鹏. 2008. 我国大陆地区浓雾发生频数的时空分布研究. 热带气旋学报, 24(5): 497-501.

孙建华, 赵思雄. 2003. 1998 年夏季长江流域梅雨期环流演变的特殊性探讨. 气候与环境研究, 8(3): 52-67.

陶诗言. 1980. 中国之暴雨. 北京: 科学出版社.

王黉, 李英, 宋丽莉, 等. 2020. 川藏地区雷暴大风活动特征和环境因子对比. 应用气象学报, 31(4): 435-446.

王宇, 王思华, 陈天宇, 等. 2021. 川藏铁路牵引供电接触网直击雷防护. 初探电瓷避雷器, 302(4): 40-

46, 54.

王志, 田华, 冯蕾, 等. 2012. 基于 GIS 的高速铁路大风风险区划研究 // 第十四届中国科协年会第 14 分会场: 极端天气事件与公共气象服务发展论坛论文集. 石家庄: 中国气象学会.

吴国雄, 刘屹岷, 刘新, 等. 2005. 青藏高原加热如何影响亚洲夏季的气候格局. 大气科学, 29: 47-56.

武敬峰, 张永莉, 赵巍燃, 等. 2018. 川西高原冰雹特征及天气形势分析. 高原山地气象研究, 38(3): 29-37.

肖阳, 叶唐进. 2017. 拉萨市郊地质灾害预测及防治辅助决策. 四川地质学报, 37(3): 449-452.

央金卓玛, 列杰班宗, 央金白姆. 2016. GIS 支持下的西藏冰雹灾害风险评估模型. 高原山地气象研究, 36(2): 69-74.

杨淑群, 邱予声. 2012. 四川省冰雹的时空变化特征. 西南大学学报(自然科学版), 34(11): 1-7.

姚慧茹, 李栋梁. 2019. 青藏高原风季大风集中期、集中度及环流特征. 中国沙漠, 39(2): 122-133.

张核真. 2006. 西藏大风分布特征及风灾区域的初步划分. 西藏科技, 158: 40-41.

张雷, 石汉青, 燕亚菲, 等. 2012. 西藏冰雹的气候特征. 高原山地气象研究, 32(1): 56-60, 76.

张鹏, 郭强, 陈博洋, 等. 2016. 我国风云四号气象卫星与日本 Himawari-8/9 卫星比较分析. 气象科技进展, (1): 72-75.

张子曰. 2019. 川藏铁路沿线气象风险特征分析. 兰州: 兰州大学.

赵思雄, 傅慎明. 2007. 2004 年 9 月川渝大暴雨期间西南低涡结构及其环境场的分析. 大气科学, 31(6): 1059-1075.

赵勇, 钱永甫. 2009. 青藏高原地区地表热力异常与夏季东亚环流和江淮降水的关系. 气象学报, 67(3): 397-406.

祝建, 朱冬春, 刘卫民. 2018. 川藏公路(西藏境)地质灾害类型与分布规律研究. 灾害学, 33(S1): 18-24.

Anderson R B, Eriksson A J. 1980. Lightning Parameters for Engineering Application. Electra: International Conference on Large Electric High-Tension Systems(CIGRE).

Andrejczuk M, Grabowski W W, Malinowski S P, et al. 2004. Numerical simulation of cloud-clear air interfacial mixing. Journal of the Atmospheric Sciences, 61(14): 1726-1739.

Andrejczuk M, Grabowski W W, Malinowski S P, et al. 2006. Numerical simulation of cloud-clear air interfacial mixing: Effects on cloud microphysics. Journal of the Atmospheric Sciences, 63(12): 3204-3225.

Andrejczuk M, Grabowski W W, Malinowski S P, et al. 2009. Numerical simulation of cloud-clear air interfacial mixing: Homogeneous versus inhomogeneous mixing. Journal of the Atmospheric Sciences, 66(8): 2493-2500.

Beheng K. 1994. A parameterization of warm cloud microphysical conversion processes. Atmospheric Research, 33(1-4): 193-206.

Broadwell J, Breidenthal R. 1982. A simple model of mixing and chemical reaction in a turbulent shear layer. Journal of Fluid Mechanics, 125: 397-410.

Buizza R, Tribbia J, Molteni F, et al. 1993. Computation of optimal unstable structure for a numerical weather prediction model. Tellus, 45A(5): 388-407.

Burnet F, Brenguier J L. 2007. Observational study of the entrainment-mixing process in warm convective clouds. Journal of the Atmospheric Sciences, 64(6): 1995-2011.

Chosson F, Brenguier J L, Schüller L. 2007. Entrainment-mixing and radiative transfer simulation in boundary layer clouds. Journal of the Atmospheric Sciences, 64(7): 2670-2682.

Cohard J M, Pinty J P. 2000. A comprehensive two-moment warm microphysical bulk scheme. I: Description and tests. Quarterly Journal of the Royal Meteorological Society, 126 (566): 1815-1842.

Cui Y Y, Liu S, Bai Z, et al. 2018. Religious burning as a potential major source of atmospheric fine aerosols in summertime Lhasa on the Tibetan Plateau. Atmospheric Environment, 181: 186-191.

Deardorff J W. 1980. Stratocumulus-capped mixed layers derived from a three-dimensional model. Boundary-Layer Meteorology, 18(4): 495-527.

Deng Z, Zhao C, Zhang Q, et al. 2009. Statistical analysis of microphysical properties and the parameterization of effective radius of warm clouds in Beijing area. Atmospheric Research, 93(4): 888-896.

Gao S, Lu C, Liu Y, et al. 2020. Contrasting scale dependence of entrainment-mixing mechanisms in stratocumulus clouds. Geophysical Research Letters, 47(9): e2020GL086970.

Gao W, Sui C H, Fan J, et al. 2016. A study of cloud microphysics and precipitation over the Tibetan Plateau by radar observations and cloud-resolving model simulations. Journal of Geophysical Research: Atmospheres, 121 (22): 13735-13752.

Gao Z, Liu Y, Li X, et al. 2018. Investigation of turbulent entrainment-mixing processes with a new particle-resolved direct numerical simulation model. Journal of Geophysical Research: Atmospheres, 123(4): 2194-2214.

Gerber H E, Frick G M, Jensen J B, et al. 2008. Entrainment, mixing, and microphysics in trade-wind cumulus. Journal of the Meteorological Society of Japan, 86A: 87-106.

Gettelman A, Morrison H, Santos S, et al. 2015. Advanced two-moment bulk microphysics for global models. Part II: Global model solutions and aerosol-cloud interactions . Journal of Climate, 28 (3): 1288-1307.

Gettelman A, Morrison H, Terai C R, et al. 2013. Microphysical process rates and global aerosol-cloud interactions . Atmospheric Chemistry and Physics, 13 (19): 9855-9867.

Grabowski W W. 2006. Indirect impact of atmospheric aerosols in idealized simulations of convective-radiative quasi equilibrium. Journal of Climate, 19(18): 4664-4682.

Heus T, Jonker H J J. 2008. Subsiding shells around shallow cumulus clouds. Journal of the Atmospheric Sciences, 65(3): 1003-1018.

Hill A A, Feingold G, Jiang H. 2009. The influence of entrainment and mixing assumption on aerosol-cloud interactions in marine stratocumulus. Journal of the Atmospheric Sciences, 66(5): 1450-1464.

Hill A A, Shipway B J, Boutle I A. 2015. How sensitive are aerosol-precipitation interactions to the warm rain representation? Journal of Advances in Modeling Earth Systems, 7(3): 987-1004.

Hoffmann F, Yamaguchi T, Feingold G. 2019. Inhomogeneous mixing in lagrangian cloud models: Effects on the production of precipitation embryos. Journal of the Atmospheric Sciences, 76(1): 113-133.

Jarecka D, Grabowski W W, Morrison H, et al. 2013. Homogeneity of the subgrid-scale turbulent mixing in large-eddy simulation of shallow convection. Journal of the Atmospheric Sciences, 70(9): 2751-2767.

Jensen J B, Baker M B. 1989. A simple model of droplet spectral evolution during turbulent mixing. Journal of the Atmospheric Sciences, 46(18): 2812-2829.

Kerstein A R. 1988. A linear-eddy model of turbulent scalar transport and mixing. Combustion Science and Technology, 60(4-6): 391-421.

Kerstein A R. 1992. Linear-eddy modelling of turbulent transport. Part 7. Finite-rate chemistry and multi-stream mixing. Journal of Fluid Mechanics, 240: 289-313.

Khairoutdinov M, Kogan Y. 2000. A new cloud physics parameterization in a large-eddy simulation model of marine stratocumulus . Monthly Weather Review, 128 (1): 229-243.

Kogan Y. 2013. A cumulus cloud microphysics parameterization for cloud-resolving models. Journal of the Atmospheric Sciences, 70 (5): 1423-1436.

Krueger S K, Schlueter H, Lehr P. 2008. Fine-scale Modeling of Entrainment and Mixing of Cloudy and Clear Air. Cancun: 15th International Conference on Clouds and Precipitation.

Krueger S K, Su C W, Mcmurtry P A. 1997. Modeling entrainment and finescale mixing in cumulus clouds. Journal of the Atmospheric Sciences, 54(23): 2697-2712.

Kumar B, Bera S, Prabha T V, et al. 2017. Cloud-edge mixing: Direct numerical simulation and observations in Indian monsoon clouds. Journal of Advances in Modeling Earth Systems, 9(1): 332-353.

Kumar B, Götzfried P, Suresh N, et al. 2018. Scale-dependence of cloud microphysical response to turbulent entrainment and mixing. Journal of Advances in Modeling Earth Systems, 10(11): 2777-2785.

Lehmann K, Siebert H, Shaw R A. 2009. Homogeneous and inhomogeneous mixing in cumulus clouds: Dependence on local turbulence structure. Journal of the Atmospheric Sciences, 66(12): 3641-3659.

Liu L, Zheng J, Ruan Z, et al. 2015. Comprehensive radar observations of clouds and precipitation over the Tibetan Plateau and preliminary analysis of cloud properties. Journal of Meteorological Research, 29(4): 546-561.

Liu Y. 2005. Size truncation effect, threshold behavior, and a new type of autoconversion parameterization . Geophysical Research Letters, 32(11): L11811.

Lu C, Liu Y, Niu S. 2011. Examination of turbulent entrainment-mixing mechanisms using a combined approach. Journal of Geophysical Research: Atmospheres, 116(D20): D20207.

Lu C, Liu Y, Niu S, et al. 2012. Lateral entrainment rate in shallow cumuli: Dependence on dry air sources and probability density functions. Geophysical Research Letters, 39(20): L20812.

Lu C, Liu Y, Niu S, et al. 2013. Exploring parameterization for turbulent entrainment-mixing processes in clouds. Journal of Geophysical Research: Atmospheres, 118(1): 185-194.

Lu C, Liu Y, Niu S, et al. 2014a. Scale dependence of entrainment-mixing mechanisms in cumulus clouds. Journal of Geophysical Research Atmospheres, 119(24): 13.

Lu C, Liu Y, Niu S. 2014b. Entrainment-mixing parameterization in shallow cumuli and effects of secondary mixing events. Science Bulletin, 59(9): 896-903.

Lu C, Liu Y, Zhu B, et al. 2018. On which microphysical time scales to use in studies of entrainment-mixing mechanisms in clouds. Journal of Geophysical Research: Atmospheres, 123 (7): 3740-3756.

Ma Y, Hong Y, Chen Y, et al. 2018. Performance of optimally merged multisatellite precipitation products using the dynamic bayesian model averaging scheme over the Tibetan Plateau. Journal of Geophysical Research: Atmospheres, 123 (2): 814-834.

Maussion F, Scherer D, Finkelnburg R, et al. 2011. WRF simulation of a precipitation event over the Tibetan Plateau, China: An assessment using remote sensing and ground observations. Hydrology and Earth System Sciences, 15 (6): 1795-1817.

Meischner P, Baumann R, Höller H, et al. 2001. Eddy dissipation rates in thunderstorms estimated by Doppler radar in relation to aircraft in situ measurements. Journal of Atmospheric and Oceanic Technology, 18 (10): 1609-1627.

Morrison H, Curry J A, Khvorostyanov V I. 2005. A new double-moment microphysics parameterization for application in cloud and climate models. Part I: Description . Journal of the Atmospheric Sciences, 62 (6): 1665-1677.

Morrison H, Grabowski W W. 2008. Modeling supersaturation and subgrid-scale mixing with two-moment bulk warm microphysics. Journal of the Atmospheric Sciences, 65 (3): 792-812.

Pinsky M, Khain A. 2018. Theoretical analysis of mixing in liquid clouds-Part IV: DSD evolution and mixing diagrams. Atmospheric Chemistry and Physics, 18 (5): 3659-3676.

Qie X, Wu X, Yuan T, et al. 2014. Comprehensive pattern of deep convective systems over the Tibetan Plateau-South Asian monsoon region based on TRMM data. Journal of Climate, 27 (17): 6612-6626.

Rogers R, Yau M K. 1989. A Short Course in Cloud Physics. 3rd ed. New York: Lightning Source Inc.

Sato T, Yoshikane T, Satoh M, et al. 2008. Resolution dependency of the diurnal cycle of convective clouds over the Tibetan Plateau in a mesoscale model . Journal of the Meteorological Society of Japan, 86A: 17-31.

Slawinska J, Grabowski W W, Pawlowska H, et al. 2008. Optical properties of shallow convective clouds diagnosed from a bulk-microphysics large-eddy simulation. Journal of Climate, 21 (7): 1639-1647.

Su C W, Krueger S K, Mcmurtry P A, et al. 1998. Linear eddy modeling of droplet spectral evolution during entrainment and mixing in cumulus clouds. Atmospheric Research, 4748: 41-58.

Tölle M H, Krueger S K. 2014. Effects of entrainment and mixing on droplet size distributions in warm cumulus clouds. Journal of Advances in Modeling Earth Systems, 6 (2): 281-299.

Wang Y, Niu S, Lu C, et al. 2019. An observational study on cloud spectral width in north China . Atmosphere, 10 (3): 109.

Wang Y, Yang K, Zhou X, et al. 2020. Synergy of orographic drag parameterization and high resolution greatly reduces biases of WRF-simulated precipitation in central Himalaya . Climate Dynamics, 54 (3): 1729-1740.

Wood R, Kubar T L, Hartmann D L. 2009. Understanding the importance of microphysics and macrophysics for warm rain in marine low clouds. Part II: Heuristic models of rain formation. Journal of the Atmospheric Sciences, 66 (10): 2973-2990.

Wood R. 2005a. Drizzle in stratiform boundary layer clouds. Part I: Vertical and horizontal structure . Journal of the Atmospheric Sciences, 62（9）: 3011-3033.

Wood R. 2005b. Drizzle in stratiform boundary layer clouds. Part II: Microphysical aspects . Journal of the Atmospheric Sciences, 62（9）: 3034-3050.

Xu J, Koldunov N, Remedio A R C, et al. 2018. On the role of horizontal resolution over the Tibetan Plateau in the REMO regional climate model . Climate Dynamics, 51（11）: 4525-4542.

Xu J, Zhang B, Wang M, et al. 2012. Diurnal variation of summer precipitation over the Tibetan Plateau: A cloud-resolving simulation. Annales Geophysicae, 30 (11): 1575-1586.

Yin Z Y, Zhang X, Liu X, et al. 2008. An assessment of the biases of satellite rainfall estimates over the Tibetan Plateau and correction methods based on topographic analysis. Journal of Hydrometeorology, 9（3）: 301-326.

Zhang G J, Mcfarlane N A. 1995. Sensitivity of climate simulations to the parameterization of cumulus convection in the Canadian climate centre general circulation model. Atmosphere-Ocean, 33 (3): 407-446.

Zhao C, Tie X, Brasseur G, et al. 2006. Aircraft measurements of cloud droplet spectral dispersion and implications for indirect aerosol radiative forcing . Geophysical Research Letters, 33（16）: L16809.

Zhao P, Xu X, Chen F, et al. 2017. The third atmospheric scientific experiment for understanding the earth-atmosphere coupled system over the Tibetan Plateau and its effects. Bulletin of the American Meteorological Society, 99 (4): 757-776.

第 9 章

藏东南地区墨脱雷达超级站观测
数据远程传输系统

科考观测数据的采集、传输、存储是科考研究的重要基础工作，是科学家进行科学研究、科学分析的依据。位于青藏高原东南的墨脱作为雅鲁藏布大峡谷山谷水汽输送通道关键地区，其观测数据对于科考工作的开展有着极其重要的作用。墨脱是我国最后一个通公路的县，由于地处偏远地区，条件艰苦，交通不便，长期以来观测数据需要人工拷贝，定期邮寄，给科考研究带来了不便。开发自动采集、准实时传输、可靠存储数据的远程传输系统，可以为科学研究创造良好的科考数据使用环境。科考和大气科学试验数据链传输与用户应用系统的互联网、云平台实践是现代科学发展的突破，具有深远影响与重大战略意义。

9.1 墨脱科考观测现场调研

考虑到墨脱偏远地区环境艰苦，根据以往的经验，作者制定了一个依靠当地条件，尽可能简单可靠的数据收集、传输方案。计划将收集数据的服务器放在墨脱县气象局机房内，与观测场的观测仪器连接在一个局域网内，实现观测数据的汇集。租用线路将服务器收集到的数据传到国家气象信息中心的设备上，供科学家调取使用。

对墨脱雷达超级站观测场现场环境，网络、电源等基础设施状况进行实地考察，对数据采集情况、保存情况、存储环境、系统配置，以及电源保障情况进行现场查看和记录。

墨脱观测场建有 6 台观测设备，包括雨滴谱仪、相控阵雷达、云雷达、风廓线雷达、微波辐射计、微雨雷达。除相控阵雷达采取自动传输外，雨滴谱仪、云雷达、微波辐射计、微雨雷达均配备相应的笔记本电脑或台式计算机作为数据采集的存储设备，笔记本电脑或台式计算机通过 Wi-Fi 路由器接入 4G 网络，实现远程控制笔记本电脑或台式计算机，数据保存在与设备相连的笔记本电脑或台式计算机上。相控阵雷达通过网络将数据传输到位于林芝市气象局机房的服务器上。

墨脱观测场内建设有一间配电室，雨滴谱仪、微波辐射计、微雨雷达的数据存储笔记本电脑放置在配电室。云雷达数据存储台式计算机放置在云雷达机房内，目前未将其网络连接入配电室。相控阵雷达数据传输设备及光纤接入设备均放置在配电室机柜内。

与中国移动墨脱分公司、中国移动林芝分公司相关人员就数据传输问题进行交流，并到中国移动林芝分公司设备托管机房实地查看机房环境。墨脱县的技术条件较差，缺少高水平技术人员，网络和设备出了问题都是由中国移动林芝分公司派人来维护。由于林芝到墨脱的路程艰难和遥远，200 多千米的路程一般需要走两天，因此如果考虑在墨脱当地部署系统的话，无论在人员维护能力还是及时性方面都必须加以考虑。

9.2　野外科学试验数据远程汇集重大需求与难点

9.2.1　藏东南地区科考基地数据汇集

青藏高原东南部是高原及其周边水汽输送最大的地区，雅鲁藏布江河谷是四周向高原水汽输送的最大通道，水汽输送使沿雅鲁藏布大峡谷一带成为青藏高原的最大降水带。河谷主体主要在西藏自治区墨脱县境内，因此科考数据观测的重点也集中在墨脱。中国气象局在墨脱设置有县级气象局，此次科考中，中国气象科学研究院相关专家主要依托墨脱县气象局的观测场地，架设了多部科考观测仪器。本项目的主要任务是从墨脱观测场（观测场环境如图 9.1 所示）收集科考观测数据，并传输到北京，供相关专家进行分析和处理。但墨脱的交通及通信条件都比较艰苦，曾经是我国最后一个通公路的县，无论是在这里建设信息系统还是开展稳定的数据收集，都是十分有挑战性的工作。

图 9.1　墨脱观测场现场环境

同时，除了墨脱观测场，科考人员也需要在墨脱其他地区部署观测仪器。这些仪器有的安装在民房或乡村小学，这些地点与墨脱县气象局之间没有通信线路，这给数据的收集造成了更大的难度。

9.2.2　数据传输方式

由于缺少有效的科考数据收集和传输手段，过去科考人员往往要请当地气象局人员使用移动硬盘等存储介质，从各个科考仪器连接的计算机上拷贝存储科考数据，然后通过邮寄、携带等方式带回北京以便交给科考人员。这种方式不仅费时费力，同时也无法保证时效性，取得的数据往往是数周甚至是数月以前的数据。此外，在邮寄或携带的过程中，存储介质也容易发生损坏等，造成数据的丢失。

因此，科考人员迫切希望能够建设一套科考数据收集与传输系统，稳定地收集墨脱地区的科考数据，并将数据传输到北京的存储设备，供科研人员使用。但这项工作存在以下三个技术难点。

1. 数据收集和传输网络

中国气象局气象广域网 CMANet 采用国省地县四级结构，可以连通到县级气象部门。墨脱县气象局作为县级气象部门，也具备 CMANet 线路接入设备。但根据中国气象局网络安全要求，接入 CMANet 网络的设备要符合相关的安全规定。根据科考工作的特点，对各类科考仪器使用的计算机无法进行统一管理，且日常需要通过互联网等方式对计算机进行一些远程的管理和控制工作。因此，这些计算机不宜接入县级气象部门网络，以免给全国 CMANet 带来网络安全风险，也不能通过 CMANet 网络进行科考数据的收集和传输。

另外，对于那些部署在民房或乡村学校的科考仪器，这些地区是 CMANet 网络无法到达的区域，对于这些仪器数据的收集和传输，也无法使用 CMANet 网络。

2. 基础平台的建设和维护

墨脱县气象局作为条件比较艰苦的县级气象部门，在信息网络建设方面也是相对比较薄弱的，无论是电源保障、机房环境还是技术人员的保障能力都有一定的欠缺。由于交通不便，厂商对服务器等计算机设备的日常保修服务的及时性也无法保障。同时，县级气象部门人员本身就较少，如果还要额外对科考数据平台进行日常的维护和管理，也会给县级人员增加很多工作负担。

因此，在墨脱地区进行数据收集和传输平台的硬件环境部署，并保持日常的运行维护和管理工作，同时不给县级气象部门增加太大的工作负担，也是在系统建设时必须考虑的问题。

3. 科考仪器生成数据的规范性及数据量

中国气象局建有国内气象通信系统，用于全国气象部门数据的收集和传输工作，传输的数据是国家级业务单位统一开展的观测业务数据。但该系统为业务系统，对于传输的数据命名等均有相关要求。而科考观测数据中的许多资料种类目前并未纳入气象通信系统传输流程，数据未按相关业务要求命名，且其中部分观测仪器每天产生的数据量较大，以相控阵雷达为例，每日产生观测数据超过 2GB。这些数据如果全部通过气象通信系统传输，则需要从县级先传输到西藏自治区气象局气象通信系统，然后再发送到国家级气象通信系统，最后再向科考人员进行分发。其传输流程复杂，对西藏自治区气象通信系统也会造成较大压力，给日常系统维护和保障也带来额外工作负担。同时，由于墨脱地区通信带宽有限，在进行大数据量传输时，也需要对传输文件进行压缩。

因此，墨脱地区科考数据收集和传输应与现有气象部门通信系统加以区分，避免影响常规业务数据传输，同时尽量减少西藏自治区气象局和墨脱县气象局技术人员维护的工作量。

9.3　科考数据传输平台设计

9.3.1　消息树传输平台系统架构

本项目建设的科考数据收集与传输平台借鉴了消息树链的思想，如图 9.2 所示，采用了公有云加互联网的技术路线。利用中国移动林芝分公司专门铺设的一条从中国移动墨脱分公司到墨脱观测场的通信光缆，构建一个小型的私有局域网。同时，通过与中国移动林芝分公司协商，国家气象信息中心在公有云上租用了一台主机，该主机接入了墨脱观测场局域网，用于收集观测场各仪器的数据，同时该主机接入互联网，并分配了一个公网 IP 地址，在其主机上运行数据收集和传输平台软件。

图 9.2　消息树链

通过这种方式，收集和传输平台不需要接入墨脱县气象部门网络，直接通过运营商铺设的通信光缆进行数据收集，同时租用的公有云主机也由运营商负责日常的基础维护，信息中心人员可远程对其进行管理和配置，这也大大减轻了墨脱县气象局的系统技术保障压力。收集和传输平台采集到的数据，通过互联网信道，采用 IPSec VPN 技术进行安全传输，并直接传送到国家气象信息中心在北京的一台同样具备公网 IP 的数据存储服务器上，其具备较强的可靠性和数据安全性。同时，依托中国移动林芝分公司铺设的通信光缆构建的观测场私有局域网，也可以延伸到林芝市气象局，一并解决林芝市气象局部分科考仪器数据的收集问题。

对于部署在墨脱观测场的仪器，只要接入该局域网，均可通过公有云主机对其数据进行主动拉取方式的收集，而对于那些部署在野外的科考仪器，则需要通过部署数据传输客户端，通过主动推送方式，将数据发送到公有云主机上。该系统数据收集与传输流程图如图 9.3 所示。

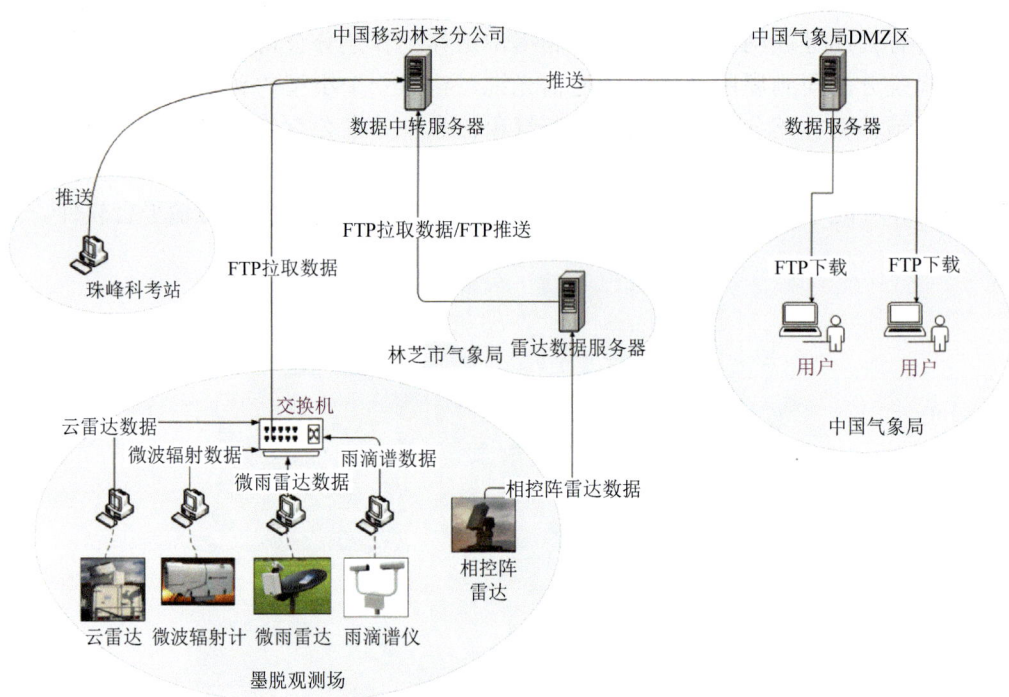

图 9.3　科考数据收集与传输流程

在网络路由层面，由中国移动林芝分公司协调中国移动墨脱分公司技术人员，共同打通了墨脱观测场、林芝市气象局与中国移动林芝分公司机房之间的数据专线，并实现与公有云主机之间的数据传输。其网络路由设计如图 9.4 所示。

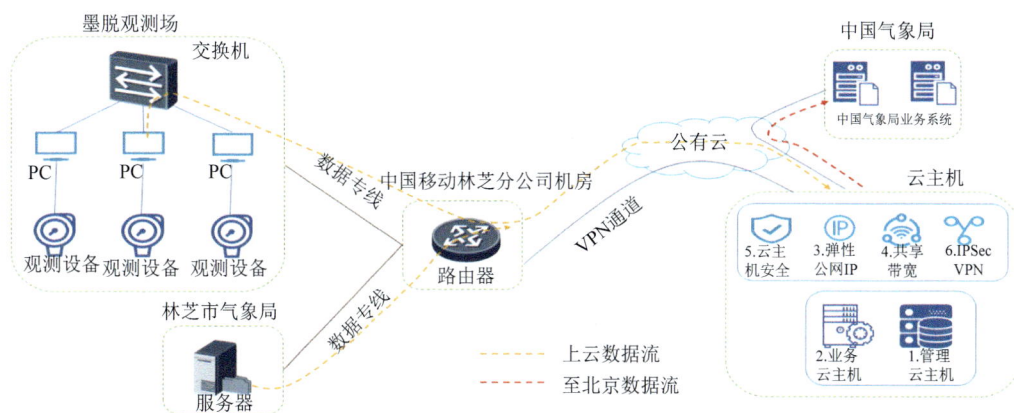

图 9.4　科考数据传输网络路由设计

9.3.2　收集与传输平台应用软件设计

应用软件在设计方面分为数据收集与传输应用、数据管理与监控应用和数据上传客户端三部分。其中，数据收集与传输应用部署在公有云主机上，承担着墨脱观测场和野外科考仪器数据的统一收集和传输工作，它既支持 FTP 方式的数据收集，也支持基于消息方式的数据收集。FTP 方式主要针对墨脱观测场内的仪器，消息方式主要针对部署在野外的各种仪器。

数据管理与监控应用部署在国家气象信息中心的互联网 DMZ 上，它接收公有云主机传输来的、经过压缩和加密的科考数据。数据到达后，该应用对数据进行解压缩和解密操作还原数据，并根据资料类型进行数据存储归档，并向中国气象科学研究院科研人员提供数据下载。同时，监控应用对公有云主机和互联网 DMZ 主机上的运行情况和数据传输情况进行监视，并通过 Web 页面进行展示，供管理人员监视系统状况。

数据上传客户端则是为野外部署的科考仪器专用，它将数据序列化为消息体，然后通过互联网线路将消息发送到公有云主机的消息接收端，之后与通过 FTP 方式收集的数据一起进行后续的处理和传输。

图 9.5 是科考数据收集与传输平台应用软件架构。

9.4　关键技术点分析

9.4.1　基于消息树的多探测系统调度技术

科考数据收集与传输平台部署在公有云主机上，包含数据收集、处理和传输等多个应用。在数据收集方面，需要面对多个科考仪器的主机，并根据不同仪器的产品生

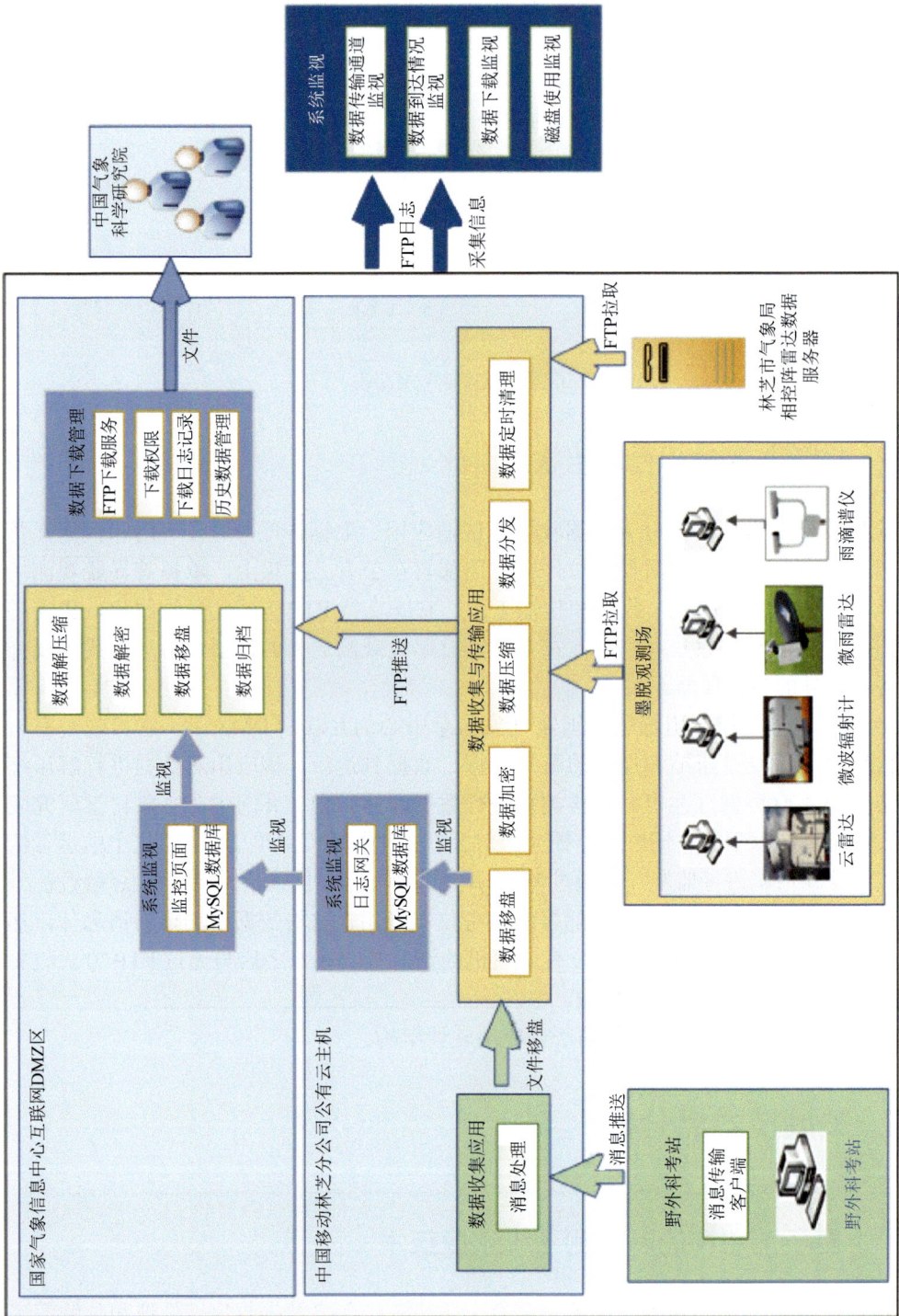

图9.5 科考数据收集与传输平台应用软件架构

成时间和文件命名规则进行文件的收集工作。收集后的文件也需要根据规则进行加密、压缩等后续处理操作，然后再交由分发进程向国家气象信息中心互联网 DMZ 的数据服务器进行分发。同时，这些进程在工作中产生的监控信息也需要及时进行记录，由专门的监控信息处理进程对监控数据进行处理，并写入数据库。

要实现这些不同进程之间有序的工作，就需要建立一套有效的任务调度机制，持续将数据收集、处理和分发的任务分派给不同的工作进程，各个进程根据任务来执行对应的操作，同时将执行过程的结果以监控信息的形式发送处理，供监控进程进行处理和展示。

为此，科考数据收集与传输平台采用了基于 RabbitMQ 消息队列的多任务调度技术，其工作原理如图 9.6 所示。其核心思想是针对不同的应用进程，建立对应的消息队列。每个队列均有对应的应用程序员作为消息生产者和消费者。通过消息队列的数据交换，就可以实现不同应用进程之间上下游的紧密协作。

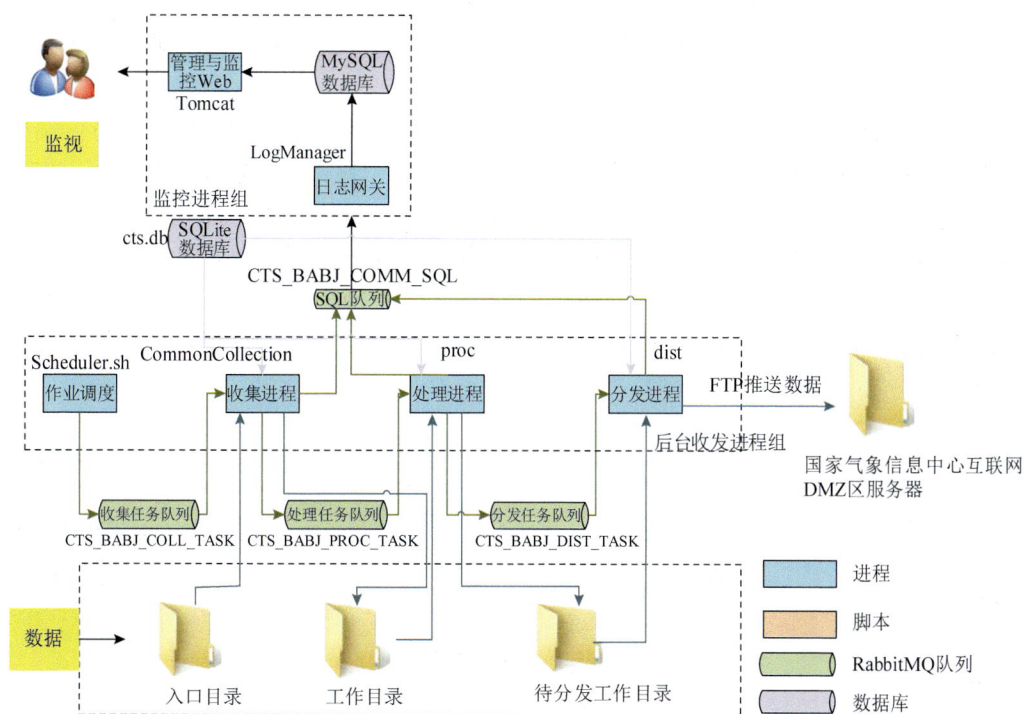

图 9.6　基于消息队列的多任务调度关系

数据收集与传输平台设计了一个调度进程，该进程作为数据收集消息队列的生产者，定时发出多个数据收集任务，每个任务中指定了要收集数据的路径、文件名的规则表达式等。数据收集进程则作为这个队列的消费者，随时监控该队列，并按照先进先出的规则获取收集消息，然后根据消息中的配置信息来收集相应数据。同理，数据收集与传输平台还建立了数据处理、分发、监控消息队列，采用与收集消息队列相同的工作原理来串联起不同的应用进程。其调度关系如图 9.6 所示。

RabbitMQ 作为一款功能强大的企业级消息中间件，自身具备了完善的消息持久化、队列管理、集群式管理等功能，可以很好地保证消息传输的及时性和完整性。因此，通过使用 RabbitMQ 消息中间件构建的多任务调度机制，确保了科考平台最核心的数据收集和传输任务的持续稳定运行。同时，采用消息队列方式还可以很方便地进行多个进程甚至是多个主机之间的负载分担，这样可以有效地分担处理压力，同时也具备很好的系统可扩展性。

9.4.2 基于消息树的数据传输客户端设计

对于安装在野外的科考仪器，由于它们只能接入互联网，且没有固定的公网地址，因此它们的观测数据只能采用主动上传的方式，向公有云主机进行传输。为解决这类仪器数据的传输，本项目专门设计了适用于野外科考仪器的数据传输客户端。该客户端可以自动扫描本地计算机的指定目录，也可以通过 HTTP 或 FTP 方式采集其他计算机上的数据。

在数据传输方面，客户端支持消息传输方式，该方式可与科考数据收集与传输平台的 RabbitMQ 队列配合，依托消息中间件自身提供的可靠数据传输和路由能力，实现数据的传输。同时，对于大文件，客户端还支持消息分片的方式，将大文件切分为多条消息，在接收端进行消息合并后还原原始文件。这种方式可以有效提高大文件传输的成功率，避免互联网线路不稳定造成的文件传输失败现象。除此之外，客户端也支持最常用的 FTP 上传方式，可同时向多个主机进行数据上传。传输客户端软件工作原理如图 9.7 所示。

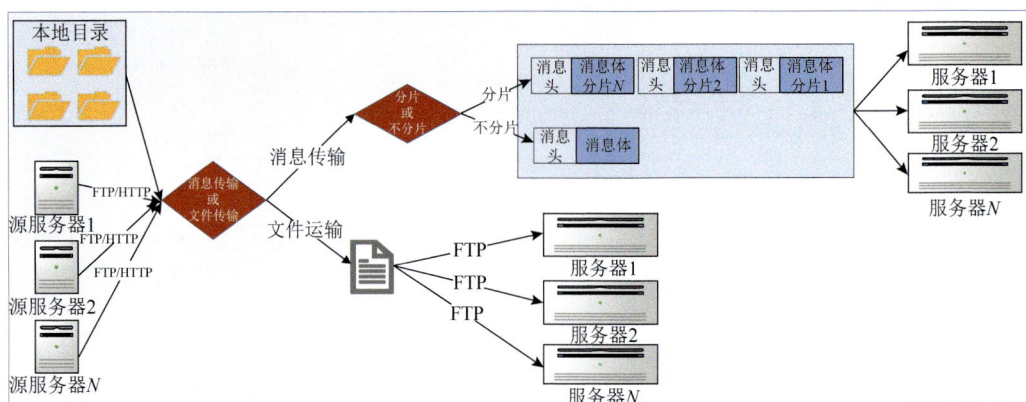

图 9.7　传输客户端软件工作原理

9.5　应用情况

2020 年 12 月，科考数据收集与传输平台建设完成，同时国家气象信息中心与中国移动林芝分公司租用的公有云主机也开始正式启用，对墨脱地区科考数据进行持续的收集和传输工作。该系统依托中国移动林芝分公司的公有云资源，免去日常的基础平台运维和保障工作，同时开发的应用程序也做了大量容错设计，即使发生断电、断网等异常情况后，通信恢复后也可自动恢复工作，使得平台的日常运行运维压力大幅减轻。

采集后的数据，通过压缩和加密后，经过互联网线路推送至国家气象信息中心互联网 DMZ 区，由中国气象科学研究院用户自行按需调用。随着平台的稳定运行，陆续有相控阵雷达、云雷达等多部科考仪器依托该平台进行数据传输。截至 2021 年底，平台已累计收集科考数据 5.4TB，各类资料的数据收集和传输情况如表 9.1 所示。

表 9.1　各类科考仪器的数据收集和传输情况

序号	名称	资源概况描述	数量	获取时间	存放位置	管理利用情况
1	相控阵雷达数据	数据源为林芝市气象局	580GB	每日	科考数据传输平台	国家气象信息中心管理，供中国气象科学研究院科研人员使用
2	云雷达数据	数据源为墨脱观测场	4.6TB	每日	科考数据传输平台	国家气象信息中心管理，供中国气象科学研究院科研人员使用
3	微波辐射数据	数据源为墨脱观测场	3.5GB	每日	科考数据传输平台	国家气象信息中心管理，供中国气象科学研究院科研人员使用
4	微雨雷达数据	数据源为墨脱观测场	67GB	每日	科考数据传输平台	国家气象信息中心管理，供中国气象科学研究院科研人员使用
5	雨滴谱数据	数据源为墨脱观测场	5.3GB	每日	科考数据传输平台	国家气象信息中心管理，供中国气象科学研究院科研人员使用
6	风廓线雷达数据	数据源为墨脱观测场	68GB	每日	科考数据传输平台	国家气象信息中心管理，供中国气象科学研究院科研人员使用
7	双波段闪烁仪数据	数据源为墨脱观测场	12GB	由观测仪器主动推送	科考数据传输平台	国家气象信息中心管理，供中国气象科学研究院科研人员使用

同时，国家气象信息中心也为科考数据传输建立了监控页面（图 9.8），每日对数据收集和传输情况进行监视，并与科考项目相关单位及时进行故障情况的沟通。数据收集与传输平台的运行替代了过去人工拷贝数据的方式，显著提高了科考数据获取的及时性、完整性。对于科研人员，这不仅缩短了数据获取时间，也极大地缩减了人工拷贝科考数据的人工成本和时间成本，而对于墨脱当地气象部门技术人员，由于平台的建设和设计依托公有云平台，也显著降低了他们的日常保障压力。

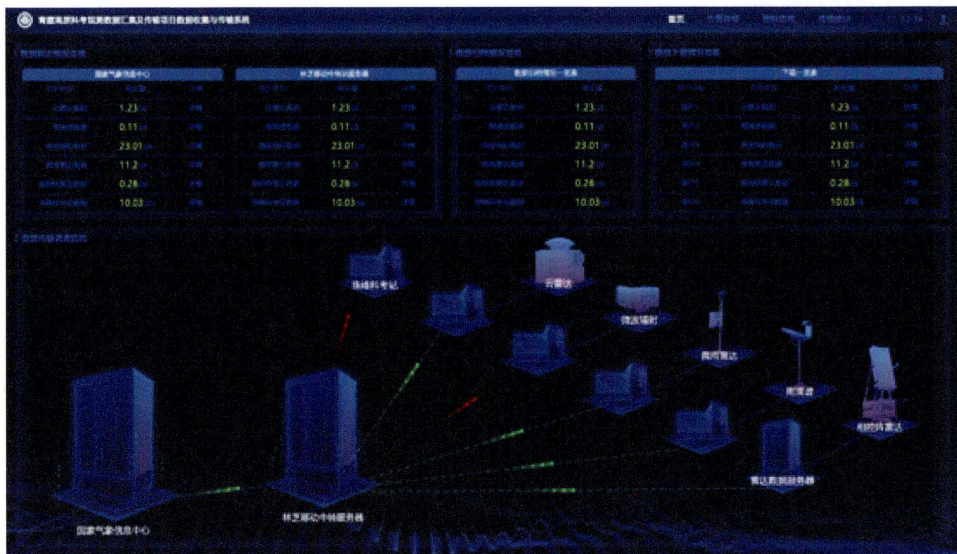

图9.8 科考数据收集与传输平台监控页面

　　青藏高原作为世界"第三极"，对其开展科学考察的意义是举足轻重的。但由于青藏高原的地理环境，许多科学考察工作往往在人烟稀少、地理环境复杂、通信条件有限的地区进行。国家气象信息中心建立的科考数据收集与传输平台，为在青藏高原等类似地区开展科考数据的稳定收集和自动化传输提供了很好的示范。利用这种方式，可以为科考人员省去大量数据拷贝、邮寄等烦琐的人工操作时间，同时在数据传输的时效性和安全性方面也更加有保证。

　　同时，该平台所采用的系统结构和关键技术也使其在未来可进一步扩展，可以扩展到对墨脱以外的其他科考工作区域数据的收集和传输工作中，这对于科考数据的收集、传输、使用有重要的意义。

附录

科考日志

科考日志（一）

日期	工作内容	停留地点
2021 年 3 月 21 日	北京→林芝：拍摄沿途景观照片及视频	林芝
2021 年 3 月 22 日	林芝：中国科学院藏东南高山环境综合观测研究站交流及易贡湖考察。前往中国科学院藏东南高山环境综合观测研究站进行学术交流，掌握水文气象观测仪器的工作原理和实际应用情况，积累了宝贵的观测数据和野外经验；前往易贡湖进行无人机试飞，科考队员成功对无人机的各参数进行设置校准，为后续冰川和湖泊考察做准备	鲁朗
2021 年 3 月 23 日	波密→然乌：雅弄冰川及其冰前湖考察。考察雅弄冰川及其冰前湖，在贡错湖边组装、调试并操纵无人机进行航拍，重点关注雅弄冰川冰舌、雅弄冰川全景、贡错湖岸及其结冰情况	然乌
2021 年 3 月 24 日	然乌：帕隆 4 号冰川考察。到达帕隆 4 号冰川消融末端后攀登考察了该冰川，并记录了帕隆 4 号冰川的诸多特征，利用无人机规划航迹拍摄了约 230 景高清影像	然乌
2021 年 3 月 25 日	然乌→波密：然乌湖无人机测绘和米堆冰川考察。3 月 25 日上午，抵达然乌湖湖畔进行无人机测绘工作，获得一段约 1000 米长岸线的光学影像；为验证基于卫星影像的岸线提取方法，通过下载 2021 年 3 月 26 日的 Sentinel-2 MSI 影像，并采用水体指数阈值法提取该段岸线。3 月 25 日下午，科考队员到达米堆冰川，进行连续观测，发现该冰川积雪覆盖厚，当天的雪雾天气给无人机观测带来极大困难，获取影像质量较差，随后在不同位置拍摄米堆冰川的照片后返回波密县	波密
2021 年 3 月 26 日	林芝→北京：返回北京	北京

科考日志（二）

日期	工作内容	停留地点
2021 年 7 月 14 日	兰州：到达兰州，准备科考	兰州
2021 年 7 月 15 日	兰州→敦煌：参加第二次青藏科考出征仪式后，乘火车赶往敦煌	兰州
2021 年 7 月 16 日	敦煌：进行野外考察准备	敦煌
2021 年 7 月 17 日	敦煌：为敦煌站揭牌，参观敦煌无人机通量观测飞行试验	敦煌
2021 年 7 月 18 日	敦煌→茫崖：为茫崖大乌斯站揭牌并对观测仪器进行维护，参观茫崖市气象局	茫崖
2021 年 7 月 19～20 日	茫崖→格尔木：乘车前往格尔木，在格尔木适应与休整	格尔木
2021 年 7 月 21 日	格尔木：参观中国科学院西北生态环境资源研究院格尔木西大滩站	格尔木
2021 年 7 月 22 日	格尔木→唐古拉山：沿途考察 D66 站、新 D66、五道梁站、北麓河站	唐古拉山
2021 年 7 月 23 日	唐古拉山→那曲市：沿途考察沱沱河气象站、D105 站、安多站	那曲
2021 年 7 月 24 日	那曲→纳木错→拉萨：为中国科学院西北生态环境资源研究院那曲站揭牌，在纳木错站进行仪器维护和数据下载；为拉萨部边界层塔揭牌	拉萨
2021 年 7 月 25 日	拉萨：休整，准备下一阶段科考	拉萨
2021 年 7 月 26 日	拉萨→班戈→尼玛：为班戈站揭牌，进行仪器维护	尼玛
2021 年 7 月 27 日	尼玛→措勤：为尼玛站和措勤站揭牌，并进行仪器维护	措勤
2021 年 7 月 28 日	措勤→革吉：乘车前往革吉	革吉
2021 年 7 月 29 日	革吉→狮泉河：在阿里站进行仪器检修和维护	狮泉河
2021 年 7 月 30 日	狮泉河→普兰：为普兰站揭牌、仪器维护	普兰
2021 年 7 月 31 日	普兰→萨嘎：乘车前往萨嘎	萨嘎

续表

日期	工作内容	停留地点
2021 年 8 月 1 日	贡嘎→吉隆→定日：为吉隆站揭牌，进行仪器维护	定日
2021 年 8 月 2 日	定日→珠峰站→定日：在珠峰站进行仪器维护	定日
2021 年 8 月 3 ～ 4 日	定日→日喀则→拉萨：乘车返回拉萨	日喀则、拉萨
2021 年 8 月 5 日	拉萨：休整，准备下一段科考	拉萨
2021 年 8 月 6 日	拉萨→林芝：科考队员在林芝汇合	林芝
2021 年 8 月 7 日	林芝→波密：考察波密丹卡观测点	波密
2021 年 8 月 8 日	波密→墨脱：在墨脱站开展仪器维护	墨脱
2021 年 8 月 9 日	墨脱→然乌：中途休整	然乌
2021 年 8 月 10 日	然乌→芒康：为芒康站揭牌，并进行仪器维护	芒康
2021 年 8 月 11 日	芒康→昌都：为昌都站揭牌，并进行仪器维护，参观昌都市气象局	昌都
2021 年 8 月 12 日	昌都→拉萨：返程	拉萨

科考日志（三）

日期	工作内容	停留地点
2022 年 6 月 7~9 日	拉萨→成都：参加高原低涡观测启动仪式，考察成都信息工程大学综合气象观测场，在成都信息工程大学乐山观测场进行数据搜集和巡检	成都
2022 年 6 月 10 日	成都→拉萨：在拉萨转机，次日前往阿里地区	拉萨
2022 年 6 月 11 ～ 14 日	拉萨→阿里地区：与阿里地区气象局座谈，考察阿里站边界层塔和微波辐射计运行情况，检验数据质量；在阿里地区气象局进行探空试验；收集并检查狮泉河野外塔站数据	狮泉河
2022 年 6 月 15 日	狮泉河→改则：在改则县气象局进行探空试验	改则
2022 年 6 月 16 日	改则→尼玛：检查尼玛站边界层塔运行情况和数据质量，与尼玛县气象局座谈	尼玛
2022 年 6 月 17 日	尼玛→申扎：与申扎县气象局座谈，并进行夜间探空试验	申扎
2022 年 6 月 18 日	申扎：在申扎县气象局进行探空试验	申扎
2022 年 6 月 19 日	申扎→那曲：在那曲市气象局参与探空试验	那曲
2022 年 6 月 20 日	那曲：在中国科学院那曲站参与探空试验	那曲
2022 年 6 月 21~22 日	那曲→类乌齐→曲麻莱：检查曲麻莱塔站数据	类乌齐、曲麻莱
2022 年 6 月 23 日	曲麻莱→西宁：在曲麻莱参与探空试验	西宁
2022 年 6 月 24 日	西宁：与青海省气象局座谈，考察其野外站点	西宁
2022 年 6 月 25 日	西宁→格尔木：考察中国科学院青藏高原冰冻圈观测试验研究站	格尔木
2022 年 6 月 26 日	格尔木：往返芒崖，检修芒崖站涡动仪器	格尔木
2022 年 6 月 27 日	格尔木：休整，购买相关野外工具	格尔木
2022 年 6 月 28 日	格尔木→沱沱河→那曲：参与探空试验	那曲
2022 年 6 月 29 日	那曲→纳木错→拉萨：检查激光测风雷达	拉萨

科考日志（四）

日期	工作内容	停留地点
2023 年 6 月 24 日	北京→林芝：抵达林芝	林芝
2023 年 6 月 25 日	林芝→波密：考察色季拉山顶自动气象站、中国科学院藏东南高山环境综合观测研究站、波密国家基本气象观测站	波密
2023 年 6 月 26 日	波密→墨脱：考察嘎隆拉山交通 / 积雪观测站、52K 水汽监测站、80K 水汽监测站	墨脱
2023 年 6 月 27 日	墨脱→波密：考察墨脱国家气候观象台	波密
2023 年 6 月 28 日	波密→林芝→拉萨：考察沿途气象站	林芝、拉萨
2023 年 6 月 29 日	与西藏自治区气象局组织研讨会	拉萨
2023 年 6 月 30 日	考察西藏羊八井观测站，与西藏大学签署联合培养研究生协议，返程	拉萨